现代数学丛书

# 双曲系统的边界同步性

李大潜　饶伯鹏　著

王玥　译

上海科学技术出版社

**图书在版编目(CIP)数据**

双曲系统的边界同步性 / 李大潜,(法)饶伯鹏著;王玥译.—上海:上海科学技术出版社,2021.9
(现代数学丛书)
ISBN 978-7-5478-5424-2

Ⅰ.①双… Ⅱ.①李… ②饶… ③王… Ⅲ.①双曲函数-研究 Ⅳ.①O171

中国版本图书馆CIP数据核字(2021)第148565号

总 策 划　苏德敏　张　晨
丛书策划　包惠芳　田廷彦
责任编辑　田廷彦
封面设计　赵　军

**双曲系统的边界同步性**
李大潜　[法国]饶伯鹏　著　王玥　译

上海世纪出版(集团)有限公司
上海科学技术出版社　出版、发行
(上海钦州南路71号　邮政编码200235　www.sstp.cn)
上海盛通时代印刷有限公司印刷
开本787×1092　1/16　印张19.5　插页4
字数350千字
2021年9月第1版　2021年9月第1次印刷
ISBN 978-7-5478-5424-2/O·102
定价:145.00元

**马志明(MA Zhiming)**

中国科学院数学与系统科学研究院,北京 100190,中国

**Andrew J. MAJDA**

Courant Institute of Mathematical Sciences, New York University, New York, NY 10012, USA

**Cédric VILLANI**

Institut Herni Poincaré, 75231 Paris Cedex 05, France

**袁亚湘(YUAN Yaxiang)**

中国科学院数学与系统科学研究院,北京 100190,中国

**张伟平(ZHANG Weiping)**

南开大学陈省身数学研究所,天津 300071,中国

## 助　理
**姚一隽(YAO Yijun)**

复旦大学数学科学学院,上海 200433,中国

# 前　言

同步是一类相当普遍的现象, 它首先由惠更斯于 1665 年观察发现, 而对其从数学上进行研究则始于 20 世纪 50 年代的维纳. 以往对同步性的众多研究均集中在由常微分方程所组成的系统, 而将同步性从概念和方法上拓展到由偏微分方程组成的系统则起自 2012 年我们 (包括后来与一些合作者) 的一系列工作, 最早的论文发表于 2013 年的《数学年刊 (B 辑)》, 其摘要发表于 2012 年的《法国科学院通报》(CRAS). 在这些研究中, 我们针对偏微分方程的特点, 利用边界控制在有限时间内实现同步性, 将有关同步性的研究纳入控制的领域, 给同步性的研究带来新的局面. 对一类波动方程的耦合系统, 我们通过引入精确边界同步性及逼近边界同步性这两个新概念, 展开了深入的研究, 有关成果可见 2019 年底已由 Birkhäuser 出版社在丛书 *Progress in Nonlinear Differential Equations and Their Applications*(PNLDE), *Subseries in Control* 中出版的英文专著 *Boundary Synchronization for Hyperbolic Systems*.

现在的这本书是上述专著的中译本, 除改正了个别文字或印刷上的错误外, 还添加了若干注释及文献, 力求体现最新的进展, 同时以更加明晰的方式改写了第 III 部分在耦合 Robin 边界控制情形有关精确边界能控性方面的内容 (自第十九章至第二十五章). 这些都使本书与英文原著相比有了一些新的面貌与特点, 特此说明.

在上述英文专著成书的过程中, 我们曾在复旦大学数学科学学院先后给一些博士研究生认真讲授了书稿中的有关内容, 并组织他们开展了进一步的研究工作; 同时, 在法国斯特拉斯堡大学为其数学学院 2017—2018 和 2018—2019 年度的研究生讲授了有关的内容. 这方面的教学实践极大地促进了书稿的进一步丰富与完善. 王玥博士在赴德国进行博士后研究工作期间, 以极大的热情和认真负责的态度承担了全书的中译工作, 使本书为之生色, 并得以尽快面世. 所有这些, 都使我们进一步领悟到教书育人、教学相长的乐趣与真谛.

在本书英文版出版的时候, 对丛书 PNLDE 的主编 Haim Brezis 院士及控制子丛书的主编 Jean-Michel Coron 院士的热情支持和鼓励, 对 Birkhäuser 出版社同意授权上海科学技术出版社出版这个中译本, 我们也都要表示衷心的谢忱.

限于作者的水平, 书中不妥及疏漏之处在所难免, 恳请读者不吝指正.

李大潜、饶伯鹏谨识

2020 年 9 月

# 目 录

## 绪论与预备知识部分

## 第 I 部分　具 Dirichlet 边界控制的波动方程耦合系统的同步性

## 第 III 部分　具耦合 Robin 边界控制的波动方程耦合系统的同步性

# 绪论与预备知识部分

　　我们将在这一部分介绍双曲系统的边界同步性中一些基本概念及数学问题的提法，必要的预备知识——以便对全书的基本内容有一个较全面的了解。

# 第一章

# 引言及概要

## §1. 引言

同步是自然界及人类社会中广泛存在的一类现象. 东南亚的丛林中, 成千上万的萤火虫在一齐发光变暗, 将灯塔状的红树冠变成巨大而间隙发光的大灯泡, 好几里地外都能看见; 剧院中, 观众爆发出震耳欲聋的掌声, 很快这些掌声自发地变得很有节奏; 人体内, 上万个心脏起搏细胞同时激发相同的电信号, 维持着心脏的正常起搏; 秋天的田野里, 蟋蟀在齐声鸣叫, 等等. 这些都是常见的同步现象( [75], [79]).

原则上, 同步现象常发生于自然界中的相似个体之间, 也就是说, 每个个体满足相同的运动规律或支配方程, 同时个体之间存在一定的耦合.

同步现象初入科学家的视野是在 1665 年, 著名物理学家、数学家惠更斯 (C. Huygens) 观察到墙上两个相同钟摆摆动状态的同步现象[23]. 而力图从数学理论对同步现象进行研究, 可追溯到维纳 (N. Wiener) 在 20 世纪 50 年代的工作[88].

以往关于同步性的研究, 集中在由常微分方程组 (ODEs) 支配的耦合系统, 例如

$$X_i' = f(t, X_i) + \sum_{j=1}^{N} A_{ij} X_j \quad (i = 1, \cdots, N), \tag{1.1}$$

其中 $X_i(i = 1, \cdots, N)$ 为 $n$ 维状态变量, " $'$ " 表示对时间变量的导数, $A_{ij}(i, j = 1, \cdots, N)$ 为 $n \times n$ 耦合矩阵, $f(t, X_i)$ 为与 $i = 1, \cdots, N$ 无关的 $n$ 维向量函数 ([75],[79]). 方程组(1.1)的右端项展示了每个状态变量 $X_i(i = 1, \cdots, N)$ 具有两个基本的特征: 本质上满足相同的支配方程以描述每个个体的基本运动规律, 同时彼此之间具有一定的耦合关系.

若对于任意给定的初值:

$$t = 0: \quad X_i = X_i^{(0)} \quad (i = 1, \cdots, N), \tag{1.2}$$

系统(1.1)的解 $X = (X_1, \cdots, X_N)^{\mathrm{T}} = X(t)$ 关于时间整体存在, 且在 $t \to +\infty$ 时, 成立

$$X_i(t) - X_j(t) \to 0 \quad (i, j = 1, \cdots, N), \tag{1.3}$$

即所有状态 $X_i(t)$ $(i = 1, \cdots, N)$ 在 $t \to +\infty$ 时趋于彼此重合, 就称系统具有协同意义下的同步性(synchronization in the consensus sense), 简称**协同同步性**. 其中一种特殊的情形是: 系统的解 $X = X(t)$ 满足

$$当 t \to +\infty 时, \quad X_i(t) - a(t) \to 0 \quad (i = 1, \cdots, N), \tag{1.4}$$

其中 $a(t)$ 为某个事先未知的状态向量, 就称系统具有牵制意义下的同步性 (synchronization in the pinning sense), 简称**牵制同步性**.

显然, 系统具有协同同步性自然可得其具有牵制同步性. 这些在无限时间区间 $[0, +\infty)$ 上实现的同步性质我们统称为**渐近同步性**.

本书作者近几年来所做之事, 就是要将同步这一普遍现象, 从概念及方法上, 由常微分方程组成的有限维动力系统拓展到由偏微分方程组成的无穷维动力系统. 我们的工作应该是在这方面的首次尝试. 最早的文章 [45] 发表在 2013 年的《数学年刊》B 辑为纪念 J.-L.Lions 的专辑上; 它的法文提要 [44] 发表于 2012 年的《法国科学院通报》(CRAS).

为固定概念起见, 在本节我们以波动方程耦合系统具有 Dirichlet 型边界条件的情形作为例子 (具体结论参考本书第 I 部分; 而具 Neumann 以及耦合 Robin 边界条件的相应结果将在本书的第 II 部分以及第 III 部分给出):

$$\begin{cases} U'' - \Delta U + AU = 0, & (t, x) \in (0, +\infty) \times \Omega, \\ U = 0, & (t, x) \in (0, +\infty) \times \Gamma_0, \\ U = DH, & (t, x) \in (0, +\infty) \times \Gamma_1, \end{cases} \tag{1.5}$$

其初始条件为

$$t = 0: \quad U = \widehat{U}_0, \ U' = \widehat{U}_1, \quad x \in \Omega, \tag{1.6}$$

其中 $\Omega$ 为有界区域且具有光滑边界 $\Gamma = \Gamma_0 \cup \Gamma_1$, 而 $\overline{\Gamma}_0 \cap \overline{\Gamma}_1 = \varnothing$ 且 $\mathrm{mes}(\Gamma_1) > 0$, $U = (u^{(1)}, \cdots, u^{(N)})^{\mathrm{T}}$ 为状态变量, $\Delta = \sum\limits_{i=1}^{n} \frac{\partial^2}{\partial x_i^2}$ 为 $n$ 维空间中的拉普拉斯算子, $A \in \mathbb{M}^N(\mathbb{R})$ 称作**耦合矩阵**为 $N$ 阶矩阵, $D$ 称作**边界控制矩阵**为 $N \times M(M \leqslant N)$ 的列满秩矩阵, $A$ 和 $D$ 均具有常数元素, $H = (h^{(1)}, \cdots, h^{(M)})^{\mathrm{T}}$ 为由边界控制函数所组成的 $M$ 维向量.

这儿, 边界控制矩阵 $D$ 是施加在 $\varGamma_1$ 上的边界条件中的. 这样的表示方法使得边界控制函数的搭配更加灵活: 在后文中, 我们将看到 $D$ 的引入将很大程度地简化我们的陈述和讨论.

类比常微系统, 我们在偏微分方程组支配的系统中, 可以类似地考察其在无穷时间区间上渐近同步性, 也就是说, 我们可以提出以下问题: 在什么样的条件下, 从任意给定的初始状态出发, 系统状态变量具有协同意义下的渐近同步性, 即成立

$$当 t \to +\infty 时, \quad u^{(i)}(t, \cdot) - u^{(j)}(t, \cdot) \to 0 \quad (i, j = 1, \cdots, N)? \tag{1.7}$$

或者, 特别地, 在什么样的条件下从任意给定的初始状态出发, 系统状态变量具有牵制意义下的渐近同步性, 即对某个事先未知的**渐近同步态** $u = u(t, x)$, 成立

$$当 t \to +\infty 时, \quad u^{(i)}(t, \cdot) - u(t, \cdot) \to 0 \quad (i = 1, \cdots, N)? \tag{1.8}$$

若答案是肯定的, 则意味着: 同步会在无穷的时间区间 $[0, +\infty)$ 上自发实现, 是由系统本身的性质决定的自然发展的结果. 这方面近年来的研究结果可见 [58]、[60].

然而, 偏微分方程组主导的系统具有边界条件, 这使得存在着另一种实现同步的可能性, 即通过适当的边界控制, 人为地干预系统状态变量的演化趋势. 这就把同步性和能控性结合了起来, 使对同步的研究进入到控制论的领域. 这为对偏微系统同步性的研究提供了一个崭新的视角.

这里所说的边界控制来自部分边界 $\varGamma_1$ 上的边界条件 $U = DH.H$ 中的元素即为可调节的边界控制函数, 共 $M(\leqslant N)$ 个. 而施加在 $H$ 前的边界控制矩阵 $D$ 为边界控制之间的组合方式提供了更多的可能性.

另一方面, 正因为有人为的干预和控制, 就可以提出更高的要求, 即不必等到系统在 $t \to +\infty$ 时自发地同步, 而希望**在有限时间内**就可以实现同步的要求.

相应的同步问题的提法是: 是否可以找到一个适当大的时刻 $T > 0$, 使对任意给定的初始状态 $(\widehat{U}_0, \widehat{U}_1)$, 均可通过支集在 $[0, T]$ 中的适当的边界控制的作用 (也就是说, 在时间区间 $[0, T]$ 中作用边界控制, 而从 $t = T$ 时刻开始就撤销控制), 使得系统(1.5)—(1.6)的解 $U = U(t, x)$ 在 $t \geqslant T$ 时成立

$$u^{(1)}(t, \cdot) \equiv u^{(2)}(t, \cdot) \equiv \cdots \equiv u^{(N)}(t, \cdot) := u(t, \cdot), \tag{1.9}$$

即一切状态变量自 $t = T$ 时刻起完全趋同, 而 $u = u(t, x)$ 称为相应的**精确同步态**, 是事先未知的. 如果能做到这一点, 我们称此系统具有**精确边界同步性**. 这里所谓"精确", 指状态变量之间的同步是精确不带误差的; 而所谓"边界", 指控制的手段和方式, 即同步是通过边界控制的作用来实现的.

在上述同步性的定义中, 通过时间区间 $[0, T]$ 中边界控制的作用, 不仅仅要求在 $t = T$ 时刻实现同步, 而且要求在 $t \geqslant T$ 时撤去一切边界控制之后, 仍能继续保持同步. 这是一劳永逸的同步, 而不是昙花一现的同步, 也正是应用中真正要求的.

这里需要说明的是, 在本书的第 I 部分, 我们恒假设初值 $(\widehat{U}_0, \widehat{U}_1) \in (L^2(\Omega))^N \times (H^{-1}(\Omega))^N$, 对应混合问题(1.5)—(1.6)的解也属于相应的函数空间, 在本章不再一一指明. 而在经典解框架下一维空间中的同步性结果见 [21, 22], [37] 和 [61, 62].

## §2. 精确边界零能控性

有限时间区间上的精确边界能控性与**精确边界零能控性**密切相关.

若存在 $T > 0$, 使对任意给定的初值 $(\widehat{U}_0, \widehat{U}_1)$, 通过支集在 $[0, T]$ 中的边界控制的作用, 能使相应混合问题(1.5)—(1.6)的解 $U = U(t, x)$ 在 $t \geqslant T$ 时满足

$$u^{(1)}(t, x) \equiv u^{(2)}(t, x) \equiv \cdots \equiv u^{(N)}(t, x) \equiv 0, \tag{1.10}$$

就称系统具有精确边界零能控性. 这当然是上述精确边界同步性的一个非常特殊的例子.

对单个波动方程而言, 其精确边界零能控性可利用 J.-L. Lions 的 HUM 方法 (Hilbert Uniqueness Method) [65, 66] 得到. 对于波动方程耦合组, 出于同步研究的需要, 耦合矩阵 $A$ 可为任意给定的矩阵, 对应的精确边界零能控性的证明将无法简单化约为单个波动方程的情形, 但通过一个紧致摄动的结论[73] 可首先建立其对偶系统的能观不等式, 最终仍能用 HUM 方法得到相应的精确边界零能控性. 作为结论, 我们有如下明确的两个结论 (参见第三章):

(1) 假设 $M = N$, 并设区域 $\Omega$ 满足通常的几何控制条件 (见 [7], [27], [65, 66]), 即存在 $x_0 \in \mathbb{R}^n$, 使得对于 $m = x - x_0$, 成立

$$(m, \nu) > 0, \ \forall x \in \Gamma_1; \quad (m, \nu) \leqslant 0, \ \forall x \in \Gamma_0, \tag{1.11}$$

其中 $\nu$ 是单位外法向量, 而 $(\cdot, \cdot)$ 表示 $\mathbb{R}^n$ 中的内积. 那么通过 $N$ 个边界控制, 在 $T > 0$ 适当大时, 对于任意初值 $(\widehat{U}_0, \widehat{U}_1) \in (L^2(\Omega))^N \times (H^{-1}(\Omega))^N$, 系统均能实现精确边界零能控性.

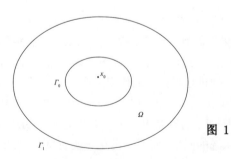

图 1

(2) 假设 $M < N$, 即边界控制的个数少于 $N$ 个, 则不论 $T > 0$ 多大, 系统不具有对所有初值 $(\widehat{U}_0, \widehat{U}_1) \in (L^2(\Omega))^N \times (H^{-1}(\Omega))^N$ 的精确边界零能控性.

因此, 针对**边界控制部分缺失**的情形, 在较少的边界控制的作用下是否能够得到一些较弱意义下的能控性呢? 这是一个在理论和实践中均具有重要意义的问题, 也将在本书后续内容中针对不同情形给出充分的讨论.

## §3. 精确边界同步性

真正有意义的同步性, 必须将零能控性这一平凡的情况排除在外. 由此我们可以得到如下结论 (参见第四章):

若波动方程耦合系统具有精确边界同步性, 但不具有精确边界零能控性 (这相当于假设 $\mathrm{rank}(D) < N$), 则耦合阵 $A = (a_{ij})$ 必须满足如下的相容性条件:

$$\sum_{p=1}^{N} a_{kp} = a \quad (k = 1, \cdots, N), \tag{1.12}$$

其中 $a$ 是一个与 $k = 1, \cdots, N$ 无关的常数. 换言之, 耦合阵 $A$ 各行元素的和必须相等, 称之为**行和条件**.

记 $e_1 = (1, \cdots, 1)^{\mathrm{T}}$. 行和条件(1.12)等价于: $e_1$ 是 $A$ 的一个特征向量, 而相应的特征值为 $a$.

引入如下的**同步阵**

$$C_1 = \begin{pmatrix} 1 & -1 & & \\ & 1 & -1 & \\ & & \ddots & \ddots \\ & & & 1 & -1 \end{pmatrix}_{(N-1) \times N}. \tag{1.13}$$

$C_1$ 是一个行满秩矩阵. 显然, 同步性要求(1.9)可以简单地写为

$$t \geqslant T: \quad C_1 U(t,x) \equiv 0. \tag{1.14}$$

此外, $\mathrm{Ker}(C_1) = \mathrm{Span}\{e_1\}$, 而相容性条件(1.12)等价于 $\mathrm{Ker}(C_1)$ 是 $A$ 的一个一维不变子空间, 即成立

$$A\mathrm{Ker}(C_1) \subseteq \mathrm{Ker}(C_1). \tag{1.15}$$

这是上述相容性条件(1.12)的一个等价形式, 下面称之为 $C_1$-**相容性条件**. 而 $C_1$-相容性条件的另外一个等价形式是: 存在唯一的一个 $N-1$ 阶矩阵 $\overline{A}_1$ 满足

$$C_1 A = \overline{A}_1 C_1. \tag{1.16}$$

这个阵 $\overline{A}_1$ 称为 $A$ 关于 $C_1$ 的化约矩阵.

假设 $C_1$-相容性条件成立, 令

$$W_1 = (w^{(1)}, \cdots, w^{(N-1)})^{\mathrm{T}} = C_1 U. \tag{1.17}$$

易见关于变量 $U$ 的原始系统 (1.5)可以化约为如下关于变量 $W_1$ 的自身封闭的系统:

$$\begin{cases} W_1'' - \Delta W_1 + \overline{A}_1 W_1 = 0, & (t,x) \in (0, +\infty) \times \Omega, \\ W_1 = 0, & (t,x) \in (0, +\infty) \times \Gamma_0, \\ W_1 = C_1 DH, & (t,x) \in (0, +\infty) \times \Gamma_1. \end{cases} \tag{1.18}$$

此时, 在 $C_1$-相容性条件成立的情况下, 关于 $U$ 的原问题(1.5)的精确边界同步性等价于关于 $W_1$ 的化约问题(1.18)的精确边界零能控性. 由此就可以得到:

假设 $C_1$-相容性条件成立且区域 $\Omega$ 满足几何控制条件, 则必存在适当大的 $T > 0$, 对任意满足 $\mathrm{rank}(C_1 D) = N - 1$ 的边界控制矩阵$D$, 系统(1.5)可实现 $t = T$ 时刻的精确边界同步性. 反之, 若 $\mathrm{rank}(C_1 D) < N-1$, 特别地, 若 $\mathrm{rank}(D) < N-1$, 即边界控制的个数少于 $N - 1$, 则不管 $T > 0$ 多么大, 系统均不能对所有初值 $(\widehat{U}_0, \widehat{U}_1) \in (L^2(\Omega))^N \times (H^{-1}(\Omega))^N$ 实现精确边界同步性.

这就说明: 上述的 $C_1$-相容性条件既是保证精确边界同步性的必要条件, 也是充分条件. 在此条件下, 对于满足 $\mathrm{rank}(D) = \mathrm{rank}(C_1 D) = N - 1$ 的边界控制矩阵$D$, 总是可以合理选择 $N - 1$ 个边界控制以达到精确边界同步性的要求.

应该指出, 在常微分系统的情况下, 行和条件(1.12)往往是作为具有物理意义的充分性条件加上去的. 但对偏微分系统, 考察其在有限时间内的同步性, 可以证明行和条件的必要性, 这也使得偏微情形的同步性研究更具完整性.

当系统(1.5)具有在 $T > 0$ 时刻的精确边界同步性时, 精确同步态$u = u(t,x)$ 在 $t \geqslant T$ 时必满足

$$\begin{cases} u'' - \Delta u + au = 0, & (t,x) \in (T, +\infty) \times \Omega, \\ u = 0, & (t,x) \in (T, +\infty) \times \Gamma, \end{cases} \tag{1.19}$$

其中 $a$ 为行和条件(1.12)中的行和常数. 因此, 精确同步态 $u = u(t,x)$ 随时间 $t$ 的演化情况可由它的初始状态

$$t = T: \quad u = \widehat{u}_0, \ u' = \widehat{u}_1, \quad x \in \Omega \tag{1.20}$$

唯一决定. 但通常来说, $(u, u')$ 在 $t = T$ 时刻的值 $(\widehat{u}_0, \widehat{u}_1)$ 不仅和原状态变量之初值 $(\widehat{U}_0, \widehat{U}_1)$ 有关, 也依赖于为实现精确边界同步性所取的边界控制$H$. 此外, 对于任意给定的原状态变量之初值 $(\widehat{U}_0, \widehat{U}_1)$, 在 $t = T$ 的同步值 $(\widehat{u}_0, \widehat{u}_1)$ 可以被明确确定, 且在一些特殊情况下, 它与所取的边界控制函数 $H$ 无关.

当原状态变量之初值 $(\widehat{U}_0, \widehat{U}_1)$ 遍历所在的空间 $(L^2(\Omega))^N \times (H^{-1}(\Omega))^N$ 时, 对应的 $t = T$ 时刻 $(\widehat{u}_0, \widehat{u}_1)$ 可能的取值, 即同步状态的能达集是全空间 $L^2(\Omega) \times H^{-1}(\Omega)$. 也就是说, 任何给定的 $(\widehat{u}_0, \widehat{u}_1) \in L^2(\Omega) \times H^{-1}(\Omega)$ 都有可能成为某一精确同步态$(u, u')$ 在 $t = T$ 时刻的值 (参见第五章).

## §4. 分 $p$ 组精确边界同步性

如果边界控制的个数进一步减少, 情况又将如何呢? 此时我们只能进一步降低所要求达到的目标.

一个可能的目标是: 我们不再要求一切状态变量实现同步, 而是将状态变量分成若干组, 例如 $p(p > 1)$ 组, 要求各个组内的状态变量实现同步. 由此我们可引入**分 $p$ 组精确边界同步性**的概念, 并给出下面精确的表述.

令整数 $p \geqslant 1$, 并记

$$0 = n_0 < n_1 < n_2 < \cdots < n_p = N \tag{1.21}$$

为一列整数, 使得对一切 $r(1 \leqslant r \leqslant p)$ 值均成立 $n_r - n_{r-1} \geqslant 2$. 这样, 我们将 $U$ 中的元素划分为 $p$ 组

$$(u^{(1)}, \cdots, u^{(n_1)}), (u^{(n_1+1)}, \cdots, u^{(n_2)}), \cdots, (u^{(n_{p-1}+1)}, \cdots, u^{(n_p)}). \tag{1.22}$$

称系统$(1.5)$在 $T > 0$ 时刻且分 $p$ 组精确边界同步性, 若成立: 对任意给定的初值 $(\widehat{U}_0, \widehat{U}_1) \in (L^2(\Omega))^N \times (H^{-1}(\Omega))^N$, 存在适当的支集在 $[0, T]$ 中的边界控制函数 $H \in L^2_{\mathrm{loc}}(0, +\infty; (L^2(\Gamma_1))^M)$, 使得相应问题的解 $U = U(t, x)$ 满足如下的终态条件

$$t \geqslant T: \begin{cases} u^{(1)} \equiv \cdots \equiv u^{(n_1)} := u_1, \\ u^{(n_1+1)} \equiv \cdots \equiv u^{(n_2)} := u_2, \\ \cdots \\ u^{(n_{p-1}+1)} \equiv \cdots \equiv u^{(n_p)} := u_p, \end{cases} \tag{1.23}$$

其中 $u = (u_1, \cdots, u_p)^{\mathrm{T}}$ 为事先未知的**分 $p$ 组精确同步态**.

记 $S_r$ 为如下的 $(n_r - n_{r-1} - 1) \times (n_r - n_{r-1})$ 矩阵:

$$S_r = \begin{pmatrix} 1 & -1 & 0 & \cdots & 0 \\ 0 & 1 & -1 & \cdots & 0 \\ \vdots & \vdots & \ddots & \ddots & \vdots \\ 0 & 0 & \cdots & 1 & -1 \end{pmatrix}, \tag{1.24}$$

并引入行满秩的 $(N-p) \times N$ **分 $p$ 组同步阵**$C_p$:

$$C_p = \begin{pmatrix} S_1 & & & \\ & S_2 & & \\ & & \ddots & \\ & & & S_p \end{pmatrix}. \tag{1.25}$$

分 $p$ 组精确边界同步性(1.23)等价于

$$t \geqslant T: \quad C_p U \equiv 0. \tag{1.26}$$

前面的一切结果在克服了一些技术上的困难后, 都可以类似地加以证明 (参见第六章及第七章). 例如, 假设通过 $N-p$ 个边界控制, 系统可实现分 $p$ 组精确边界同步性, 则我们可以推出相应的 $C_p$-**相容性条件**: 存在唯一的一个 $N-p$ 阶化约矩阵$\overline{A}_p$, 使成立

$$C_p A = \overline{A}_p C_p, \tag{1.27}$$

这意味着耦合矩阵$A$ 满足**分块行和条件**.

相应地, 若 $C_p$-相容性条件成立, 且区域 $\Omega$ 满足几何控制条件, 则存在适当大的 $T > 0$, 对任意满足 $\mathrm{rank}(C_p D) = N - p$ 的边界控制矩阵$D$, 系统(1.5)可实现 $t = T$ 时刻的分 $p$ 组精确边界同步性. 另一方面, 若 $\mathrm{rank}\, C_p D < N-p$, 特别地, 若 $\mathrm{rank}(D) < N-p$, 则不管 $T > 0$ 多么大, 系统均不能对所有初值 $(\widehat{U}_0, \widehat{U}_1) \in (L^2(\Omega))^N \times (H^{-1}(\Omega))^N$ 实现分 $p$ 组精确边界同步性.

综上所述, 我们将结果归纳在下面的表格 (表 1) 中.

表 1  分 $p$ 组精确边界同步性

| | $C_p$-相容性条件 | 边界控制的最少个数 |
|---|---|---|
| 精确边界零能控性 | | $N$ |
| 精确边界同步性 | $C_1 A = \overline{A}_1 C_1$ | $N-1$ |
| 分 2 组精确边界同步性 | $C_2 A = \overline{A}_2 C_2$ | $N-2$ |
| …… | …… | …… |
| 分 $p$ 组精确边界同步性 | $C_p A = \overline{A}_p C_p$ | $N-p$ |

那么, 若可以选取的边界控制函数的数目进一步减少呢? 我们还能得到更弱的同步性吗?

值得注意的是, 前面所说的能控性与同步性都要求在精确的意义下成立. 然而, 从应用的角度出发, 状态函数有一些小的误差也无关大局, 因此在近似的意义下能

控性以及同步性的要求也具有重要意义. 我们这儿考虑的是: 不论事先给定多么小的允许误差, 都能找到相应的边界控制函数, 使能控性或同步性在此误差许可的精度范围中实现. 由于误差的选取可以不断缩小, 这实际涉及一个极限的过程, 从而使得一些分析的手段可以有效地加以运用. 相应的能控性及同步性我们称之为**逼近边界零能控性**及**逼近边界同步性**.

## §5. 逼近边界零能控性

我们首先给出逼近边界零能控性的定义.

系统(1.5)具有在 $T > 0$ 时刻的**逼近边界零能控性**是指: 若对任意给定的初值 $(\widehat{U}_0, \widehat{U}_1) \in (L^2(\Omega))^N \times (H^{-1}(\Omega))^N$, 存在一系列支集在 $[0, T]$ 中的边界控制函数 $\{H_n\}, H_n \in L^2_{\mathrm{loc}}(0, +\infty; (L^2(\Gamma_1))^M)$, 使相应问题(1.5)—(1.6)的解序列 $\{U_n\}$ 在空间

$$C^0_{\mathrm{loc}}([T, +\infty); (L^2(\Omega))^N) \cap C^1_{\mathrm{loc}}([T, +\infty); (H^{-1}(\Omega))^N) \qquad (1.28)$$

中当 $n \to +\infty$ 时成立

$$U_n \to 0. \qquad (1.29)$$

显然, 精确边界零能控性蕴含着逼近边界零能控性. 但由上面的定义无法保证边界控制序列 $\{H_n\}$ 的极限存在, 故逼近边界零能控性一般并不意味着精确边界能控性.

考虑相应的伴随系统

$$\begin{cases} \Phi'' - \Delta\Phi + A^{\mathrm{T}}\Phi = 0, & (t, x) \in (0, +\infty) \times \Omega, \\ \Phi = 0, & (t, x) \in (0, +\infty) \times \Gamma, \\ t = 0: \quad \Phi = \widehat{\Phi}_0, \ \Phi' = \widehat{\Phi}_1 & x \in \Omega, \end{cases} \qquad (1.30)$$

其中 $A^{\mathrm{T}}$ 是 $A$ 的转置, 我们给出如下定义:

称伴随系统(1.30)在区间 $[0, T]$ 上是 $D$-**能观**的, 若成立

$$D^{\mathrm{T}}\partial_\nu\Phi \equiv 0, \quad (t, x) \in [0, T] \times \Gamma_1 \Longrightarrow (\widehat{\Phi}_0, \widehat{\Phi}_1) \equiv 0, \text{即}\Phi \equiv 0, \qquad (1.31)$$

其中 $\partial_\nu$ 表示边界上的外法向导数.

这里的 $D$-能观性, 仅仅是由某种唯一性所刻画的一种弱能观性, 并不能得到原问题的精确边界零能控性, 但是我们能证明下面结论 (参见第八章):

系统(1.5)在 $T > 0$ 时刻的逼近边界零能控性等价于伴随系统(1.30)在 $[0, T]$ 区间上的 $D$-能观性.

显然当 $M = N$ 时, 由 Holmgren 唯一性定理(见 [19], [66], [80]), 若采用 $N$ 个边界控制且 $T > 0$ 充分大, 无论区域是否满足几何控制条件, 系统(1.5)总是逼近边界零能控的.

特别需要指出的是, 即使 $M < N$, 我们仍可以实现原系统的逼近边界零能控性, 也就是说, 可以通过较少的边界控制来实现相应的要求.

然而, 将逼近边界零能控性等价地转化为伴随系统的 $D$-能观性, 还不能具体解决如何判定一个系统是否具有逼近边界零能控性的问题, 也无法清晰地刻画这一减弱的概念可以将所需的边界控制的个数减少到何种程度. 但我们仍旧可以得到一些有用的结论 (参见第八章):

若系统(1.5)具有 $T > 0$ 时刻的逼近边界零能控性, 则由 $A$ 和 $D$ 组成的下述扩张矩阵必为满秩阵, 即成立

$$\text{rank}(D, AD, \cdots, A^{N-1}D) = N. \tag{1.32}$$

这个必要条件可以帮助我们轻易地排除一批不符合要求的系统. 实际上,(1.32)就是形如

$$X' = AX + Du \tag{1.33}$$

的常微系统精确能控性的经典准则——Kalman 准则(见 [24], [77]), 其中 $u$ 是控制变量向量. 而在这里, 从不同的角度又一次发现了 Kalman 准则.

由于 Kalman 准则 (1.32)与 $T$ 无关, 在一般情况下它并不是伴随系统(1.11)具有 $D$-能观性的充分条件. 否则, $D$-能观性就可以一蹴而就, 而这与波具有有限的传播速度是矛盾的.

但当 $A$ 满足某些假设时, 对一些特殊的系统且 $T > 0$ 充分大时,Kalman 秩条件(1.32)仍可能成为逼近边界零能控性的充分条件. 例如, 一些一维空间中的波方程耦合系统、某些 $2 \times 2$ 系统、串联耦合系统, 以及更一般地, 具几何控制条件的幂零系统, 等等.

回顾前述的结论, 为实现系统(1.5)的精确边界零能控须成立 $M(= \text{rank}(D)) = N$, 即边界控制的个数应该等于状态变量的个数. 而系统(1.5)的逼近边界零能控性可以在 $M = \text{rank}(D)$ 很小、甚至 $M = \text{rank}(D) = 1$ 时实现. 尽管 $D$ 的秩可以很小, 但由于耦合阵 $A$ 的存在及影响, 为了实现逼近边界零能控性, 扩张矩阵 $(D, AD, \cdots, A^{N-1}D)$ 的秩仍应等于状态变量的个数 $N$. 由此我们可以说, $D$ 的秩 $M$ 是作用于 $\Gamma_1$ 上的 "直接" 边界控制的个数, 而 $\text{rank}(D, AD, \cdots, A^{N-1}D)$ 表示 "总"(含直接和间接) 控制的个数不同于精确边界零能控性, 对于逼近边界零能控性, 我们不仅应该考虑**直接边界控制的个数**, 还应考虑**总控制的个数**.

## §6. 逼近边界同步性

类似于逼近边界零能控性, 我们给出如下的定义:

系统(1.5)具有在 $T > 0$ 时刻的**逼近边界同步性**是指: 若对任意给定的初值 $(\widehat{U}_0, \widehat{U}_1) \in (L^2(\Omega))^N \times (H^{-1}(\Omega))^N$, 存在支集在 $[0,T]$ 中的边界控制函数列 $\{H_n\}, H_n \in L^2_{\text{loc}}(0,+\infty; (L^2(\Gamma_1))^M)$, 使相应问题(1.5)—(1.6)的解序列 $\{U_n\}$ 在空间

$$C^0_{\text{loc}}([T,+\infty); L^2(\Omega)) \cap C^1_{\text{loc}}([T,+\infty); H^{-1}(\Omega)) \tag{1.34}$$

中对一切 $1 \leqslant k, l \leqslant N$, 当 $n \to +\infty$ 时成立

$$u_n^{(k)} - u_n^{(l)} \to 0. \tag{1.35}$$

显然, 若系统(1.5)具有精确边界同步性, 则必然具有逼近边界同步性; 但其逆一般不成立.

此外, 逼近边界零能控性是逼近边界同步性的一个平凡的情况. 在研究逼近边界同步性时应事先剔除.

若系统(1.5)具有逼近边界同步性, 但不具有逼近边界零能控性, 如同精确边界同步性的情形, 可以证明此时耦合阵 $A$ 须满足同样的 $C_1$-相容性条件(1.12)(参见第九章).

在 $C_1$-相容性条件满足时, 令 $W_1 = C_1 U$, 可再次得到化约系统 (1.18)及与其相应的伴随问题 (**化约伴随问题**):

$$\begin{cases} \Psi_1'' - \Delta\Psi_1 + \overline{A}_1^{\text{T}}\Psi_1 = 0, & (t,x) \in (0,+\infty) \times \Omega, \\ \Psi_1 = 0, & (t,x) \in (0,+\infty) \times \Gamma, \\ t = 0: \quad \Psi_1 = \widehat{\Psi}_0, \ \Psi_1' = \widehat{\Psi}_1, & x \in \Omega. \end{cases} \tag{1.36}$$

类似于 $D$-能观性, 我们称化约伴随问题(1.36)在区间 $[0,T]$ 上是 $C_1 D$-**能观**的, 若成立

$$(C_1 D)^{\text{T}}\partial_\nu\Psi \equiv 0, \quad (t,x) \in [0,T] \times \Gamma_1 \Longrightarrow (\widehat{\Psi}_0, \widehat{\Psi}_1) \equiv 0, \text{即} \Psi \equiv 0. \tag{1.37}$$

可以证明 (参见第九章): 在 $C_1$-相容性条件成立的前提下, 原系统(1.5)在 $T > 0$ 时刻的逼近边界同步性等价于其化约伴随问题(1.36)在时间区间 $[0,T]$ 上的 $C_1 D$-能观性.

这样, 在 $C_1$-相容性条件成立时, 易见若 $\text{rank}(C_1 D) = N - 1$(这隐含着 $M \geqslant N - 1$), 则原系统(1.5)必具有逼近同步性, 而不要求区域满足几何控制条件.

值得注意的是, 即使 $\text{rank}(C_1 D) < N - 1$, 特别地,不足 $N - 1$ 个的边界控制仍可能实现逼近边界同步性.

此外, 如同逼近边界零能控性的情形, 在 $C_1$-相容性条件成立的前提下, 也可以类似证明: 系统 (1.5)具有 $T > 0$ 时刻的逼近边界同步性的一个必要条件是

$$\text{rank}(C_1 D, C_1 A D, \cdots, C_1 A^{N-1} D) = N - 1. \tag{1.38}$$

一般来说, 条件 (1.38)并不是逼近边界同步性的一个充分条件, 然而, 对 $A$ 满足一些附加条件时的特殊系统, 仍可以在 $T > 0$ 充分大时, 证明条件 (1.38)是充分的.

另一方面, 可以证明: 若系统(1.5)在边界控制矩阵$D$ 下具有逼近边界同步性, 则无论 $C_1$-相容性条件满足与否, 必成立

$$\text{rank}(D, AD, \cdots, A^{N-1} D) \geqslant N - 1, \tag{1.39}$$

这就是说, 为实现系统(1.5)的逼近边界同步性, 至少需要有 $N - 1$ 个总控制.

此外, 若成立

$$\text{rank}(D, AD, \cdots, A^{N-1} D) = N - 1. \tag{1.40}$$

即在最小的总控制个数下, 系统(1.5)具有逼近边界同步性, 则耦合阵 $A$ 须满足 $C_1$-相容性条件以及一些代数性质, 且存在一个标量函数 $u$ 满足：对所有 $1 \leqslant k \leqslant N$, 在空间 (1.34)上当 $n \to +\infty$ 时成立

$$u_n^{(k)} \to u. \tag{1.41}$$

这个标量函数 $u$ 称为**逼近同步态**, 它与所用边界控制序列 $\{H_n\}$ 的选取无关. 从而原系统在协同 (consensus) 意义下的逼近边界同步性隐含着在牵制 (pinning) 意义下的逼近边界同步性.

# § 7. 分 $p$ 组逼近边界同步性

一般地, 我们可以定义**分 $p$ 组逼近边界同步性** ($p \geqslant 1$), 并如 (1.22)所示对状态变量分组.

称系统(1.5)在 $T > 0$ 时刻具有分 $p$ 组逼近边界同步性, 若成立：对任意给定的初值 $(\widehat{U}_0, \widehat{U}_1) \in (L^2(\Omega))^N \times (H^{-1}(\Omega))^N$, 存在支集于 $[0, T]$ 中的边界控制列 $\{H_n\}, H_n \in L^2_{\text{loc}}(0, +\infty; (L^2(\Gamma_1))^M)$, 使得相应问题的解序列 $\{U_n\}$ 在空间

$$C^0_{\text{loc}}([T, +\infty); (L^2(\Omega))^{N-p}) \cap C^1_{\text{loc}}([T, +\infty); (H^{-1}(\Omega))^{N-p}) \tag{1.42}$$

中, 对 $n_{r-1} + 1 \leqslant k, l \leqslant n_r, 1 \leqslant r \leqslant p$, 当 $n \to +\infty$ 时成立

$$u_n^{(k)} - u_n^{(l)} \to 0, \tag{1.43}$$

或等价地, 当 $n \to +\infty$ 时成立

$$C_p U_n \to 0, \tag{1.44}$$

其中 $C_p$ 为由(1.24)—(1.25)所定义的同步阵.

　　类似于分 $p$ 组精确边界同步性, 同样可推得相应的 $C_p$-相容性条件(参见第十章): 存在一个唯一的 $N - p$ 阶化约矩阵 $\overline{A}_p$ 使得(1.27)成立. 在 $C_p$-相容性条件成立的前提下, 可得到系统具分 $p$ 组逼近边界同步性的一个必要条件——Kalman 准则:

$$\operatorname{rank}(C_p D, C_p A D, \cdots, C_p A^{N-1} D) = N - p. \tag{1.45}$$

另一方面, 可以证明: 若系统(1.5)在边界控制矩阵 $D$ 作用下具有分 $p$ 组逼近边界同步性, 则不论 $C_p$-相容性条件成立与否, 必成立

$$\operatorname{rank}(D, A D, \cdots, A^{N-1} D) \geqslant N - p, \tag{1.46}$$

即至少需要 $N - p$ 个总控制.

　　此外, 若系统(1.5)在最小秩条件

$$\operatorname{rank}(D, A D, \cdots, A^{N-1} D) = N - p \tag{1.47}$$

下具有分 $p$ 组逼近边界同步性, 则耦合阵 $A$ 须满足 $C_p$-相容性条件, 且 $\operatorname{Ker}(C_p)$ 有一个补空间 $V$ 也是 $A$ 的一个不变子空间. 此外, 逼近同步态 $u = (u_1, \cdots, u_p)^{\mathrm{T}}$ 与边界控制列 $\{H_n\}$ 的选取无关, 其中 $u_1, \cdots, u_p$ 为线性无关的标量函数. 因此, 原先在协同意义下的分 $p$ 组逼近边界同步性可化为牵制意义下的分 $p$ 组逼近边界同步性.

　　在下面表格 (表 2) 中我们给出一个总结.

### 表 2　分 $p$ 组逼近边界同步性

| | $C_p$-相容性条件 | 总控制的最小个数 |
|---|---|---|
| 逼近边界零能控性 | | $N$ |
| 逼近边界同步性 | $C_1 A = \overline{A}_1 C_1$ | $N - 1$ |
| 分 2 组逼近边界同步性 | $C_2 A = \overline{A}_2 C_2$ | $N - 2$ |
| ......... | ......... | ......... |
| 分 $p$ 组逼近边界同步性 | $C_p A = \overline{A}_p C_p$ | $N - p$ |

## §8. 诱导的逼近边界同步性

在最小秩条件(1.47)成立的前提下, 并不总是可以实现分 $p$ 组逼近边界同步性. 事实上, 记 $\mathbb{D}_p$ 为所有可以使系统 (1.5)实现分 $p$ 组逼近边界同步性的边界控制矩阵$D$ 的集合. 定义 $N_p$ 为总控制的最小个数:

$$N_p = \inf_{D \in \mathbb{D}_p} \operatorname{rank}(D, AD, \cdots, A^{N-1}D). \tag{1.48}$$

当矩阵 $A$ 满足合适的条件时, 可以证明

$$N_p = N - q, \tag{1.49}$$

其中 $q \leqslant p$ 为 $\operatorname{Ker}(C_p)$ 的最大子空间 $W$ 的维数, 且 $W$ 存在一个补空间 $V$ 使得 $W$ 及 $V$ 均为矩阵 $A$ 的不变子空间. 所以, 一般来说, $N - q$ 个总控制对于系统(1.5)实现分 $p$ 组逼近边界同步性是必要的, 而(1.44)只说明了其中 $N - p$ 状态变量收敛. 因此, 剩余的 $p - q$ 个缺失信息就隐藏在如下的最小秩条件中:

$$\operatorname{rank}(D, AD, \cdots, A^{N-1}D) = N - q. \tag{1.50}$$

由 $\operatorname{Ker}(C_q^*) = W$ 引入**诱导扩张矩阵**$C_q^*$. $\operatorname{Ker}(C_q^*)$ 是 $A$ 的最大子空间, 它包含在 $\operatorname{Ker}(C_p)$ 中, 且存在一个补空间 $V$, 使得 $W$ 和 $V$ 均为 $A$ 的不变子空间. 此外, 有如下的秩条件:

$$\operatorname{rank}(C_q^*D, C_q^*AD, \cdots, C_q^*A^{N-1}D) = N - q, \tag{1.51}$$

该条件是相应的化约系统

$$\begin{cases} W'' - \Delta W + A_q^*W = 0, & (t,x) \in (0, +\infty) \times \Omega, \\ W = 0, & (t,x) \in (0, +\infty) \times \Gamma_0, \\ W = C_q^*DH, & (t,x) \in (0, +\infty) \times \Gamma_1 \end{cases} \tag{1.52}$$

具初值

$$t = 0: \quad W = C_q^*\widehat{U}_0, \ W' = C_q^*\widehat{U}_1, \quad x \in \Omega \tag{1.53}$$

的逼近边界零能控性的一个必要条件, 其中 $W = C_q^*U$, 而 $A_q^*$ 满足 $C_q^*A = A_q^*C_q^*$.

对第十一章中将讨论的一些特殊情形, 上述秩条件 (1.51)对化约系统(1.52)的逼近边界零能控性不仅是必要的, 且是充分的. 此时, 在空间

$$C_{\text{loc}}^0([T, +\infty); (L^2(\Omega))^{N-q}) \cap C_{\text{loc}}^1([T, +\infty); (H^{-1}(\Omega))^{N-q}) \tag{1.54}$$

中当 $n \to +\infty$ 时成立

$$C_q^*U_n \to 0. \tag{1.55}$$

这时, 称系统(1.5)是**诱导逼近同步的** (induced approximately synchronizable).

(1.55)提供了 $N-q$ 个状态变量的收敛性, 通过这种方式, 我们重现了(1.44)中缺失的 $p-q$ 个信息. 此外, 存在一些与边界控制列 $\{H_n\}$ 的选取无关的标量函数 $u_1, \cdots, u_p$, 使得系统的相应解序列 $\{U_n\}$ 在空间 (1.34)中当 $n \to +\infty$ 时成立

$$u_n^{(k)} \to u_r, \qquad \forall n_{r-1}+1 \leqslant k \leqslant n_r, \ 1 \leqslant r \leqslant p. \tag{1.56}$$

这样, 系统在协同意义下的分 $p$ 组逼近边界同步性事实上蕴含了牵制意义下的逼近边界同步性. 然而, 除了 $N_p = N-p$ 的情形, 这些标量函数 $u_1, \cdots, u_p$ 是线性相关的（参见第十一章）.

## § 9. 章节概述

本书的章节安排如下.

在第二章中我们将介绍本书所需的一些线性代数的预备知识.

在第 I 部分 (第三至十一章) 中, 我们讨论具 Dirichlet 边界控制的波动方程耦合系统的精确边界同步性（见 I1 第三至七章）及逼近边界同步性（见 I2 第八至十一章）.

第 II 部分 (第十二至十八章) 分别讨论具如下 Neumann 边界控制

$$\partial_\nu U = DH, \quad (t,x) \in (0,+\infty) \times \Gamma_1 \tag{1.57}$$

的波动方程耦合系统的精确边界同步性（见 II1 第十二至十五章）及逼近边界同步性（见 II2 第十六至十八章）, 其中 $\partial_\nu$ 为单位外法向导数.

第 III 部分（第十九至三十一章）分别讨论具如下耦合 Robin 边界控制

$$\partial_\nu U + BU = DH, \quad (t,x) \in (0,+\infty) \times \Gamma_1 \tag{1.58}$$

的波动方程耦合系统的精确边界同步性（见 III1 第十九至二十五章）及逼近边界同步性（见 III2 第二十六至三十一章）, 其中 $B = (b_{ij})$ 是 $N$ 阶具常数元素的**边界耦合矩阵**.

尽管第 II 部分和第 III 部分中的内容安排与第 I 部分类似, 但相较于具 Dirichlet 边界条件的情形, 具 Neumann 边界条件或耦合 Robin 边界条件的相应问题的解正则性较差, 此外, 由于耦合 Robin 边界条件带来了系统的第二个耦合矩阵, 从技术上来讲, 我们将遇到更多的困难, 势必要采取一些不同的新处理方法. 在此我们不赘述细节.

在本书的"结束语", 我们给出了一些相关的文献以及对精确及逼近边界同步性的一些进一步研究前景.

# 第二章

# 代数预备知识

在本章, $A$ 为 $N$ 阶矩阵, $D$ 为 $N \times M$ 阶列满秩矩阵 $(M \leqslant N)$, $C_p$ 为 $(N-p) \times N$ 阶行满秩矩阵 $(0 < p < N)$. 这些矩阵均是具常数元素的矩阵.

## §1. 双正交性

**定义 2.1** $W$ 和 $V$ 是 $\mathbb{R}^N$ 的两个子空间. $V$ 称为 $W$ 的一个**补空间**, 若成立

$$W + V = \mathbb{R}^N, \quad W \cap V = \{0\}, \tag{2.1}$$

其中 $W$ 与 $V$ 的和定义为

$$W + V = \{w + v: \quad w \in W, \quad v \in V\}. \tag{2.2}$$

此时, $W$ 也是 $V$ 的一个补空间.

利用维数公式

$$\dim(W + V) = \dim(W) + \dim(V) - \dim(W \cap V), \tag{2.3}$$

可直接得到如下的

**命题 2.1** 设 $W$ 和 $V$ 是 $\mathbb{R}^N$ 的子空间, 则 $V$ 是 $W$ 的一个补空间当且仅当

$$\dim(W) + \dim(V) = N, \quad W \cap V = \{0\}. \tag{2.4}$$

特别地, $W$ 与 $V^\perp$ (或 $W^\perp$ 与 $V$) 的维数相等.

**定义 2.2** (参见 [15], [90]) $V$ 和 $W$ 是 $\mathbb{R}^N$ 的两个 $d$ 维子空间 $(0 < d \leqslant N)$, 称 $V$ 与 $W$ **双正交** (bi-orthonormal), 若成立: 存在 $V$ 的一组基 $(\epsilon_1, \cdots, \epsilon_d)$ 与 $W$ 的一组基 $(\eta_1, \cdots, \eta_d)$ 满足

$$(\epsilon_k, \eta_l) = \delta_{kl}, \quad 1 \leqslant k, l \leqslant d, \tag{2.5}$$

其中 $\delta_{kl}$ 为克罗内克符号 (Kronecker symbol).

**命题 2.2** 设 $V$ 和 $W$ 是 $\mathbb{R}^N$ 的两个子空间, 则 $V$ 和 $W$ 维数相等当且仅当

$$\dim(V^\perp \cap W) = \dim(V \cap W^\perp). \tag{2.6}$$

**证** 一方面, 由

$$(V^\perp + W)^\perp = V \cap W^\perp \tag{2.7}$$

可得

$$\dim(V^\perp + W) = N - \dim(V \cap W^\perp). \tag{2.8}$$

另一方面, 注意到(2.3), 有

$$\dim(V^\perp + W) = \dim(V^\perp) + \dim(W) - \dim(V^\perp \cap W). \tag{2.9}$$

这样,

$$\dim(V^\perp) + \dim(W) - \dim(V^\perp \cap W) = N - \dim(V \cap W^\perp), \tag{2.10}$$

即

$$\dim(W) - \dim(V) = \dim(V^\perp \cap W) - \dim(V \cap W^\perp), \tag{2.11}$$

命题得证. □

**命题 2.3** 设 $V$ 和 $W$ 是 $\mathbb{R}^N$ 的两个非平凡的子空间, 则 $V$ 和 $W$ 双正交的充分必要条件是

$$V^\perp \cap W = V \cap W^\perp = \{0\}. \tag{2.12}$$

**证** 假设(2.12)成立, 由命题2.2可知, $V$ 和 $W$ 具有相同的维数 $d$.

为了证明 $V$ 和 $W$ 是双正交的, 我们需要在条件 (2.12) 下构造 $V$ 的一组基 $(\epsilon_1, \cdots, \epsilon_d)$ 和 $W$ 的一组基 $(\eta_1, \cdots, \eta_d)$, 使得(2.5)成立. 为此, 任取 $(\epsilon_1, \cdots, \epsilon_d)$ 为空间 $V$ 的一组基. 对每个指标 $i(1 \leqslant i \leqslant d)$, 定义 $V$ 的子空间 $V_i$ 为

$$V_i = \text{Span}\{\epsilon_1, \cdots, \epsilon_{i-1}, \epsilon_{i+1}, \cdots, \epsilon_d\}. \tag{2.13}$$

因为由(2.3)易得

$$\dim(W \cap V_i^\perp) \geqslant \dim(W) + \dim(V_i^\perp) - N \tag{2.14}$$

$$= d + (N - d + 1) - N = 1, \tag{2.15}$$

故存在一个非平凡向量 $\eta_i \in W \cap V_i^\perp$, 使得 $(\epsilon_i, \eta_i) \neq 0$. 否则, $\eta_i \in V^\perp$, 由(2.12)可得 $\eta_i \in W \cap V^\perp = \{0\}$, 这导致了矛盾. 于是, 我们可以选取 $\eta_i$ 使得 $(\epsilon_i, \eta_i) = 1$. 此外, 由 $\eta_i \in V_i^\perp$ 易得

$$(\epsilon_j, \eta_i) = 0, \quad j = 1, \cdots, i-1, i+1, \cdots, d. \tag{2.16}$$

这样, 我们得到了 $W$ 中的一族向量 $(\eta_1, \cdots, \eta_d)$ 满足关系式(2.5), 因此, 向量 $\eta_1, \cdots, \eta_d$ 是线性无关的. 由于 $W$ 与 $V$ 具有相同的维数 $d$, 这组线性无关的向量 $(\eta_1, \cdots, \eta_d)$ 就是 $W$ 的一组基.

反之, 假设 $V$ 与 $W$ 双正交. 设 $(\epsilon_1, \cdots, \epsilon_d)$ 和 $(\eta_1, \cdots, \eta_d)$ 分别为 $V$ 和 $W$ 的基, 且满足(2.5). 由于 $V$ 和 $W$ 维数相等, 根据命题2.2, 只需验证 $V^\perp \cap W = \{0\}$ 即可得(2.12). 为此目的, 设 $x \in V^\perp \cap W$. 由于 $x \in W$, 存在一组系数 $\alpha_k (k = 1, \cdots, d)$ 使得

$$x = \sum_{k=1}^{d} \alpha_k \eta_k. \tag{2.17}$$

注意到 $x \in V^\perp$, 由双正交关系式(2.5)可得

$$0 = (x, \epsilon_l) = \sum_{k=1}^{d} \alpha_k (\eta_k, \epsilon_l) = \alpha_l, \quad 1 \leqslant l \leqslant d. \tag{2.18}$$

因此 $x = 0$, 从而 $V^\perp \cap W = \{0\}$. □

**定义 2.3** 设 $V$ 是 $\mathbb{R}^N$ 的一个子空间, 称 $V$ 关于矩阵 $A$ 是不变的, 若成立

$$AV \subseteq V. \tag{2.19}$$

**命题 2.4** (参见 [26]) $\mathbb{R}^N$ 的子空间 $V$ 是 $A$ 的不变子空间, 当且仅当其正交补空间 $V^\perp$ 是 $A^{\mathrm{T}}$ 的不变子空间. 特别地, 对任意给定的矩阵 $C$, 因为 $\{\mathrm{Ker}(C)\}^\perp = \mathrm{Im}(C^{\mathrm{T}})$, $\mathrm{Ker}(C)$ 关于 $A$ 是不变的当且仅当 $\mathrm{Im}(C^{\mathrm{T}})$ 关于矩阵 $A^{\mathrm{T}}$ 是不变的.

此外, 存在一个 $V$ 的补空间 $W$ 使得 $V$ 和 $W$ 均为 $A$ 的不变子空间, 当且仅当正交补空间 $V^\perp$ 和 $W^\perp$ 均为 $A^{\mathrm{T}}$ 的不变子空间, 且 $W^\perp$ 是 $V^\perp$ 的补空间.

**证** 假设 $V \subseteq \mathbb{R}^N$ 为矩阵 $A$ 的一个不变子空间. 由定义可知

$$(Ax, y)_{\mathbb{R}^N} = (x, A^{\mathrm{T}} y)_{\mathbb{R}^N} = 0, \quad \forall x \in V, \quad \forall y \in V^\perp, \tag{2.20}$$

从而命题的第一部分得证.

现假设 $V$ 存在一个补空间 $W$ 使得 $V$ 与 $W$ 均为 $A$ 的不变子空间. 由命题的第一部分, $V^\perp$ 和 $W^\perp$ 均为 $A^{\mathrm{T}}$ 的不变子空间. 此外, 等式

$$V^\perp \cap W^\perp = \{V \oplus W\}^\perp = \{0\} \tag{2.21}$$

说明了 $W^\perp$ 是 $V^\perp$ 的一个补空间, 命题的第二部分亦得证. □

**命题 2.5** 设 $W$ 为 $A^{\mathrm{T}}$ 的一个非平凡的不变子空间, 则 $W$ 存在一个关于 $A^{\mathrm{T}}$ 不变的补空间 $V^\perp$, 当且仅当 $V$ 与 $W$ 双正交, 且 $V$ 是 $A$ 的一个不变子空间.

**证** 设 $V$ 是 $A$ 的一个不变子空间且与 $W$ 双正交. 由命题 2.4, $V^\perp$ 是 $A^{\mathrm{T}}$ 的一个不变子空间. 由定义 2.1, (2.12) 成立. 由命题 2.3, $V$ 和 $W$ 维数相等, 从而

$$\dim(V^\perp) + \dim(W) = N - \dim(V) + \dim(W) = N. \tag{2.22}$$

根据命题 2.1, $V^\perp$ 是 $W$ 的一个补空间.

反之, 若 $V^\perp$ 是 $W$ 的一个补空间, 且关于 $A^{\mathrm{T}}$ 不变. 由命题 2.4, $(V^\perp)^\perp = V$ 是 $A$ 的一个不变子空间. 另一方面, 由于 $V^\perp$ 是 $W$ 的一个补空间, 由命题 2.1, 有

$$N = \dim(V^\perp) + \dim(W) = N - \dim(V) + \dim(W), \tag{2.23}$$

因此 $V$ 与 $W$ 具有相同的维数 $d > 0$. 此外, 注意到 $V^\perp \cap W = \{0\}$, 根据命题 2.1 可得 (2.12). 于是由命题 2.3 可得 $V$ 与 $W$ 双正交. □

由对偶性, 命题 2.5 也可以表示成如下的命题.

**命题 2.6** 设 $V$ 是 $A$ 的一个非平凡的不变子空间, 则 $V$ 存在一个关于 $A$ 不变的补空间 $W^\perp$, 当且仅当 $W$ 与 $V$ 双正交, 且 $W$ 关于 $A^{\mathrm{T}}$ 是不变的.

**注 2.1** $W^\perp$ 是 $V$ 的一个补空间且关于 $A$ 不变, 于是矩阵 $A$ 关于空间的分解 $V \oplus W^\perp$ 可分块对角化, 其中 $\oplus$ 表示子空间的直和.

**命题 2.7** 设 $C$ 和 $K$ 分别为 $M \times N$ 阶和 $N \times L$ 阶的矩阵, 则等式

$$\mathrm{rank}(CK) = \mathrm{rank}(K) \tag{2.24}$$

成立当且仅当

$$\mathrm{Ker}(C) \cap \mathrm{Im}(K) = \{0\}. \tag{2.25}$$

**证** 由 $\mathcal{C}x = Cx, \forall x \in \mathrm{Im}(K)$ 定义线性映射 $\mathcal{C}$, 就有

$$\mathrm{Im}(\mathcal{C}) = \mathrm{Im}(CK), \quad \mathrm{Ker}(\mathcal{C}) = \mathrm{Ker}(C) \cap \mathrm{Im}(K). \tag{2.26}$$

由秩-零化度定理 (Rank-nullity Theorem):

$$\dim \mathrm{Im}(\mathcal{C}) + \dim \mathrm{Ker}(\mathcal{C}) = \mathrm{rank}(K), \tag{2.27}$$

可得

$$\text{rank}\,(CK) + \dim\,(\text{Ker}(C) \cap \text{Im}(K)) = \text{rank}(K), \tag{2.28}$$

由此立得命题 2.7的结论.  □

# § 2. Kalman 准则

**命题 2.8** 设 $d \geqslant 0$ 为一个整数, 我们有以下断言:

(i) 秩条件

$$\text{rank}(D, AD, \cdots, A^{N-1}D) \geqslant N - d \tag{2.29}$$

成立当且仅当包含在 $\text{Ker}(D^{\text{T}})$ 中的任何给定的 $A^{\text{T}}$ 的不变子空间的维数不超过 $d$.

(ii) 秩条件

$$\text{rank}(D, AD, \cdots, A^{N-1}D) = N - d \tag{2.30}$$

成立当且仅当包含在 $\text{Ker}(D^{\text{T}})$ 中且为 $A^{\text{T}}$ 的不变子空间的最大维数等于 $d$.

**证** (i) 记

$$K = (D, AD, \cdots, A^{N-1}D) \tag{2.31}$$

且 $V \subseteq \text{Ker}(D^{\text{T}})$ 为 $A^{\text{T}}$ 的一个不变子空间. 显然,

$$V \subseteq \text{Ker}(K^{\text{T}}). \tag{2.32}$$

若(2.29)成立, 则

$$\dim(V) \leqslant \dim \text{Ker}(K^{\text{T}}) = N - \text{rank}(K^{\text{T}}) \leqslant N - (N-d) = d. \tag{2.33}$$

反之, 若(2.29)不成立, 则

$$\dim \text{Ker}(K^{\text{T}}) = N - \text{rank}(K^{\text{T}}) > N - (N-d) = d. \tag{2.34}$$

因此存在 $d+1$ 个线性无关的向量 $w_1, \cdots, w_d, w_{d+1} \in \text{Ker}(K^{\text{T}})$. 特别地, 成立

$$\text{Span} \bigcup_{1 \leqslant k \leqslant d+1} \{w_k, A^{\text{T}}w_k, \cdots, (A^{\text{T}})^{N-1}w_k\} \subseteq \text{Ker}(D^{\text{T}}). \tag{2.35}$$

由凯莱-哈密顿定理 (Cayley-Hamilton's Theorem), 子空间

$$\text{Span} \bigcup_{1 \leqslant k \leqslant d+1} \{w_k, A^{\text{T}}w_k, \cdots, (A^{\text{T}})^{N-1}w_k\} \tag{2.36}$$

关于 $A^{\text{T}}$ 不变且其维数大于等于 $d+1$.

(ii) (2.30)可以改写成

$$\text{rank}(D, AD, \cdots, A^{N-1}D) \geqslant N - d \tag{2.37}$$

且

$$\text{rank}(D, AD, \cdots, A^{N-1}D) \leqslant N - d. \tag{2.38}$$

秩条件(2.37)意味着 $\dim(V) \leqslant d$, 其中 $V \subseteq \text{Ker}(D^{\text{T}})$ 为任意一个给定的 $A^{\text{T}}$ 的不变子空间. 而由断言 (i) 可知, 秩条件 (2.38)说明, 存在一个 $A^{\text{T}}$ 的不变子空间 $V_0 \subseteq \text{Ker}(D^{\text{T}})$ 使得 $(V_0) \geqslant d$. 从而断言 (ii) 得证. □

作为上述定理的一个直接推论, 我们可以容易地得到下面著名的 Hautus 测试(参见 [18]).

**推论 2.9** Kalman 秩条件

$$\text{rank}(D, AD, \cdots, A^{N-1}D) = N \tag{2.39}$$

等价于 Hautus 测试的判据

$$\text{rank}(D, A - \lambda I) = N, \quad \forall \lambda \in \mathbb{C}. \tag{2.40}$$

**证** 注意到

$$\text{Ker}(D, A - \lambda I)^{\text{T}} = \text{Ker}(D^{\text{T}}) \cap \text{Ker}(A^{\text{T}} - \lambda I), \tag{2.41}$$

(2.40)等价于

$$\text{Ker}(D^{\text{T}}) \cap \text{Ker}(A^{\text{T}} - \lambda I) = \{0\}, \tag{2.42}$$

即 $A^{\text{T}}$ 的特征向量均不属于 $\text{Ker}(D^{\text{T}})$. 因此, $\text{Ker}(D^{\text{T}})$ 不含有 $A^{\text{T}}$ 的任一不变子空间, 这正是命题2.8在 $d = 0$ 的情形. □

# §3. $C_p$-相容性条件

**定义 2.4** 若存在唯一的 $N - p$ 阶矩阵 $\overline{A}_p$ 使得

$$C_p A = \overline{A}_p C_p, \tag{2.43}$$

则称矩阵 $A$ 满足 $C_p$-相容性条件, 而矩阵 $\overline{A}_p$ 为 $A$ 关于 $C_p$ 的化约矩阵.

**命题 2.10** 矩阵 $A$ 满足 $C_p$-相容性条件当且仅当 $\mathrm{Ker}(C_p)$ 为 $A$ 的一个不变子空间, 即成立

$$A\mathrm{Ker}(C_p) \subseteq \mathrm{Ker}(C_p). \tag{2.44}$$

此外, 化约矩阵 $\overline{A}_p$ 可表示为

$$\overline{A}_p = C_p A C_p^+, \tag{2.45}$$

其中 $C_p^+$ 为 $C_p$ 的摩尔-彭罗斯广义逆 (Moore-Penrose inverse):

$$C_p^+ = C_p^{\mathrm{T}}(C_p C_p^{\mathrm{T}})^{-1}. \tag{2.46}$$

**证** 假设(2.43)成立, 则

$$\mathrm{Ker}(C_p) \subseteq \mathrm{Ker}(\overline{A}_p C_p) = \mathrm{Ker}(C_p A). \tag{2.47}$$

由于对任意给定的 $x \in \mathrm{Ker}(C_p)$ 成立 $C_p A x = 0$, 故

$$Ax \in \mathrm{Ker}(C_p), \qquad \forall x \in \mathrm{Ker}(C_p),$$

即(2.44)成立.

反之, 若(2.44)成立, 由命题2.4可得

$$A^{\mathrm{T}}\mathrm{Im}(C_p^{\mathrm{T}}) \subseteq \mathrm{Im}(C_p^{\mathrm{T}}). \tag{2.48}$$

因此存在 $N - p$ 阶矩阵 $\overline{A}_p$ 使得

$$A^{\mathrm{T}}C_p^{\mathrm{T}} = C_p^{\mathrm{T}}\overline{A}_p^{\mathrm{T}}, \tag{2.49}$$

即(2.43)成立.

此外, 记 $(e_1, \cdots, e_p)$ 为 $\mathrm{Ker}(C_p)$ 的一组基. 由(2.44)可得

$$(C_p A - \overline{A}_p C_p)(e_1, \cdots, e_p, C_p^{\mathrm{T}}) = (0, \cdots, 0, (C_p A - \overline{A}_p C_p)C_p^{\mathrm{T}}). \tag{2.50}$$

因为 $N \times N$ 阶矩阵 $(e_1, \cdots, e_p, C_p^{\mathrm{T}})$ 是可逆的,(2.43)等价于

$$(C_p A - \overline{A}_p C_p)C_p^{\mathrm{T}} = 0. \tag{2.51}$$

因矩阵 $C_p C_p^{\mathrm{T}}$ 可逆, 由此可得

$$\overline{A}_p = C_p A C_p^{\mathrm{T}}(C_p C_p^{\mathrm{T}})^{-1}, \tag{2.52}$$

从而立得 (2.45)—(2.46). $\qquad\qquad\qquad\qquad\qquad\qquad\qquad\qquad\qquad\square$

**命题 2.11** 设矩阵 $A$ 满足 $C_p$-相容性条件, 则对于任何给定的 $N \times M$ 阶矩阵 $D$, 有

$$\text{rank}(C_p D, \overline{A}_p C_p D, \cdots, \overline{A}_p^{N-p-1} C_p D) \tag{2.53}$$
$$= \text{rank}(C_p D, C_p A D, \cdots, C_p A^{N-1} D).$$

**证** 根据 Cayley-Hamilton 定理, 有

$$\text{rank}(C_p D, \overline{A}_p C_p D, \cdots, \overline{A}_p^{N-p-1} C_p D) \tag{2.54}$$
$$= \text{rank}(C_p D, \overline{A}_p C_p D, \cdots, \overline{A}_p^{N-1} C_p D).$$

于是注意到对任意给定的整数 $l \geqslant 0$ 有 $C_p A^l = \overline{A}_p^l C_p$, 就得到

$$(C_p D, \overline{A}_p C_p D, \cdots, \overline{A}_p^{N-1} C_p D) \tag{2.55}$$
$$= (C_p D, C_p A D, \cdots, C_p A^{N-1} D).$$

$\square$

**定义 2.5** 若 $V$ 是 $A$ 的一个不变子空间, 且 $A$ 在 $V$ 中存在一组 Jordan 基可延拓 (通过添加新的向量) 成 $A$ 在 $\mathbb{C}^N$ 中的一组 Jordan 基, 则称子空间 $V$ 是**具有 $A$ 特征的** (*A*-marked). 若 $V$ 是 $A$ 的一个不变子空间, 且 $A$ 在 $V$ 中的任意一组 Jordan 基均可延拓成 $A$ 在 $\mathbb{C}^N$ 中的一组 Jordan 基, 则称子空间 $V$ 为**显著具有 $A$ 特征的** (strongly *A*-marked).

显然, $A$ 的特征向量所张成的任何子空间均是显著具有 $A$ 特征的. 此外, 若 $A$ 的每个特征值 $\lambda$ 或者是半单的(即 $\lambda$ 具有相同的代数重数和几何重数), 或者成立 $\dim \text{Ker}(A - \lambda I) = 1$, 那么 $A$ 的每个不变子空间均是显著具有 $A$ 特征的.

在线性代数中我们常忽略不具有 $A$ 特征的不变子空间的存在性, 可参考 [9] 中内容作为一个相对完整的补充.

**定义 2.6** 设矩阵 $A$ 满足 $C_p$-相容性条件(2.43), 称 $(N-q) \times N (0 \leqslant q < p)$ 阶的行满秩矩阵 $C_q^*$ 是 $C_p$ **关于 $A$ 的诱导扩张阵**, 若成立

(a) $\text{Ker}(C_q^*) \subset \text{Ker}(C_p^{\text{T}})$,

(b) $\text{Ker}(C_q^*)$ 是 $A$ 的一个不变子空间, 且存在其一个补空间仍为 $A$ 的一个不变子空间.

(c) $\text{Ker}(C_q^*)$ 是满足条件 (a)、(b) 的最大子空间.

由对偶性, 上述条件可写成:

(i) $\text{Im}(C_q^{*\text{T}}) \supset \text{Im}(C_p^{\text{T}})$,

(ii) $\text{Im}(C_q^{*\text{T}})$ 是 $A^{\text{T}}$ 的一个不变子空间, 且存在其一个补空间仍为 $A^{\text{T}}$ 的一个不变子空间.

(iii) $\operatorname{Im}(C_q^{*\mathrm{T}})$ 是满足条件 (i)、(ii) 的最小子空间.

以上定义给出了诱导扩张阵 $C_q^*$ 的一个直接构造方法.

令

$$\mathcal{E}_0^{(j)} = 0, \quad A^{\mathrm{T}}\mathcal{E}_i^{(j)} = \lambda_j \mathcal{E}_i^{(j)} + \mathcal{E}_{i-1}^{(j)}, \quad 1 \leqslant i \leqslant m_j, \quad 1 \leqslant j \leqslant r \tag{2.56}$$

表示 $A^{\mathrm{T}}$ 的包含在空间 $\operatorname{Im}(C_p^{\mathrm{T}})$ 中的 Jordan 链.

假设子空间 $\operatorname{Im}(C_p^{\mathrm{T}})$ 是具有 $A^{\mathrm{T}}$ 特征的, 则对任意给定的 $j(1 \leqslant j \leqslant r)$, 存在新的根向量 $\mathcal{E}_{m_j+1}^{(j)}, \cdots, \mathcal{E}_{m_j^*}^{(j)}$, 将 $\operatorname{Im}(C_p^{\mathrm{T}})$ 中的 Jordan 链扩张成 $\mathbb{C}^N$ 中的 Jordan 链:

$$\mathcal{E}_0^{(j)} = 0, \quad A^{\mathrm{T}}\mathcal{E}_i^{(j)} = \lambda_j \mathcal{E}_i^{(j)} + \mathcal{E}_{i-1}^{(j)}, \quad 1 \leqslant i \leqslant m_j^*, \quad 1 \leqslant j \leqslant r. \tag{2.57}$$

从而, 可以定义 $(N-q) \times N$ 阶行满秩矩阵

$$C_q^{*\mathrm{T}} = (\mathcal{E}_1^{(1)}, \cdots, \mathcal{E}_{m_1^*}^{(1)}; \cdots \cdots; \mathcal{E}_1^{(r)}, \cdots, \mathcal{E}_{m_r^*}^{(r)}), \tag{2.58}$$

其中

$$q = N - \sum_{j=1}^{r} m_j^*. \tag{2.59}$$

下面的命题验证了上述构造的合理性.

**命题 2.12** 设矩阵 $A$ 满足 $C_p$-相容性条件(2.43), 且子空间 $\operatorname{Im}(C_p^{\mathrm{T}})$ 是具有 $A^{\mathrm{T}}$ 特征的, 则由 (2.58)定义的矩阵 $C_q^*$ 满足要求 (i)—(iii).

**证** 显然, $\operatorname{Im}(C_p^{\mathrm{T}}) \subseteq \operatorname{Im}(C_q^{*\mathrm{T}})$. 另一方面, 由 Jordan 定理, 空间 $\mathbb{C}^N$ 可分解为 $A^{\mathrm{T}}$ 的所有 Jordan 子空间的直和, 故 $\operatorname{Im}(C_q^{*\mathrm{T}})$, 作为某些 Jordan 子空间的直和, 关于 $A^{\mathrm{T}}$ 是不变的, 且存在一个补空间关于 $A^{\mathrm{T}}$ 亦是不变的. 这样, 我们只需验证 $\operatorname{Im}(C_q^{*\mathrm{T}})$ 是满足条件 (i), (ii) 的最小子空间即可.

若 $q = p$, 则 $C_q^* = C_p$ 显然是所要求的最小子空间. 若 $q < p$, 则至少存在一个根向量 $\mathcal{E}_{m_j^*}^{(j)} \notin \operatorname{Im}(C_p^{\mathrm{T}})$. 不失一般性, 假设 $\mathcal{E}_{m_1^*}^{(1)} \notin \operatorname{Im}(C_p^{\mathrm{T}})$. 我们从 $\operatorname{Im}(C_q^{*\mathrm{T}})$ 中抹去该根向量, 并令

$$\widehat{C}_q^{*\mathrm{T}} = (\mathcal{E}_1^{(1)}, \cdots, \mathcal{E}_{m_1^*-1}^{(1)}; \cdots, \mathcal{E}_1^{(r)}, \cdots, \mathcal{E}_{m_r^*}^{(r)}). \tag{2.60}$$

可以断言: $\operatorname{Im}(\widehat{C}_q^{*\mathrm{T}})$ 的任何补空间均不是 $A^{\mathrm{T}}$ 的不变子空间.

若不然, 假设 $\operatorname{Im}(\widehat{C}_q^{*\mathrm{T}})$ 存在一个关于 $A^{\mathrm{T}}$ 是不变的补空间 $\widehat{W}$, 则存在 $\widehat{x} \in \operatorname{Im}(\widehat{C}_q^{*\mathrm{T}})$ 和 $\widehat{y} \in \widehat{W}$, 使得

$$\mathcal{E}_{m_1^*}^{(1)} = \widehat{x} + \widehat{y}. \tag{2.61}$$

注意到

$$A^{\mathrm{T}} \mathcal{E}_{m_1^*}^{(1)} = \lambda_1 \mathcal{E}_{m_1^*}^{(1)} + \mathcal{E}_{m_1^*-1}^{(1)}, \tag{2.62}$$

可得

$$A^{\mathrm{T}} \widehat{x} + A^{\mathrm{T}} \widehat{y} = \lambda_1 (\widehat{x} + \widehat{y}) + \mathcal{E}_{m_1^*-1}^{(1)}. \tag{2.63}$$

于是得到

$$(A^{\mathrm{T}} - \lambda_1)\widehat{x} - \mathcal{E}_{m_1^*-1}^{(1)} + (A^{\mathrm{T}} - \lambda_1)\widehat{y} = 0. \tag{2.64}$$

另一方面, 注意到

$$(A^{\mathrm{T}} - \lambda_1)\widehat{x} - \mathcal{E}_{m_1^*-1}^{(1)} \in \mathrm{Im}(\widehat{C}_q^{*\mathrm{T}}) \quad \text{及} \quad (A^{\mathrm{T}} - \lambda_1)\widehat{y} \in \widehat{W}, \tag{2.65}$$

由 (2.64)可得

$$A^{\mathrm{T}} \widehat{x} = \lambda_1 \widehat{x} + \mathcal{E}_{m_1^*-1}^{(1)} \quad \text{及} \quad A^{\mathrm{T}} \widehat{y} = \lambda_1 \widehat{y} , \tag{2.66}$$

故

$$A^{\mathrm{T}}(\widehat{x} - \mathcal{E}_{m_1^*}^{(1)}) = \lambda_1 (\widehat{x} - \mathcal{E}_{m_1^*}^{(1)}). \tag{2.67}$$

由于 $(\widehat{x} - \mathcal{E}_{m_1^*}^{(1)}) \in \mathrm{Span}\{\mathcal{E}_1^{(1)}, \cdots, \mathcal{E}_{m_1^*}^{(1)}\}$, 且 $\mathcal{E}_1^{(1)}$ 是 $A^{\mathrm{T}}$ 在 $\mathrm{Span}\{\mathcal{E}_1^{(1)}, \cdots, \mathcal{E}_{m_1^*}^{(1)}\}$ 中的仅有的特征向量, 必存在 $a \in \mathbb{R}$, 使得 $\widehat{x} - \mathcal{E}_{m_1^*}^{(1)} = a\mathcal{E}_1^{(1)}$, 也就是说, $\widehat{x} - a\mathcal{E}_1^{(1)} = \mathcal{E}_{m_1^*}^{(1)}$. 由 $\widehat{x}$ 和 $\mathcal{E}_1^{(1)}$ 均属于 $\mathrm{Im}(\widehat{C}_q^{*\mathrm{T}})$, 所以 $\widehat{x} - a\mathcal{E}_1^{(1)}$ 亦如此. 但由(2.60)可知 $\mathcal{E}_{m_1^*}^{(1)} \notin \mathrm{Im}(\widehat{C}_q^{*\mathrm{T}})$, 我们就得到了矛盾. □

**命题 2.13** 设矩阵 $A$ 满足 $C_p$-相容性条件(2.43)且 $\mathrm{Ker}(C_p)$ 是具有 $A$ 特征的, 则存在子空间 $\mathrm{Span}\{e_1, \cdots, e_q\}$ 使得

(a) $\mathrm{Ker}(C_p)$ 被包含在 $\mathrm{Span}\{e_1, \cdots, e_q\}$ 中.

(b) $A^{\mathrm{T}}$ 存在一个与 $\mathrm{Span}\{e_1, \cdots, e_q\}$ 双正交的不变子空间 $\mathrm{Span}\{E_1, \cdots, E_q\}$.

(c) $\mathrm{Span}\{e_1, \cdots, e_q\}$ 是满足上述两个条件 (a)(b) 的最小空间.

**证** 由命题2.6, 我们只需证明 $\mathrm{Ker}(C_p)$ 存在一个最小的扩张 $\mathrm{Span}\{e_1, \cdots, e_q\}$, 它关于 $A$ 是不变的, 且具有一个也关于 $A$ 不变的补空间.

令 $\mathrm{Ker}(C_p) = \mathrm{Span}\{e_1, \cdots, e_p\}$. 定义 $D_p^{\mathrm{T}} = (e_1, \cdots, e_p)$, 可得

$$\mathrm{Im}(D_p^{\mathrm{T}}) = \mathrm{Ker}(C_p) \quad \text{及} \quad \mathrm{Ker}(D_p) = \mathrm{Im}(C_p^{\mathrm{T}}). \tag{2.68}$$

由命题 2.4, 可以知 $C_p$-相容性条件 (2.43) 蕴含着 $A^{\mathrm{T}} \mathrm{Im}(C_p^{\mathrm{T}}) \subseteq \mathrm{Im}(C_p^{\mathrm{T}})$, 也就是说, $A^{\mathrm{T}}\mathrm{Ker}(D_p) \subseteq \mathrm{Ker}(D_p)$. 于是, $A^{\mathrm{T}}$ 满足 $D_p$-相容性条件, 且 $\mathrm{Im}(D_p^{\mathrm{T}}) = \mathrm{Ker}(C_p)$ 是具有 $A$ 特征的. 于是, 由命题 2.12, $D_p$ 有一个最小扩张 $D_q^*$, 使得 $\mathrm{Im}(D_q^{\mathrm{T}})$ 是 $A$ 的一个不变子空间, 且其存在一个也关于 $A$ 不变的补空间. 换言之, 注意到 (2.68), $\mathrm{Ker}(C_p)$ 具有一个最小扩张 $\mathrm{Span}\{e_1, \cdots, e_q\}$, 它有一个补空间连同它自身都是 $A$ 的不变子空间. □

**命题 2.14** 设矩阵 $A$ 满足 $C_p$-相容性条件(2.43). 记 $\{x_l^{(k)}\}_{1\leqslant k\leqslant d, 1\leqslant l\leqslant r_k}$ 为矩阵 $A$ 的根向量全体, 分别对应于特征值 $\lambda_k(1\leqslant k\leqslant d)$, 使得对于每个 $k(1\leqslant k\leqslant d)$ 成立

$$Ax_l^{(k)} = \lambda_k x_l^{(k)} + x_{l+1}^{(k)}, \quad 1\leqslant l\leqslant r_k. \tag{2.69}$$

定义如下的投影向量

$$\overline{x}_l^{(k)} = C_p x_l^{(k)}, \quad 1\leqslant k\leqslant \overline{d}, \quad 1\leqslant l\leqslant \overline{r}_k, \tag{2.70}$$

其中 $\overline{d}(1\leqslant \overline{d}\leqslant d)$ 及 $\overline{r}_k(1\leqslant \overline{r}_k\leqslant r_k)$ 由下面的(2.71)式给定, 那么 $\{\overline{x}_l^{(k)}\}_{1\leqslant k\leqslant d, 1\leqslant l\leqslant \overline{r}_k}$ 构成了由(2.43)给出的化约矩阵 $\overline{A}_p$ 的一族根向量. 特别地, 若 $A$ 相似于一个实对称矩阵, 那么 $\overline{A}_p$ 也如此.

**证** 因为 $\mathrm{Ker}(C_p)$ 是 $A$ 的一个不变子空间, 不妨设存在某些整数 $\hat{d}, \overline{d}(1\leqslant \hat{d}\leqslant \overline{d}\leqslant d)$ 和 $\overline{r}_k(1\leqslant \overline{r}_k\leqslant r_k)$, 使得

$$\mathrm{Span}\{x_l^{(k)}: 1\leqslant k\leqslant \hat{d}, 1\leqslant l\leqslant r_k\}\cap \mathrm{Ker}(C_p) = \varnothing,$$
$$\mathrm{Span}\{x_l^{(k)}: \hat{d}+1\leqslant k\leqslant \overline{d}, \overline{r}_k\leqslant l\leqslant r_k\}\subseteq \mathrm{Ker}(C_p),$$
$$\mathrm{Span}\{x_l^{(k)}: \overline{d}+1\leqslant k\leqslant d, 1\leqslant l\leqslant r_k\}\subseteq \mathrm{Ker}(C_p).$$

于是

$$\mathrm{Ker}(C_p) = \mathrm{Span}\{x_l^{(k)}: \hat{d}+1\leqslant k\leqslant \overline{d}, \overline{r}_k\leqslant l\leqslant r_k \text{ 及 } \overline{d}+1\leqslant k\leqslant d, 1\leqslant l\leqslant r_k\}. \tag{2.71}$$

特别地, 我们有

$$\sum_{k=1}^{\hat{d}} r_k + \sum_{k=\hat{d}}^{\overline{d}} \overline{r}_k = N - p. \tag{2.72}$$

注意到 $C_p^{\mathrm{T}}(C_p C_p^{\mathrm{T}})^{-1}C_p$ 是从 $\mathbb{R}^N$ 到 $\mathrm{Im}(C_p^{\mathrm{T}})$ 的一个投影, 我们有

$$C_p^{\mathrm{T}}(C_p C_p^{\mathrm{T}})^{-1}C_p x = x, \quad \forall x\in \mathrm{Im}(C_p^{\mathrm{T}}). \tag{2.73}$$

另一方面, 由 $\mathbb{R}^N = \mathrm{Im}(C_p^{\mathrm{T}})\oplus \mathrm{Ker}(C_p)$ 可得

$$x_l^{(k)} = \widehat{x}_l^{(k)} + \widetilde{x}_l^{(k)}, \qquad \text{其中} \quad \widehat{x}_l^{(k)}\in \mathrm{Im}(C_p^{\mathrm{T}}), \quad \widetilde{x}_l^{(k)}\in \mathrm{Ker}(C_p). \tag{2.74}$$

由(2.70)可知

$$\overline{x}_l^{(k)} = C_p\widehat{x}_l^{(k)}, \quad 1\leqslant k\leqslant \overline{d}, \quad 1\leqslant l\leqslant \overline{r}_k. \tag{2.75}$$

于是, 注意到 (2.45)—(2.46) 及 (2.73), 可得

$$\overline{A}_p\overline{x}_l^{(k)} = C_p A C_p^{\mathrm{T}}(C_p C_p^{\mathrm{T}})^{-1}C_p\widehat{x}_l^{(k)} = C_p A\widehat{x}_l^{(k)}. \tag{2.76}$$

由于 $\mathrm{Ker}(C_p)$ 关于 $A$ 是不变的, $A\widetilde{x}_l^{(k)} \in \mathrm{Ker}(C_p)$, 于是 $C_p A \widetilde{x}_l^{(k)} = 0$. 从而

$$\overline{A}_p \overline{x}_l^{(k)} = C_p A(\widehat{x}_l^{(k)} + \widehat{x}_l^{(k)}) = C_p A x_l^{(k)}. \tag{2.77}$$

这样, 利用 (2.69), 易证

$$\overline{A}_p \overline{x}_l^{(k)} = C_p(\lambda_k x_l^{(k)} + x_{l+1}^{(k)}) = \lambda_k \overline{x}_l^{(k)} + \overline{x}_{l+1}^{(k)}. \tag{2.78}$$

所以 $\overline{x}_1^{(k)}, \overline{x}_2^{(k)}, \cdots, \overline{x}_{\overline{r}_k}^{(k)}$ 构成了化约矩阵 $\overline{A}_p$ 相应于特征值 $\lambda_k$ 的一条 Jordan 链, 其长度为 $\overline{r}_k$.

由于 $\dim \mathrm{Ker}(C_p) = p$, 投影系统 $\{\overline{x}_l^{(k)}\}_{1\leqslant k\leqslant \overline{d}, 1\leqslant l\leqslant \overline{r}_k}$ 的秩为 $N - p$. 另一方面, 由 (2.72), 可知 $\{\overline{x}_l^{(k)}\}_{1\leqslant l\leqslant \overline{r}_k, 1\leqslant k\leqslant \overline{d}}$ 包括 $N - p$ 个向量, 它构成了化约矩阵 $\overline{A}_p$ 的一组根向量. □

# 第 I 部分　具 Dirichlet 边界控制的波动方程耦合系统的同步性

第 I 部分我们考察如下具 Dirichlet 边界控制的波动方程耦合系统:

$$
\text{(I)} \quad
\begin{cases}
U'' - \Delta U + AU = 0, & (t,x) \in (0, +\infty) \times \Omega, \\
U = 0, & (t,x) \in (0, +\infty) \times \Gamma_0, \\
U = DH, & (t,x) \in (0, +\infty) \times \Gamma_1
\end{cases}
$$

及其初始条件

$$
\text{(I0)} \qquad t = 0: \quad U = \widehat{U}_0,\ U' = \widehat{U}_1, \quad x \in \Omega,
$$

其中 $\Omega \subseteq \mathbb{R}^n$ 是具光滑边界 $\Gamma = \Gamma_1 \cup \Gamma_0$ 的有界区域, 且 $\overline{\Gamma}_1 \cap \overline{\Gamma}_0 = \varnothing$, $\mathrm{mes}(\Gamma_1) > 0$; "$'$" 表示对于时间的导数; $\Delta = \sum\limits_{k=1}^{n} \frac{\partial^2}{\partial x_k^2}$ 表示 Laplace 算子; $U = \left(u^{(1)}, \cdots, u^{(N)}\right)^{\mathrm{T}}$ 及 $H = \left(h^{(1)}, \cdots, h^{(M)}\right)^{\mathrm{T}} (M \leqslant N)$ 分别表示状态变量以及边界控制; $A = (a_{ij})$ 为 $N$ 阶耦合矩阵; $D$ 为列满秩的 $N \times M$ 阶边界控制矩阵; $A$ 和 $D$ 均是具常数元素的矩阵.

# I1. 精确边界同步性

我们将在 I1(第三至七章) 中讨论系统 (I) 的精确边界同步性以及分组精确边界同步性, 而系统 (I) 的逼近边界同步性以及分组逼近边界同步性将在 I2 中讨论.

# 第三章

# 精确与非精确边界能控性

## §1. 精确边界能控性

由于有限时间区间上的精确边界同步性与精确边界零能控性密切相关, 在本节, 我们先考虑精确边界零能控性以及非精确边界零能控性.

设 $\Omega \subseteq \mathbb{R}^n$ 为具光滑边界 $\Gamma = \Gamma_1 \cup \Gamma_0$ 的有界区域, $\mathrm{mes}(\Gamma_1) > 0$ 且 $\overline{\Gamma}_1 \cap \overline{\Gamma}_0 = \varnothing$. 此外, 假设存在 $x_0 \in \mathbb{R}^n$, 记 $m = x - x_0$, 我们有如下的乘子几何条件(multiplier geometrical condition)(*cf.* [7], [27], [65, 66]):

$$(m, \nu) > 0, \quad \forall x \in \Gamma_1; \qquad (m, \nu) \leqslant 0, \quad \forall x \in \Gamma_0, \tag{3.1}$$

其中 $\nu$ 是单位外法向量, 而 $(\cdot, \cdot)$ 表示 $\mathbb{R}^n$ 中的内积.

令

$$W = (w^{(1)}, \cdots, w^{(M)})^{\mathrm{T}}, \quad \overline{H} = (\overline{h}^{(1)}, \cdots, \overline{h}^{(M)})^{\mathrm{T}}. \tag{3.2}$$

考虑如下的波动方程耦合系统:

$$\begin{cases} W'' - \Delta W + \overline{A}W = 0, & (t, x) \in (0, +\infty) \times \Omega, \\ W = 0, & (t, x) \in (0, +\infty) \times \Gamma_0, \\ W = \overline{H}, & (t, x) \in (0, +\infty) \times \Gamma_1 \end{cases} \tag{3.3}$$

及初始条件

$$t = 0: \quad W = \widehat{W}_0, \ W' = \widehat{W}_1, \quad x \in \Omega, \tag{3.4}$$

其中耦合矩阵 $\overline{A} = (\overline{a}_{ij})$ 为 $M$ 阶具实常数元素的矩阵.

**定义 3.1** 称系统 (3.3) 是**精确零能控的**, 若存在常数 $T > 0$, 使得对任意给定的初值

$$(\widehat{W}_0, \widehat{W}_1) \in (L^2(\Omega))^M \times (H^{-1}(\Omega))^M, \tag{3.5}$$

可以找到边界控制 $\overline{H} \in L^2(0, T; (L^2(\Gamma_1))^M)$, 使得问题 (3.3)—(3.4) 具有唯一的弱解 $W = W(t, x)$,

$$(W, W') \in C^0([0, T]; (L^2(\Omega) \times H^{-1}(\Omega))^M), \tag{3.6}$$

且满足零终值条件:

$$t = T: \quad W = 0, \quad W' = 0, \quad x \in \Omega. \tag{3.7}$$

换言之, 可以找到一个紧支撑于 $[0, T]$ 中的控制 $\overline{H} \in L^2_{\text{loc}}(0, +\infty; (L^2(\Gamma_1))^M)$, 使得问题 (3.3)—(3.4) 的解 $W = W(t, x)$ 满足如下条件:

$$t \geqslant T: \quad W \equiv 0, \quad x \in \Omega. \tag{3.8}$$

**注 3.1** 更一般地, 若将零终值条件 (3.7) 改为如下的非齐次终值条件:

$$t = T: \quad W = \widetilde{W}_0, \quad W' = \widetilde{W}_1, \quad x \in \Omega. \tag{3.9}$$

我们称系统 (3.3) 是精确能控的. 众所周知, 对于线性的时间可逆的系统而言, 具 (3.7) 的精确边界零能控性等价于具 (3.9) 的精确边界能控性( [65, 66] 及 [77]). 因此, 在今后我们将不再特意区分这两个精确能控性的概念.

对于单个波动方程, 利用 J.-L. Lions 提出的 HUM 方法 (Hilbert 唯一性方法) [65], 精确边界零能控性已在 [27], [66] 等文献中被广泛研究, 但是对于一般的波动方程耦合系统的相应结论尚少. 若耦合矩阵 $\overline{A}$ 是对称正定的, 则系统 (3.3) 的精确边界零能控性问题可以转化为单个波动方程的情形 (参见 [65, 66]). 但为了研究精确边界同步性, 我们需要对于任意给定的耦合矩阵 $\overline{A}$ 建立波动方程耦合系统 (3.3) 的精确边界零能控性. 在本章中, 我们先利用 [73] 中关于紧扰动系统的能观性的结论, 以得到对应对偶系统的能观性, 再利用 HUM 方法得到原系统的精确边界零能控性. 令

$$\Phi = (\phi^{(1)}, \cdots, \phi^{(M)})^{\text{T}}. \tag{3.10}$$

考察如下的对偶系统:

$$\begin{cases} \Phi'' - \Delta\Phi + \overline{A}^{\text{T}}\Phi = 0, & (t, x) \in (0, T) \times \Omega, \\ \Phi = 0, & (t, x) \in (0, T) \times \Gamma, \end{cases} \tag{3.11}$$

其中 $\overline{A}^{\mathrm{T}}$ 表示 $\overline{A}$ 的转置矩阵, 而初始条件为

$$t = 0: \quad \varPhi = \widehat{\varPhi}_0, \ \varPhi' = \widehat{\varPhi}_1, \quad x \in \varOmega. \tag{3.12}$$

已知对偶问题 (3.11)—(3.12) 在 $\mathcal{V} \times \mathcal{H}$ 中是适定的 (参见 [64], [68], [74]):

$$\mathcal{V} = \left(H_0^1(\varOmega)\right)^M, \quad \mathcal{H} = \left(L^2(\varOmega)\right)^M. \tag{3.13}$$

此外, 我们可以证明下面的正向以及反向不等式.

**定理 3.1** 设 $T > 0$ 适当大, 则存在正整数 $c$ 和 $c'$ 使得对任意给定的初值 $(\widehat{\varPhi}_0, \widehat{\varPhi}_1) \in \mathcal{V} \times \mathcal{H}$, 问题 (3.11)—(3.12) 的解 $\varPhi$ 满足下面的不等式:

$$c \int_0^T \int_{\varGamma_1} |\partial_\nu \varPhi|^2 \, \mathrm{d}\varGamma \, \mathrm{d}t \leqslant \|\widehat{\varPhi}_0\|_{\mathcal{V}}^2 + \|\widehat{\varPhi}_1\|_{\mathcal{H}}^2 \leqslant c' \int_0^T \int_{\varGamma_1} |\partial_\nu \varPhi|^2 \, \mathrm{d}\varGamma \, \mathrm{d}t, \tag{3.14}$$

其中 $\partial_\nu$ 表示边界上的单位外法向导数.

在证明定理 3.1 之前, 我们先给出如下的一个唯一延拓性结果.

**命题 3.2** 设 $B$ 为一个 $M$ 阶矩阵, 且 $\varPhi \in H^2(\varOmega)$ 是下面问题的一个解:

$$\begin{cases} \Delta \varPhi = B\varPhi, & (t,x) \in \varOmega, \\ \varPhi = 0, & (t,x) \in \varGamma. \end{cases} \tag{3.15}$$

进一步假设

$$\partial_\nu \varPhi = 0, \quad (t,x) \in \varGamma_1. \tag{3.16}$$

那么 $\varPhi \equiv 0$.

**证** 记

$$\widetilde{\varPhi} = P\varPhi \tag{3.17}$$

及

$$\widetilde{B} = PBP^{-1} = \begin{pmatrix} \widetilde{b}_{11} & 0 & \cdots & 0 \\ \widetilde{b}_{21} & \widetilde{b}_{22} & \cdots & 0 \\ & & \cdots & \\ \widetilde{b}_{M1} & \widetilde{b}_{M2} & \cdots & \widetilde{b}_{MM} \end{pmatrix}, \tag{3.18}$$

其中 $\widetilde{B}$ 是一个具复元素的下三角阵. 那么, 对 $k = 1, \cdots, M$, (3.15)—(3.16) 可化为

$$\begin{cases} \Delta \widetilde{\phi}^{(k)} = \displaystyle\sum_{p=1}^k \widetilde{b}_{kp} \widetilde{\phi}^{(p)}, & (t,x) \in \varOmega, \\ \widetilde{\phi}^{(k)} = 0, & (t,x) \in \varGamma, \\ \partial_\nu \widetilde{\phi}^{(k)} = 0, & (t,x) \in \varGamma_1. \end{cases} \tag{3.19}$$

特别地, 对 $k = 1$, 我们有

$$\begin{cases} \Delta \widetilde{\phi}^{(1)} = \widetilde{b}_{11} \widetilde{\phi}^{(1)}, & (t, x) \in \Omega, \\ \widetilde{\phi}^{(1)} = 0, & (t, x) \in \Gamma, \\ \partial_\nu \widetilde{\phi}^{(1)} = 0, & (t, x) \in \Gamma_1. \end{cases} \tag{3.20}$$

根据卡尔曼唯一延拓性 (Carleman's unique continuation)[14], 可得

$$\widetilde{\phi}^{(1)} \equiv 0. \tag{3.21}$$

将 (3.21) 代入 (3.19) 的第二组式子立得

$$\begin{cases} \Delta \widetilde{\phi}^{(2)} = \widetilde{b}_{22} \widetilde{\phi}^{(2)}, & (t, x) \in \Omega, \\ \widetilde{\phi}^{(2)} = 0, & (t, x) \in \Gamma, \\ \partial_\nu \widetilde{\phi}^{(2)} = 0, & (t, x) \in \Gamma_1. \end{cases} \tag{3.22}$$

并且重复这个过程. 这样, 通过一个简单的迭代, 我们可依次得到

$$\widetilde{\phi}^{(k)} \equiv 0, \quad k = 1, \cdots, M, \tag{3.23}$$

从而

$$\widetilde{\Phi} \equiv 0 \Longrightarrow \Phi \equiv 0. \tag{3.24}$$

$\square$

定理3.1的证明. 将系统 (3.11) 改写成

$$\begin{pmatrix} \Phi \\ \Phi' \end{pmatrix}' = \mathcal{A} \begin{pmatrix} \Phi \\ \Phi' \end{pmatrix} + \mathcal{B} \begin{pmatrix} \Phi \\ \Phi' \end{pmatrix}, \tag{3.25}$$

其中

$$\mathcal{A} = \begin{pmatrix} 0 & I_M \\ \Delta & 0 \end{pmatrix}, \quad \mathcal{B} = \begin{pmatrix} 0 & 0 \\ -\overline{A}^{\mathrm{T}} & 0 \end{pmatrix}, \tag{3.26}$$

$I_M$ 是 $M$ 阶单位阵. 容易验证 $\mathcal{A}$ 是 $\mathcal{V} \times \mathcal{H}$ 上具紧豫解式的斜-伴随算子, 而 $\mathcal{B}$ 是 $\mathcal{V} \times \mathcal{H}$ 上的紧算子. 因此, 它们在能量空间 $\mathcal{V} \times \mathcal{H}$ 上分别生成 $C^0$ 算子半群 $S_{\mathcal{A}}(t)$ 及 $S_{\mathcal{A}+\mathcal{B}}(t)$.

由 [73] 中的一个摄动结论知, 为了证明这类系统的能观性不等式 (3.14) , 只需验证下面的断言:

(i) 解耦问题 (3.11)—(3.12) (其中 $\overline{A} = 0$) 的解 $\widetilde{\Phi} = S_{\mathcal{A}}(t)(\widehat{\Phi}_0, \widehat{\Phi}_1)$ 成立如下的正向以及反向不等式:

$$c \int_0^T \int_{\Gamma_1} |\partial_\nu \widetilde{\Phi}|^2 \, \mathrm{d}\Gamma \, \mathrm{d}t \leqslant \|\widehat{\Phi}_0\|_{\mathcal{V}}^2 + \|\widehat{\Phi}_1\|_{\mathcal{H}}^2 \leqslant c' \int_0^T \int_{\Gamma_1} |\partial_\nu \widetilde{\Phi}|^2 \, \mathrm{d}\Gamma \, \mathrm{d}t. \tag{3.27}$$

(ii) $\mathcal{A}+\mathcal{B}$ 的根向量系统构成了 $\mathcal{V}\times\mathcal{H}$ 中子空间的一组 Riesz 基. 也就是说, 存在一族分别由 $\mathcal{A}+\mathcal{B}$ 的根向量张成的子空间 $\mathcal{V}_i\times\mathcal{H}_i$ $(i\geqslant 1)$, 使得对任意给定的 $x\in\mathcal{V}\times\mathcal{H}$, 对每个 $i\geqslant 1$, 存在唯一的 $x_i\in\mathcal{V}_i\times\mathcal{H}_i$, 使得

$$x=\sum_{i=1}^{+\infty}x_i,\quad c_1\|x\|^2\leqslant\sum_{i=1}^{+\infty}\|x_i\|^2\leqslant c_2\|x\|^2,\tag{3.28}$$

其中 $c_1,c_2$ 是正常数.

(iii) 若 $(\varPhi,\varPsi)\in\mathcal{V}\times\mathcal{H}$ 及 $\lambda\in\mathbb{C}$, 且成立

$$(\mathcal{A}+\mathcal{B})(\varPhi,\varPsi)=\lambda(\varPhi,\varPsi)\quad\text{及}\quad\partial_\nu\varPhi=0,\quad x\in\varGamma_1,\tag{3.29}$$

那么 $(\varPhi,\varPsi)\equiv 0$.

为了记号简便, 我们将相应于 $\mathcal{V}\times\mathcal{H}$ 的复 Hilbert 空间仍记作 $\mathcal{V}\times\mathcal{H}$.

断言 (i) 是乘子几何条件(3.1) 的一个推论, 下面我们只验证 (ii) 和 (iii).

(ii) 的验证. 设对应于特征值 $\mu_i^2>0$ 的特征向量 $\phi_i$ 是下面 $-\Delta$ 算子具齐次 Dirichlet 边界条件的解:

$$\begin{cases}-\Delta\phi_i=\mu_i^2\phi_i,&x\in\varOmega,\\\phi_i=0,&x\in\varGamma.\end{cases}\tag{3.30}$$

设

$$\mathcal{V}_i\times\mathcal{H}_i=\{(\alpha\phi_i,\beta\phi_i):\quad\alpha,\beta\in\mathbb{C}^M\}.\tag{3.31}$$

显然, 子空间 $\mathcal{V}_i\times\mathcal{H}_i(i=1,2,\cdots)$ 两两正交, 且

$$\mathcal{V}\times\mathcal{H}=\bigoplus_{i\geqslant 1}\mathcal{V}_i\times\mathcal{H}_i,\tag{3.32}$$

其中 $\oplus$ 表示子空间的直和. 特别地, 对任意给定的 $x\in\mathcal{V}\times\mathcal{H}$, 存在 $x_i\in\mathcal{V}_i\times\mathcal{H}_i(i\geqslant 1)$ 使得

$$x=\sum_{i=1}^{+\infty}x_i,\quad\|x\|^2=\sum_{i=1}^{+\infty}\|x_i\|^2.\tag{3.33}$$

另一方面, 对任意给定的 $i\geqslant 1$, $\mathcal{V}_i\times\mathcal{H}_i$ 是 $\mathcal{A}+\mathcal{B}$ 的一个不变子空间且具有限维数. 于是, $\mathcal{A}+\mathcal{B}$ 在子空间 $\mathcal{V}_i\times\mathcal{H}_i$ 上的限制是一个线性有界算子, 所以其根向量组成了有限维复空间 $\mathcal{V}_i\times\mathcal{H}_i$ 的一组基. 结合 (3.32)—(3.33) , 由此立得 $\mathcal{A}+\mathcal{B}$ 的根向量系统构成 $\mathcal{V}\times\mathcal{H}$ 中子空间的一组 Riesz 基.

(iii) 的验证. 设 $(\varPhi,\varPsi)\in\mathcal{V}\times\mathcal{H}$ 及 $\lambda\in\mathbb{C}$, 使(3.29) 成立. 就有

$$\varPsi=\lambda\varPhi\quad\text{及}\quad\Delta\varPhi-\overline{A}^{\mathrm{T}}\varPhi=\lambda\varPsi,\tag{3.34}$$

即

$$\begin{cases} \Delta\Phi = (\lambda^2 I + \overline{A}^{\mathrm{T}})\Phi, & x \in \Omega, \\ \Phi = 0, & x \in \Gamma. \end{cases} \tag{3.35}$$

从而根据经典的椭圆理论, $\Phi \in H^2(\Omega)$. 此外, 有

$$\partial_\nu \Phi = 0, \quad x \in \Gamma_1. \tag{3.36}$$

这样, 对于 (3.35)—(3.36) 利用命题 3.2 可得 $\Phi \equiv 0$, 进而 $\Psi \equiv 0$. 定理3.1证毕.　□

作为 HUM 方法的一个标准的应用, 由定理3.1可得

**定理 3.3**　由$M$个波动方程组成的耦合系统 (3.3)在空间$(L^2(\Omega))^M \times (H^{-1}(\Omega))^M$ 中借助于 $M$ 个边界控制是精确零能控的.

**注 3.2**　在定理 3.3中, 我们并不需要对耦合矩阵$\overline{A}$ 作任何假设.

**注 3.3**　在经典解的框架下, 对于一维波动方程耦合系统的精确边界零能控性的类似结果可参见 [20] 及 [35].

记 $\mathcal{U}_{\mathrm{ad}}$ 为所有可实现系统(3.3)精确边界零能控性的边界控制 $\overline{H}$ 组成的允许集. 由于系统(3.3)是精确零能控的, $\mathcal{U}_{\mathrm{ad}}$ 是非空的. 此外, 我们有如下定理.

**定理 3.4**　设系统(3.3)在空间 $(L^2(\Omega))^M \times (H^{-1}(\Omega))^M$ 中是精确零能控的, 那么对于 $\epsilon > 0$ 充分小, $\overline{H} \in \mathcal{U}_{\mathrm{ad}}$ 在 $(T - \epsilon, T) \times \Gamma_1$ 上的值可以被任意地选取.

**证**　首先, 已知存在不依赖初值的正常数 $T_0 > 0$, 使得对于任何 $T > T_0$, 系统(3.3)在 $T$ 时刻是零能控的.

接着, 令 $\epsilon > 0$ 满足 $T - \epsilon > T_0$, 并任意给定

$$\widehat{H}_\epsilon \in L^2(T - \epsilon, T; (L^2(\Gamma_1))^M). \tag{3.37}$$

在时间区间 $[T - \epsilon, T]$ 上求解系统(3.3)具边界函数 $\overline{H} = \widehat{H}_\epsilon$ 及初始条件

$$t = T: \quad \widehat{W}_\epsilon = \widehat{W}'_\epsilon = 0 \tag{3.38}$$

的后向混合初边值问题, 得到解 $\widehat{W}_\epsilon$.

由于 $T - \epsilon > T_0$, 在区间 $[0, T - \epsilon]$ 上系统(3.3)依旧是精确能控的, 于是可以找到一个边界控制

$$\widetilde{H}_\epsilon \in L^2(0, T - \epsilon; (L^2(\Gamma_1))^M), \tag{3.39}$$

使得对应的解 $\widetilde{W}_\epsilon$ 满足初始条件

$$t = 0: \quad \widetilde{W}_\epsilon = W_0, \quad \widetilde{W}'_\epsilon = W_1 \tag{3.40}$$

以及终端条件

$$t = T - \epsilon: \quad \widetilde{W}_\epsilon = \widehat{W}_\epsilon, \ \widetilde{W}_\epsilon' = \widehat{W}_\epsilon'. \tag{3.41}$$

这样, 取

$$\overline{H} = \begin{cases} \widehat{H}_\epsilon, & t \in (T - \epsilon, T), \\ \widetilde{H}_\epsilon, & t \in (0, T - \epsilon) \end{cases} \tag{3.42}$$

及

$$W = \begin{cases} \widehat{W}_\epsilon, & t \in (T - \epsilon, T), \\ \widetilde{W}_\epsilon, & t \in (0, T - \epsilon), \end{cases} \tag{3.43}$$

易证 $W$ 是问题 (3.3)—(3.4) 的一个弱解, 且边界控制 $\overline{H}$ 可使系统精确边界零能控.

$\square$

# §2. 非精确边界能控性

在上一节, 我们通过 $M$ 个边界控制实现了由 $M$ 个波动方程组成的耦合系统(3.3)的精确边界零能控性. 在本节, 我们将证明, 若边界控制的个数少于 $M$, 则对于所有初始条件 $(\widehat{W}_0, \widehat{W}_1) \in (L^2(\Omega))^M \times (H^{-1}(\Omega))^M$, 由 $M$ 个波动方程组成的耦合系统(3.3)均无法实现精确边界零能控性. 为此, 我们需要对精确边界零能控性做进一步研究.

现考虑: 能否找到一个控制 $\overline{H}_0 \in \mathcal{U}_{\mathrm{ad}}$, 使得在所有的边界控制中取到最小的范数, 即成立

$$\|\overline{H}_0\|_{L^2(0,T;(L^2(\Gamma_1))^M)} = \inf_{\overline{H} \in \mathcal{U}_{\mathrm{ad}}} \|\overline{H}\|_{L^2(0,T;(L^2(\Gamma_1))^M)} \quad ? \tag{3.44}$$

对于任意给定的 $\widehat{H} \in L^2(0, T; (L^2(\Gamma_1))^M)$, 求解后向问题

$$\begin{cases} V'' - \Delta V + \overline{A}V = 0, & (t, x) \in (0, T) \times \Omega, \\ V = 0, & (t, x) \in (0, T) \times \Gamma_0, \\ V = \widehat{H}, & (t, x) \in (0, T) \times \Gamma_1, \\ t = T: \quad V = V' = 0, & x \in \Omega \end{cases} \tag{3.45}$$

且定义线性映射

$$\mathcal{R}: \quad \widehat{H} \to (V(0), V'(0)), \tag{3.46}$$

由问题的适定性, 该映射是从 $L^2(0, T; (L^2(\Gamma_1))^M)$ 到 $(L^2(\Omega))^M \times (H^{-1}(\Omega))^M$ 的连续映射. 记 $\mathcal{N} = \mathrm{Ker}\mathcal{R}$, 问题(3.44)可转化为

$$\inf_{q \in \mathcal{N}} \|\overline{H} - q\|_{L^2(0,T;(L^2(\Gamma_1))^M)}. \tag{3.47}$$

以 $\mathcal{P}$ 表示从 $L^2(0,T;(L^2(\Gamma_1))^M$ 到其闭子空间 $\mathcal{N}$ 上的正交投影. 那么边界控制 $\overline{H}_0 = (\mathcal{I} - \mathcal{P})\overline{H}$ 具有最小范数. 此外, 我们有

**定理 3.5** 设系统(3.3)在 $(L^2(\Omega))^M \times (H^{-1}(\Omega))^M$ 中是精确零能控的, 那么存在一个正常数 $c > 0$, 使得具如(3.44)所示的最小范数的控制 $\overline{H}_0$, 对于任意给定的 $(\widehat{W}_0, \widehat{W}_1) \in (L^2(\Omega))^M \times (H^{-1}(\Omega))^M$, 成立下面的估计:

$$\|\overline{H}_0\|_{L^2(0,T;(L^2(\Gamma_1))^M)} \leqslant c\|(\widehat{W}_0, \widehat{W}_1)\|_{(L^2(\Omega))^M \times (H^{-1}(\Omega))^M}. \tag{3.48}$$

**证** 考虑从商空间 $L^2(0,T;(L^2(\Gamma_1))^M)/\mathcal{N}$ 到 $(L^2(\Omega))^M \times (H^{-1}(\Omega))^M$ 的线性映射 $\mathcal{R} \circ (\mathcal{I} - \mathcal{P})$.

首先, 若 $\mathcal{R} \circ (\mathcal{I} - \mathcal{P})\overline{H} = 0$, 则 $(\mathcal{I} - \mathcal{P})\overline{H} \in \mathcal{N}$, 从而 $\overline{H} = \mathcal{P}\overline{H} \in \mathcal{N}$. 因此 $\mathcal{R} \circ (\mathcal{I} - \mathcal{P})$ 是一个单射.

另一方面, 系统(3.3)的精确边界零能控性蕴含着 $\mathcal{R} \circ (\mathcal{I} - \mathcal{P})$ 是一个满射, 于是该映射 $\mathcal{R}$ 是从 $L^2(0,T;(L^2(\Gamma_1))^M)/\mathcal{N}$ 到 $(L^2(\Omega))^M \times (H^{-1}(\Omega))^M$ 的一个连续双射. 由 Banach 空间的闭图像定理, $\mathcal{R} \circ (\mathcal{I} - \mathcal{P})$ 的逆映射是一个从 $(L^2(\Omega))^M \times (H^{-1}(\Omega))^M$ 到 $L^2(0,T;(L^2(\Gamma_1))^M)/\mathcal{N}$ 的有界映射, 从而可以得到不等式(3.48). □

在边界控制部分缺失的情形下, 我们有如下的否定性结果.

**定理 3.6** 若边界控制的个数少于 $M$, 那么, 无论控制时间 $T > 0$ 多大, 对于所有初始条件 $(\widehat{W}_0, \widehat{W}_1) \in (L^2(\Omega))^M \times (H^{-1}(\Omega))^M$, 由 $M$ 个波动方程组成的耦合系统(3.3)均不是精确边界零能控性的.

**证** 不失一般性, 可假设 $\overline{h}^{(1)} \equiv 0$. 设 $\theta \in \mathcal{D}(\Omega)$, 我们选取如下特殊的初始条件

$$\widehat{W}_0 = (\theta, 0, \cdots, 0)^{\mathrm{T}}, \quad \widehat{W}_1 = 0. \tag{3.49}$$

若系统(3.3)是精确边界零能控的, 则由定理3.5, 具有最小范数的边界控制$H_0$ 满足下面的估计

$$\|\overline{H}_0\|_{L^2(0,T;(L^2(\Gamma_1))^M)} \leqslant c\|\theta\|_{L^2(\Omega)}. \tag{3.50}$$

由系统的适定性 (参见 [64], [68],[74]), 存在常数 $c' > 0$ 使得

$$\|W\|_{L^2(0,T;(L^2(\Omega))^M)} \tag{3.51}$$
$$\leqslant c'\left(\|(\widehat{W}_0, \widehat{W}_1)\|_{(L^2(\Omega))^M \times (H^{-1}(\Omega))^M} + \|\overline{H}_0\|_{L^2(0,T;(L^2(\Gamma_1))^M)}\right),$$

从而

$$\|W\|_{L^2(0,T;(L^2(\Omega))^M)} \leqslant c'(1+c)\|\theta\|_{L^2(\Omega)}. \tag{3.52}$$

现考察问题 (3.3)—(3.4) 中具 $\overline{h}^{(1)} \equiv 0$ 的第一组集合, 得到如下的后向问题:

$$\begin{cases} w_{tt}^{(1)} - \Delta w^{(1)} = -\sum_{j=1}^{M} \overline{a}_{1j} w^{(j)}, & (t,x) \in (0,T) \times \Omega, \\ w^{(1)} = 0, & (t,x) \in (0,T) \times \Gamma, \\ t = T: \quad w^{(1)} = 0, \ \partial_t w^{(1)} = 0, \quad x \in \Omega \end{cases} \tag{3.53}$$

及初始条件

$$t = 0: \quad w^{(1)} = \theta, \ \partial_t w^{(1)} = 0, \quad x \in \Omega. \tag{3.54}$$

再次由后向问题 (3.53) 的适定性, 存在常数 $c'' > 0$ 使

$$\|\theta\|_{H_0^1(\Omega)} \leqslant c'' \|W\|_{L^2(0,T;(L^2(\Omega))^M)}. \tag{3.55}$$

它结合 (3.52) 就产生了矛盾:

$$\|\theta\|_{H_0^1(\Omega)} \leqslant c'' c'(1+c) \|\theta\|_{L^2(\Omega)}, \quad \forall \theta \in \mathcal{D}(\Omega). \tag{3.56}$$

$\square$

为了使我们所考察的控制问题灵活地适用更多的情况, 我们在边界条件中引入由常数元素组成的 $M$ 阶矩阵 $\overline{D}$, 考察下面的波动方程耦合组的混合初边值问题:

$$\begin{cases} W'' - \Delta W + \overline{A} W = 0, & (t,x) \in (0,T) \times \Omega, \\ W = 0, & (t,x) \in (0,T) \times \Gamma_0, \\ W = \overline{D} \, \overline{H}, & (t,x) \in (0,T) \times \Gamma_1, \end{cases} \tag{3.57}$$

其初始条件为

$$t = 0: \quad W = \widehat{W}_0, \ W' = \widehat{W}_1, \quad x \in \Omega. \tag{3.58}$$

结合定理3.3 和定理 3.6, 我们有如下的定理.

**定理 3.7** 设乘子几何条件(3.1) 成立, 对任意给定初值 $(\widehat{W}_0, \widehat{W}_1) \in (L^2(\Omega))^M \times (H^{-1}(\Omega))^M$, 由 $M$ 个波动方程组成的耦合系统 (3.57) 是精确边界零能控的当且仅当矩阵 $\overline{D}$ 的秩为 $M$.

# 第四章

# 精确与非精确边界同步性

## §1. 定义

令

$$U = (u^{(1)}, \cdots, u^{(N)})^{\mathrm{T}}, \quad H = (h^{(1)}, \cdots, h^{(M)})^{\mathrm{T}}, \tag{4.1}$$

其中 $M \leqslant N$. 考察具有初值 (I0) 的耦合系统 (I).

根据定理3.7, 系统 (I) 是精确边界零能控的当且仅当 $\operatorname{rank}(D) = N$, 即 $M = N$ 且 $D$ 是可逆的. 在边界控制部分缺失的情形下, 我们给出如下定义.

**定义 4.1** 称系统 (I) 是**精确同步**的, 若存在正常数 $T > 0$, 使对任意给定的初值 $(\widehat{U}_0, \widehat{U}_1) \in (L^2(\Omega))^N \times (H^{-1}(\Omega))^N$, 存在一个支集在 $[0, T]$ 中的边界控制 $H \in L^2_{\mathrm{loc}}(0, +\infty; (L^2(\Gamma_1))^M)$, 使得问题 (I) 及 (I0) 的解 $U = U(t, x)$ 满足下面的终端条件

$$t \geqslant T: \quad u^{(1)} \equiv u^{(2)} \equiv \cdots \equiv u^{(N)} := u, \tag{4.2}$$

其中 $u = u(t, x)$, 是事先未知的状态函数, 称之为**精确同步态**.

在上面的定义中, 通过施加在时间区间 $[0, T]$ 上的边界控制, 同步不仅在时刻 $t = T$ 发生, 在 $t \geqslant T$, 即所有的边界控制已经撤除时, 也一直保持. 也就是说, 这种类型的同步不是转瞬即逝的, 而是一旦发生便持续保持的, 这正是应用中所需要的同步.

事实上, 假设 (4.2) 仅仅在某个 $T > 0$ 瞬间成立, 若我们在区间 $t > T$ 上令 $H \equiv 0$, 则一般来说, 对应于问题 (I) 及 (I0) 的解不能自动满足 $t > T$ 上的同步条件(4.2). 这一点是不同于精确边界零能控性的相应结论的, 后者在 $t > T$ 上取

$H \equiv 0$ 仍旧可以保证解始终为 0. 为了说明这一点, 我们考虑下面的系统:

$$
\begin{cases}
u'' - \Delta u = 0, & (t,x) \in (0, +\infty) \times \Omega, \\
v'' - \Delta v = u, & (t,x) \in (0, +\infty) \times \Omega, \\
u = 0, & (t,x) \in (0, +\infty) \times \Gamma, \\
v = h, & (t,x) \in (0, +\infty) \times \Gamma.
\end{cases}
\tag{4.3}
$$

由于第一个方程是独立于第二个方程的, 对于任意给定的初值 $(\widehat{u}_0, \widehat{u}_1)$, 我们可以首先找到一个解 $u$. 一旦 $u$ 已经确定, 我们便可以找到 (参见 [92]) 一个边界控制 $h$ 使得第二个方程的解 $v$ 满足同步性所要求的终值条件:

$$
t = T: \quad v = u, \quad v' = u'. \tag{4.4}
$$

若在 $t > T$ 时取 $h \equiv 0$, 一般来说, 我们并不能对 $t \geqslant T$ 得到 $v \equiv u$. 所以, 为了保持 $t \geqslant T$ 区间上的同步性, 我们需要在 $t \geqslant T$ 上保持边界控制 $h$ 的持续作用. 但是, 出于应用上的考虑, 我们希望通过具有紧支集的边界控制来实现同步性.

**注 4.1** 若系统 (I) 是精确零能控的, 那么一定具有精确边界同步性. 我们要将这一平凡的情况排除在外. 于是, 在定义4.1中我们仅限于考察边界控制个数少于 $N$ 的情形, 即 $M = \operatorname{rank}(D) < N$, 此时系统 (I) 不是精确零能控的.

# § 2. 相容性条件

**定理 4.1** 假设系统 (I) 具有精确边界同步性, 而不具有精确边界零能控性, 则耦合阵 $A = (a_{ij})$ 必满足如下的相容性条件 (**行和条件**):

$$
\sum_{p=1}^{N} a_{kp} := a, \quad k = 1, \cdots, N, \tag{4.5}
$$

其中 $a$ 是与 $k = 1, \cdots, N$ 无关的常数.

**注 4.2** 由定理 3.7, 秩条件

$$
\operatorname{rank}(D) < N \tag{4.6}
$$

蕴含着系统 (I) 的非精确边界零能控性.

**定理 4.1 的证明.** 由同步性 (4.2), 存在一个常数 $T > 0$ 及一个标量函数 $u$ 成立

$$
t \geqslant T: \quad u'' - \Delta u + \Big(\sum_{p=1}^{N} a_{kp}\Big)u = 0, \quad k = 1, \cdots, N. \tag{4.7}
$$

特别地, 成立

$$t \geqslant T : \quad \Big(\sum_{p=1}^{N} a_{kp}\Big)u = \Big(\sum_{p=1}^{N} a_{lp}\Big)u, \qquad k, l = 1, \cdots, N. \tag{4.8}$$

另一方面, 由于系统 (I) 不是精确零能控的, 所以至少存在一个初值 $(\widehat{U}_0, \widehat{U}_1)$ 使得无论取怎样的边界控制 $H$, 系统对应的同步态 $u$ 在 $t \geqslant T$ 时不会恒为 0. 这就推得了相容性条件(4.5). $\qquad\square$

**注 4.3** 在常微分方程系统的同步性研究中, 行和条件(4.5)总是根据物理规律作为一个合理的充分条件强加给系统 (在多数的例子中取 $a = 0$). 然而, 如前所述, 对于偏微分方程系统在有限时间区间上的同步性, 行和条件(4.5)实际上是一个必要条件, 这也让偏微分方程系统的同步性理论更加完整.

引入如下的**同步阵**

$$C_1 = \begin{pmatrix} 1 & -1 & 0 & \cdots & 0 \\ 0 & 1 & -1 & \cdots & 0 \\ \vdots & \vdots & \ddots & \ddots & \vdots \\ 0 & 0 & \cdots & 1 & -1 \end{pmatrix}_{(N-1)\times N}. \tag{4.9}$$

$C_1$ 是一个行满秩的 $(N-1) \times N$ 阵. 精确边界同步性(4.2)可以等价地改写成

$$t \geqslant T : \quad C_1 U \equiv 0. \tag{4.10}$$

记

$$e_1 = (1, \cdots, 1)^{\mathrm{T}}. \tag{4.11}$$

那么, 相容性条件(4.5)等价于向量 $e_1$ 是矩阵 $A$ 对应于特征值 $a$ 的一个特征向量:

$$Ae_1 = ae_1. \tag{4.12}$$

另一方面, 由于 $\mathrm{Ker}(C_1)=\mathrm{Span}\{e_1\}$, 条件 (4.12) 意味着 $\mathrm{Ker}(C_1)$ 是 $A$ 的一个一维不变子空间:

$$A\mathrm{Ker}(C_1) \subseteq \mathrm{Ker}(C_1). \tag{4.13}$$

此外, 由命题2.10 (其中取 $p = 1$), $C^1$-相容性条件 (4.13) 也等价于存在唯一的一个 $N - 1$ 阶矩阵 $\overline{A}_1$, 使成立

$$C_1 A = \overline{A}_1 C_1. \tag{4.14}$$

这个矩阵 $\overline{A}_1 = (\overline{a}_{ij})$ 称为 $A$ **关于** $C_1$ **的化约矩阵**, 其表达式为

$$\overline{A}_1 = C_1 A C_1^+, \tag{4.15}$$

其中 $C_1^+$ 为 $C_1$ 的 Moore-Penrose 广义逆矩阵:

$$C_1^+ = C_1^{\mathrm{T}}(C_1 C_1^{\mathrm{T}})^{-1}, \tag{4.16}$$

其中 $C_1^{\mathrm{T}}$ 表示 $C_1$ 的转置. 更确切地说, $\overline{A}_1$ 的元素可表示为

$$\overline{a}_{ij} = \sum_{p=1}^{j}(a_{ip} - a_{i+1,p}) = \sum_{p=j+1}^{N}(a_{i+1,p} - a_{ip}), \qquad i,j = 1,\cdots,N-1. \tag{4.17}$$

**注 4.4** 由 (4.9) 给出的同步阵 $C_1$ 并不是唯一的. 事实上, 注意到 $\mathrm{Ker}(C_1) = \mathrm{Span}\{e_1\}$, 其中 $e_1 = (1,\cdots,1)^{\mathrm{T}}$, 那么任意给定的行满秩且行和为 0 的 $(N-1) \times N$ 矩阵 $C_1$, 或者等价地, 满足 $\mathrm{Ker}(C_1)$ 是 $A$ 的一个不变子空间(即 (4.13) 成立) 的 $C^1$, 均可以作为同步阵. 但在本书中, 为确定起见, 后文所言的同步阵 $C_1$ 均指 (4.9) 所给出的形式.

## §3. 精确与非精确边界同步性

我们首先给出边界耦合矩阵 $D$ 的一个秩条件, 这也是系统 (I) 在 $(L^2(\Omega))^N \times (H^{-1}(\Omega))^N$ 中具有精确边界同步性的一个必要条件.

**定理 4.2** 若系统 (I) 具精确边界同步性, 则成立

$$\mathrm{rank}(C_1 D) = N - 1. \tag{4.18}$$

**证** 若 $\mathrm{Ker}(D^{\mathrm{T}}) \cap \mathrm{Im}(C_1^{\mathrm{T}}) = \{0\}$, 则由命题2.7, 成立

$$\mathrm{rank}(C_1 D) = \mathrm{rank}(D^{\mathrm{T}} C_1^{\mathrm{T}}) = \mathrm{rank}(C_1^{\mathrm{T}}) = N - 1. \tag{4.19}$$

否则, 存在一个单位向量 $E \in \mathrm{Ker}(D^{\mathrm{T}}) \cap \mathrm{Im}(C_1^{\mathrm{T}})$. 假设系统 (I) 是精确同步的, 那么对任意给定的初值 $\theta \in \mathcal{D}(\Omega)$, 存在一个边界控制 $H$ 使得系统 (I) 具初始条件

$$t = 0: \quad U = E\theta,\ U' = 0, \quad x \in \Omega \tag{4.20}$$

的解 $U$ 满足终值条件 (4.10). 于是, 将 $E$ 内积作用在问题 (I) 及 (I0) 上, 并且记 $\phi = (E, U)$, 易得

$$\begin{cases} \phi'' - \Delta\phi = -(E, AU), & (t,x) \in (0,+\infty) \times \Omega, \\ \phi = 0, & (t,x) \in (0,+\infty) \times \Gamma, \\ t = T: \quad \phi \equiv 0, & (t,x) \in \Omega. \end{cases} \tag{4.21}$$

此外, 通过一个类似于定理3.5的证明过程, 可以选择合适的控制 $H$ 使成立

$$\|H\|_{L^2(0,T;(L^2(\Gamma_1))^N)} \leqslant c\|\theta\|_{L^2(\Omega)}, \tag{4.22}$$

其中 $c > 0$ 是一个正常数. 由问题 (I) 及 (I0) 的适定性, 存在一个常数 $c' > 0$, 使得

$$\|U\|_{L^2(0,T;(L^2(\Omega))^N)} \leqslant c'\|\theta\|_{L^2(\Omega)}. \tag{4.23}$$

于是, 由后向问题(4.21) 的适定性, 存在一个常数 $c'' > 0$, 使得

$$\|\theta\|_{H_0^1(\Omega)} \leqslant c''\|U\|_{L^2(0,T;(L^2(\Omega))^N)} \leqslant c''c'\|\theta\|_{L^2(\Omega)}, \quad \forall\theta \in \mathcal{D}(\Omega). \tag{4.24}$$

这就导致矛盾, 从而定理得证. □

　　定理4.2的一个直接推论是

**推论 4.3** 若
$$\text{rank}(C_1 D) < N - 1, \tag{4.25}$$

特别地, 若
$$\text{rank}(D) < N - 1, \tag{4.26}$$

那么, 无论 $T > 0$ 多么大, 系统 (I) 在时刻 $T$ 均不能实现精确同步.

　　记
$$W_1 = (w^{(1)}, \cdots, w^{(N-1)})^T. \tag{4.27}$$

在相容性条件(4.5) 下, 注意到 (4.14), 关于变量 $U$ 的原始问题 (I) 及 (I0) 可以化约为关于变量 $W = C_1 U$ 的如下自封闭问题:

$$\begin{cases} W_1'' - \Delta W_1 + \overline{A}_1 W_1 = 0, & (t,x) \in (0,+\infty) \times \Omega, \\ W_1 = 0, & (t,x) \in (0,+\infty) \times \Gamma_0, \\ W_1 = C_1 DH, & (t,x) \in (0,+\infty) \times \Gamma_1, \end{cases} \tag{4.28}$$

其中 $\overline{A}_1$ 由 (4.15) 给出, 而相应的初始条件为

$$t = 0: \quad W_1 = C_1\widehat{U}_0, W_1' = C_1\widehat{U}_1, \quad x \in \Omega. \tag{4.29}$$

　　**命题 4.4** 假设相容性条件(4.5)满足, 原始系统 (I) 具精确边界同步性等价于对应的**化约系统**(4.28)具精确边界零能控性.

　　**证** 显然, 线性映射
$$(\widehat{U}_0, \widehat{U}_1) \mapsto (C_1\widehat{U}_0, C_1\widehat{U}_1) \tag{4.30}$$

是从 $(L^2(\Omega))^N \times (H^{-1}(\Omega))^N$ 到 $(L^2(\Omega))^{N-1} \times (H^{-1}(\Omega))^{N-1}$ 的满射. 于是, 系统 (I) 的精确边界同步性蕴含着化约系统(4.28)的精确边界零能控性.

另一方面, 若化约系统(4.28)具有精确边界零能控性, 根据定义, 自然可得系统 (I) 是精确边界同步的. □

由定理3.7和命题4.4, 我们立刻得到下面的定理.

**定理 4.5**　假设乘子几何条件(3.1) 以及相容性条件(4.5)均成立, 若系统 (I) 满足秩条件(4.18), 则其在空间 $(L^2(\Omega))^N \times (H^{-1}(\Omega))^N$ 中具精确边界同步性.

# 第五章

# 精确同步态

## §1. 精确同步态的能达集

如果系统 (I) 具有在某个时刻 $T > 0$ 的精确边界同步性, 易得对于 $t \geqslant T$, 由(4.2)定义的精确同步态$u = u(t, x)$ 应满足下面具齐次 Dirichlet 边界条件的波动方程:

$$
\begin{cases}
u'' - \Delta u + au = 0, & (t, x) \in (T, +\infty) \times \Omega, \\
u = 0, & (t, x) \in (T, +\infty) \times \Gamma,
\end{cases}
\tag{5.1}
$$

其中 $a$ 由行和条件(4.5)给定. 因此, 精确同步态$u = u(t, x)$ 关于时间 $t$ 的演化完全由 $(u, u_t)$ 在 $t = T$ 时刻的取值

$$
t = T: \quad u = \widehat{u}_0, \ u' = \widehat{u}_1, \quad x \in \Omega
\tag{5.2}
$$

决定.

**定理 5.1** 假设耦合阵 $A$ 满足相容性条件(4.5), 那么, 当初始条件 $(\widehat{U}_0, \widehat{U}_1)$ 取遍空间 $\left(L^2(\Omega)\right)^N \times \left(H^{-1}(\Omega)\right)^N$ 时, 精确同步态$u = u(t, x)$ 在时刻 $t = T$ 相应的取值 $(u, u')$ 的能达集是整个空间 $L^2(\Omega) \times H^{-1}(\Omega)$.

**证** 对于任意给定的 $(\widehat{u}_0, \widehat{u}_1) \in L^2(\Omega) \times H^{-1}(\Omega)$, 求解终值条件为

$$
t = T: \quad u = \widehat{u}_0, \ u' = \widehat{u}_1, \quad x \in \Omega
\tag{5.3}
$$

的后向问题

$$
\begin{cases}
u'' - \Delta u + au = 0, & (t, x) \in (0, T) \times \Omega, \\
u = 0, & (t, x) \in (0, T) \times \Gamma,
\end{cases}
\tag{5.4}
$$

可得到相应的解 $u = u(t, x)$. 由于相容性条件 (4.5) 成立, 问题 (I) 及 (I0) 具零边界控制 $H \equiv 0$ 以及初始条件

$$t = 0: \quad U = u(0, x)e_1, \ U' = u'(0, x)e_1 \tag{5.5}$$

的解恰为

$$U(t, x) = u(t, x)e_1, \tag{5.6}$$

其中 $e_1 = (1, \cdots, 1)^{\mathrm{T}}$. 因此, 通过求解具零边界控制及初始条件 (5.5) 的问题 (I) 及 (I0), 我们可以在时刻 $t = T$ 达到任意给定的精确同步态 $(\widehat{u}_0, \widehat{u}_1)$. 这一事实说明: 任一给定的状态 $(\widehat{u}_0, \widehat{u}_1) \in L^2(\Omega) \times H^{-1}(\Omega)$ 均可作为可达的精确同步态. 所以, 当初值 $(\widehat{U}_0, \widehat{U}_1)$ 取遍整个空间 $\left(L^2(\Omega)\right)^N \times \left(H^{-1}(\Omega)\right)^N$ 时, 系统的精确同步态 $u = u(t, x)$ 在 $T$ 时刻对应的 $(u(T, x), u'(T, x))$ 的取值是整个空间 $L^2(\Omega) \times H^{-1}(\Omega)$. □

## § 2. 精确同步态的确定

在本节中, 我们主要讨论: 对于每个给定的初值 $(\widehat{U}_0, \widehat{U}_1)$, 如何确定系统 (I) 的精确同步态?

如 §4.2 中所示, 在 $C_1$-相容性条件 (4.5) 下, 向量 $e_1 = (1, \cdots, 1)^{\mathrm{T}}$ 是矩阵 $A$ 对应于实特征值 $a$ 的一个特征向量.

记 $\epsilon_1, \cdots, \epsilon_r$ (相应地, $\mathcal{E}_1, \cdots, \mathcal{E}_r$) 是 $A$ (相应地, $A^{\mathrm{T}}$) 的一组长度为 $r$ 的 Jordan 链, 满足

$$\begin{cases} A\epsilon_l = a\epsilon_l + \epsilon_{l+1}, & 1 \leqslant l \leqslant r, \\ A^{\mathrm{T}}\mathcal{E}_k = a\mathcal{E}_k + \mathcal{E}_{k-1}, & 1 \leqslant k \leqslant r, \\ (\mathcal{E}_k, \epsilon_l) = \delta_{kl}, & 1 \leqslant k, l \leqslant r, \end{cases} \tag{5.7}$$

其中

$$\epsilon_r = (1, \cdots, 1)^{\mathrm{T}}, \quad \epsilon_{r+1} = 0, \quad \mathcal{E}_0 = 0. \tag{5.8}$$

显然, $\epsilon_r = e_1$ 和 $\mathcal{E}_1 = E_1$ 分别是 $A$ 和 $A^{\mathrm{T}}$ 相应于相同特征值 $a$ 的特征向量.

考虑 $\mathbb{R}^N$ 到子空间 $\mathrm{Span}\{\epsilon_1, \cdots, \epsilon_r\}$ 上的投影算子 $P$:

$$P = \sum_{k=1}^{r} \epsilon_k \otimes \mathcal{E}_k, \tag{5.9}$$

其中 $\otimes$ 表示张量积, 满足

$$(\epsilon_k \otimes \mathcal{E}_k)U = (\mathcal{E}_k, U)\epsilon_k, \quad \forall U \in \mathbb{R}^N. \tag{5.10}$$

$P$ 可以由一个 $N$ 阶矩阵来表示. 于是我们可以对空间做如下的分解:

$$\mathbb{R}^N = \mathrm{Im}(P) \oplus \mathrm{Ker}(P), \tag{5.11}$$

其中 $\oplus$ 表示子空间的直和. 此外, 我们有

$$\mathrm{Im}(P) = \mathrm{Span}\{\epsilon_1, \cdots, \epsilon_r\}, \tag{5.12}$$

$$\mathrm{Ker}(P) = \left(\mathrm{Span}\{\mathcal{E}_1, \cdots, \mathcal{E}_r\}\right)^\perp \tag{5.13}$$

和

$$PA = AP. \tag{5.14}$$

设 $U = U(t,x)$ 是问题 (I) 及 (I0) 的解. 定义

$$\begin{cases} U_c := (I - P)U, \\ U_s := PU. \end{cases} \tag{5.15}$$

若系统 (I) 是可精确同步的, 则有

$$t \geqslant T: \quad U = u\epsilon_r, \tag{5.16}$$

其中 $u = u(t,x)$ 是精确同步态, 而 $\epsilon_r = (1, \cdots, 1)^{\mathrm{T}}$. 于是, 注意到 (5.15)—(5.16), 成立

$$t \geqslant T: \quad \begin{cases} U_c = u(I - P)\epsilon_r = 0, \\ U_s = uP\epsilon_r = u\epsilon_r. \end{cases} \tag{5.17}$$

我们将 $U_c$ 和 $U_s$ 分别称为 $U$ 的**能控部分**和**同步部分**.

将投影算子 $P$ 作用在问题 (I) 及 (I0) 上, 并注意到(5.14), 立得

**命题 5.2** 能控部分 $U_c$ 是下面问题的解:

$$\begin{cases} U_c'' - \Delta U_c + AU_c = 0, & (t,x) \in (0,+\infty) \times \Omega, \\ U_c = 0, & (t,x) \in (0,+\infty) \times \Gamma_0, \\ U_c = (I - P)DH, & (t,x) \in (0,+\infty) \times \Gamma_1, \\ t = 0: \quad U_c = (I - P)\widehat{U}_0, \ U_c' = (I - P)\widehat{U}_1, & x \in \Omega, \end{cases} \tag{5.18}$$

而同步部分 $U_s$ 是下面问题的解:

$$\begin{cases} U_s'' - \Delta U_s + AU_s = 0, & (t,x) \in (0,+\infty) \times \Omega, \\ U_s = 0, & (t,x) \in (0,+\infty) \times \Gamma_0, \\ U_s = PDH, & (t,x) \in (0,+\infty) \times \Gamma_1, \\ t = 0: \quad U_s = P\widehat{U}_0, \ U_s' = P\widehat{U}_1, & x \in \Omega. \end{cases} \tag{5.19}$$

**注 5.1** 事实上, 通过边界控制 $H$ 的作用, 一方面, 使得 $U_c$ 系统对于初始条件 $((I - P)\widehat{U}_0, (I - P)\widehat{U}_1) \in \mathrm{Ker}(P) \times \mathrm{Ker}(P)$ 实现精确边界零能控, 另一方面, 使得 $U_s$ 系统对初始条件 $(P\widehat{U}_0, P\widehat{U}_1) \in \mathrm{Im}(P) \times \mathrm{Im}(P)$ 实现精确边界同步性.

定义

$$\mathcal{D}_{N-1} = \{D \in \mathbb{M}^{N \times (N-1)} : \ \mathrm{rank}(D) = \mathrm{rank}(C_1 D) = N - 1\}. \tag{5.20}$$

**命题 5.3** 设 $N \times (N-1)$ 阶矩阵 $D$ 由

$$\mathrm{Im}(D) = (\mathrm{Span}\{\mathcal{E}_r\})^{\perp} \tag{5.21}$$

定义, 则成立 $D \in \mathcal{D}_{N-1}$.

**证** 显然 $\mathrm{rank}(D) = N-1$. 另一方面, 由于 $(\epsilon_r, \mathcal{E}_r) = 1$, 可得 $\epsilon_r \notin (\mathrm{Span}\{\mathcal{E}_r\})^{\perp}$ $= \mathrm{Im}(D)$. 注意到 $\mathrm{Ker}(C_1) = \mathrm{Span}\{\epsilon_r\}$, 我们有 $\mathrm{Im}(D) \cap \mathrm{Ker}(C_1) = \{0\}$. 于是, 由命题2.7可得 $\mathrm{rank}(C_1 D) = \mathrm{rank}(D) = N - 1$. □

**定理 5.4** 若 $r = 1$, 则存在一个边界控制矩阵 $D \in \mathcal{D}_{N-1}$, 使得同步部分 $U_s$ 与边界控制 $H$ 无关. 反之, 若同步部分 $U_s$ 与边界控制 $H$ 无关, 则 $r = 1$.

**证** 若 $r = 1$, 由命题 5.3, 可由(5.21)取边界控制矩阵 $D \in \mathcal{D}_{N-1}$. 注意到(5.13), 可知

$$\mathrm{Ker}(P) = (\mathrm{Span}\{\mathcal{E}_1\})^{\perp} = \mathrm{Im}(D). \tag{5.22}$$

于是 $PD = 0$, 因而 (5.19) 成为一个具齐次 Dirichlet 边界条件的问题, 从而, $U_s$ 自然与边界控制 $H$ 无关.

反之, 设 $H_1$ 和 $H_2$ 是两个边界控制, 它们均可实现系统 (I) 的精确边界同步性. 若问题 (5.19) 相应的解 $U_s$ 与边界控制 $H_1$ 和 $H_2$ 的选取无关, 就可得

$$PD(H_1 - H_2) = 0, \quad (t, x) \in (0, T) \times \Gamma_1. \tag{5.23}$$

由定理3.4和命题4.4, $C_1 D(H_1 - H_2)$ 在 $(T - \epsilon, T) \times \Gamma_1$ 上的值可以任意选取. 由于矩阵 $C_1 D$ 是可逆的, $(H_1 - H_2)$ 在 $(T - \epsilon, T) \times \Gamma_1$ 上的值可以任意给定. 这说明了 $PD = 0$, 从而

$$\mathrm{Im}(D) \subseteq \mathrm{Ker}(P). \tag{5.24}$$

注意到 (5.13), 于是 $\dim \mathrm{Ker}(P) = N - r$ 且 $\dim \mathrm{Im}(D) = N - 1$, 于是 $r = 1$. □

**推论 5.5** 假设 $\mathrm{Ker}(C_1)$ 和 $\mathrm{Im}(C_1^{\mathrm{T}})$ 均是 $A$ 的不变子空间, 那么存在一个边界控制矩阵 $D \in \mathcal{D}_{N-1}$, 使得系统 (I) 是精确同步的, 且同步部分 $U_s$ 与边界控制 $H$ 的选取无关.

**证**　注意到 $\mathrm{Ker}(C_1)=\mathrm{Span}\{e_1\}$, 其中 $e_1 = (1,\cdots,1)^\mathrm{T}$. 由于 $\mathrm{Im}(C_1^\mathrm{T})$ 是 $A$ 的一个不变子空间, 由命题2.4可知, $(\mathrm{Im}(C_1^\mathrm{T}))^\perp = \mathrm{Ker}(C_1)$ 是 $A^\mathrm{T}$ 的一个不变子空间. 这样, $e_1$ 也是 $A^\mathrm{T}$ 对应于相同特征值 $a$ 的一个特征向量, 其中 $a$ 由(4.5)给出. 令 $E_1 = e_1/N$, 则由 $(E_1,e_1) = 1$, 于是 $r = 1$. 根据定理5.4, 我们可选择一个边界控制矩阵 $D \in \mathcal{D}_{N-1}$, 使得系统 (I) 的同步部分 $U_s$ 是与边界控制 $H$ 的选取无关的. □

**注 5.2**　设 $r = 1$, 则 $A^\mathrm{T}$ 存在一个特征向量 $E_1$ 使得 $(E_1,e_1) = 1$. 显然, 若 $A$ 是对称矩阵或者 $A^\mathrm{T}$ 也满足相容性条件(4.5), 那么 $e_1$ 也是 $A^\mathrm{T}$ 的一个特征向量. 于是, 可以取 $E_1 = e_1/N$ 使得 $(E_1,e_1) = 1$. 然而, 对于任意给定的 $A$, 上述条件未必成立. 例如, 设

$$A = \begin{pmatrix} 2 & -1 \\ 1 & 0 \end{pmatrix}, \tag{5.25}$$

则

$$a = 1, \quad e_1 = \begin{pmatrix} 1 \\ 1 \end{pmatrix}, \quad E_1 = \begin{pmatrix} 1 \\ -1 \end{pmatrix}, \tag{5.26}$$

于是

$$(E_1,e_1) = 0. \tag{5.27}$$

一般来说, 若(5.27)成立, 那么

$$E_1 \in (\mathrm{Span}\{e_1\})^\perp = (\mathrm{Ker}\,(C_1))^\perp = \mathrm{Im}(C_1^\mathrm{T}). \tag{5.28}$$

这意味着 $(E_1,U)$ 就是向量 $C_1U$ 的分量的一个线性组合, 从而就不能提供给我们更多有关于同步部分 $U_s$ 的信息了.

**注 5.3**　设 $(\widehat{c}_1,\cdots,\widehat{c}_{N-1})$ 是 $(\mathrm{Span}\{E_1\})^\perp$ 的一组基, 则

$$A(e_1,\widehat{c}_1,\cdots,\widehat{c}_{N-1}) = (e_1,\widehat{c}_1,\cdots,\widehat{c}_{N-1})\begin{pmatrix} a & 0 \\ 0 & A_{22} \end{pmatrix}, \tag{5.29}$$

其中 $A_{22}$ 是一个 $N-1$ 阶矩阵. 因此, 在 $(e_1,\widehat{c}_1,\cdots,\widehat{c}_{N-1})$ 这组基下, $A$ 是分块对角的.

接下来, 我们讨论更一般的情况: $r \geqslant 1$. 记

$$\phi_k = (\mathcal{E}_k,U), \quad 1 \leqslant k \leqslant r, \tag{5.30}$$

且将 $U_s$ 写成

$$U_s = \sum_{k=1}^r (\mathcal{E}_k,U)\epsilon_k = \sum_{k=1}^r \phi_k\epsilon_k. \tag{5.31}$$

于是, $(\phi_1,\cdots,\phi_r)$ 实际上就是 $U_s$ 在双正交基$\{\epsilon_1,\cdots,\epsilon_r\}$ 和 $\{\mathcal{E}_1,\cdots,\mathcal{E}_r\}$ 下的坐标.

**定理 5.6** 设 $\epsilon_1, \cdots, \epsilon_r$(相应地, $\mathcal{E}_1, \cdots, \mathcal{E}_r$) 是 $A$(相应地, $A^{\mathrm{T}}$) 对应于特征值 $a$ 的 Jordan 链, 且 $\epsilon_r = (1, \cdots, 1)^{\mathrm{T}}$, 那么同步部分 $U_s = (\phi_1, \cdots, \phi_r)$ 将由下面问题 (其中 $1 \leqslant k \leqslant r$) 的解决定:

$$
\begin{cases}
\phi_k'' - \Delta\phi_k + a\phi_k + \phi_{k-1} = 0, & (t, x) \in (0, +\infty) \times \Omega, \\
\phi_k = 0, & (t, x) \in (0, +\infty) \times \Gamma_0, \\
\phi_k = h_k, & (t, x) \in (0, +\infty) \times \Gamma_1, \\
t = 0: \quad \phi_k = (\mathcal{E}_k, \widehat{U}_0), \ \phi_k' = (\mathcal{E}_k, \widehat{U}_1), & x \in \Omega,
\end{cases}
\tag{5.32}
$$

其中

$$
\phi_0 = 0 \quad \text{且} \quad h_k = (\mathcal{E}_k, DH).
\tag{5.33}
$$

此外, 精确同步态由 $u = \phi_r (t \geqslant T)$ 给出.

**证** 首先, 对 $1 \leqslant k \leqslant r$ 成立

$$
(\mathcal{E}_k, U) = (\mathcal{E}_k, U_s) = \phi_k,
\tag{5.34}
$$

$$
(\mathcal{E}_k, PDH) = \sum_{l=1}^{r} (\mathcal{E}_l, DH)(\mathcal{E}_k, \epsilon_l) = (\mathcal{E}_k, DH)
\tag{5.35}
$$

及

$$
(\mathcal{E}_k, PU_0) = (\mathcal{E}_k, U_0), \quad (\mathcal{E}_k, PU_1) = (\mathcal{E}_k, U_1).
\tag{5.36}
$$

将 $\mathcal{E}_k$ 与 (5.19) 作内积, 立得 (5.32)—(5.33).

另一方面, 注意到 (5.16), 对 $1 \leqslant k \leqslant r$, 有

$$
t \geqslant T: \quad \phi_k = (\mathcal{E}_k, U) = (\mathcal{E}_k, u\epsilon_r) = u\delta_{kr}.
\tag{5.37}
$$

这样, 精确同步态 $u$ 满足

$$
t \geqslant T: \quad u = u(t, x) = \phi_r(t, x).
\tag{5.38}
$$

$\square$

在 $r = 1$ 这一特殊情形下, 由定理 5.4和定理 5.6, 我们得到以下推论.

**推论 5.7** 当 $r = 1$ 时, 取 $D \in \mathcal{D}_{N-1}$ 使得 $D^{\mathrm{T}}\mathcal{E}_1 = 0$. 那么, 精确同步态$u$ 满足 $u = \phi (t \geqslant T)$, 其中 $\phi$ 是下面具齐次 Dirichlet 边界条件的问题的解:

$$
\begin{cases}
\phi'' - \Delta\phi + a\phi = 0, & (t, x) \in (0, +\infty) \times \Omega, \\
\phi = 0, & (t, x) \in (0, +\infty) \times \Gamma, \\
t = 0: \quad \phi = (\mathcal{E}_1, \widehat{U}_0), \ \phi' = (\mathcal{E}_1, \widehat{U}_1), & x \in \Omega.
\end{cases}
\tag{5.39}
$$

反之, 若同步部分 $U_s = (\phi_1, \cdots, \phi_r)$ 与边界控制 $H$ 无关, 则必成立

$$r = 1 \quad 及 \quad D^{\mathrm{T}} \mathcal{E}_1 = 0 \tag{5.40}$$

因此, 精确同步态 $u$ 满足 $u = \phi(t \geqslant T)$, 其中 $\phi$ 是问题(5.39)的解. 特别地, 若

$$(\mathcal{E}_1, \widehat{U}_0) = (\mathcal{E}_1, \widehat{U}_1) = 0, \tag{5.41}$$

则系统 (I) 对于这样的初值 $(\widehat{U}_0, \widehat{U}_1)$ 是零能控的.

## § 3. 精确同步态的近似估计

关系式(5.37)表明仅仅最后一个分量 $\phi_r$ 是同步的, 而其他分量均导致 0. 然而, 为了得到 $\phi_r$, 我们仍旧需要求解关于 $(\phi_1, \cdots, \phi_r)$ 的整个问题 (5.32)—(5.33). 所以, 除了 $r = 1$ 的情形, 精确同步态 $u$ 均依赖于为实现精确边界同步所取的边界控制, 于是, 一般来说, 我们并不能唯一确定精确同步态 $u$. 但是, 我们对其有如下的一个近似估计结果.

**定理 5.8** 设系统 (I) 在某个边界控制矩阵 $D \in \mathcal{D}_{N-1}$ 的作用下具精确同步性. 设 $\phi$ 是下面齐次问题的解:

$$\begin{cases} \phi'' - \Delta\phi + a\phi = 0, & (t, x) \in (0, +\infty) \times \Omega, \\ \phi = 0, & (t, x) \in (0, +\infty) \times \Gamma, \\ t = 0: \quad \phi = (\mathcal{E}_r, \widehat{U}_0), \ \phi' = (\mathcal{E}_r, \widehat{U}_1), & x \in \Omega. \end{cases} \tag{5.42}$$

进一步假设

$$D^{\mathrm{T}} \mathcal{E}_r = 0. \tag{5.43}$$

那么存在一个与 $T$ 有关的正常数 $c_T > 0$, 使得精确同步态 $u$ 满足下面的估计:

$$\|(u, u'(T) - (\phi, \phi')(T)\|_{H_0^1(\Omega) \times L^2(\Omega)} \tag{5.44}$$
$$\leqslant c_T \|C_1(\widehat{U}_0, \widehat{U}_1)\|_{(L^2(\Omega))^{N-1} \times (H^{-1}(\Omega))^{N-1}}.$$

**证** 由命题5.3, 可取边界控制矩阵 $D \in \mathcal{D}_{N-1}$, 使得 (5.43) 成立. 于是, 考虑 (5.32) 中的第 $r$ 个方程, 我们得到下面一个具齐次 Dirichlet 边界条件的问题:

$$\begin{cases} \phi_r'' - \Delta\phi_r + a\phi_r = -\phi_{r-1}, & (t, x) \in (0, +\infty) \times \Omega, \\ \phi_r = 0, & (t, x) \in (0, +\infty) \times \Gamma, \\ t = 0: \quad \phi_r = (\mathcal{E}_r, \widehat{U}_0), \ \phi_r' = (\mathcal{E}_r, \widehat{U}_1), & x \in \Omega. \end{cases} \tag{5.45}$$

由 (5.37) 可得

$$t \geqslant T: \quad \phi_r \equiv u, \quad \phi_{r-1} \equiv 0. \tag{5.46}$$

注意到问题 (5.42) 和问题 (5.45) 具有相同的初始条件及相同的齐次 Dirichlet 边界条件, 由适定性, 可知存在一个正常数 $c_1 > 0$, 成立

$$\|(u, u')(T) - (\phi, \phi')(T)\|_{H_0^1(\Omega) \times L^2(\Omega)}^2 \tag{5.47}$$

$$\leqslant c_1 \int_0^T \|\psi_{r-1}(s)\|_{L^2(\Omega)}^2 \mathrm{d}s.$$

由于条件 $(\mathcal{E}_{r-1}, \epsilon_r) = 0$ 蕴含着

$$\mathcal{E}_{r-1} \in (\mathrm{Span}\{\epsilon_r\})^\perp = (\mathrm{Ker}(C_1))^\perp = \mathrm{Im}(C_1^{\mathrm{T}}), \tag{5.48}$$

$\mathcal{E}_{r-1}$ 是 $C_1^{\mathrm{T}}$ 的列向量的一个线性组合. 因此, 存在一个正常数 $c_2 > 0$, 成立

$$\|\phi_{r-1}(s)\|_{L^2(\Omega)}^2 = \|(\mathcal{E}_{r-1}, U(s))\|_{L^2(\Omega)}^2 \leqslant c_2 \|C_1 U(s)\|_{(L^2(\Omega))^{N-1}}^2. \tag{5.49}$$

由于 $W = C_1 U$, 且化约系统(4.28)是精确边界零能控的, 存在一个正常数 $c_T > 0$, 成立

$$\int_0^T \|C_1 U(s)\|_{(L^2(\Omega))^{N-1}}^2 \mathrm{d}s \tag{5.50}$$

$$\leqslant c_T \|C_1(\widehat{U}_0, \widehat{U}_1)\|_{(L^2(\Omega))^{N-1} \times (H^{-1}(\Omega))^{N-1}}^2.$$

最后, 将 (5.49)—(5.50) 代入 (5.47), 便可得估计式 (5.44). □

**注 5.4** 当 $r > 1$ 时, 由于 $(\mathcal{E}_1, \epsilon_r) = 0$, 系统 (I) 的精确同步态 $u$ 与所施加的边界控制 $H$ 相关, 因而不能唯一确定. 不过定理5.8告诉我们, 若 $C_1(\widehat{U}_0, \widehat{U}_1)$ 充分小, 那么 $u$ 接近于问题(5.42)的解, 其中的初始条件是原来系统的初始条件 $(\widehat{U}_0, \widehat{U}_1)$ 的一个带权平均, 而权重 $\mathcal{E}_r$ 是 $A^{\mathrm{T}}$ 的一个根向量.

# 第六章

# 分组精确边界同步性

## §1. 定义

设

$$U = \left(u^{(1)}, \cdots, u^{(N)}\right)^{\mathrm{T}}, \qquad H = \left(h^{(1)}, \cdots, h^{(M)}\right)^{\mathrm{T}}, \tag{6.1}$$

其中 $M \leqslant N$. 下面考虑具 Dirichlet 边界控制的波动方程耦合系统(I) 及初值 (I0).

在第三章和第四章中已知: 当边界控制的个数不足时, 系统 (I) 既不是精确零能控的 (若 $M < N$), 也不是精确同步的 (若 $M < N-1$). 为了考察边界控制个数进一步减少的情形, 我们引入系统 (I) 的分组精确边界同步性.

设 $p \geqslant 1$ 为一整数, 并取整数 $n_0, n_1, n_2, \cdots, n_p$ 满足

$$0 = n_0 < n_1 < n_2 < \cdots < n_p = N, \tag{6.2}$$

且对 $1 \leqslant r \leqslant p$ 成立 $n_r - n_{r-1} \geqslant 2$.

将 $U$ 的元素划分为 $p$ 组:

$$(u^{(1)}, \cdots, u^{(n_1)}), (u^{(n_1+1)}, \cdots, u^{(n_2)}), \cdots, (u^{(n_{p-1}+1)}, \cdots, u^{(n_p)}). \tag{6.3}$$

**定义 6.1** 称系统 (I) 在时刻 $T > 0$ **分 $p$ 组精确同步**, 若对任意给定的初值 $(\widehat{U}_0, \widehat{U}_1) \in (L^2(\Omega))^N \times (H^{-1}(\Omega))^N$, 存在一个支集在 $[0, T]$ 中的边界控制 $H \in L^2_{\mathrm{loc}}(0, +\infty; (L^2(\Gamma_1))^M)$, 使得相应的混合初边值问题(I) 及 (I0) 的解 $U = U(t, x)$ 满足下面的终端条件:

$$t \geqslant T: \quad \begin{cases} u^{(1)} \equiv \cdots \equiv u^{(n_1)} := u_1, \\ u^{(n_1+1)} \equiv \cdots \equiv u^{(n_2)} := u_2, \\ \quad \cdots \\ u^{(n_{p-1}+1)} \equiv \cdots \equiv u^{(n_p)} := u_p, \end{cases} \tag{6.4}$$

其中 $u = (u_1, \cdots, u_p)^{\mathrm{T}}$ 为事先未知的分 $p$ 组精确同步态.

**注 6.1**  若对某些 $r$ 成立 $n_r - n_{r-1} = 1$, 由于相应的元素组$(u^{(n_{r-1}+1)}, \cdots, u^{(n_r)})$中只包含一个元素, 就不可能在其中提出同步的要求. 此时, 可相应地研究部分分组精确边界同步性, 见 [81].

**注 6.2**  函数 $u_1, \cdots, u_p$ 依赖于初值和所施加的边界控制. 在本书中, 说 $u_1, \cdots, u_p$ **线性无关**, 是指至少存在一个初值和一个边界控制, 使得相应的 $u_1, \cdots, u_p$ 是线性无关的; 反之, 说 $u_1, \cdots, u_p$ **线性相关**, 是指对于任意给定的初值以及任意施加的边界控制, $u_1, \cdots, u_p$ 均是线性相关的.

设 $S_r$(参见注4.4) 为下面的 $(n_r - n_{r-1} - 1) \times (n_r - n_{r-1})$ 阶矩阵:

$$S_r = \begin{pmatrix} 1 & -1 & 0 & \cdots & 0 \\ 0 & 1 & -1 & \cdots & 0 \\ \vdots & \vdots & \ddots & \ddots & \vdots \\ 0 & 0 & \cdots & 1 & -1 \end{pmatrix}, \tag{6.5}$$

而 $C_p$ 为下面的 $(N-p) \times N$ 阶行满秩的**分 $p$ 组同步阵**:

$$C_p = \begin{pmatrix} S_1 & & & \\ & S_2 & & \\ & & \ddots & \\ & & & S_p \end{pmatrix}. \tag{6.6}$$

**分 $p$ 组精确边界同步性** (6.4) 等价于

$$t \geqslant T: \quad C_p U \equiv 0. \tag{6.7}$$

对 $r = 1, \cdots, p$, 令

$$(e_r)_i = \begin{cases} 1, & n_{r-1} + 1 \leqslant i \leqslant n_r, \\ 0, & \text{其余情形,} \end{cases} \tag{6.8}$$

就有

$$\mathrm{Ker}(C_p) = \mathrm{Span}\{e_1, e_2, \cdots, e_p\}, \tag{6.9}$$

而分 $p$ 组精确边界同步性 (6.4) 可改写成

$$t \geqslant T: \quad U = \sum_{r=1}^{p} u_r e_r. \tag{6.10}$$

注意到通过边界控制的作用不仅仅需要在时刻 $T$ 实现分 $p$ 组精确边界同步性, 且在此刻之后一直保持同步. 由于控制在 $T$ 时刻已经撤除, 故耦合矩阵$A$ 须满足一些

附加条件以至于可以保持分 $p$ 组精确边界同步性. 如第四章所示, 我们需要推导出系统 (I) 具分 $p$ 组边界同步性的相容性条件.

# § 2. 一个基本引理

在下文中, 我们将通过一个对系统不断化约的过程, 证明相容性条件的必要性. 为了清晰起见, 本节将完全关注于这一基本结果的论证.

**引理 6.1** 设 $C_p$ 是一个 $(N-p) \times N$ 阶的行满秩矩阵, 使得对于满足方程组

$$U'' - \Delta U + AU = 0, \qquad (t,x) \in (0, +\infty) \times \Omega \tag{6.11}$$

的任何给定解 $U$, 成立

$$t \geqslant T: \quad C_p U \equiv 0. \tag{6.12}$$

那么或者成立

$$A\mathrm{Ker}(C_p) \subseteq \mathrm{Ker}(C_p), \tag{6.13}$$

或者 $C_p$ 存在一个行满秩的 $(N-p+1) \times N$ 扩张矩阵 $\widehat{C}_{p-1}$, 使得

$$t \geqslant T: \quad \widehat{C}_{p-1} U \equiv 0. \tag{6.14}$$

**证** 设 $e_r \in \mathbb{R}^N$ $(r = 1, \cdots, p)$ 满足

$$\mathrm{Ker}(C_p) = \mathrm{Span}\{e_1, \cdots, e_p\}. \tag{6.15}$$

注意到(6.12)蕴含着(6.10), 将矩阵 $C_p$ 作用在系统(6.11)上, 可得

$$t \geqslant T: \quad \sum_{r=1}^{p} u_r C_p A e_r = 0. \tag{6.16}$$

若 $C_p A e_r = 0$ $(r = 1, \cdots, p)$, 则可以立刻得到结论(6.13). 否则, 由于 $C_p A e_r (r = 1, \cdots, p)$ 是常向量, 存在一些实的常系数 $\alpha_r$ $(r = 1, \cdots, p-1)$ 使成立

$$u_p = \sum_{r=1}^{p-1} \alpha_r u_r. \tag{6.17}$$

于是(6.10)可写成

$$t \geqslant T: \quad U = \sum_{r=1}^{p-1} u_r(e_r + \alpha_r e_p). \tag{6.18}$$

令

$$\widehat{e}_r = e_r + \alpha_r e_p, \quad r = 1, \cdots, p-1, \tag{6.19}$$

就有

$$t \geqslant T: \quad U = \sum_{r=1}^{p-1} u_r \widehat{e}_r. \tag{6.20}$$

接着我们要构造一个扩大的矩阵 $\widehat{C}_{p-1}$ 使之满足(6.14)的要求. 为此, 如下定义一个行向量 $\widehat{c}_{p+1}$:

$$\widehat{c}_{p+1}^{\mathrm{T}} = \frac{e_p}{\|e_p\|^2} - \sum_{l=1}^{p-1} \frac{\alpha_l e_l}{\|e_l\|^2}. \tag{6.21}$$

注意到(6.19)以及集合 $\{e_1, \cdots, e_p\}$ 中元素的正交性, 易见对所有满足 $1 \leqslant r \leqslant p-1$ 的指标 $r$ 成立

$$
\begin{aligned}
\widehat{c}_{p+1} \widehat{e}_r &= \frac{(e_p, e_r)}{\|e_p\|^2} - \sum_{l=1}^{p-1} \frac{\alpha_l (e_l, e_r)}{\|e_l\|^2} \\
&+ \alpha_r \left( \frac{(e_p, e_p)}{\|e_p\|^2} - \sum_{l=1}^{p-1} \frac{\alpha_l (e_l, e_p)}{\|e_l\|^2} \right) = -\alpha_r + \alpha_r = 0.
\end{aligned}
\tag{6.22}
$$

接着, 我们定义扩张矩阵 $\widehat{C}_{p-1}$ 如下:

$$\widehat{C}_{p-1} = \begin{pmatrix} C_p \\ \widehat{c}_{p+1} \end{pmatrix}. \tag{6.23}$$

注意到对 $r = 1, \cdots, p-1$ 有 $\widehat{e}_r \in \mathrm{Ker}(C_p)$, 利用(6.22), 可得

$$\widehat{C}_{p-1} \widehat{e}_r = \begin{pmatrix} C_p \\ \widehat{c}_{p+1} \end{pmatrix} \widehat{e}_r = \begin{pmatrix} C_p \widehat{e}_r \\ \widehat{c}_{p+1} \widehat{e}_r \end{pmatrix} = \begin{pmatrix} 0 \\ 0 \end{pmatrix}, \quad r = 1, \cdots, p-1, \tag{6.24}$$

于是由(6.20)立即可得

$$t \geqslant T: \quad \widehat{C}_{p-1} U \equiv 0. \tag{6.25}$$

最终, 注意到

$$\widehat{c}_{p+1}^{\mathrm{T}} \in \mathrm{Ker}(C_p) = \{\mathrm{Im}(C_p^{\mathrm{T}})\}^{\perp}, \tag{6.26}$$

就得到 $\widehat{c}_{p+1}^{\mathrm{T}} \notin \mathrm{Im}(C_p^{\mathrm{T}})$, 于是 $\mathrm{rank}(\widehat{C}_{p-1}) = N - p + 1$, 即 $\widehat{C}_{p-1}$ 是一个行满秩的 $(N - p + 1) \times N$ 阶矩阵. □

## §3. $C_p$-相容性条件

本节我们将证明：系统 (I) 具分 $p$ 组精确边界同步性至少需要 $N-p$ 个边界控制. 特别地, 若 $\mathrm{rank}(D) = N-p$, 则我们可得如下的$C_p$-**相容性条件**:

$$A\mathrm{Ker}(C_p) \subseteq \mathrm{Ker}(C_p), \tag{6.27}$$

这是系统 (I) 具分 $p$ 组精确边界同步性的一个必要条件. 另一方面, 在下一节我们会证明, 在 $C_p$-相容性条件(6.27)成立的前提下, 存在一个边界控制矩阵$D$(其中 $M = N-p$), 使得系统 (I) 可实现分 $p$ 组精确同步.

下面的定理中, 我们首先对边界控制矩阵$D$ 的秩给出一个下界估计, 这也是分 $p$ 组精确边界同步性的一个必要条件.

**定理 6.2** 假设系统 (I) 具分 $p$ 组精确同步性, 则必成立

$$\mathrm{rank}(C_p D) = N-p. \tag{6.28}$$

特别地, 有

$$\mathrm{rank}(D) \geqslant N-p. \tag{6.29}$$

**证** 由(6.7), 对于 $t \geqslant T$ 有 $C_p U \equiv 0$. 若 $A\mathrm{Ker}(C_p) \not\subseteq \mathrm{Ker}(C_p)$, 那么根据引理 6.1, 我们可以构造一个行满秩的 $(N-p+1) \times N$ 阶矩阵 $\widehat{C}_{p-1}$, 使得对 $t \geqslant T$ 成立 $\widehat{C}_{p-1} U \equiv 0$. 若 $A\mathrm{Ker}(\widehat{C}_{p-1}) \not\subseteq \mathrm{Ker}(\widehat{C}_{p-1})$, 再次利用引理6.1, 我们可以构造一个行满秩的 $(N-p+2) \times N$ 阶矩阵 $\widehat{C}_{p-2}$, 使得对 $t \geqslant T$ 成立 $\widehat{C}_{p-2} U \equiv 0$. 依次类推. 这个进程将在 $r(0 \leqslant r \leqslant p)$ 步之后停止. 最终, 我们会得到一个行满秩的 $(N-p+r) \times N$ 扩张矩阵 $\widehat{C}_{p-r}$(若 $r = 0$, 取 $\widehat{C}_p = C_p$, 这一特殊情形意味着相容性条件(6.27)成立) 使下式成立

$$t \geqslant T: \quad \widehat{C}_{p-r} U \equiv 0 \tag{6.30}$$

及

$$A\mathrm{Ker}(\widehat{C}_{p-r}) \subseteq \mathrm{Ker}(\widehat{C}_{p-r}). \tag{6.31}$$

于是, 根据命题2.10, 存在唯一的 $(N-p+r)$ 阶矩阵 $\overline{A}_{p-r}$ 使下式成立

$$\widehat{C}_{p-r} A = \overline{A}_{p-r} \widehat{C}_{p-r}. \tag{6.32}$$

将矩阵 $\widehat{C}_{p-r}$ 作用在问题 (I) 及 (I0) 上, 记 $W = \widehat{C}_{p-r} U$, 便得到下面的化约系统:

$$\begin{cases} W'' - \Delta W + \overline{A}_{p-r} W = 0, & (t,x) \in (0,+\infty) \times \Omega, \\ W = 0, & (t,x) \in (0,+\infty) \times \Gamma_0, \\ W = \widehat{C}_{p-r} D H, & (t,x) \in (0,+\infty) \times \Gamma_1, \end{cases} \tag{6.33}$$

其相应的初始条件为

$$t = 0: \quad W = \widehat{C}_{p-r}\widehat{U}_0, \ W' = \widehat{C}_{p-r}\widehat{U}_1 \quad x \in \Omega. \tag{6.34}$$

此外,(6.30)可改写为

$$t \geqslant T: \quad W \equiv 0. \tag{6.35}$$

另一方面, 由于 $\widehat{C}_{p-r}$ 是一个 $(N-p+r) \times N$ 阶的行满秩矩阵, 线性映射

$$(\widehat{U}_0, \widehat{U}_1) \mapsto (\widehat{C}_{p-r}\widehat{U}_0, \widehat{C}_{p-r}\widehat{U}_1) \tag{6.36}$$

是从 $(L^2(\Omega))^N \times (H^{-1}(\Omega))^N$ 到 $(L^2(\Omega))^{N-p+r} \times (H^{-1}(\Omega))^{N-p+r}$ 的满射. 于是可知化约系统(6.33)在 $(L^2(\Omega))^{N-p+r} \times (H^{-1}(\Omega))^{N-p+r}$ 中具有精确边界零能控性. 由定理3.7, 相应的边界控制矩阵 $\widehat{C}_{p-r}D$ 的秩满足

$$\mathrm{rank}(\widehat{C}_{p-r}D) = N - p + r. \tag{6.37}$$

最后, 由于 $(N-p+r) \times N$ 阶矩阵 $\widehat{C}_{p-r}D$ 是行满秩的, 所以由 $\widehat{C}_{p-r}D$ 的前 $N-p$ 个行向量组成的子矩阵 $C_pD$ 也是行满秩的, 从而得到(6.28). □

**定理 6.3** 若系统 (I) 具分 $p$ 组精确边界同步性, 且满足最小秩条件

$$M = \mathrm{rank}(D) = N - p. \tag{6.38}$$

则必成立 $C_p$-相容性条件(6.27).

**证** 注意到(6.37)及 (6.38), 由

$$\mathrm{rank}(D) \geqslant \mathrm{rank}(\widehat{C}_{p-r}D)$$

可得 $r = 0$. 从而不必进行定理6.2证明中的扩张进程,$C_p$-相容性条件(6.27)自然成立. □

**注 6.3** 只有在最小秩条件 (6.38)成立, 即此时取最少的边界控制个数时, $C_p$-相容性条件(6.27)才是系统 (I) 具分 $p$ 组精确边界同步性的必要条件.

**注 6.4** 注意到(6.9), $C_p$-相容性条件(6.27)可以等价地写成

$$Ae_r = \sum_{s=1}^{p} \alpha_{sr}e_s, \quad 1 \leqslant r \leqslant p, \tag{6.39}$$

其中 $\alpha_{sr}$ 是一些常系数. 此外, 由于 $e_r$ 具有如(6.8)所示的特殊的表达式, 上述表达式(6.39)也可以写成**分块行和条件**的形式:

$$\sum_{j=n_{s-1}+1}^{n_s} a_{ij} = \alpha_{rs}, \tag{6.40}$$

其中 $1 \leqslant r, s \leqslant p$ 且 $n_{r-1} + 1 \leqslant i \leqslant n_r$, 这是在 $p = 1$ 时行和条件(4.5)的一个自然的推广.

**注 6.5**  由命题 2.10, $C_p$-相容性条件(6.27)等价于存在唯一的 $N - p$ 阶矩阵 $\overline{A}_p$, 使成立

$$C_p A = \overline{A}_p C_p. \tag{6.41}$$

这个 $\overline{A}_p$ 称为 $A$ 关于 $C_p$ 的化约矩阵.

# §4. 分 $p$ 组精确边界同步性

定理 6.2说明了系统 (I) 具分 $p$ 组精确边界同步性至少需要 $N - p$ 个边界控制, 也就是说, 成立以下的

**推论 6.4**  若

$$\operatorname{rank}(C_p D) < N - p, \tag{6.42}$$

或者特别地, 若

$$\operatorname{rank}(D) < N - p, \tag{6.43}$$

则无论 $T > 0$ 多大, 系统 (I) 都无法在时刻 $T$ 实现分 $p$ 组精确边界同步性.

下面的结果说明反向结论也成立.

**定理 6.5**  若耦合阵 $A$ 满足 $C_p$-相容性条件(6.27). 设 $M = N - p$, 且 $N \times (N-p)$ 阶的边界耦合阵 $D$ 满足秩条件

$$\operatorname{rank}(C_p D) = N - p. \tag{6.44}$$

那么, 在乘子几何条件 (3.1) 满足时, 系统 (I) 在空间 $(L^2(\Omega))^N \times (H^{-1}(\Omega))^N$ 中必具分 $p$ 组精确边界同步性.

**证**  由注 6.5, 将 $C_p$ 作用在问题 (I) 及 (I0) 上, 并记 $W_p = C_p U$, 可得下面自封闭的化约系统:

$$\begin{cases} W_p'' - \Delta W_p + \overline{A}_p W_p = 0, & (t,x) \in (0, +\infty) \times \Omega, \\ W_p = 0, & (t,x) \in (0, +\infty) \times \Gamma_0, \\ W_p = C_p D H, & (t,x) \in (0, +\infty) \times \Gamma_1, \end{cases} \tag{6.45}$$

其初始条件为

$$t = 0: \quad W_p = C_p \widehat{U}_0, \ W_p' = C_p \widehat{U}_1, \quad x \in \Omega. \tag{6.46}$$

由定理3.7, 并注意到秩条件 (6.44), 通过支集在 $[0,T]$ 中的控制 $H \in L^2_{\mathrm{loc}}(0,+\infty;$ $(L^2(\Gamma_1))^{N-p})$, 化约系统(6.45)在 $T > 0$ 时刻是精确零能控的, 于是有

$$t \geqslant T: \quad C_p U \equiv W_p \equiv 0.$$

$\square$

**注 6.6** 边界控制矩阵 $D$ 的秩 $M$ 代表作用于原始系统 (I) 上的边界控制的个数, 而矩阵 $C_p D$ 代表有效地作用在化约系统(6.45)上的边界控制的个数. 将 $\Gamma_1$ 上边界条件中的 $DH$ 写成如下形式:

$$DH = H_0 + H_1 \quad \text{其中} H_0 \in \mathrm{Ker}(C_p), \quad H_1 \in \mathrm{Im}(C_p^{\mathrm{T}}). \tag{6.47}$$

可见 $H_0$ 部分将在化约系统(6.45)中消失, 它本质上对于原始系统 (I) 的分 $p$ 组精确边界同步性的实现是不起作用的. 因此, 能否实现化约系统(6.45)的精确边界零能控性, 即原系统 (I) 的分 $p$ 组精确边界同步性, 事实上仅依赖于 $H_1$ 部分. 所以, 为了最小化边界控制的个数, 我们仅关心满足

$$\mathrm{Im}(D) \cap \mathrm{Ker}(C_p) = \{0\} \tag{6.48}$$

的矩阵 $D$, 或是根据命题2.7, 仅关心满足

$$\mathrm{rank}(C_p D) = \mathrm{rank}(D) = N - p \tag{6.49}$$

的矩阵 $D$.

**命题 6.6** 设集合 $\mathcal{D}_{N-p}$ 表示满足(6.49)的 $N \times (N-p)$ 阶矩阵全体, 即

$$\mathcal{D}_{N-p} = \{D \in \mathbb{M}^{N \times (N-p)}: \quad \mathrm{rank}(D) = \mathrm{rank}(C_p D) = N - p\}, \tag{6.50}$$

则对任意给定边界控制矩阵 $D \in \mathcal{D}_{N-p}$, 子空间 $\mathrm{Ker}(D^{\mathrm{T}})$ 和 $\mathrm{Ker}(C_p)$ 是双正交的. 此外, 有

$$\mathcal{D}_{N-p} = \{C_p^{\mathrm{T}} D_1 + (e_1, \cdots, e_p) D_0\}, \tag{6.51}$$

其中 $D_1$ 是 $N-p$ 阶可逆阵, $D_0$ 是 $p \times (N-p)$ 阶矩阵, 而 $e_1, \cdots, e_p$ 由(6.8)给出.

**证** 注意到 $\{\mathrm{Ker}(D^{\mathrm{T}})\}^{\perp} = \mathrm{Im}(D)$, 以及 $\mathrm{Ker}(D^{\mathrm{T}})$ 和 $\mathrm{Ker}(C_p)$ 具有相同的维数 $p$, 由命题2.2和命题2.3, 为了证明 $\mathrm{Ker}(D^{\mathrm{T}})$ 与 $\mathrm{Ker}(C_p)$ 是双正交的, 只需证明 $\mathrm{Ker}(C_p) \cap \mathrm{Im}(D) = \{0\}$, 而由命题2.7, 这又等价于 $\mathrm{rank}(C_p D) = \mathrm{rank}(D)$.

现证明(6.51). 设 $D$ 是一个 $N \times (N-p)$ 矩阵. 由于 $\mathrm{Im}(C_p^{\mathrm{T}}) \oplus \mathrm{Ker}(C_p) = \mathbb{R}^N$, 存在一个 $p \times (N-p)$ 阶矩阵 $D_0$ 以及一个 $N-p$ 阶矩阵 $D_1$, 使得

$$D = C_p^{\mathrm{T}} D_1 + (e_1, \cdots, e_p) D_0, \tag{6.52}$$

其中 $e_1, \cdots, e_p$ 由 (6.8) 给出. 此外, $C_p D = C_p C_p^{\mathrm{T}} D_1$ 的秩为 $N-p$, 当且仅当 $D_1$ 是可逆的. 另一方面, 取 $x \in \mathbb{R}^{N-p}$, 使得

$$\mathrm{d}x = C_p^{\mathrm{T}} D_1 x + (e_1, \cdots, e_p) D_0 x = 0. \tag{6.53}$$

由于 $\mathrm{Im}\,(C_p^{\mathrm{T}}) \perp \mathrm{Ker}(C_p)$, 可得

$$C_p^{\mathrm{T}} D_1 x = (e_1, \cdots, e_p) D_0 x = 0. \tag{6.54}$$

注意到 $C_p^{\mathrm{T}} D_1$ 是列满秩矩阵, 从而, $x = 0$. 因此, $D$ 是列满秩的, 且其秩为 $N-p$, 即(6.51)成立. □

**注 6.7** 若乘子几何条件(3.1)满足, 由定理6.5和注6.3知, 对任意给定的矩阵 $D \in \mathcal{D}_{N-p}$, $C_p$-相容性条件(6.27)是系统 (I) 具分 $p$ 组精确边界同步性的充分必要条件. 特别地, 若取 $D = C_p^{\mathrm{T}} C_p \in \mathcal{D}_{N-p}$, 则可通过 $N-p$ 个边界控制实现系统 (I) 的分 $p$ 组精确边界同步性.

# 第七章
# 分 $p$ 组精确同步态

## §1. 引言

在 $C_p$-相容性条件(6.27)成立的前提下, 易见对于 $t \geqslant T$, **分 $p$ 组精确同步态** $u = (u_1, \cdots u_p)^{\mathrm{T}}$ 满足下面具齐次 Dirichlet 边界条件的波动方程耦合系统:

$$\begin{cases} u'' - \Delta u + \tilde{A}u = 0, & (t,x) \in (T, +\infty) \times \Omega, \\ u = 0, & (t,x) \in (T, +\infty) \times \Gamma, \end{cases} \tag{7.1}$$

其中 $\tilde{A} = (\alpha_{rs})$ 由(6.39)给出. 因此, 分 $p$ 组精确同步态 $u = (u_1, \cdots u_p)^{\mathrm{T}}$ 关于时间 $t$ 的演化完全由其在 $t = T$ 时刻 $(u, u_t)$ 的取值

$$t = T: \quad u = \widehat{u}_0, \ u' = \widehat{u}_1 \tag{7.2}$$

所决定.

类似于 $p = 1$ 情形下的定理 5.1, 当初值 $(\widehat{U}_0, \widehat{U}_1)$ 取遍全空间 $(L^2(\Omega))^N \times (H^{-1}(\Omega))^N$ 时, 可以证明在 $t = T$ 时刻 $(u, u')$ 的所有可能的取值的能达集是整个空间 $(L^2(\Omega))^p \times (H^{-1}(\Omega))^p$.

在本章, 我们将讨论对每个给定的初值 $(\widehat{U}_0, \widehat{U}_1)$, 相应的分 $p$ 组精确同步态 $u = (u_1, \cdots u_p)^{\mathrm{T}}$ 的确定. 由于有无穷多的边界控制可以实现系统 (I) 的分 $p$ 组精确边界同步性, 分 $p$ 组精确同步态 $u = (u_1, \cdots u_p)^{\mathrm{T}}$ 自然会依赖于边界控制 $H$ 的选取. 然而, 对某些耦合阵 $A$, 例如对称矩阵, 分 $p$ 组精确同步态 $u = (u_1, \cdots u_p)^{\mathrm{T}}$ 可以与边界上所施加的控制 $H$ 无关. 在一般的情形下, 分 $p$ 组精确同步态 $u = (u_1, \cdots u_p)^{\mathrm{T}}$ 依赖于所加的边界控制, 但是, 我们可建立一个估计以示分 $p$ 组精确同步态 $u = (u_1, \cdots u_p)^{\mathrm{T}}$ 与某个不依赖于边界控制的问题的解之间的误差（参见下面的定理 7.1 和定理 7.2）.

## § 2. 分 $p$ 组精确同步态的确定

现在让我们回到分 $p$ 组精确同步态的确定问题, 其中 $p = 1$ 的情形已经在 §5.2 中考虑过.

我们首先考察的情形是: $A^{\mathrm{T}}$ 存在一个双正交于 $\mathrm{Span}\{e_1, \cdots, e_p\}$ 的不变子空间 $\mathrm{Span}\{E_1, \cdots, E_p\}$, 即成立

$$(e_i, E_j) = \delta_{ij}, \quad 1 \leqslant i, j \leqslant p, \tag{7.3}$$

其中 $e_1, \cdots, e_p$ 由 (6.8)—(6.9) 给出.

**定理 7.1** 设矩阵 $A$ 满足 $C_p$-相容性条件 (6.27). 进一步假设 $A^{\mathrm{T}}$ 存在一个双正交于 $\mathrm{Ker}(C_p) = \mathrm{Span}\{e_1, \cdots, e_p\}$ 的不变子空间 $\mathrm{Span}\{E_1, \cdots, E_p\}$, 则存在一个边界控制矩阵 $D \in \mathcal{D}_{N-p}$ (参见 (6.51)), 使得分 $p$ 组精确同步态 $u = (u_1, \cdots, u_p)^{\mathrm{T}}$ 可以由

$$t \geqslant T: \quad u = \phi \tag{7.4}$$

唯一确定, 其中 $\phi = (\phi_1, \cdots, \phi_p)^{\mathrm{T}}$ 为与所施加的边界控制 $H$ 无关的下述问题的解: 对 $s = 1, 2, \cdots, p$,

$$\begin{cases} \phi_s'' - \Delta\phi_s + \sum\limits_{r=1}^{p} \alpha_{sr}\phi_r = 0, & (t,x) \in (0, +\infty) \times \Omega, \\ \phi_s = 0, & (t,x) \in (0, +\infty) \times \Gamma, \\ t = 0: \quad \phi_s = (E_s, \widehat{U}_0), \ \phi_s' = (E_s, \widehat{U}_1), & x \in \Omega, \end{cases} \tag{7.5}$$

其中 $\alpha_{sr}$ 由 (6.39) 给定.

**证** 由于子空间 $\mathrm{Span}\{E_1, \cdots, E_p\}$ 和 $\mathrm{Span}\{e_1, \cdots, e_p\}$ 双正交, 在 (6.51) 中取

$$D_1 = I_{N-p}, \quad D_0 = -E^{\mathrm{T}} C_p^{\mathrm{T}}, \tag{7.6}$$

其中 $E = (E_1, \cdots, E_p)$, 我们得到一个边界控制矩阵 $D \in \mathcal{D}_{N-p}$, 使得

$$E_s \in \mathrm{Ker}(D^{\mathrm{T}}), \quad s = 1, \cdots, p. \tag{7.7}$$

另一方面, 由于 $\mathrm{Span}\{E_1, \cdots, E_p\}$ 是 $A^{\mathrm{T}}$ 的不变子空间, 注意到 (6.39) 和 (7.3), 易见

$$A^{\mathrm{T}} E_s = \sum_{r=1}^{p} \alpha_{sr} E_r, \quad s = 1, \cdots, p. \tag{7.8}$$

将 $E_s$ 内积作用在问题 (I) 及 (I0) 上, 并记 $\phi_s = (E_s, U)$, 我们得到问题 (7.5). 最后, 由分 $p$ 组精确边界同步性 (6.10) 及关系式 (7.3) 就得到

$$t \geqslant T: \quad \phi_s = (E_s, U) = \sum_{r=1}^{p} (E_s, e_r) u_r = u_s, \quad 1 \leqslant s \leqslant p. \tag{7.9}$$

□

**定理 7.2** 设 $C_p$-相容性条件(6.27) 成立. 对任意给定的边界控制矩阵 $D \in \mathcal{D}_{N-p}$, 存在一个不依赖于初值、但依赖于 $T$ 的正常数 $c_T$, 使得每个分 $p$ 组精确同步态 $u = (u_1, \cdots, u_p)^{\mathrm{T}}$ 满足下面的估计:

$$\| (u, u')(T) - (\phi, \phi')(T) \|_{(H_0^1(\Omega))^p \times (L^2(\Omega))^p} \tag{7.10}$$
$$\leqslant c_T \| C_p(\widehat{U}_0, \widehat{U}_1) \|_{(L^2(\Omega))^{N-p} \times (H^{-1}(\Omega))^{N-p}},$$

其中 $\phi = (\phi_1, \cdots, \phi_p)^{\mathrm{T}}$ 是问题 (7.5) 的解, 其中 $\mathrm{Span}\{E_1, \cdots, E_p\}$ 双正交于 $\mathrm{Span}\{e_1, \cdots, e_p\}$.

**证** 由命题6.6, 子空间 $\mathrm{Ker}(D^{\mathrm{T}})$ 和 $\mathrm{Ker}(C_p)$ 双正交. 于是我们可以选取 $E_1, \cdots,$ $E_r \in \mathrm{Ker}(D^{\mathrm{T}})$ 使得 $\mathrm{Span}\{E_1, \cdots, E_p\}$ 与 $\mathrm{Span}\{e_1, \cdots, e_p\}$ 双正交.

此外, 注意到 (6.39)和 (7.3), 由直接计算可得, 对 $s, k = 1, \cdots, p$ 成立

$$(A^{\mathrm{T}} E_s - \sum_{r=1}^{p} \alpha_{sr} E_r, e_k)$$
$$= (E_s, A e_k) - \sum_{r=1}^{p} \alpha_{sr} (E_r, e_k) \tag{7.11}$$
$$= \sum_{l=1}^{p} \alpha_{lk} (E_s, e_l) - \alpha_{sk} = \alpha_{sk} - \alpha_{sk} = 0,$$

且因此

$$A^{\mathrm{T}} E_s - \sum_{r=1}^{p} \alpha_{sr} E_r \in \{\mathrm{Ker}(C_p)\}^{\perp} = \mathrm{Im}(C_p^{\mathrm{T}}), \quad s = 1, \cdots, p. \tag{7.12}$$

这样, 存在向量 $R_s \in \mathbb{R}^{N-p}$ 使得

$$A^{\mathrm{T}} E_s - \sum_{r=1}^{q} \alpha_{sr} E_r = -C_p^{\mathrm{T}} R_s. \tag{7.13}$$

将 $E_s$ 与问题 (I) 及 (I0) 作内积, 并记 $\psi_s = (E_s, U)$ $(s = 1, \cdots, p)$, 就得到

$$\begin{cases} \psi_s'' - \Delta \psi_s + \sum_{r=1}^{p} \alpha_{sr} \psi_r = (R_s, C_p U), & (t, x) \in (0, +\infty) \times \Omega, \\ \psi_s = 0, & (t, x) \in (0, +\infty) \times \Gamma, \\ t = 0: \quad \psi_s = (E_s, \widehat{U}_0), \ \psi_s' = (E_s, \widehat{U}_1), & x \in \Omega. \end{cases} \tag{7.14}$$

由问题(7.5)及(7.14)的适定性知, 存在一个与初值无关的常数 $c > 0$, 成立

$$\|(\psi, \psi')(T) - (\phi, \phi')(T)\|^2_{(H^1_0(\Omega))^p \times (L^2(\Omega))^p} \tag{7.15}$$

$$\leqslant c \int_0^T \|C_p U(s)\|^2_{(L^2(\Omega))^{N-p}} \mathrm{d}s.$$

由于 $C_p U = W_p$, 化约系统(6.45)的精确边界零能控性说明存在另一个与初值无关但依赖于 $T$ 的正常数 $c_T > 0$, 成立

$$\int_0^T \|C_p U(s)\|^2_{(L^2(\Omega))^{N-p}} \mathrm{d}s \tag{7.16}$$

$$\leqslant c_T \|C_p(\widehat{U}_0, \widehat{U}_1)\|^2_{(L^2(\Omega))^{N-p} \times (H^{-1}(\Omega))^{N-p}}.$$

最后, 注意到

$$t \geqslant T: \quad \psi_s = (E_s, U) = \sum_{r=1}^p (E_s, e_r) u_r = u_s, \quad s = 1, \cdots, p, \tag{7.17}$$

将 (7.16)—(7.17) 代入 (7.15), 立得 (7.10). □

**注 7.1** 由于 $\{e_1, \cdots, e_p\}$ 是一组正交系, 可特取 $E_s = e_s / \|e_s\|^2$ $(s = 1, \cdots, p)$. 此时, 边界控制矩阵 $D$ 具有将初值化为其平均值的趋势.

**注 7.2** 设 $\mathrm{Ker}(C_p)$ 关于 $A$ 不变, 且双正交于 $W = \mathrm{Span}\{E_1, E_2, \cdots, E_p\}$. 由命题2.6, $W^\perp$ 是 $\mathrm{Ker}(C_p)$ 的一个补空间且关于矩阵 $A$ 不变, 当且仅当 $W$ 关于 $A^T$ 不变. 因此, 耦合矩阵 $A$ 在直和分解 $\mathbb{R}^N = \mathrm{Ker}(C_p) \oplus W^\perp$ 下可分块对角化.

特别地, 若 $A^T$ 满足 $C_p$-相容性条件(6.27), 则 $\mathrm{Ker}(C_p)$ 亦关于 $A^T$ 不变. 由命题2.4, $\mathrm{Im}(C_p^T)$ 是 $A$ 的一个不变子空间. 这样就有

$$A(e_1, \cdots, e_p, C_p^T) = (e_1, \cdots, e_p, C_p^T) \begin{pmatrix} \widetilde{A} & 0 \\ 0 & \widehat{A} \end{pmatrix}, \tag{7.18}$$

其中 $\widetilde{A} = (\alpha_{rs})$ 由 (6.40) 给定, 而 $\widehat{A}$ 由下式给出:

$$\widehat{A} = (C_p C_p^T)^{-1} C_p A C_p^T. \tag{7.19}$$

此时, 定理7.1说明分 $p$ 组精确同步态与所施加的边界控制无关. 否则, 分 $p$ 组精确同步态依赖于所加的边界控制; 但此时, 如定理 7.2所示, 我们可以给出一个估计以示每个分 $p$ 组精确同步态与某个不依赖于边界控制的问题的解之间的差距.

## §3. 分 $p$ 组精确同步态的确定 (续)

本节, 在 $\mathrm{Ker}(C_p) = \mathrm{Span}\{e_1, \cdots, e_p\}$ 是 $A$ 的不变子空间, 但 $A^{\mathrm{T}}$ 不存在任何双正交于 $\mathrm{Ker}(C_p)$ 的不变子空间的情况下, 我们考察分 $p$ 组精确同步态的确定. 在这种情形下, 我们将子空间 $\mathrm{Span}\{e_1, \cdots, e_p\}$ 扩张成一个 $A$ 的不变子空间 $\mathrm{Span}\{e_1, \cdots, e_q\}(q \geqslant p)$, 从而 $A^{\mathrm{T}}$ 存在一个双正交于 $\mathrm{Span}\{e_1, \cdots, e_q\}$ 的不变子空间 $\mathrm{Span}\{E_1, \cdots, E_q\}$.

若 $\mathrm{Ker}(C_p)$ 是具有 $A$ 特征的, 那么获得子空间 $\mathrm{Span}\{e_1, \cdots, e_q\}$ 的过程如命题 2.13所示.

若 $\mathrm{Ker}(C_p)$ 不是具有 $A$ 特征的, 令 $\lambda_j (1 \leqslant j \leqslant d)$ 是 $A$ 限制在 $\mathrm{Ker}(C_p)$ 上的特征值. 定义

$$\mathrm{Span}\{e_1, \cdots, e_q\} = \bigoplus_{j=1}^{d} \mathrm{Ker}(A - \lambda_j I)^{m_j} \tag{7.20}$$

及

$$\mathrm{Span}\{E_1, \cdots, E_q\} = \bigoplus_{j=1}^{d} \mathrm{Ker}(A^{\mathrm{T}} - \lambda_j I)^{m_j}, \tag{7.21}$$

其中整数 $m_j$ 满足 $\mathrm{Ker}(A^{\mathrm{T}} - \lambda_j I)^{m_j} = \mathrm{Ker}(A^{\mathrm{T}} - \lambda_j I)^{m_j+1}$ 及

$$q = \sum_{j=1}^{d} \mathrm{Dim}\,\mathrm{Ker}(A^{\mathrm{T}} - \lambda_j I)^{m_j}. \tag{7.22}$$

显然, 由 (7.20)和 (7.21)所给出的子空间满足命题2.13中最初的两个条件. 但是, 由于 $\mathrm{Ker}(C_p)$ 不是具有 $A$ 特征的, 由此方法所构造的子空间 $\mathrm{Span}\{e_1, \cdots, e_q\}$ 并不能保证是最小的一个.

在上面的两个情况下, 我们可以如下定义 $\mathbb{R}^N$ 到子空间 $\mathrm{Span}\{e_1, \cdots, e_q\}$ 的投影算子 $P$:

$$P = \sum_{r=1}^{q} e_r \otimes E_r, \tag{7.23}$$

其中张量积 $\otimes$ 定义为

$$(e_r \otimes E_r)U = (E_r, U)e_r, \quad \forall U \in \mathbb{R}^N. \tag{7.24}$$

于是有

$$\mathrm{Im}(P) = \mathrm{Span}\{e_1, \cdots, e_q\}, \tag{7.25}$$

$$\mathrm{Ker}(P) = \big(\mathrm{Span}\{E_1, \cdots, E_q\}\big)^{\perp} \tag{7.26}$$

及

$$PA = AP. \tag{7.27}$$

设 $U = U(t,x)$ 是问题 (I) 及 (I0) 的解. 我们可以分别定义**同步部分** $U_s$ 和**能控部分**$U_c$ 为

$$U_s = PU, \quad U_c = (I - P)U. \tag{7.28}$$

事实上, 若系统 (I) 分 p 组精确同步, 则对 $t \geqslant T$, 成立

$$U \in \mathrm{Span}\{e_1, \cdots, e_p\} \subseteq \mathrm{Span}\{e_1, \cdots, e_q\} = \mathrm{Im}(P), \tag{7.29}$$

于是

$$t \geqslant T: \quad U_s = PU \equiv U, \quad U_c \equiv 0. \tag{7.30}$$

此外, 注意到 (7.27), 可得

$$\begin{cases} U_s'' - \Delta U_s + A U_s = 0, & (t,x) \in (0, +\infty) \times \Omega, \\ U_s = 0, & (t,x) \in (0, +\infty) \times \Gamma_0, \\ U_s = PDH, & (t,x) \in (0, +\infty) \times \Gamma_1, \\ t = 0: \quad U_s = P\widehat{U}_0, \; U_s' = P\widehat{U}_1, & x \in \Omega. \end{cases} \tag{7.31}$$

$p = q$ 这一条件实际上意味着矩阵 $A$ 满足 $C_p$-相容性条件(6.27), 且 $A^{\mathrm{T}}$ 存在一个双正交于 $\mathrm{Ker}(C_p)$ 的不变子空间. 在这种情况下, 由定理7.1, 存在一个边界控制矩阵$D \in \mathcal{D}_{N-p}$, 使得分 p 组精确同步态$u = (u_1, \cdots, u_p)^{\mathrm{T}}$ 与所施加的边界控制 $H$ 无关. 反之, 我们有如下的定理.

**定理 7.3** 假设矩阵 $A$ 满足 $C_p$-相容性条件(6.27), 且系统 (I) 具分 p 组精确同步性. 若同步部分$U_s$ 与所加的边界控制$H$ 无关, 则 $A^{\mathrm{T}}$ 存在一个双正交于 $\mathrm{Ker}(C_p)$ 的不变子空间.

**证** 设 $H_1$ 和 $H_2$ 均是可使系统 (I) 实现分 p 组精确边界同步性的边界控制. 若问题 (7.31) 的解 $U_s$ 与边界控制 $H_1$ 和 $H_2$ 的选取无关, 则

$$PD(H_1 - H_2) = 0, \quad (t,x) \in (0,T) \times \Gamma_1. \tag{7.32}$$

由定理3.4, 易得 $C_p D(H_1 - H_2)$ 在 $(T - \epsilon, T) \times \Gamma_1$ 上的值在 $\epsilon > 0$ 充分小时可以任意选取. 因为 $C_p D$ 是可逆的,$H_1 - H_2$ 在 $(T - \epsilon, T) \times \Gamma_1$ 上的值也可以任意选取. 从而 $PD = 0$, 于是

$$\mathrm{Im}(D) \subseteq \mathrm{Ker}(P). \tag{7.33}$$

注意到 (7.26), 可得

$$\dim \mathrm{Ker}(P) = N - q, \tag{7.34}$$

然而, 由定理6.2, 有

$$\dim \operatorname{Im}(D) \geqslant \dim \operatorname{Im}(C_p D) = \operatorname{rank}(C_p D) = N - p. \tag{7.35}$$

于是, 由 (7.33) 立得 $p = q$. 这样, $\operatorname{Span}\{E_1, \cdots, E_p\}$ 就是所需的子空间.    □

## §4. 对分 2 组精确边界同步性的细致考察

$p = 1$ 的情形在第五章中已经考虑. 条件 $p = q = 1$ 成立等价于存在一个 $A^{\mathrm{T}}$ 的特征向量 $E_1$ 使得 $(E_1, e_1) = 1$. 在本节, 我们以 $p = 2$ 的情形为例做一个精细的考察.

设整数 $m \geqslant 2$ 满足 $N - m \geqslant 2$, 我们将分 2 组精确边界同步性改写成

$$t \geqslant T: \quad u^{(1)} = \cdots u^{(m)} := u, \quad u^{(m+1)} = \cdots = u^{(N)} := v. \tag{7.36}$$

设

$$C_2 = \begin{pmatrix} S_m & \\ & S_{N-m} \end{pmatrix} \tag{7.37}$$

为分 2 组同步阵, 且

$$e_1 = (\overbrace{1, \cdots, 1}^{m}, \overbrace{0, \cdots, 0}^{N-m})^{\mathrm{T}}, \quad e_2 = (\overbrace{0, \cdots, 0}^{m}, \overbrace{1, \cdots, 1}^{N-m})^{\mathrm{T}}. \tag{7.38}$$

显然成立

$$\operatorname{Ker}(C_2) = \operatorname{Span}\{e_1, e_2\}, \tag{7.39}$$

而分 2 组同步条件 (6.10) 意味着

$$t \geqslant T: \quad U = u e_1 + v e_2. \tag{7.40}$$

(i) 假设 $A$ 存在两个分别对应于特征值 $\lambda$ 和 $\mu$ 的特征向量 $\epsilon_r$ 和 $\tilde{\epsilon}_s$, 且它们均属于不变子空间 $\operatorname{Ker}(C_2)$. 令 $\epsilon_1, \cdots, \epsilon_r$ 和 $\tilde{\epsilon}_1, \cdots, \tilde{\epsilon}_s$ 分别是 $A$ 的相应的 Jordan 链:

$$\begin{cases} A\epsilon_k = \lambda \epsilon_k + \epsilon_{k+1}, & 1 \leqslant k \leqslant r, \quad \epsilon_{r+1} = 0, \\ A\tilde{\epsilon}_i = \mu \tilde{\epsilon}_i + \tilde{\epsilon}_{i+1}, & 1 \leqslant i \leqslant s, \quad \tilde{\epsilon}_{s+1} = 0. \end{cases} \tag{7.41}$$

相应地, 令 $\mathcal{E}_1, \cdots, \mathcal{E}_r$ 和 $\widetilde{\mathcal{E}}_1 \cdots, \widetilde{\mathcal{E}}_s$ 分别表示 $A^{\mathrm{T}}$ 的相应的 Jordan 链:

$$\begin{cases} A^{\mathrm{T}} \mathcal{E}_k = \lambda \mathcal{E}_k + \mathcal{E}_{k-1}, & 1 \leqslant k \leqslant r, \quad \mathcal{E}_0 = 0, \\ A^{\mathrm{T}} \widetilde{\mathcal{E}}_i = \mu \widetilde{\mathcal{E}}_i + \widetilde{\mathcal{E}}_{i-1}, & 1 \leqslant i \leqslant s, \quad \widetilde{\mathcal{E}}_0 = 0. \end{cases} \tag{7.42}$$

此外, 对任意的 $1 \leqslant k, l \leqslant r$ 和 $1 \leqslant i, j \leqslant s$, 成立

$$
\begin{cases}
(\epsilon_k, \mathcal{E}_l) = \delta_{kl}, & (\tilde{\epsilon}_i, \widetilde{\mathcal{E}}_j) = \delta_{ij}, \\
(\epsilon_k, \widetilde{\mathcal{E}}_i) = 0, & (\tilde{\epsilon}_j, \mathcal{E}_l) = 0.
\end{cases}
\tag{7.43}
$$

将问题 (I) 及 (I0) 分别与 $\mathcal{E}_k$ 和 $\widetilde{\mathcal{E}}_i$ 作内积, 并记 $\phi_k = (\mathcal{E}_k, U)$ 及 $\tilde{\phi}_i = (\widetilde{\mathcal{E}}_i, U)$, 对 $k = 1, \cdots, r$ 和 $i = 1, \cdots, s$, 可分别得到下面的子系统:

$$
\begin{cases}
\phi_k'' - \Delta\phi_k + \lambda\phi_k + \phi_{k-1} = 0, & (t, x) \in (0, +\infty) \times \Omega, \\
\phi_k = 0, & (t, x) \in (0, +\infty) \times \Gamma_0, \\
\phi_k = (\mathcal{E}_k, DH), & (t, x) \in (0, +\infty) \times \Gamma_1, \\
t = 0: \quad \psi_k = (\mathcal{E}_k, \widehat{U}_0), \ \phi_k' = (\mathcal{E}_k, \widehat{U}_1), & x \in \Omega
\end{cases}
\tag{7.44}
$$

及

$$
\begin{cases}
\tilde{\phi}_i'' - \Delta\tilde{\phi}_i + \mu\tilde{\phi}_i + \tilde{\phi}_{i-1} = 0, & (t, x) \in (0, +\infty) \times \Omega, \\
\tilde{\phi}_i = 0, & (t, x) \in (0, +\infty) \times \Gamma_0, \\
\tilde{\phi}_i = (\widetilde{\mathcal{E}}_i, DH), & (t, x) \in (0, +\infty) \times \Gamma_1, \\
t = 0: \quad \tilde{\phi}_i = (\widetilde{\mathcal{E}}_i, \widehat{U}_0), \ \tilde{\phi}_i' = (\widetilde{\mathcal{E}}_i, \widehat{U}_1), & x \in \Omega.
\end{cases}
\tag{7.45}
$$

一旦相应的解 $(\phi_1, \cdots, \phi_r)$ 和 $(\tilde{\phi}_1, \cdots, \tilde{\phi}_s)$ 被确定, 便可以寻找相应的分 2 组精确同步态 $(u, v)^{\mathrm{T}}$.

注意到 $\epsilon_r, \tilde{\epsilon}_s \in \mathrm{Span}\{e_1, e_2\}$, 可写

$$
e_1 = \alpha\epsilon_r + \beta\tilde{\epsilon}_s, \quad e_2 = \gamma\epsilon_r + \delta\tilde{\epsilon}_s,
\tag{7.46}
$$

其中 $\alpha\delta - \beta\gamma \neq 0$. 于是, 由分 2 组精确边界同步性(7.40) 就得到

$$
t \geqslant T: \quad U = (\alpha u + \gamma v)\epsilon_r + (\beta u + \delta v)\tilde{\epsilon}_s.
\tag{7.47}
$$

注意到 (7.43), 就有

$$
\phi_r = \alpha u + \gamma v, \quad \tilde{\phi}_s = \beta u + \delta v.
\tag{7.48}
$$

通过求解这个线性方程组, 便得到了要找的分 2 组精确同步态 $(u, v)^{\mathrm{T}}$.

特别地, 若 $r = s = 1$, 则可选择一个边界控制矩阵 $D \in \mathcal{D}_{N-2}$, 使得 $D^{\mathrm{T}}\mathcal{E}_1 = D^{\mathrm{T}}\widetilde{\mathcal{E}}_1 = 0$. 于是分 2 组精确同步态 $(u, v)^{\mathrm{T}}$ 可唯一确定, 且与所施加的边界控制无关. 否则, 即便我们仅需得到 $\phi_r$ 和 $\tilde{\phi}_s$, 也必须求解整个系统 (7.44) 和 (7.45) 以得到 $\phi_1, \cdots, \phi_r$ 和 $\tilde{\phi}_1, \cdots, \tilde{\phi}_s$.

(ii) 假设 $A$ 在其不变子空间 $\mathrm{Ker}(C_2)$ 中仅有一个特征向量 $\epsilon_r$, 且 $\mathrm{Ker}(C_2)$ 是具有 $A$ 特征的. 令 $\epsilon_1, \cdots, \epsilon_r$ 表示 $A$ 的一条 Jordan 链. 并令 $\mathcal{E}_1, \cdots, \mathcal{E}_r$ 表示 $A^{\mathrm{T}}$

的相应 Jordan 链. 如此, 我们再次得到子系统 (7.44). 由于 $\mathrm{Ker}(C_2)$ 是具有 $A$ 特征的, 于是 $\epsilon_{r-1}, \epsilon_r \in \mathrm{Span}\{e_1, e_2\}$, 从而有

$$e_1 = \alpha \epsilon_r + \beta \epsilon_{r-1}, \quad e_2 = \gamma \epsilon_r + \delta \epsilon_{r-1}, \tag{7.49}$$

其中 $\alpha\delta - \beta\gamma \neq 0$. 分 2 组精确边界同步性 (7.40) 可改写为

$$t \geqslant T: \quad U = (\alpha u + \gamma v)\epsilon_r + (\beta u + \delta v)\epsilon_{r-1}. \tag{7.50}$$

注意到 (7.43) 的第一式, 可得

$$\phi_r = \alpha u + \gamma v, \quad \phi_{r-1} = \beta u + \delta v, \tag{7.51}$$

从而给出了分 2 组精确同步态 $(u, v)^{\mathrm{T}}$.

特别地, 若 $r = 2$, 我们可以选取一个边界控制矩阵 $D \in \mathcal{D}_{N-2}$, 使得 $D^{\mathrm{T}}\mathcal{E}_1 = D^{\mathrm{T}}\mathcal{E}_2 = 0$. 于是, 分 2 组精确同步态 $(u, v)^{\mathrm{T}}$ 可以被唯一确定, 且与所施加的边界控制无关. 否则, 即便仅需 $\phi_{r-1}$ 和 $\phi_r$, 我们也必须求解整个系统 (7.44) 以得到 $\phi_1, \cdots, \phi_r$.

**注 7.3** 上面对于 $p = 2$ 这一情形的考察可以没有任何本质困难地推广到 $p \geqslant 1$ 的一般情形. 后面在 §15.4 中, 我们会在 Neumann 边界控制的情形具体讨论 $p = 3$ 的情形.

# I2.  逼近边界同步性

根据 I1 中的结论, 我们可以粗略地说, 若区域满足乘子几何条件, 耦合矩阵 $A$ 满足不同类型的同步情形下对应的相容性条件, 控制时间 $T > 0$ 充分大, 且边界控制个数足够多时, 系统 (I) 在 Dirichlet 型边界控制下可分别实现精确边界零能控性、精确边界同步性以及分组精确边界同步性. 然而, 当区域不满足乘子几何条件或者边界控制部分缺失时, "可以得到何种减弱的能控性或者同步性" 这一问题便成为一个非常有趣且有重要实际意义的课题了.

在这一部分中, 为了回答这个问题, 我们将引入逼近边界零能控性、逼近边界同步性以及分组逼近边界同步性这些概念, 并且对在 Dirichlet 边界控制下由波动方程组成的耦合系统建立相应的理论. 此外, 我们将会得到各种类型的 Kalman 准则, 它将在有关的讨论中发挥重要的作用.

# 第八章
# 逼近边界零能控性

## §1. 定义

记

$$U = (u^{(1)}, \cdots, u^{(N)})^{\mathrm{T}}, \qquad H = (h^{(1)}, \cdots, h^{(M)})^{\mathrm{T}}, \qquad (8.1)$$

其中 $M \leqslant N$. 下面考察具初始条件 (I0) 的耦合系统 (I).

设

$$\mathcal{H}_0 = L^2(\Omega), \quad \mathcal{H}_1 = H_0^1(\Omega), \quad \mathcal{L} = L_{\mathrm{loc}}^2(0, +\infty; L^2(\Gamma_1)). \qquad (8.2)$$

$\mathcal{H}_1$ 的对偶空间记为 $\mathcal{H}_{-1} = H^{-1}(\Omega)$.

由定理 3.7, 当 $M < N$ 时, 系统 (I) 在 $(\mathcal{H}_0)^N \times (\mathcal{H}_{-1})^N$ 中不是精确零能控的. 因此我们希望寻找某种更 "弱" 的能控性, 例如下面定义的**逼近边界零能控性**.

**定义 8.1** 称系统 (I) 在时刻 $T > 0$ **逼近边界零能控**, 若对任意给定的初值 $(\widehat{U}_0, \widehat{U}_1) \in (\mathcal{H}_0)^N \times (\mathcal{H}_{-1})^N$, 存在一列支集在 $[0, T]$ 中的边界控制 $\{H_n\}, H_n \in \mathcal{L}^M$, 使得相应问题 (I) 及 (I0) 的解序列 $\{U_n\}$ 满足下面的条件: 当 $n \to +\infty$ 时,

$$(U_n, U_n') \to (0, 0) \quad 在 C_{\mathrm{loc}}^0([T, +\infty); (\mathcal{H}_0 \times \mathcal{H}_{-1})^N) 中成立. \qquad (8.3)$$

**注 8.1** 由于 $H_n$ 紧支撑于 $[0, T]$, 相应的解 $U_n$ 在时间区间 $t \geqslant T$ 上在 $\Gamma$ 上满足齐次 Dirichlet 边界条件. 因此, 存在正常数 $c$ 和 $\omega$, 使得对 $t \geqslant T$ 及所有 $n \geqslant 0$ 成立

$$\|(U_n(t), U_n'(t))\|_{(\mathcal{H}_0)^N \times (\mathcal{H}_{-1})^N}$$
$$\leqslant c e^{\omega(t-T)} \|(U_n(T), U_n'(T))\|_{(\mathcal{H}_0)^N \times (\mathcal{H}_{-1})^N}, \qquad (8.4)$$

从而由时刻 $t = T$ 的收敛性: 当 $n \to +\infty$ 时,

$$(U_n(T),\ U_n'(T)) \to (0,0) \quad 在 (\mathcal{H}_0)^N \times (\mathcal{H}_{-1})^N 成立 \tag{8.5}$$

可得 (8.3) 所示的收敛性.

**注 8.2** 在定义 8.1 中, 解序列 $\{U_n\}$ 的收敛性 (8.3) 并不意味着边界控制序列 $\{H_n\}$ 具有收敛性. 我们甚至无法得知序列 $\{U_n, U_n'\}$ 是否在 $C^0([0,T]; (\mathcal{H}_0 \times \mathcal{H}_{-1})^N)$ 中有界. 然而, 因为 $\{H_n\}$ 紧支撑在 $[0,T]$ 上, 所以当 $n \to +\infty$ 时, 在空间 $C_{\text{loc}}^0([T,+\infty); (\mathcal{H}_0 \times \mathcal{H}_{-1})^N)$ 中 $\{U_n, U_n'\}$ 一致收敛到 $(0,0)$.

# §2. 伴随问题的 $D$-能观性

设

$$\Phi = (\phi^{(1)}, \cdots, \phi^{(N)})^{\text{T}}. \tag{8.6}$$

考察下面的伴随问题

$$\begin{cases} \Phi'' - \Delta\Phi + A^{\text{T}}\Phi = 0, & (t,x) \in (0,+\infty) \times \Omega, \\ \Phi = 0, & (t,x) \in (0,+\infty) \times \Gamma, \\ t = 0: \quad \Phi = \widehat{\Phi}_0,\ \Phi' = \widehat{\Phi}_1, & x \in \Omega. \end{cases} \tag{8.7}$$

**定义 8.2** 称伴随问题 (8.7) 在区间 $[0,T]$ 上是 **$D$-能观的**, 若由观测

$$D^{\text{T}}\partial_\nu\Phi \equiv 0, \quad (t,x) \in [0,T] \times \Gamma_1 \tag{8.8}$$

可推出 $(\widehat{\Phi}_0, \widehat{\Phi}_1) \equiv 0$, 从而 $\Phi \equiv 0$.

记集合 $\mathcal{C}$ 是所有初始状态 $(V(0), V'(0))$ 的全体, 其中 $(V(0), V'(0))$ 由下述后向问题

$$\begin{cases} V'' - \Delta V + AV = 0, & (t,x) \in (0,T) \times \Omega, \\ V = 0, & (t,x) \in (0,T) \times \Gamma_0, \\ V = DH, & (t,x) \in (0,T) \times \Gamma_1, \\ t = T: \quad V = V' = 0, & x \in \Omega. \end{cases} \tag{8.9}$$

取遍所有紧支撑于 $[0,T]$ 的边界控制 $H \in \mathcal{L}^M$ 所决定.

**引理 8.1** *系统* (I) *在* $(\mathcal{H}_0)^N \times (\mathcal{H}_{-1})^N$ *中逼近边界零能控当且仅当成立*

$$\overline{\mathcal{C}} = (\mathcal{H}_0)^N \times (\mathcal{H}_{-1})^N. \tag{8.10}$$

**证** 假设 (8.10) 成立. 那么对于任意给定的 $(\widehat{U}_0, \widehat{U}_1) \in (\mathcal{H}_0)^N \times (\mathcal{H}_{-1})^N$, 在 $\mathcal{L}^M$ 中存在一列边界控制 $\{H_n\}$, 使得问题 (8.9) 相应的解序列 $\{V_n\}$ 满足当 $n \to +\infty$ 时,

$$(V_n(0), V_n'(0)) \to (\widehat{U}_0, \widehat{U}_1) \quad \text{在} (\mathcal{H}_0)^N \times (\mathcal{H}_{-1})^N \text{中成立}. \tag{8.11}$$

以

$$\mathcal{R}: \quad (\widehat{U}_0, \widehat{U}_1, H) \to (U, U') \tag{8.12}$$

表示问题 (I) 及 (I0) 的求解过程. $\mathcal{R}$ 是一个线性映射, 故有

$$\begin{aligned}
&\mathcal{R}(\widehat{U}_0, \widehat{U}_1, H_n) \\
&= \mathcal{R}(\widehat{U}_0 - V_n(0), \widehat{U}_1 - V_n'(0), 0) + \mathcal{R}(V_n(0), V_n'(0), H_n).
\end{aligned} \tag{8.13}$$

由 $V_n$ 的定义知

$$\mathcal{R}(V_n(0), V_n'(0), H_n)(T) = 0, \tag{8.14}$$

于是

$$\mathcal{R}(\widehat{U}_0, \widehat{U}_1, H_n)(T) = \mathcal{R}(\widehat{U}_0 - V_n(0), \widehat{U}_1 - V_n'(0), 0)(T). \tag{8.15}$$

由问题 (I) 及 (I0) 的适定性, 存在一个正常数 $c$ 使得

$$\begin{aligned}
&\|\mathcal{R}(\widehat{U}_0, \widehat{U}_1, H_n)(T)\|_{(\mathcal{H}_0)^N \times (\mathcal{H}_{-1})^N} \\
&\leqslant c \|(\widehat{U}_0 - V_n(0), \widehat{U}_1 - V_n'(0))\|_{(\mathcal{H}_0)^N \times (\mathcal{H}_{-1})^N}.
\end{aligned} \tag{8.16}$$

因此, 由 (8.11) 可得当 $n \to +\infty$ 时,

$$\|\mathcal{R}(\widehat{U}_0, \widehat{U}_1, H_n)(T)\|_{(\mathcal{H}_0)^N \times (\mathcal{H}_{-1})^N} \to 0, \tag{8.17}$$

从而系统 (I) 具有逼近边界零能控性.

反之, 假设系统 (I) 逼近边界零能控. 那么对任意给定的 $(\widehat{U}_0, \widehat{U}_1) \in (\mathcal{H}_0)^N \times (\mathcal{H}_{-1})^N$, 在 $\mathcal{L}^M$ 中存在一列紧支撑在 $[0, T]$ 上的边界控制序列 $\{H_n\}$, 使得当 $n \to +\infty$ 时, 问题 (I) 及 (I0) 对应的解序列 $\{U_n\}$ 满足

$$\begin{aligned}
&(U_n(T), U_n'(T)) \\
&= \mathcal{R}(\widehat{U}_0, \widehat{U}_1, H_n)(T) \to (0, 0) \quad \text{在} (\mathcal{H}_0)^N \times (\mathcal{H}_{-1})^N \text{中成立}.
\end{aligned} \tag{8.18}$$

取边界控制 $H = H_n$, 求解后向问题 (8.9) 且记 $V_n$ 为相应的解. 根据系统的线性性, 有

$$\mathcal{R}(\widehat{U}_0, \widehat{U}_1, H_n) - \mathcal{R}(V_n(0), V_n'(0), H_n) \tag{8.19}$$
$$= \mathcal{R}(\widehat{U}_0 - V_n(0), \widehat{U}_1 - V_n'(0), 0).$$

再一次利用后向问题 (I) 及 (I0) 的适定性, 且注意到 (8.18), 可得当 $n \to +\infty$ 时, 成立

$$\|\mathcal{R}(\widehat{U}_0 - V_n(0), \widehat{U}_1 - V_n'(0), 0)(0)\|_{(\mathcal{H}_0)^N \times (\mathcal{H}_{-1})^N} \tag{8.20}$$
$$\leqslant c\|(U_n(T) - V_n(T), U_n'(T) - V_n'(T))\|_{(\mathcal{H}_0)^N \times (\mathcal{H}_{-1})^N}$$
$$= c\|(U_n(T), U_n'(T)\|_{(\mathcal{H}_0)^N \times (\mathcal{H}_{-1})^N} \to 0,$$

从而结合 (8.19) 可得, 当 $n \to +\infty$ 时,

$$\|(\widehat{U}_0, \widehat{U}_1) - (V_n(0), V_n'(0))\|_{(\mathcal{H}_0)^N \times (\mathcal{H}_{-1})^N} \tag{8.21}$$
$$= \|\mathcal{R}(\widehat{U}_0, \widehat{U}_1, H_n)(0) - \mathcal{R}(V_n(0), V_n'(0), H_n)(0)\|_{(\mathcal{H}_0)^N \times (\mathcal{H}_{-1})^N}$$
$$\leqslant c\|\mathcal{R}(\widehat{U}_0 - V_n(0), \widehat{U}_1 - V_n'(0), 0)(0)\|_{(\mathcal{H}_0)^N \times (\mathcal{H}_{-1})^N} \to 0.$$

这意味着 $\overline{C} = (\mathcal{H}_0)^N \times (\mathcal{H}_{-1})^N$. 引理得证. □

**注 8.3** 由集合 $C$ 的定义(8.9), 引理8.1表明: 系统 (I) 的逼近边界零能控性等价于其在稠密集合 $C$ 上的精确边界零能控性. 但后者的控制函数不可能连续依赖于初值.

**定理 8.2** 系统 (I) 在时刻 $T > 0$ 逼近边界零能控, 当且仅当伴随问题(8.7) 在区间 $[0, T]$ 上是 $D$-能观的.

**证** 假设系统 (I) 不是逼近边界零能控的.

由引理8.1, 存在一个非平凡的 $(-\widehat{\Phi}_1, \widehat{\Phi}_0) \in \mathcal{C}^\perp$, 其中正交性定义在对偶的意义下, 因此 $(-\widehat{\Phi}_1, \widehat{\Phi}_0) \in (\mathcal{H}_0)^N \times (\mathcal{H}_1)^N$. 将 $(\widehat{\Phi}_0, \widehat{\Phi}_1)$ 作为初值, 求解伴随问题 (8.7) 得到相应的解 $\Phi$. 接着, 将 $\Phi$ 作为乘子作用在后向问题(8.9) 上并作分部积分, 可得

$$\int_\Omega (V(0), \widehat{\Phi}_1) \ dx - \int_\Omega (V'(0), \widehat{\Phi}_0) \ dx = \int_0^T \int_{\Gamma_1} (DH, \partial_\nu \Phi) \ d\Gamma \, dt. \tag{8.22}$$

由于 $(-\widehat{\Phi}_1, \widehat{\Phi}_0) \in \mathcal{C}^\perp$, 所以对所有 $H \in \mathcal{L}^M$ 成立

$$\int_0^T \int_{\Gamma_1} (DH, \partial_\nu \Phi) \ d\Gamma \, dt = 0. \tag{8.23}$$

这说明了伴随系统具有观测(8.8)但初值 $\Phi \not\equiv 0$, 这与伴随问题(8.7)的 $D$-能观性矛盾.

反之, 假设伴随问题 (8.7) 不是 $D$-能观的, 则存在一个非平凡的初值 $(\widehat{\Phi}_0, \widehat{\Phi}_1) \in (\mathcal{H}_1)^N \times (\mathcal{H}_0)^N$, 使得相应的伴随问题 (8.7) 的解 $\Phi$ 满足观测条件 (8.8). 此时, 对任意给定的 $(\widehat{U}_0, \widehat{U}_1) \in \overline{\mathcal{C}}$, 由 $\overline{\mathcal{C}}$ 的定义可知, $\mathcal{L}^M$ 中存在一列紧支撑于 $[0, T]$ 的边界控制序列 $\{H_n\}$, 使得相应的后向问题 (8.9) 的解 $V_n$ 当 $n \to +\infty$ 时满足

$$(V_n(0), V_n'(0)) \to (\widehat{U}_0, \widehat{U}_1) \quad \text{在}(\mathcal{H}_0)^N \times (\mathcal{H}_{-1})^N \text{ 中成立.} \tag{8.24}$$

注意到 (8.8), (8.22) 可改写为

$$\int_\Omega (V_n(0), \widehat{\Phi}_1) \; \mathrm{d}x - \int_\Omega (V_n'(0), \widehat{\Phi}_0) \; \mathrm{d}x = 0. \tag{8.25}$$

当 $n \to +\infty$ 时取极限, 就得到对所有 $(\widehat{U}_0, \widehat{U}_1) \in \overline{\mathcal{C}}$ 成立

$$\langle (\widehat{U}_0, \widehat{U}_1), (-\widehat{\Phi}_1, \widehat{\Phi}_0) \rangle_{(\mathcal{H}_0)^N \times (\mathcal{H}_{-1})^N; (\mathcal{H}_0)^N \times (\mathcal{H}_1)^N} = 0. \tag{8.26}$$

特别地, 有 $(-\widehat{\Phi}_1, \widehat{\Phi}_0) \in \overline{\mathcal{C}}^\perp$, 从而 $\overline{\mathcal{C}} \neq (\mathcal{H}_0)^N \times (\mathcal{H}_{-1})^N$. □

**推论 8.3** 若 $M = N$, 则系统 (I) 总是逼近边界零能控的.

**证** 由于 $M = N$, $D$ 是可逆的, 于是由观测 (8.8) 可知

$$\partial_\nu \Phi \equiv 0, \quad (t, x) \in [0, T] \times \Gamma_1. \tag{8.27}$$

利用 Holmgren 唯一性定理(参见 [66] 中定理 8.2), 可以得到伴随系统(8.7)的 $D$-能观性. 再利用定理8.2, 就可得系统 (I) 具有逼近边界零能控性. □

**注 8.4** 推论8.3是某种"唯一延拓性"的结果, 它并不是作为精确边界零能控的一个充分条件. 由定理3.7, 在乘子几何条件(3.1)成立时, 系统 (I) 在 $N$ 个边界控制作用下是精确边界零能控的, 然而, 当乘子几何条件 (3.1) 不成立时, 一般来说, 即便施加 $N$ 个边界控制, 也不能保证由 $N$ 个波动方程组成的耦合系统 (I) 的精确边界零能控性. 在后文中我们将会讨论在不足 $N$ 个边界控制时系统的逼近边界零能控性.

# §3. Kalman 准则. 总 (直接与间接) 控制

**定理 8.4** 若伴随问题 (8.7) 是 $D$-能观的, 则必成立下面的 **Kalman** 准则:

$$\mathrm{rank}(D, AD, \cdots, A^{N-1}D) = N. \tag{8.28}$$

**证** 由命题2.8的断言 (ii), 为证明(8.28), 只需验证: $\mathrm{Ker}\,(D^{\mathrm{T}})$ 不含有 $A^{\mathrm{T}}$ 的一个非平凡的不变子空间$V$.

记 $\phi_n$ 为下面具特征值 $\mu_n > 0$ 的特征值问题的解:

$$\begin{cases} -\Delta\phi_n = \mu_n^2\phi_n, & x \in \Omega, \\ \phi_n = 0, & x \in \Gamma. \end{cases} \tag{8.29}$$

假设 $A^{\mathrm{T}}$ 具有一个非平凡的不变子空间 $V \subseteq \mathrm{Ker}(D^{\mathrm{T}})$, 对任意给定的整数 $n > 0$, 定义

$$W = \{\phi_n w : w \in V\}. \tag{8.30}$$

显然, $W$ 是 $-\Delta + A^{\mathrm{T}}$ 的一个有限维的不变子空间. 因此, 我们可以在 $W$ 中求解伴随问题 (8.7), 且相应的解可以表示为 $\Phi = \phi_n w(t)$, 其中 $w(t) \in V$ 满足

$$\begin{cases} w'' + (\mu_n^2 I + A^{\mathrm{T}})w = 0, & 0 < t < \infty, \\ t = 0: \quad w = \widehat{w}_0 \in V, \ w' = \widehat{w}_1 \in V. \end{cases} \tag{8.31}$$

由于对一切 $t \geqslant 0, w(t) \in V$, 故有

$$D^{\mathrm{T}}\partial_\nu \Phi = \partial_\nu \phi_n D^{\mathrm{T}} w(t) \equiv 0, \quad (t,x) \in [0,T] \times \Gamma_1. \tag{8.32}$$

但显然 $\Phi \not\equiv 0$, 从而产生矛盾. □

定理8.2 告诉我们, 系统 (I) 具逼近边界零能控性的一个必要条件是 Kalman 准则 (8.28) 成立.

由定理3.7, 为了实现精确边界零能控性, 须成立 $M = \mathrm{rank}(D) = N$, 也就是说, 边界控制的个数 $M$ 需要等于状态变量的个数 $N$. 然而, 在后文中我们将会看到, 系统 (I) 的逼近边界零能控性可以在 $M = \mathrm{rank}(D)$ 非常小甚至 $M = \mathrm{rank}(D) = 1$ 的情况下成立. 不过, 定理8.2和 8.4说明了: 若系统 (I) 逼近零能控, 那么由耦合矩阵$A$ 和边界控制矩阵$D$ 所组成的扩张矩阵 $(D, AD, \cdots, A^{N-1}D)$ 必是行满秩的. 也就是说, 即便边界控制矩阵 $D$ 的秩很小, 但由于耦合矩阵 $A$ 的存在和影响, 为了实现逼近边界零能控性, 扩张矩阵 $(D, AD, \cdots, A^{N-1}D)$ 的秩仍应等于状态变量的个数 $N$. 从这个观点出发, 我们可以说 $M = \mathrm{rank}(D)$ 是作用在边界 $\Gamma_1$ 上的**"直接"边界控制的个数**, $\mathrm{rank}(D, AD, \cdots, A^{N-1}D)$ 是**直接与间接控制的"总"个数**, 而"间接"控制的个数则是指扩张阵与控制阵的秩的差 $\mathrm{rank}(D, AD, \cdots, A^{N-1}D) - \mathrm{rank}(D)$, 在逼近边界零能控性的情况下, "间接" 控制的个数应等于 $N - M$. 在考察精确边界零能控时, 我们仅考虑 $\mathrm{rank}(D)$ 个直接边界控制, 并且要求 $M = \mathrm{rank}(D)$ 应该等于 $N$; 与此不同的是: 对于逼近边界零能控性, 我们不仅需要考虑直接边界控制的个数, 还需考虑间接控制的个数, 也就是说, 需要考虑总控制 (包括直接和间接) 的个数.

**注 8.5**　众所周知, Kalman 准则(8.28) 是常微分方程 (ODEs) 系统的精确能控性的充分必要条件 (参见 [24, 77]). 但对双曲型分布参数系统而言, 情况更为复杂. 由于波的有限传播速度, 自然地我们仅需在 $T > 0$ 充分大的情形下考察 Kalman 准则的充分性. 然而, 下面的定理明确说明了: 即便在无穷大的观测区间 $[0, +\infty)$ 上, 也无法证明 Kalman 准则的充分性. 因此, 为保证 Kalman 准则的充分性, 耦合矩阵 $A$ 还需要满足一些代数假设.

**定理 8.5**　$\mu_n^2$ 和 $\phi_n$ 由 (8.29) 定义. 假设集合

$$\Lambda = \{(m, n) : \mu_m \neq \mu_n, \text{ 在 } \Gamma_1 \text{上} \partial_\nu \phi_m = \partial_\nu \phi_n\} \tag{8.33}$$

非空. 对任意给定的 $(m, n) \in \Lambda$, 令

$$\epsilon = \frac{\mu_m^2 - \mu_n^2}{2}. \tag{8.34}$$

则伴随系统

$$\begin{cases} \phi'' - \Delta\phi + \epsilon\psi = 0, & (t, x) \in (0, +\infty) \times \Omega, \\ \psi'' - \Delta\psi + \epsilon\phi = 0, & (t, x) \in (0, +\infty) \times \Omega, \\ \phi = \psi = 0, & (t, x) \in (0, +\infty) \times \Gamma \end{cases} \tag{8.35}$$

存在一个非平凡解 $(\phi, \psi)$ 使得

$$\partial_\nu \phi \equiv 0, \quad (t, x) \in [0, +\infty) \times \Gamma_1, \tag{8.36}$$

因此相应的伴随问题(8.7) 并不是 $D$-能观的, 其中 $D = (1, 0)^{\mathrm{T}}$.

**证**　令

$$\phi_\lambda = (\phi_n - \phi_m), \quad \psi_\lambda = (\phi_n + \phi_m), \quad \lambda^2 = \frac{\mu_m^2 + \mu_n^2}{2}. \tag{8.37}$$

容易验证 $(\phi_\lambda, \psi_\lambda)$ 满足下面的特征系统:

$$\begin{cases} \lambda^2 \phi_\lambda + \Delta\phi_\lambda - \epsilon\psi_\lambda = 0, & x \in \Omega, \\ \lambda^2 \psi_\lambda + \Delta\psi_\lambda - \epsilon\phi_\lambda = 0, & x \in \Omega, \\ \phi_\lambda = \psi_\lambda = 0, & x \in \Gamma. \end{cases} \tag{8.38}$$

此外, 注意到 $\Lambda$ 的定义 (8.33) , 可得

$$\partial_\nu \phi_\lambda \equiv 0, \quad x \in \Gamma_1. \tag{8.39}$$

令

$$\phi = \mathrm{e}^{\mathrm{i}\lambda t} \phi_\lambda, \quad \psi = \mathrm{e}^{\mathrm{i}\lambda t} \psi_\lambda. \tag{8.40}$$

易见 $(\phi, \psi)$ 是系统 (8.35) 的一个非平凡解, 且满足观测 (8.36).

为了完善我们的证明, 我们在如下两个情形 (当然还有很多其他的例子!) 中分别验证集合 $\Lambda$ 确实是非空的.

(i) $\Omega = (0, \pi)$, $\Gamma_1 = \{0\}$. 此时, 有

$$\mu_n = n, \quad \phi_n = \frac{1}{n} \sin nx, \quad \text{而} \quad \phi_n'(0) = 1. \tag{8.41}$$

因此, 对一切 $m \neq n$, $(m, n) \in \Lambda$.

(ii) $\Omega = (0, \pi) \times (0, \pi)$, $\Gamma_1 = \{0\} \times [0, \pi]$. 取

$$\mu_{m,n} = \sqrt{m^2 + n^2}, \quad \phi_{m,n} = \frac{1}{m} \sin mx \sin ny, \tag{8.42}$$

有

$$\frac{\partial}{\partial x} \phi_{m,n}(0, y) = \frac{\partial}{\partial x} \phi_{m',n}(0, y) = \sin ny, \quad 0 \leqslant y \leqslant \pi. \tag{8.43}$$

因此, 对一切 $m \neq m'$ 且 $n \geqslant 1$, $(\{m, n\}, \{m', n\}) \in \Lambda$.

$\square$

**注 8.6**　相应于满足观测(8.36) 的伴随系统 (8.35), 成立

$$D = \begin{pmatrix} 1 \\ 0 \end{pmatrix}, \quad A = \begin{pmatrix} 0 & \epsilon \\ \epsilon & 0 \end{pmatrix}, \quad (D, AD) = \begin{pmatrix} 1 & 0 \\ 0 & \epsilon \end{pmatrix}. \tag{8.44}$$

因此矩阵 $A$ 和 $D$ 满足相应的 Kalman 准则(8.28). 定理 8.5说明: 即便观测时间是无穷的, Kalman 准则对于伴随系统 (8.35) 的 $D$-能观性并不充分, 至少对上面提到的两个情形是如此. 因此, 为了得到 $D$-能观性, 还需在耦合阵 $A$ 上施加一些附加的代数假设.

# §4. Kalman 准则的充分性: 观测时间 $T > 0$ 充分大的幂零系统

我们称 $N$ 阶矩阵 $A$ 是幂零的, 若存在一个整数 $k(1 \leqslant k \leqslant N)$ 使得 $A^k = 0$. 显然, $A$ 是幂零的当且仅当 $A$ 的所有特征值均为 0. 这样, 选取合适的基 $B$, **幂零矩阵** $A$ 可以写成由 Jordan 块组成的对角形式:

$$B^{-1} A B = \begin{pmatrix} J_p & & \\ & J_q & \\ & & \ddots \end{pmatrix}, \tag{8.45}$$

其中 $J_p$ 是如下的 $p$ 阶 Jordan 块:

$$J_p = \begin{pmatrix} 0 & 1 & & & \\ & 0 & 1 & & \\ & & \cdot & \cdot & \\ & & & 0 & 1 \\ & & & & 0 \end{pmatrix}. \tag{8.46}$$

如果 $A$ 本身就是一个 Jordan 块, 称之为**串联矩阵**, [2] 中已经证明了串联系统的 $D$-能观性的一个充分条件是: 相应伴随问题(8.7) 中伴随变量的最后一个分量的边界观测值为 $0$. 在本节, 我们要将此结论推广到一般的幂零系统.

我们首先考虑一个非常特殊的情形.

**命题 8.6** 设 $A = aI$, 其中 $a$ 是实数. 若 Kalman 准则 (8.28) 成立, 那么当 $T > 0$ 充分大时, 伴随问题(8.7) 是 $D$-能观的.

**证** 此时, 由 Kalman 准则 (8.28) 可知 $M = N$. 因此, 由观测(8.8) 可以推出

$$\partial_\nu \Phi \equiv 0, \quad (t,x) \in [0,T] \times \Gamma_1. \tag{8.47}$$

于是, 由经典的 Holmgren 唯一性定理, 当 $T > 0$ 充分大时, 可得 $\Phi \equiv 0$. 在这种情况, 对区域 $\Omega$ 不需要任何乘子几何条件. $\qquad\square$

**引理 8.7** 假设存在一个可逆矩阵 $P$ 使得 $PA = AP$. 那么伴随问题(8.7) 是 $D$-能观的当且仅当它是 $PD$-能观的.

**证** 令 $\widetilde{\Phi} = P^{-\mathrm{T}}\Phi$. 由于 $PA = AP$, 新变量 $\widetilde{\Phi}$ 依旧满足相同的系统 (8.7). 另一方面, 由于在 $\Gamma_1$ 上成立

$$D^{\mathrm{T}}\partial_\nu \Phi = (PD)^{\mathrm{T}}\partial_\nu \widetilde{\Phi}, \tag{8.48}$$

所以 $\Phi$ 的 $D$-能观性等价于 $\widetilde{\Phi}$ 的 $PD$-能观性. $\qquad\square$

**命题 8.8** 设 $P$ 是一可逆矩阵. 定义

$$\widetilde{A} = PAP^{-1} \quad \text{及} \quad \widetilde{D} = PD.$$

那么矩阵 $A$ 和 $D$ 满足 Kalman 准则(8.28) 当且仅当矩阵 $\widetilde{A}$ 和 $\widetilde{D}$ 也同样满足 Kalman 准则 (8.28) .

**证** 只需注意到

$$[\tilde{D}, \tilde{A}\tilde{D}, \cdots, \tilde{A}^{N-1}\tilde{D}] = P[D, AD, \cdots, A^{N-1}D]$$

以及 $P$ 是可逆的, 就立得命题结论. □

**定理 8.9** 假设 $\Omega \subseteq \mathbb{R}^n$ 满足乘子几何条件 (3.1), 而 $T > 0$ 充分大. 假设耦合矩阵 $A$ 是幂零的, 则 Kalman 准则(8.28) 对伴随系统 (8.7)的 $D$-能观性是充分的.

**证** (i) $A$ 本身是一个 Jordan 块(串联矩阵)的情形:

$$A = \begin{pmatrix} 0 & 1 & & & \\ & 0 & 1 & & \\ & & \cdot & \cdot & \\ & & & 0 & 1 \\ & & & & 0 \end{pmatrix} =: J_N. \tag{8.49}$$

注意到 $E = (0, \cdots, 0, 1)^{\mathrm{T}}$ (除一常数因子外) 是 $A^{\mathrm{T}}$ 的唯一的特征向量, 由命题 2.8 的断言 (ii), $A$ 和 $D$ 满足 Kalman 准则 (8.28) 当且仅当

$$D^{\mathrm{T}}E \neq 0, \tag{8.50}$$

也就是说, 当且仅当 $D$ 的最后一行不是零向量. 记 $d = (d_1, d_2, \cdots, d_N)^{\mathrm{T}}$ 是 $D$ 的一个列向量, 且 $d_N \neq 0$, 设

$$P = \begin{pmatrix} d_N & d_{N-1} & \cdot & & d_1 \\ 0 & d_N & \cdot & & d_2 \\ \cdot & \cdot & \cdot & & \cdot \\ 0 & 0 & d_N & d_{N-1} \\ 0 & 0 & 0 & d_N \end{pmatrix}. \tag{8.51}$$

显然 $P$ 是可逆的. 注意到

$$P = d_N I + d_{N-1} J_N + \cdots + d_1 J_N^{N-1}, \tag{8.52}$$

易证 $PA = AP$. 另一方面, 在区域 $\Omega$ 满足乘子几何条件 (3.1) 的情况下, 利用 [2] 中结论可知, 具耦合矩阵(8.49) 的伴随系统 (8.7) 是 $D_0$-能观的, 而

$$D_0 = (0, \cdots, 0, 1)^{\mathrm{T}}. \tag{8.53}$$

这样, 由引理8.7, 该系统也是 $PD_0$-能观的, 于是, 注意到

$$PD_0 = (d_1, \cdots, d_N)^{\mathrm{T}} \tag{8.54}$$

是 $D$ 的一个子矩阵, 问题 (8.7) 必为 $D$-能观的.

(ii) $A$ 由两个相同阶数的 Jordan 块组成的情形:

$$A = \begin{pmatrix} J_p & 0 \\ 0 & J_p \end{pmatrix}, \tag{8.55}$$

其中 $J_p$ 表示 $p$ 阶 Jordan 块.

首先, 对每个 $i = 1, \cdots, 2p$, 定义

$$\epsilon_i = (0, \cdots, 0, \overset{(i)}{1}, 0, \cdots, 0)^{\mathrm{T}}. \tag{8.56}$$

考虑下面特殊的边界控制矩阵

$$D_0 = (\epsilon_p, \epsilon_{2p}). \tag{8.57}$$

注意到此时具观测(8.8)的伴随系统 (8.7)可以分解成两个独立的子系统, 其任一子系统均满足 Kalman 准则 (8.28)(其中取 $N = p$). 于是, 就回归到上面 (i) 的情形, 所以伴随系统 (8.7) 是 $D_0$-能观的.

再来考虑一般的 $2p \times M$ 阶边界控制矩阵:

$$D = \begin{pmatrix} a_1 & c_1 & \cdots\cdots \\ \vdots & \vdots & \\ a_p & c_p & \cdots\cdots \\ b_1 & d_1 & \cdots\cdots \\ \vdots & \vdots & \\ b_p & d_p & \cdots\cdots \end{pmatrix}. \tag{8.58}$$

注意到 $\epsilon_p$ 和 $\epsilon_{2p}$ 是 $A^{\mathrm{T}}$ 仅有的两个特征向量, 且对应同一个特征值 0, 对任意给定的实数 $\alpha$ 和 $\beta$, 若 $\alpha^2 + \beta^2 \neq 0$, 则 $\alpha\epsilon_p + \beta\epsilon_{2p}$ 依旧是 $A^{\mathrm{T}}$ 的一个特征向量. 利用命题2.8 (ii), Kalman 准则(8.28) 成立当且仅当 $D^{\mathrm{T}}\epsilon_p$ 和 $D^{\mathrm{T}}\epsilon_{2p}$, 即行向量

$$(a_p, c_p, \cdots), \quad (b_p, d_p, \cdots) \tag{8.59}$$

是线性无关的. 不失一般性, 可假设

$$a_p d_p - b_p c_p \neq 0. \tag{8.60}$$

设 $2p$ 阶矩阵 $P$ 如下定义:

$$
P = \begin{pmatrix}
a_p & a_{p-1} & \cdots & a_1 & b_p & b_{p-1} & \cdots & b_1 \\
0 & a_p & \cdots & a_2 & 0 & b_p & \cdots & b_2 \\
\vdots & \vdots & \ddots & \vdots & \vdots & \vdots & \ddots & \vdots \\
0 & 0 & \cdots & a_p & 0 & 0 & \cdots & b_p \\
\hdashline
c_p & c_{p-1} & \cdots & c_1 & d_p & d_{p-1} & \cdots & d_1 \\
0 & c_p & \cdots & c_2 & 0 & d_p & \cdots & d_2 \\
\vdots & \vdots & \ddots & \vdots & \vdots & \vdots & \ddots & \vdots \\
0 & 0 & \cdots & c_p & 0 & 0 & \cdots & d_p
\end{pmatrix}
= \begin{pmatrix} P_{11} & P_{12} \\ P_{21} & P_{22} \end{pmatrix}. \tag{8.61}
$$

由于 $P_{11}, P_{12}, P_{21}$ 和 $P_{22}$ 都可以写成如(8.52)所示的结构, 容易验证

$$
PA = \begin{pmatrix} P_{11}J_p & P_{12}J_p \\ P_{21}J_p & P_{22}J_p \end{pmatrix} = \begin{pmatrix} J_pP_{11} & J_pP_{12} \\ J_pP_{21} & J_pP_{22} \end{pmatrix} = AP. \tag{8.62}
$$

此外, 若条件(8.60)成立, 则 $P$ 是可逆的. 由于伴随系统 (8.7)是 $D_0$-能观的, 由引理8.7知, 它也是 $PD_0$-能观的, 从而 $D$-能观的, 这是因为 $PD_0$ 是由 $D$ 的前两列所组成的.

(iii)　$A$ 由两个不同阶数的 Jordan 块组成的情形:

$$
A = \begin{pmatrix} J_p & 0 \\ 0 & J_q \end{pmatrix} \tag{8.63}
$$

其中 $q < p$. 此时, 伴随系统 (8.7) 可以分成下面的两个子系统: 第一个子系统 (其中 $\phi_0 = 0$)

$$
i = 1, \cdots, p: \begin{cases} \phi_i'' - \Delta\phi_i + \phi_{i-1} = 0, & (t,x) \in (0,+\infty) \times \Omega, \\ \phi_i = 0, & (t,x) \in (0,+\infty) \times \Gamma \end{cases} \tag{8.64}
$$

和第二个子系统 (其中 $\psi_{p-q} = 0$)

$$
j = p-q+1, \cdots, p: \begin{cases} \psi_j'' - \Delta\psi_j + \psi_{j-1} = 0, & (t,x) \in (0,+\infty) \times \Omega, \\ \psi_j = 0, & (t,x) \in (0,+\infty) \times \Gamma. \end{cases} \tag{8.65}
$$

这两个子系统(8.64)和 (8.65)由边界上的 $D$-观测是耦合在一起的:

$$\begin{cases} \sum\limits_{i=1}^{p} a_i \partial_\nu \phi_i + \sum\limits_{j=p-q+1}^{p} b_j \partial_\nu \psi_j = 0, & (t,x) \in (0,T) \times \Gamma_1, \\ \sum\limits_{i=1}^{p} c_i \partial_\nu \phi_i + \sum\limits_{j=p-q+1}^{p} d_j \partial_\nu \psi_j = 0, & (t,x) \in (0,T) \times \Gamma_1, . \\ \cdots\cdots\cdots\cdots \\ \cdots\cdots\cdots\cdots \end{cases} \tag{8.66}$$

为了将该情形转化到 $p = q$ 的情形, 我们将第二个子系统(8.65)从 $\{p-q+1,\cdots,p\}$ 个方程扩张到 $\{1,\cdots,p\}$ 个:

$$j = 1,\cdots,p: \quad \begin{cases} \psi_j'' - \Delta\psi_j + \psi_{j-1} = 0, & (t,x) \in (0,+\infty) \times \Omega, \\ \psi_j = 0, & (t,x) \in (0,+\infty) \times \Gamma, \end{cases} \tag{8.67}$$

其中 $\psi_0 = 0$, 从而使两个子系统 (8.64)和(8.67)具有相同的大小.

相应地, $D$-观测(8.66)可被延拓为如下的 $\widetilde{D}$-观测:

$$\begin{cases} \sum\limits_{i=1}^{p} a_i \partial_\nu \phi_i + \sum\limits_{j=1}^{p} b_j \partial_\nu \psi_j = 0, & (t,x) \in (0,T) \times \Gamma_1, \\ \sum\limits_{i=1}^{p} c_i \partial_\nu \phi_i + \sum\limits_{j=1}^{p} d_j \partial_\nu \psi_j = 0, & (t,x) \in (0,T) \times \Gamma_1, \\ \cdots\cdots\cdots\cdots\cdots \\ \cdots\cdots\cdots\cdots\cdots \end{cases} \tag{8.68}$$

其中对 $j = 1,\cdots,p-q$, $b_j$ 和 $d_j$ 是任意给定的.

这样, 具观测(8.66)的 $(p+q) \times M$ 阶矩阵 $D$ 可写为

$$D = \begin{pmatrix} a_1 & c_1 & \cdots\cdots \\ \vdots & \vdots & \\ a_p & c_p & \cdots\cdots \\ b_{p-q+1} & d_{p-q+1} & \cdots\cdots \\ \vdots & \vdots & \\ b_p & d_p & \cdots\cdots \end{pmatrix}. \tag{8.69}$$

类似于情形 (ii), 此刻 $\epsilon_p$ 和 $\epsilon_{p+q}$ 是 $A^{\mathrm{T}}$ 仅有的两个特征向量, 且均对应于 $0$ 特征值, 对任意给定的实数 $\alpha$ 和 $\beta$, 若 $\alpha^2 + \beta^2 \neq 0$, $\alpha\epsilon_p + \beta\epsilon_{p+q}$ 也是 $A^{\mathrm{T}}$ 的一个特征向

量. 由命题2.8的断言 (ii), Kalman 准则 (8.28) 成立当且仅当 $D^{\mathrm{T}}\epsilon_p$ 和 $D^{\mathrm{T}}\epsilon_{p+q}$, 即两个行向量

$$(a_p, c_p, \cdots), \quad (b_p, d_p, \cdots) \tag{8.70}$$

是线性无关的. 不失一般性, 我们可以假设(8.60) 成立.

类似地, 我们将延拓后的观测(8.68)对应的 $2p \times M$ 阶矩阵 $\widetilde{D}$ 写为

$$\widetilde{D} = \begin{pmatrix} a_1 & c_1 & \cdots\cdots \\ \vdots & \vdots & \\ a_p & c_p & \cdots\cdots \\ b_1 & d_1 & \cdots\cdots \\ \vdots & \vdots & \\ b_{p-q} & d_{p-q} & \\ b_{p-q+1} & d_{p-q+1} & \cdots\cdots \\ \vdots & \vdots & \\ b_p & d_p & \end{pmatrix}. \tag{8.71}$$

在由 (8.64)和(8.67)组成的扩张伴随系统中, $2p$ 阶矩阵 $\widetilde{A}$ 和 (8.55)是一样的. 于是, $\widetilde{A}$ 和 $\widetilde{D}$ 满足相应的 Kalman 准则当且仅当条件(8.60)成立. 根据 (ii) 的结论,(8.64)和(8.67) 组成的扩张伴随系统在 $(H_0^1(\Omega))^{2p} \times (L^2(\Omega))^{2p}$ 中是 $\widetilde{D}$-能观的.

特别地, 若我们对扩张后的子系统(8.67)选取特殊的初值:

$$t=0: \quad \psi_1 = \cdots = \psi_{p-q} = 0 \ \text{且} \ \psi_1' = \cdots = \psi_{p-q}' = 0, \tag{8.72}$$

则由问题的适定性可得

$$\psi_1 \equiv \cdots \equiv \psi_{p-q} \equiv 0, \quad (t,x) \in (0, +\infty) \times \Omega. \tag{8.73}$$

这样, 由(8.64)和 (8.67) 组成的具有 $\widetilde{D}$-观测(8.68)的扩张伴随系统可化约成由 (8.64) 和(8.65)组成的具有 $D$-观测 (8.66)的原始伴随系统, 从而得到了原始伴随系统在空间 $(H_0^1(\Omega))^{p+q} \times (L^2(\Omega))^{p+q}$ 中是 $D$-能观的.

在 $A$ 由若干 Jordan 块组成的情形也可以类似地考察并证明相应的结论.

由于任意给定的幂零矩阵都可以在某个合适的基下被分解成由 Jordan 块组成的对角形式, 由命题8.8, 前面的结论对任意给定的幂零矩阵 $A$ 依旧成立. □

**定理 8.10** 假设 $\Omega \subseteq \mathbb{R}^n$ 满足乘子几何条件 (3.1), 且 $T > 0$ 充分大. 进一步假设耦合矩阵$A$ 有一个单重特征值 $\lambda \geqslant 0$, 则伴随系统 (8.7) 是 $D$-能观的当且仅当矩阵 $D$ 满足 Kalman 准则 (8.28).

证 事实上, $-\Delta + \lambda I$ 仍是 $L^2(\Omega)$ 中自伴的且强制的算子, 且 $A - \lambda I$ 是幂零矩阵. 故将定理8.9中的 $-\Delta$ 算子改为 $-\Delta + \lambda I$, 结论依旧成立. □

## §5. Kalman 准则的充分性: 观测时间 $T > 0$ 充分大的 $2 \times 2$ 系统

**定理 8.11** 设 $\Omega \subset \mathbb{R}^n$ 满足乘子几何条件(3.1). 假设 $2 \times 2$ 矩阵 $A$ 有实的特征值 $\lambda \geqslant 0$ 及 $\mu \geqslant 0$, 且满足

$$|\lambda - \mu| \leqslant \epsilon_0, \tag{8.74}$$

其中 $\epsilon_0 > 0$ 充分小. 那么, 当观测时间 $T > 0$ 充分大时, 伴随问题(8.7) 为 $D$-能观当且仅当矩阵 $D$ 满足 Kalman 准则 (8.28).

证 由定理8.4, 我们只需证明充分性.

若 $D$ 是可逆的, 那么由观测 (8.8) 可得

$$\partial_\nu \Phi \equiv 0, \quad (t, x) \in [0, T] \times \Gamma_1, \tag{8.75}$$

从而, 由经典的 Holmgren 唯一性定理, 当 $T > 0$ 充分大时可得 $\Phi \equiv 0$. 注意在这种情况下, 并不要求区域 $\Omega$ 满足乘子几何条件(3.1). 这样, 下面我们只需考虑 rank$(D) = 1$ 的情况. 不失一般性, 我们考察下面三种情形.

a) 若 $\lambda = \mu$ 且分别对应两个线性无关的特征向量, 那么任何非平凡的向量都是 $A^{\mathrm{T}}$ 的特征向量. 由引理2.8的断言 (ii)(其中取 $d = 0$), Ker$(D^{\mathrm{T}}) = \{0\}$, 于是矩阵 $D$ 是可逆的, 与假设矛盾.

b) 若 $\lambda = \mu$ 且仅对应一个特征向量, 那么

$$A \sim \begin{pmatrix} \lambda & 1 \\ 0 & \lambda \end{pmatrix}. \tag{8.76}$$

由于 $\lambda \geqslant 0$, 利用定理 8.10的结论即可.

c) 若 $\lambda \neq \mu$, 则

$$A \sim \begin{pmatrix} \frac{\lambda+\mu}{2} & 0 \\ 0 & \frac{\lambda+\mu}{2} \end{pmatrix} + \begin{pmatrix} 0 & \frac{\lambda-\mu}{2} \\ \frac{\lambda-\mu}{2} & 0 \end{pmatrix}. \tag{8.77}$$

由于 $\lambda + \mu \geqslant 0$, 算子 $-\Delta + \frac{\lambda+\mu}{2} I$ 依旧是 $H_0^1(\Omega)$ 中的强制算子, 于是只需考察伴随问题 (8.7), 并将其中的 $-\Delta$ 改为 $-\Delta + \frac{\lambda+\mu}{2} I$, 而 $A$ 取为

$$A = \begin{pmatrix} 0 & \frac{\lambda-\mu}{2} \\ \frac{\lambda-\mu}{2} & 0 \end{pmatrix}. \tag{8.78}$$

由于 $\Omega$ 满足乘子几何条件 (3.1), 利用 [1] 中的结论 (不同波速情形的类似结论可参见 [69]), 相应的伴随问题 (8.7) 是 $D_0$-能观的, 其中

$$D_0 = \begin{pmatrix} 1 \\ 0 \end{pmatrix}. \tag{8.79}$$

另一方面, 由于 $\mathrm{rank}(D) = 1$, 我们有

$$D = \begin{pmatrix} a \\ b \end{pmatrix}, \quad A = \begin{pmatrix} 0 & \epsilon \\ \epsilon & 0 \end{pmatrix}, \quad (D, AD) = \begin{pmatrix} a & \epsilon b \\ b & \epsilon a \end{pmatrix}, \tag{8.80}$$

其中 $\epsilon = \frac{\lambda - \mu}{2}$. 因此, Kalman 准则 (8.28) 成立当且仅当 $a^2 \neq b^2$. 于是矩阵

$$P = \begin{pmatrix} a & b \\ b & a \end{pmatrix} \tag{8.81}$$

可逆且关于 $A$ 是可交换的. 这样, 由引理8.7, 伴随问题 (8.7) 也是 $PD_0$-能观的, 而

$$PD_0 = \begin{pmatrix} a \\ b \end{pmatrix} = D. \tag{8.82}$$

定理证毕.                                                           $\square$

**注 8.7** 定理 8.5说明定理 8.11 中 " $\epsilon_0 > 0$ 充分小" 这一条件确实是必要的.

**命题 8.12** 设 $\Omega \subset \mathbb{R}^n$ 满足乘子几何条件 (3.1) 且 $|\epsilon| > 0$ 充分小. 若 $T > 0$ 充分大, 则伴随问题(8.35)是 $D$-能观的当且仅当矩阵 $D$ 满足相应的 Kalman 准则.

**证** 由于 $\Omega$ 满足乘子几何条件(3.1), 利用 [1] 中结论, 伴随系统 (8.35) 是 $D_0$-能观的, 而

$$D_0 = \begin{pmatrix} 1 \\ 0 \end{pmatrix}. \tag{8.83}$$

注意到

$$D = \begin{pmatrix} a \\ b \end{pmatrix}, \quad A = \begin{pmatrix} 0 & \epsilon \\ \epsilon & 0 \end{pmatrix}, \quad (D, AD) = \begin{pmatrix} a & \epsilon b \\ b & \epsilon a \end{pmatrix}, \tag{8.84}$$

Kalman 准则 (8.28) 成立当且仅当 $a^2 \neq b^2$. 另外, 矩阵

$$P = \begin{pmatrix} a & b \\ b & a \end{pmatrix} \tag{8.85}$$

可逆且关于 $A$ 是可交换的. 这样, 由引理 8.7, 伴随问题 (8.35) 也是 $PD_0$-能观的, 而

$$PD_0 = \begin{pmatrix} a \\ b \end{pmatrix} = D. \tag{8.86}$$

□

**注 8.8** 由于逼近边界零能控性与 $D$-能观性的等价性 (见定理8.2), 在定理8.9 和定理 8.11中, Kalman 准则 (8.28) 实际上是相应原始系统 (I) 具逼近边界零能控性的充分必要条件. 在一维空间情形下, 我们在这方面可以得到更多的一般性结果, 接下来的两节就致力于此.

# §6. 非调和级数的唯一延拓性

在本节中, 我们将证明非调和级数的唯一延拓性, 这将会在下一节中用于对于一维空间中的可对角化系统在 $T > 0$ 充分大时, 证明 Kalman 准则是其具 $D$-能观性的充分条件. 本节的证明要利用一个广义的 Ingham 不等式 (参见 [29]).

设 $\mathbb{Z}^*$ 表示非零整数的集合, 而 $\{\beta_n^{(l)}\}_{1 \leqslant l \leqslant m, n \in \mathbb{Z}^*}$ 是一个严格递增的实数列:

$$\cdots \beta_{-1}^{(1)} < \cdots < \beta_{-1}^{(m)} < \beta_1^{(1)} < \cdots < \beta_1^{(m)} < \cdots. \tag{8.87}$$

我们要证明: 当 $T > 0$ 充分大时, 若成立

$$\sum_{n \in \mathbb{Z}^*} \sum_{l=1}^{m} a_n^{(l)} \mathrm{e}^{\mathrm{i}\beta_n^{(l)} t} = 0, \quad t \in [0, T], \tag{8.88}$$

其中

$$\sum_{n \in \mathbb{Z}^*} \sum_{l=1}^{m} |a_n^{(l)}|^2 < +\infty, \tag{8.89}$$

则

$$a_n^{(l)} = 0, \quad n \in \mathbb{Z}^*, \quad 1 \leqslant l \leqslant m. \tag{8.90}$$

如果能证明这一点, 就称序列 $\{\mathrm{e}^{\mathrm{i}\beta_n^{(l)} t}\}_{1 \leqslant l \leqslant m; n \in \mathbb{Z}^*}$ 在 $L^2(0, T)$ 中是 $\omega$-线性无关的.

**定理 8.13** 假设 (8.87) 成立, 且存在正常数 $c, s$ 及 $\gamma$, 使得对所有 $1 \leqslant l \leqslant m$ 和所有 $n \in \mathbb{Z}^*$, 当 $|n|$ 充分大时成立

$$\beta_{n+1}^{(l)} - \beta_n^{(l)} \geqslant m\gamma. \tag{8.91}$$

$$\frac{c}{|n|^s} \leqslant \beta_n^{(l+1)} - \beta_n^{(l)} \leqslant \gamma, \tag{8.92}$$

那么当 $T > 2\pi D^+$ 时, 序列 $\{e^{i\beta_n^{(l)}t}\}_{1\leqslant l\leqslant m;n\in\mathbb{Z}^*}$ 在 $L^2(0,T)$ 中是 $\omega$-线性无关的, 而 $D^+$ 为序列 $\{\beta_n^{(l)}\}_{1\leqslant l\leqslant m;n\in\mathbb{Z}^*}$ 的上密度, 定义为

$$D^+ = \limsup_{R\to+\infty} \frac{N(R)}{2R}, \tag{8.93}$$

其中 $N(R)$ 表示 $\{\beta_n^{(l)}\}$ 包含在区间 $[-R,R]$ 中的个数.

**证** 首先由下式定义差商序列为

$$e_n^{(l)}(t) = \sum_{p=1}^{l} \Big( \prod_{q=1,q\neq p}^{l} (\beta_n^{(p)} - \beta_n^{(q)})^{-1} \Big) e^{i\beta_n^{(p)}t}, \quad l = 1,\cdots,m, \quad n \in \mathbb{Z}^*. \tag{8.94}$$

因为 $\{\beta_n^{(l)}\}_{1\leqslant l\leqslant m,n\in\mathbb{Z}^*}$ 是以速率 $\frac{1}{|n|^s}$ 渐近靠近的序列, 经典的 Ingham 定理不适用. 我们将会根据不同的划分运用一个广义的 Ingham 型定理, 从而可以用于渐近靠近的序列 $\{\beta_n^{(l)}\}_{1\leqslant l\leqslant m,n\in\mathbb{Z}^*}$ (见 [29] 中的定理 9.4). 也就是说, 在条件 (8.87) 和 (8.91)—(8.92) 成立时, 若 $T > 2\pi D^+$, 则差商序列 $\{e_n^{(l)}\}_{1\leqslant l\leqslant m,n\in\mathbb{Z}^*}$ 是 $L^2(0,T)$ 中的一个 Riesz 列.

设下三角矩阵 $A_n = (a_n^{(l,p)})$, 由下式对 $1 < l \leqslant m$ 及 $1 \leqslant p \leqslant l$ 定义:

$$a_n^{(1,1)} = 1; \quad a_n^{(l,p)} = \prod_{q=1,q\neq p}^{l} (\beta_n^{(p)} - \beta_n^{(q)})^{-1}. \tag{8.95}$$

由于对一切 $1 \leqslant l \leqslant m$ 对角线上元素 $a_n^{(l,l)} > 0$, 所以 $A_n$ 是可逆的. 于是, 取 $A_n^{-1} = B_n = (b_n^{(l,p)})$, (8.94) 可写为

$$e^{i\beta_n^{(l)}t} = \sum_{p=1}^{l} b_n^{(l,p)} e_n^{(p)}(t), \quad l = 1,\cdots,m. \tag{8.96}$$

将 (8.96) 代入 (8.88), 可得

$$\sum_{n\in\mathbb{Z}^*} \sum_{p=1}^{m} \widetilde{a}_n^{(p)} e_n^{(p)}(t) = 0 \quad 在[0,T]上, \tag{8.97}$$

其中

$$\widetilde{a}_n^{(p)} = \sum_{l=p}^{m} b_n^{(l,p)} a_n^{(l)}. \tag{8.98}$$

暂时假设

$$\sum_{n\in\mathbb{Z}^*} \sum_{p=1}^{m} |\widetilde{a}_n^{(p)}|^2 < +\infty. \tag{8.99}$$

那么根据 Riesz 列的性质, 由 (8.97) 和 (8.99) 可得

$$\widetilde{a}_n^{(p)} = 0, \quad 1 \leqslant p \leqslant m, \quad n \in \mathbb{Z}^*, \tag{8.100}$$

由此立得 (8.90).

现在我们回到 (8.99) 的证明. 由 (8.98), 我们只需证明: 矩阵 $B_n$ 对所有 $n$ 是一致有界的. 由 (8.92) 和 (8.95), 可得

$$b_n^{(l,l)} = \frac{1}{a_n^{(l,l)}} = \prod_{q=1}^{l-1} (\beta_n^{(l)} - \beta_n^{(q)}) \leqslant c_1 \gamma^{l-1}, \quad 1 \leqslant l \leqslant m, \tag{8.101}$$

其中 $c_1$ 是一个与 $n$ 无关的正常数. 由于 $B_n$ 也是一个下三角矩阵, 不失一般性, 我们假设 $\gamma < 1$, 于是谱半径 $\rho(B_n) \leqslant c_1$. 已知对任意给定的 $\widetilde{\epsilon} > 0$, $\mathbb{R}^m$ 中存在一个向量范数, 使得从属的矩阵范数满足

$$\|B_n\| \leqslant (\rho(B_n) + \widetilde{\epsilon}) \leqslant c_1 + 1, \quad \forall n \in \mathbb{Z}^*. \tag{8.102}$$

定理证毕.  □

**推论 8.14** 对

$$\delta_1 < \delta_2 < \cdots < \delta_m, \tag{8.103}$$

定义

$$\begin{cases} \beta_n^{(l)} = \sqrt{n^2 + \epsilon \delta_l}, & l = 1, 2, \cdots, m, \quad n \geqslant 1, \\ \beta_{-n}^{(l)} = -\beta_n^{(m+1-l)}, & l = 1, 2, \cdots, m, \quad n \geqslant 1. \end{cases} \tag{8.104}$$

于是, 当 $|\epsilon| > 0$ 充分小时, 若

$$T > 2m\pi, \tag{8.105}$$

则序列 $\{e^{i\beta_n^{(l)}t}\}_{1 \leqslant l \leqslant m; n \in \mathbb{Z}^*}$ 在 $L^2(0, T)$ 中是 $\omega$-线性无关的.

**证** 首先, 当 $|\epsilon| > 0$ 充分小时, 序列 $\{\beta_n^{(l)}\}_{1 \leqslant l \leqslant m; n \in \mathbb{Z}^*}$ 满足 (8.87). 另一方面, 由直接计算可得, 当 $|n|$ 充分大时, 成立

$$\beta_{n+1}^{(l)} - \beta_n^{(l)} = O(1) \tag{8.106}$$

以及

$$\beta_n^{(l+1)} - \beta_n^{(l)} = \frac{(\delta_{l+1} - \delta_l)\epsilon}{\sqrt{n^2 + \delta_{l+1}\epsilon} + \sqrt{n^2 + \delta_l \epsilon}} = O\left(\left|\frac{\epsilon}{n}\right|\right). \tag{8.107}$$

于是序列 $\{\beta_n^{(l)}\}_{1 \leqslant l \leqslant m; n \in \mathbb{Z}^*}$ 满足定理8.13 (其中取 $s = 1$ 及 $D^+ = m$) 的所有条件. 因此, 当 (8.105) 成立时, 序列 $\{e^{i\beta_n^{(l)}t}\}_{1 \leqslant l \leqslant m; n \in \mathbb{Z}^*}$ 在 $L^2(0, T)$ 中是 $\omega$-线性无关的.

□

## §7. Kalman 准则的充分性：观测时间 $T > 0$ 充分大的一维系统

在本节中, 当耦合矩阵 $A$ 满足适当的条件, 且 $|\epsilon| > 0$ 充分小时, 我们首先对下面的一维空间中的问题证明 Kalman 准则 (8.28) 的充分性:

$$
\begin{cases}
\Phi'' - \Phi_{xx} + \epsilon A^{\mathrm{T}} \Phi = 0, & (t,x) \in (0, +\infty) \times (0, \pi), \\
\Phi(t,0) = \Phi(t,\pi) = 0, & t \in (0, +\infty), \\
t = 0: \quad \Phi = \widehat{\Phi}_0, \ \Phi' = \widehat{\Phi}_1, & x \in (0, \pi),
\end{cases} \tag{8.108}
$$

且在 $x = 0$ 端具观测

$$
D^{\mathrm{T}} \Phi_x(t,0) \equiv 0, \quad t \in [0, T]. \tag{8.109}
$$

接下来, 对具不同实特征值的耦合矩阵 $A$, 我们将给出系统所需的最优观测时间.

首先假设 $A^{\mathrm{T}}$ 是可对角化的, 且具有不同的实特征值:

$$
\delta_1 < \delta_2 < \cdots < \delta_m \tag{8.110}
$$

及相应的特征向量 $w^{(l,\mu)}$:

$$
A^{\mathrm{T}} w^{(l,\mu)} = \delta_l w^{(l,\mu)}, \quad 1 \leqslant l \leqslant m, \quad 1 \leqslant \mu \leqslant \mu_l, \tag{8.111}
$$

其中

$$
\sum_{l=1}^{m} \mu_l = N. \tag{8.112}
$$

令

$$
e_n = \sin nx, \quad n \geqslant 1 \tag{8.113}
$$

是 $-\Delta$ 算子在 $H_0^1(0,\pi)$ 中的特征函数. 于是 $e_n w^{(l,\mu)}$ 是 $-\Delta + \epsilon A^{\mathrm{T}}$ 对应于特征值 $n^2 + \epsilon \delta_l$ 的一个特征向量. 此外, 如 (8.104) 那样定义 $\{\beta_n^{(l)}\}_{1 \leqslant l \leqslant m; n \in \mathbb{Z}^*}$, 那么 (8.108) 中的系统相对应的特征向量为

$$
E_n^{(l,\mu)} = \begin{pmatrix} e_n w^{(l,\mu)} \\ \mathrm{i}\beta_n^{(l)} \\ e_n w^{(l,\mu)} \end{pmatrix}, \quad 1 \leqslant l \leqslant m, \quad 1 \leqslant \mu \leqslant \mu_l, \quad n \in \mathbb{Z}^*, \tag{8.114}
$$

其中对 $n \geqslant 1$, 定义 $e_{-n} := e_n$. 由于特征函数 $\{e_n\}_{n \geqslant 1}$ 在 $L^2(0,\pi)$ 及 $H_0^1(0,\pi)$ 中均是正交的, 对一切 $n \geqslant 1$ 由它们生成的 $N$ 维线性空间 $\mathrm{Span}\{E_n^{(l,\mu)}\}_{1 \leqslant l \leqslant m, 1 \leqslant \mu \leqslant \mu_l}$ 是相互正交的. 另一方面, 特征向量 (8.114) 的全体在 $(H_0^1(0,\pi))^N \times (L^2(0,\pi))^N$ 中是

完备的, 所以它形成了子空间的一组 Hilbert 基, 从而也是 $(H_0^1(0,\pi))^N \times (L^2(0,\pi))^N$ 中的一组 Riesz 基(关于子空间的基, 参见 [15]).

对任意给定的初值

$$\begin{pmatrix} \widehat{\Phi}_0 \\ \widehat{\Phi}_1 \end{pmatrix} = \sum_{n \in \mathbb{Z}^*} \sum_{l=1}^{m} \sum_{\mu=1}^{\mu_l} \alpha_n^{(l,\mu)} E_n^{(l,\mu)}, \tag{8.115}$$

问题 (8.108) 的解为

$$\begin{pmatrix} \Phi \\ \Phi' \end{pmatrix} = \sum_{n \in \mathbb{Z}^*} \sum_{l=1}^{m} \sum_{\mu=1}^{\mu_l} \alpha_n^{(l,\mu)} \mathrm{e}^{\mathrm{i}\beta_n^{(l)}t} E_n^{(l,\mu)}. \tag{8.116}$$

特别地, 我们有

$$\Phi = \sum_{n \in \mathbb{Z}^*} \sum_{l=1}^{m} \sum_{\mu=1}^{\mu_l} \frac{\alpha_n^{(l,\mu)}}{\mathrm{i}\beta_n^{(l)}} \mathrm{e}^{\mathrm{i}\beta_n^{(l)}t} e_n w^{(l,\mu)}, \tag{8.117}$$

且观测 (8.109) 变成

$$\sum_{n \in \mathbb{Z}^*} \sum_{l=1}^{m} D^{\mathrm{T}} \left( \sum_{\mu=1}^{\mu_l} \frac{n\alpha_n^{(l,\mu)}}{\mathrm{i}\beta_n^{(l)}} w^{(l,\mu)} \right) \mathrm{e}^{\mathrm{i}\beta_n^{(l)}t} \equiv 0, \quad t \in [0,T]. \tag{8.118}$$

**定理 8.15** 假设 $A$ 和 $D$ 满足 Kalman 准则(8.28). 进一步假设 $A^{\mathrm{T}}$ 是一个可对角化的实矩阵, 其特征值与特征向量由 (8.110)—(8.111) 给出. 那么, 当 $|\epsilon| > 0$ 充分小时, 若

$$T > 2m\pi, \tag{8.119}$$

则问题 (8.108) 是 $D$-能观的.

**证** 对 (8.118) 的每一行应用推论8.14, 可得

$$D^{\mathrm{T}} \left( \sum_{\mu=1}^{\mu_l} \frac{n\alpha_n^{(l,\mu)}}{\mathrm{i}\beta_n^{(l)}} w^{(l,\mu)} \right) = 0, \quad 1 \leqslant l \leqslant m, \quad n \in \mathbb{Z}^*. \tag{8.120}$$

利用命题2.8的断言 (ii), 由于 Kalman 准则 (8.28) 成立, $\mathrm{Ker}(D^{\mathrm{T}})$ 不含有 $A^{\mathrm{T}}$ 的任何非平凡的子空间, 从而

$$\sum_{\mu=1}^{\mu_l} \frac{n\alpha_n^{(l,\mu)}}{\mathrm{i}\beta_n^{(l)}} w^{(l,\mu)} = 0, \quad 1 \leqslant l \leqslant m, \quad n \in \mathbb{Z}^*. \tag{8.121}$$

因此

$$\alpha_n^{(l,\mu)} = 0, \quad 1 \leqslant \mu \leqslant \mu_l, \quad 1 \leqslant l \leqslant m, \quad n \in \mathbb{Z}^*. \tag{8.122}$$

$\square$

下面当 $A$ 具相异特征值时, 我们进一步改进观测时间的下界估计 (8.119).

**定理 8.16** 在定理8.15的假设下, 进一步假设 $A^{\mathrm{T}}$ 存在 $N$ 个互异的实特征值:

$$\delta_1 < \delta_2 < \cdots < \delta_N. \tag{8.123}$$

那么当 $|\epsilon| > 0$ 充分小时, 若观测时间

$$T > 2\pi(N - \mathrm{rank}(D) + 1), \tag{8.124}$$

则问题 (8.108) 是 $D$-能观的.

**证** 设 $w^{(1)}, w^{(1)}, \cdots, w^{(N)}$ 是 $A^{\mathrm{T}}$ 的相应的特征向量. 对应地, (8.118) 改写为

$$\sum_{n \in Z} \sum_{l=1}^{N} D^{\mathrm{T}} \frac{n\alpha_n^{(l)}}{\mathrm{i}\beta_n^{(l)}} w^{(l)} \mathrm{e}^{\mathrm{i}\beta_n^{(l)}t} \equiv 0 \quad \text{在}[0,T]\text{上}. \tag{8.125}$$

记 $r = \mathrm{rank}(D)$, 不失一般性, 我们假设 $D^{\mathrm{T}} w^{(1)}, \cdots, D^{\mathrm{T}} w^{(r)}$ 是线性无关的. 于是存在一个 $N$ 阶可逆矩阵 $S$ 使得

$$SD^{\mathrm{T}}(w^{(1)}, \cdots, w^{(r)}) = (e_1, \cdots e_r), \tag{8.126}$$

其中 $e_1, \cdots e_r$ 是 $\mathbb{R}^N$ 中的标准基向量. 由于 $S$ 是可逆的, (8.125) 可以等价地改写成

$$\sum_{n \in \mathbb{Z}^*} \left\{ \sum_{l=1}^{r} \frac{n\alpha_n^{(l)}}{\mathrm{i}\beta_n^{(l)}} e_l \mathrm{e}^{\mathrm{i}\beta_n^{(l)}t} + \sum_{l=r+1}^{N} \frac{n\alpha_n^{(l)}}{\mathrm{i}\beta_n^{(l)}} SD^{\mathrm{T}} w^{(l)} \mathrm{e}^{\mathrm{i}\beta_n^{(l)}t} \right\} \equiv 0, \quad \forall 0 \leqslant t \leqslant T. \tag{8.127}$$

再次, 我们对(8.127)的每一个方程应用推论8.14, 但此次序列$\{\beta_n^{(1)}, \beta_n^{(l)}\}_{r+1 \leqslant l \leqslant N; n \in \mathbb{Z}^*}$ 的上密度等于 $N - r + 1$. 于是, 当 (8.124) 满足时, 我们再次得到 (8.122). $\square$

# §8. 一个例子

设 $|\epsilon| > 0$ 充分小. 由推论8.12, 当 $T > 0$ 充分大时, 下面的系统

$$\begin{cases} \phi'' - \Delta\phi + \epsilon\psi = 0, & (t,x) \in (0, +\infty) \times \Omega, \\ \psi'' - \Delta\psi + \epsilon\phi = 0, & (t,x) \in (0, +\infty) \times \Omega, \\ \phi = \psi = 0, & (t,x) \in (0, +\infty) \times \Gamma \end{cases} \tag{8.128}$$

在时间区间 $[0,T]$ 上, 通过观测迹 $\partial_\nu\phi|_{\Gamma_1}$ 或 $\partial_\nu\psi|_{\Gamma_1}$, 可以证明是能观的.

我们现在考察下面一个例子, 它是逼近零能控的, 但不是精确零能控的:

$$\begin{cases} u'' - \Delta u + \epsilon v = 0, & (t,x) \in (0,+\infty) \times \Omega, \\ v'' - \Delta v + \epsilon u = 0, & (t,x) \in (0,+\infty) \times \Omega, \\ u = v = 0, & (t,x) \in (0,+\infty) \times \Gamma_0 \\ u = h, \quad v = 0, & (t,x) \in (0,+\infty) \times \Gamma_1, \end{cases} \tag{8.129}$$

其中 $N = 2, M = 1, D = \begin{pmatrix} 1 \\ 0 \end{pmatrix}$, 而 $h$ 是边界控制.

首先, 由定理3.6, 由于边界控制个数不足, 系统 (8.129) 在 $(\mathcal{H}_0)^2 \times (\mathcal{H}_{-1})^2$ 中不是精确零能控的.

另一方面, 当 $T$ 充分大时, 通过观测边界上的迹 $\partial_\nu\phi|_{\Gamma_1}$, 伴随问题(8.128) 是 $D$-能观的, 于是, 利用定理8.2, 系统 (8.129) 在 $(L^2(\Omega))^2 \times (H^{-1}(\Omega))^2$ 中是逼近零能控的, 且此时仅须一个边界控制$h \in L^2(0,T;L^2(\Gamma_1))$.

# 第九章

# 逼近边界同步性

## §1. 定义

我们现给出**逼近边界同步性**的定义如下.

**定义 9.1** 称系统 (I) 在时刻 $T > 0$ 逼近边界同步, 若对任意给定的初值 $(\widehat{U}_0, \widehat{U}_1) \in (\mathcal{H}_0)^N \times (\mathcal{H}_{-1})^N$, 在 $\mathcal{L}^M$ 中存在一列支集在 $[0,T]$ 中的边界控制序列 $\{H_n\}$, 使得相应问题 (I) 及 (I0) 的解序列 $\{U_n\}$ 在空间

$$C^0_{\text{loc}}([T,+\infty); \mathcal{H}_0) \cap C^1_{\text{loc}}([T,+\infty); \mathcal{H}_{-1}) \tag{9.1}$$

中当 $n \to +\infty$ 时满足

$$u_n^{(k)} - u_n^{(l)} \to 0, \qquad \forall 1 \leqslant k, l \leqslant N. \tag{9.2}$$

设 $C_1$ 为 $(N-1) \times N$ 阶同步阵:

$$C_1 = \begin{pmatrix} 1 & -1 & & \\ & 1 & -1 & \\ & & \cdot & \cdot \\ & & & 1 & -1 \end{pmatrix}. \tag{9.3}$$

显然, 逼近边界同步性 (9.2) 可被等价地改写为: 在空间

$$C^0_{\text{loc}}([T,+\infty); (\mathcal{H}_0)^{N-1}) \cap C^1_{\text{loc}}([T,+\infty); (\mathcal{H}_{-1})^{N-1}) \tag{9.4}$$

中, 当 $n \to +\infty$ 时成立

$$C_1 U_n \to 0. \tag{9.5}$$

## § 2. $C_1$-相容性条件

**定理 9.1** 假设系统 (I) 逼近边界同步, 但不是逼近边界零能控, 则耦合矩阵 $A = (a_{ij})$ 必满足下面的相容性条件 (**行和条件**):

$$\sum_{p=1}^{N} a_{kp} := a, \quad k = 1, \cdots, N, \tag{9.6}$$

其中 $a$ 是与 $k = 1, \cdots, N$ 无关的常数.

**证** 设 $(\widehat{U}_0, \widehat{U}_1) \in (\mathcal{H}_0)^N \times (\mathcal{H}_{-1})^N$, 且 $\{H_n\}$ 是一列满足要求的边界控制, 它使得系统 (I) 实现逼近边界同步性. 设 $\{U_n\}$ 为相应的解序列, 则成立

$$U_n'' - \Delta U_n + A U_n = 0, \quad (t, x) \in (T, +\infty) \times \Omega. \tag{9.7}$$

注意到 $U_n = (u_n^{(1)}, \cdots, u_n^{(N)})^{\mathrm{T}}$, 上式写成分量形式即为

$$u_n^{(k)''} - \Delta u_n^{(k)} + \sum_{p=1}^{N} a_{kp} u_n^{(p)} = 0, \quad (t, x) \in (T, +\infty) \times \Omega, \ 1 \leqslant k \leqslant N. \tag{9.8}$$

令 $w_n^{(k)} = u_n^{(k)} - u_n^{(N)} (1 \leqslant k \leqslant N - 1)$, 由 (9.8) 可得

$$w_n^{(k)''} - \Delta w_n^{(k)} + \sum_{p=1}^{N-1} a_{kp} w_n^{(p)} + \Big( \sum_{p=1}^{N} a_{kp} - a \Big) u_n^{(N)} = 0. \tag{9.9}$$

若行和条件 (9.6) 不成立, 则由 (9.2) 可知当 $n \to +\infty$ 时,

$$u_n^{(N)} \to 0 \quad \text{在 } \mathcal{D}'((T, +\infty) \times \Omega) \text{ 中成立}, \tag{9.10}$$

其中 $\mathcal{D}'((T, +\infty) \times \Omega)$ 为相应的分布空间. 为了避开一些证明的技术细节, 在这里我们断言 (详见下面的推论 10.8): 在常用的空间

$$C_{\mathrm{loc}}^0([T, +\infty); \mathcal{H}_0) \cap C_{\mathrm{loc}}^1([T, +\infty); \mathcal{H}_{-1}) \tag{9.11}$$

中收敛性质 (9.10) 仍成立, 这与定理假设的非逼近边界零能控性矛盾. □

**注 9.1** 这里所提出的相容性条件 (9.6), 其实就是精确边界同步性中的相容性条件 (4.5).

相容性条件 (9.6) 说明 $e_1 = (1, \cdots, 1)^{\mathrm{T}}$ 是耦合矩阵 $A$ 的一个特征向量, 而 (9.6) 中的 $a$ 就是对应的特征值. 此外, 由于 $\mathrm{Ker}(C_1) = \mathrm{Span}\{e_1\}$, 相容性条件可以等价地写成

$$A \mathrm{Ker}(C_1) \subseteq \mathrm{Ker}(C_1), \tag{9.12}$$

即 $\mathrm{Ker}(C_1)$ 是 $A$ 的一个不变子空间. 我们称(9.12)为$C_1$-**相容性条件**, 它也等价于存在唯一的 $N-1$ 阶矩阵 $\overline{A}_1$, 满足

$$C_1 A = \overline{A}_1 C_1, \tag{9.13}$$

其中矩阵 $\overline{A}_1$ 称为$A$ 关于 $C_1$ 的化约矩阵.

## §3. 基本性质

在 $C_1$-相容性条件(9.12) 成立的前提下, 令

$$W_1 = (w^{(1)}, \cdots, w^{(N-1)})^{\mathrm{T}} = C_1 U. \tag{9.14}$$

那么关于变量 $U$ 的原始系统 (I) 可等价地化为关于变量 $W$ 的自封闭的**化约系统**:

$$\begin{cases} W_1'' - \Delta W_1 + \overline{A}_1 W_1 = 0, & (t,x) \in (0,+\infty) \times \Omega, \\ W_1 = 0, & (t,x) \in (0,+\infty) \times \Gamma_0, \\ W_1 = C_1 DH, & (t,x) \in (0,+\infty) \times \Gamma_1, \end{cases} \tag{9.15}$$

其相应的初始条件为

$$t=0: \quad W_1 = C_1 \widehat{U}_0, \ W_1' = C_1 \widehat{U}_1, \quad x \in \Omega. \tag{9.16}$$

相应地, 令

$$\Psi_1 = (\psi^{(1)}, \cdots, \psi^{(N-1)})^{\mathrm{T}}. \tag{9.17}$$

考虑化约系统(9.15) 的伴随问题:

$$\begin{cases} \Psi_1'' - \Delta \Psi_1 + \overline{A}_1^{\mathrm{T}} \Psi_1 = 0, & (t,x) \in (0,+\infty) \times \Omega, \\ \Psi_1 = 0, & (t,x) \in (0,+\infty) \times \Gamma, \\ t=0: \quad \Psi_1 = \widehat{\Psi}_0, \ \Psi_1' = \widehat{\Psi}_1, \quad x \in \Omega. \end{cases} \tag{9.18}$$

在后文中, 我们称问题 (9.18) 为系统 (I) 的**化约伴随问题**.

由定义 8.1 和定义9.1, 立刻可以得到下面的引理.

**引理 9.2** 假设耦合矩阵$A$ 满足 $C_1$-相容性条件(9.12). 系统 (I) 在时刻 $T>0$ 为逼近边界同步当且仅当化约系统 (9.15) 在时刻 $T>0$ 是逼近边界零能控的, 或等价地 (由定理8.2), 当且仅当化约伴随问题 (9.18) 在时间区间 $[0,T]$ 上是 $C_1D$-能观的.

此外, 还可以得到下面的引理.

**引理 9.3** 在 $C_1$-相容性条件(9.12) 成立的前提下, 若系统 (I) 具逼近边界同步性, 则必成立

$$\text{rank}(C_1D, C_1AD, \cdots, C_1A^{N-1}D) = N - 1. \tag{9.19}$$

**证** 由引理9.2 和定理8.4, 有

$$\text{rank}(C_1D, \overline{A}_1C_1D, \cdots, \overline{A}_1^{N-2}C_1D) = N - 1. \tag{9.20}$$

再注意到(9.13) 及命题2.11, 立得(9.19). □

# §4. 与总控制个数相关的若干性质

正如在 §3中所言, 扩张矩阵 $(D, AD, \cdots, A^{N-1}D)$ 的秩表示总 (直接和间接) 控制的个数. 所以, 无论 $C_1$-相容性条件(9.12) 是否满足, 为了实现系统 (I) 的逼近边界同步性, 确定所需要的总控制个数的最小值是一个非常重要的问题.

**定理 9.4** 假设系统 (I) 在边界控制矩阵$D$ 的作用下具逼近边界同步性, 则

$$\text{rank}(D, AD, \cdots, A^{N-1}D) \geqslant N - 1. \tag{9.21}$$

换言之, 为了实现系统 (I) 的逼近边界同步性, 至少需要 $N - 1$ 个总控制.

**证** 首先假设 $A$ 满足 $C_1$-相容性条件(9.12). 由引理9.3立得(9.19).

接着, 假设 $A$ 不满足 $C_1$-相容性条件 (9.12). 由命题2.10, 知 $C_1Ae_1 \neq 0$. 所以矩阵 $\begin{pmatrix} C_1 \\ C_1A \end{pmatrix}$ 是列满秩的. 由 (9.5), 具边界控制 $H = H_n$ 的问题 (I) 及 (I0) 的解 $U = U_n$ 当 $n \to +\infty$ 时满足

$$C_1U_n \to 0 \quad \text{且} \quad C_1AU_n \to 0 \quad \text{在}(\mathcal{D}'((T, +\infty) \times \Omega))^{N-1}\text{中成立}, \tag{9.22}$$

从而在 $n \to +\infty$ 时,

$$U_n \to 0 \quad \text{在}(\mathcal{D}'((T, +\infty) \times \Omega))^N\text{中成立}. \tag{9.23}$$

在此情形下, 我们断言:

$$\text{rank}(D, AD, \cdots, A^{N-1}D) = N. \tag{9.24}$$

否则, 可定义 $d \geqslant 1$ 使得

$$\operatorname{rank}(D, AD, \cdots, A^{N-1}D) = N - d. \tag{9.25}$$

根据命题 2.8的断言 (ii), 存在 $A^{\mathrm{T}}$ 的一个非平凡子空间, 它包含在 $\operatorname{Ker}(D^{\mathrm{T}})$ 中且关于 $A^{\mathrm{T}}$ 不变, 因此, 存在一个非平凡的向量 $E$ 及复数 $\lambda \in \mathbb{C}$, 使得

$$A^{\mathrm{T}}E_1 = \lambda E_1 \quad \text{且} \quad D^{\mathrm{T}}E_1 = 0. \tag{9.26}$$

将 $E$ 作用在具边界控制 $H = H_n$ 及相应解 $U = U_n$ 的系统 (I) 及 (I0) 上, 并记 $\phi = (E, U_n)$, 就得到

$$\begin{cases} \phi'' - \Delta\phi + \lambda\phi = 0, & (t,x) \in (0, +\infty) \times \Omega, \\ \phi = 0, & (t,x) \in (0, +\infty) \times \Gamma, \\ t = 0: \quad \phi = (E_1, \widehat{U}_0), \ \phi' = (E_1, \widehat{U}_1), & x \in \Omega. \end{cases} \tag{9.27}$$

注意到 $\phi$ 显然与 $n$ 无关, 若选择初值满足 $(E_1, \widehat{U}_0) \neq 0$ 或 $(E_1, \widehat{U}_1) \neq 0$, 那么 $\phi \not\equiv 0$, 这与 (9.23) 矛盾.

最终, 结合 (9.19) 和 (9.24), 秩条件 (9.21) 得证. □

根据定理 9.4, 我们自然会考虑在最少总控制个数 $N - 1$ 下系统 (I) 的逼近边界同步性. 此时, 耦合矩阵 $A$ 需具备一些与同步阵 $C_1$ 有关的基本性质.

**定理 9.5** 假设系统 (I) 在最小秩条件

$$\operatorname{rank}(D, AD, \cdots, A^{N-1}D) = N - 1 \tag{9.28}$$

下具逼近边界同步性, 那么我们有下列断言:

(i) 耦合矩阵 $A$ 满足 $C_1$-相容性条件 (9.12).

(ii) 存在一个标量函数 $u$, 称为**逼近同步态**, 使得对所有 $1 \leqslant k \leqslant N$, 在空间

$$C_{\mathrm{loc}}^0([T, +\infty); \mathcal{H}_0) \cap C_{\mathrm{loc}}^1([T, +\infty); \mathcal{H}_{-1}) \tag{9.29}$$

中当 $n \to +\infty$ 时成立

$$u_n^{(k)} \to u. \tag{9.30}$$

此外, 逼近同步态 $u$ 与所施加的边界控制序列 $\{H_n\}$ 的选取无关.

(iii) 耦合矩阵 $A$ 的转置 $A^{\mathrm{T}}$ 有一个特征向量 $E_1$ 满足 $(E_1, e_1) = 1$, 其中 $e_1 = (1, \cdots, 1)^{\mathrm{T}}$ 是 $A$ 的特征向量, 其对应的特征值 $a$ 由 (9.6) 给出.

**证** (i) 若 $A$ 不满足 $C_1$-相容性条件 (9.13), 那么由最小秩条件 (9.28) 可推出秩条件 (9.24) 不成立.

(ii) 由命题2.8的断言 (ii) (其中取 $d = 1$), 若秩条件 (9.28) 成立, 则 $A^{\mathrm{T}}$ 存在一个包含在 $\mathrm{Ker}(D^{\mathrm{T}})$ 中的一维不变子空间. 于是, 存在一个向量 $E_1 \in \mathrm{Ker}(D^{\mathrm{T}})$ 及一个复数 $b \in \mathbb{C}$, 使得

$$E_1^{\mathrm{T}} D = 0 \quad \text{且} \quad A^{\mathrm{T}} E_1 = b E_1. \tag{9.31}$$

将 $E_1$ 作用在具边界控制 $H = H_n$ 及对应解 $U = U_n$ 的系统 (I)—(I0) 上, 并记 $\phi = (E_1, U_n)$, 可得

$$\begin{cases} \phi'' - \Delta\phi + b\phi = 0, & (t, x) \in (0, +\infty) \times \Omega, \\ \phi = 0, & (t, x) \in (0, +\infty) \times \Gamma, \\ t = 0: \quad \phi = (E_1, \widehat{U}_0), \ \phi' = (E_1, \widehat{U}_1), & x \in \Omega. \end{cases} \tag{9.32}$$

显然, $\phi$ 与 $n$ 无关, 亦与所施加的边界控制 $H_n$ 无关. 此外, 由 (9.5) 可得在空间

$$C_{\mathrm{loc}}^0([T, +\infty); (\mathcal{H}_0)^N) \cap C_{\mathrm{loc}}^1([T, +\infty); (\mathcal{H}_{-1})^N) \tag{9.33}$$

中当 $n \to +\infty$ 时成立

$$\begin{pmatrix} C_1 \\ E_1^{\mathrm{T}} \end{pmatrix} U_n = \begin{pmatrix} C_1 U_n \\ (E_1, U_n) \end{pmatrix} \to \begin{pmatrix} 0 \\ \phi \end{pmatrix}. \tag{9.34}$$

我们将证明矩阵 $\begin{pmatrix} C_1 \\ E_1^{\mathrm{T}} \end{pmatrix}$ 是可逆的, 那么就可知在空间

$$C_{\mathrm{loc}}^0([T, +\infty); (\mathcal{H}_0)^N) \cap C_{\mathrm{loc}}^1([T, +\infty); (\mathcal{H}_{-1})^N) \tag{9.35}$$

中当 $n \to +\infty$ 时成立

$$U_n \to \begin{pmatrix} C_1 \\ E_1^{\mathrm{T}} \end{pmatrix}^{-1} \begin{pmatrix} 0 \\ \phi \end{pmatrix} =: U. \tag{9.36}$$

注意到

$$\mathrm{Ker}(C_1) = \mathrm{Span}(e_1), \quad \text{其中 } e_1 = (1, \cdots, 1)^{\mathrm{T}}, \tag{9.37}$$

由(9.36)可知, 存在一个标量函数 $u$ 使得 $U = u e_1$, 因此可得 (9.30). 因为 $\phi$ 与施加的控制 $H_n$ 无关, 所以 $u$ 也与 $H_n$ 无关. 此外, 注意到(9.36), 对所有满足 $(E_1, \widehat{U}_0) \not\equiv 0$ 或 $(E_1, \widehat{U}_1) \not\equiv 0$ 的初值 $(\widehat{U}_0, \widehat{U}_1)$, 均成立 $u \not\equiv 0$.

现在我们证明矩阵 $\begin{pmatrix} C_1 \\ E_1^{\mathrm{T}} \end{pmatrix}$ 是可逆的. 事实上, 假设存在一个向量 $x \in \mathbb{C}^N$ 使得

$$x^{\mathrm{T}} \begin{pmatrix} C_1 \\ E_1^{\mathrm{T}} \end{pmatrix} = 0. \tag{9.38}$$

那么, 将 $x$ 作用于 (9.34), 易证

$$x^{\mathrm{T}} \begin{pmatrix} 0 \\ \phi \end{pmatrix} = 0. \tag{9.39}$$

显然, 至少存在一组初值 $(\widehat{U}_0, \widehat{U}_1)$ 使得 $\phi \not\equiv 0$. 于是, $x$ 的最后一个元素必为 0. 这样, 我们将 $x$ 写成下面形式:

$$x = \begin{pmatrix} \widehat{x} \\ 0 \end{pmatrix}, \quad \text{其中 } \widehat{x} \in \mathbb{C}^{N-1}. \tag{9.40}$$

于是, 由 (9.38) 可得 $\widehat{x}^{\mathrm{T}} C_1 = 0$. 但是 $C_1$ 是行满秩的, 所以 $\widehat{x} = 0$, 从而 $x = 0$.

(iii) 由 (9.34) 并注意到 $U = u e_1$, 可得

$$\phi = (E_1, e_1) u. \tag{9.41}$$

因为至少可以取到一组初值 $(\widehat{U}_0, \widehat{U}_1)$ 使得 $\phi \not\equiv 0$, 所以 $(E_1, e_1) \neq 0$. 不失一般性, 取 $(E_1, e_1) = 1$. 从而

$$a(E_1, e_1) = (E_1, A e_1) = (A^{\mathrm{T}} E_1, e_1) = b(E_1, e_1). \tag{9.42}$$

所以 $b = a$ 是一个实数, 且 $E_1$ 是 $A^{\mathrm{T}}$ 的一个实特征向量, 对应的特征值 $a$ 由 (9.6) 给出. □

**注 9.2** 令人惊奇的是, 在最小秩条件 (9.28) 下存在逼近同步态 $u$. 此外, 由定理 8.4可知此时系统 (I) 并非逼近零能控的. 于是, 至少存在一个初值 $(\widehat{U}_0, \widehat{U}_1)$, 对应的精确同步态 $u \not\equiv 0$. 在此情形下, 系统 (I) 称为**在牵制意义下** (in the pinning sense)是逼近边界同步的, 而最初由定义 9.1给出的概念是**在协同意义下** (in the consensus sense)的逼近边界同步性.

**注 9.3** 秩条件 (9.28) 说明此时总控制的个数等于 $N-1$, 而系统 (I) 的状态变量$U$ 有 $N$ 个分量, 所以存在一个方向 $E_1$, $U_n$ 在其上的投影 $(E_1, U_n)$ 与 $N-1$ 个控制无关, 因此, 当 $n \to +\infty$ 时, $(E_1, U_n)$ 在空间 $C^0_{\mathrm{loc}}([0, +\infty); \mathcal{H}_0) \cap C^1_{\mathrm{loc}}([0, +\infty); \mathcal{H}_{-1})$ 中收敛. 此外, 总控制个数达到最小值时可以推出 $C_1$-相容性条件 (9.12) 的必要性.

**注 9.4** 由引理9.3, 在 $C_1$-相容性条件 (9.12) 成立的前提下, 为了得到系统 (I) 的逼近边界同步性, 我们有(9.19), 这说明化约系统 (9.15) 仍然有 $N-1$ 个总控制.

换言之, 当我们将系统 (I) 转化为系统 (9.15) 时, 仅仅是方程的个数从 $N$ 减少到了 $N-1$, 而总控制的个数 $N-1$ 保持不变, 这使我们得到的 $N-1$ 个方程的化约系统仍具有 $N-1$ 个总控制, 这正是我们所希望的.

**注 9.5** 由定义 2.2, 断言 (iii) 意味着子空间 $\mathrm{Span}\{E_1\}$ 双正交于 $\mathrm{Span}\{e_1\}$. 于是由命题 2.3 可得

$$\mathrm{Span}\{e_1\} \cap (\mathrm{Span}\{E_1\})^\perp = \{0\}. \tag{9.43}$$

这样, 由命题2.1可知 $\mathrm{Span}\{E_1\}^\perp$ 是 $\mathrm{Span}\{e_1\}$ 的一个补空间. 此外, 由于 $\mathrm{Span}\{E_1\}$ 是 $A^\mathrm{T}$ 的一个不变子空间, 由命题2.4, $\mathrm{Span}\{E_1\}^\perp$ 是 $A$ 的一个不变子空间. 于是, 在直和分解 $\mathrm{Span}\{e_1\} \oplus \mathrm{Span}\{E_1\}^\perp$ 下 $A$ 是分块对角化的.

**定理 9.6** 设 $A$ 满足 $C_1$-相容性条件(9.12). 若 $A^\mathrm{T}$ 有一个特征向量 $E_1$ 使得 $(E_1, e_1) = 1$, 其中 $e_1 = (1, \cdots, 1)^\mathrm{T}$, 则存在一个满足最小秩条件(9.28) 的边界控制矩阵$D$, 可实现系统 (I) 的逼近边界同步性.

**证** 由引理9.2, 在 $C_1$-相容性条件 (9.12) 成立的前提下, 系统 (I) 的逼近边界同步性等价于化约伴随问题 (9.18) 的 $C_1D$-能观性.

设 $D$ 是如下定义的一个列满秩矩阵:

$$\mathrm{Ker}(D^\mathrm{T}) = \mathrm{Span}\{E_1\}. \tag{9.44}$$

由于 $\mathrm{Span}\{E_1\}$ 是既包含在 $\mathrm{Ker}(D^\mathrm{T})$ 中又对 $A^\mathrm{T}$ 不变的唯一的一个子空间, 利用引理2.8的断言 (ii)(其中取 $d = 1$), 可得秩条件 (9.28). 另一方面, $(E_1, e_1) = 1$ 这一假设说明 $\mathrm{Ker}(C_1) \cap \mathrm{Im}(D) = \{0\}$, 于是, 由命题2.2得

$$\mathrm{rank}(C_1 D) = \mathrm{rank}(D) = N - 1. \tag{9.45}$$

这样, 化约伴随问题 (9.18) 的 $C_1D$-观测就变成了一个完全的观测:

$$\partial_\nu \Psi \equiv 0, \quad (t, x) \in [0, T] \times \Gamma_1, \tag{9.46}$$

从而由 Holmgren 唯一性定理( 参见 [66] 中定理 8.2), 可推出: 当 $T > 0$ 足够大时, $\Psi \equiv 0$. $\qquad\square$

**注 9.6** 由于由 (9.44) 给出的矩阵 $D$ 之秩为 $N-1$, 定理 9.6表明系统 (I) 在 $N-1$ 个直接边界控制的作用下具有逼近边界同步性. 然而在实际应用中, 我们对运用更少的直接边界控制更感兴趣. 我们将会在后文的定理10.5中给出一个具有最小秩条件的矩阵 $D$, 使得 Kalman 准则(9.28) 和 (9.19) 同时满足. 我们在第八章中已

经指出, 对一些特殊的化约系统, 例如幂零系统、具有小谱间隙条件(8.74) 的 $2 \times 2$ 系统及某些一维系统, 在 $T > 0$ 充分大时, Kalman 准则 (9.19) 实际上是化约系统 (9.15) 具逼近边界零能控性、从而原始系统 (I) 具逼近边界同步性的一个充分条件.

**注 9.7**　设集合 $\mathbb{D}_1$ 表示使系统 (I) 实现逼近边界同步性的边界控制矩阵 $D$ 的全体. 对具逼近边界同步性的系统 (I), 定义 $N_1$ 为总控制个数的最小值:

$$N_1 = \inf_{D \in \mathbb{D}_1} \mathrm{rank}(D, AD, \cdots, A^{N-1}D). \tag{9.47}$$

设 $V_a$ 表示 $A^{\mathrm{T}}$ 对应于由 (9.6) 给出的特征值 $a$ 的全体特征向量所生成的子空间. 由定理9.4、定理9.5及定理9.6的结论, 可知

$$N_1 = \begin{cases} N-1, & \text{若 } A \text{ 满足 } C_1\text{-相容性条件, 且 } (E_1, e_1) = 1, \\ N, & \text{若 } A \text{ 满足 } C_1\text{-相容性条件, 但 } (E_1, e_1) = 0, \forall E_1 \in V_a. \end{cases} \tag{9.48}$$

**例 9.1**　考虑下面的系统:

$$\begin{cases} u'' - \Delta u + v = 0, & (t, x) \in (0, +\infty) \times \Omega, \\ v'' - \Delta v - u + 2v = 0, & (t, x) \in (0, +\infty) \times \Omega, \\ u = v = 0, & (t, x) \in (0, +\infty) \times \Gamma_0, \\ u = \alpha h, \quad v = \beta h, & (t, x) \in (0, +\infty) \times \Gamma_1. \end{cases} \tag{9.49}$$

令

$$A = \begin{pmatrix} 0 & 1 \\ -1 & 2 \end{pmatrix}, \quad D = \begin{pmatrix} \alpha \\ \beta \end{pmatrix} \tag{9.50}$$

及

$$C_1 = (1, -1), \quad \mathrm{Ker}(C_1) = \mathrm{Span}\{e_1\}, \text{ 其中} e_1 = (1, 1)^{\mathrm{T}}. \tag{9.51}$$

显然, $A$ 满足 $C_1$-相容性条件, 且对应的 $\overline{A}_1 = 1$.

我们指出 $A^{\mathrm{T}}$ 本质上只有一个特征向量 $E_1 = (1, -1)^{\mathrm{T}}$ 满足 $(E_1, e_1) = 0$. 由定理 9.4和定理9.5, 我们需要利用 2 个 (而不是 1 个！) 总控制才能实现系统 (9.49) 的逼近边界同步性. 更准确地说, 我们有

$$(D, AD) = \begin{pmatrix} \alpha & \beta \\ \beta & 2\beta - \alpha \end{pmatrix}, \quad \det(D, AD) = -(\alpha - \beta)^2 \tag{9.52}$$

以及

$$(C_1 D, C_1 AD) = (\alpha - \beta, \alpha - \beta). \tag{9.53}$$

从而易见

$$\operatorname{rank}(C_1 D, C_1 AD) = 1 \Longleftrightarrow \operatorname{rank}(D, AD) = 2. \tag{9.54}$$

由推论 8.3, 相应的化约系统 (9.15) (其中 $\overline{A}_1 = 1$):

$$\begin{cases} w'' - \Delta w + w = 0, & (t,x) \in (0, +\infty) \times \Omega, \\ w = 0, & (t,x) \in (0, +\infty) \times \Gamma_0, \\ w = (\alpha - \beta)h, & (t,x) \in (0, +\infty) \times \Gamma_1 \end{cases} \tag{9.55}$$

在 $\alpha \neq \beta$ 时逼近零能控. 故当 $\alpha \neq \beta$ 且 $T > 0$ 充分大时, 原始系统 (9.49) 具有逼近边界同步性.

另一方面, 系统 (9.49) 满足谱间隙条件(8.74). 由定理 8.11, 当 $T > 0$ 充分大时, Kalman 准则 $\operatorname{rank}(D, CD) = 2$ 对于其逼近边界零能控性是充分的. 所以, 当 $\alpha \neq \beta$ 时, 我们要用 2 个总控制才能得到一个更好的结果, 使系统(9.49)在同样的边界控制下具有逼近零能控性.

# 第十章

# 分 $p$ 组逼近边界同步性

## §1. 定义

本章我们将考察**分 $p$ 组逼近边界同步性**.

设 $p \geqslant 1$ 为一整数, 并取整数 $n_0, n_1, n_2, \cdots, n_p$ 满足

$$0 = n_0 < n_1 < n_2 < \cdots < n_p = N, \qquad (10.1)$$

且对 $1 \leqslant r \leqslant p$ 成立 $n_r - n_{r-1} \geqslant 2$. 我们将 $U = (u^{(1)}, \cdots, u^{(N)})^{\mathrm{T}}$ 中元素分成 $p$ 组:

$$(u^{(1)}, \cdots, u^{(n_1)}), \ (u^{(n_1+1)}, \cdots, u^{(n_2)}), \cdots, (u^{(n_{p-1}+1)}, \cdots, u^{(n_p)}). \qquad (10.2)$$

**定义 10.1** 称系统 (I) 在时刻 $T > 0$ 分 $p$ 组逼近边界同步, 若对任意给定的初值 $(\widehat{U}_0, \widehat{U}_1) \in (\mathcal{H}_0)^N \times (\mathcal{H}_{-1})^N$, 在 $\mathcal{L}^M$ 中存在一列支集在 $[0, T]$ 中的边界控制序列 $\{H_n\}$, 使问题 (I) 及 (I0) 的相应解序列 $\{U_n\}$ 满足下面的分组逼近同步条件: 当 $n \to +\infty$ 时, 对 $n_{r-1} + 1 \leqslant k, l \leqslant n_r$ 及 $1 \leqslant r \leqslant p$,

$$u_n^{(k)} - u_n^{(l)} \to 0 \quad \text{在} C_{\mathrm{loc}}^0 \text{中} \quad \text{在}([T, +\infty); \mathcal{H}_0) \cap C_{\mathrm{loc}}^1([T, +\infty); \mathcal{H}_{-1})\text{中成立}. \quad (10.3)$$

设 $S_r$ 是 $(n_r - n_{r-1} - 1) \times (n_r - n_{r-1})$ 阶行满秩矩阵:

$$S_r = \begin{pmatrix} 1 & -1 & & & \\ & 1 & -1 & & \\ & & \ddots & \ddots & \\ & & & 1 & -1 \end{pmatrix}, \quad 1 \leqslant r \leqslant p. \qquad (10.4)$$

而 $C_p$ 是 $(N-p) \times N$ 阶的**分 $p$ 组同步阵**:

$$C_p = \begin{pmatrix} S_1 & & & \\ & S_2 & & \\ & & \ddots & \\ & & & S_p \end{pmatrix}. \tag{10.5}$$

显然, 分 $p$ 组逼近边界同步性 (10.3) 可被等价地改写成: 在空间

$$C_{\text{loc}}^0([T,+\infty);(\mathcal{H}_0)^{N-p}) \cap C_{\text{loc}}^1([T,+\infty);(\mathcal{H}_{-1})^{N-p}) \tag{10.6}$$

中当 $n \to +\infty$ 时, 成立

$$C_p U_n \to 0. \tag{10.7}$$

**注 10.1** 类似于注6.1, 若对某些 $r$ 成立 $n_r - n_{r-1} = 1$, 可相应地研究部分分组逼近边界同步性, 见 [82].


# §2. 基本性质

对 $r = 1, \cdots, p$, 记

$$(e_r)_i = \begin{cases} 1, & n_{r-1}+1 \leqslant i \leqslant n_r, \\ 0, & \text{其余情况}, \end{cases} \tag{10.8}$$

显然有

$$\text{Ker}(C_p) = \text{Span}\{e_1, e_2, \cdots, e_p\}. \tag{10.9}$$

我们称 $A$ 满足 $C_p$-**相容性条件**, 若 $\text{Ker}(C_p)$ 是 $A$ 的一个不变子空间, 即成立

$$A\text{Ker}(C_p) \subseteq \text{Ker}(C_p), \tag{10.10}$$

或等价地, 由命题2.10, 存在一个 $N-p$ 阶矩阵 $\overline{A}_p$, 使得

$$C_p A = \overline{A}_p C_p. \tag{10.11}$$

其中 $\overline{A}_p$ 称为$A$ 关于 $C_p$ 的**化约矩阵**.

在 $C_p$-相容性条件成立的前提下, 记

$$W_p = C_p U, \tag{10.12}$$

注意到(10.11), 问题 (I) 及 (I0) 可化为如下自封闭的**化约系统**:

$$\begin{cases} W_p'' - \Delta W_p + \overline{A}_p W_p = 0, & (t,x) \in (0,+\infty) \times \Omega, \\ W_p = 0, & (t,x) \in (0,+\infty) \times \Gamma_0, \\ W_p = C_p DH, & (t,x) \in (0,+\infty) \times \Gamma_1, \end{cases} \tag{10.13}$$

其初值为

$$t = 0: \quad W_p = C_p \widehat{U}_0, \ W_p' = C_p \widehat{U}_1, \quad x \in \Omega. \tag{10.14}$$

显然, 我们有下面的引理.

**引理 10.1**　在 $C_p$-相容性条件(10.10) 成立的前提下, 系统 (I) 在时刻 $T > 0$ 具分 $p$ 组逼近边界同步性, 当且仅当化约系统(10.13) 在时刻 $T > 0$ 逼近零能控; 或者等价地 (参见定理8.2), 当且仅当化约系统 (10.13) 的伴随问题, 即**化约伴随问题**

$$\begin{cases} \Psi_p'' - \Delta \Psi_p + \overline{A}_p^{\mathrm{T}} \Psi_p = 0, & (t,x) \in (0,+\infty) \times \Omega, \\ \Psi_p = 0, & (t,x) \in (0,+\infty) \times \Gamma, \\ t = 0: \quad \Psi_p = \widehat{\Psi}_{p0}, \ \Psi_p' = \widehat{\Psi}_{p1}, & x \in \Omega \end{cases} \tag{10.15}$$

在时间区间 $[0,T]$ 上是 $C_p D$-能观的, 即由边界上的部分观测信息

$$(C_p D)^{\mathrm{T}} \partial_\nu \Psi_p \equiv 0, \quad (t,x) \in [0,T] \times \Gamma_1 \tag{10.16}$$

可推出 $\widehat{\Psi}_{p0} = \widehat{\Psi}_{p1} \equiv 0$, 从而 $\Psi_p \equiv 0$.

这样, 我们有

**引理 10.2**　在 $C_p$-相容性条件(10.10) 成立的前提下, 若系统 (I) 具分 $p$ 组逼近边界同步性, 则必成立如下的 **Kalman 准则**:

$$\mathrm{rank}(C_p D, C_p AD, \cdots, C_p A^{N-1} D) = N - p. \tag{10.17}$$

**证**　由引理 10.1 和定理 8.4可知

$$\mathrm{rank}(C_p D, \overline{A}_p C_p D, \cdots, \overline{A}_p^{N-p-1} C_p A^{N-1} D) = N - p. \tag{10.18}$$

于是, 注意到 (10.11), 由命题2.11就得到(10.17) .　　□

## §3. 与总控制个数相关的若干性质

本小节我们的目标是, 无论 $C_p$-相容性条件(10.10) 是否成立, 要确定为实现系统 (I) 分 $p$ 组逼近边界同步性所需的总控制个数的下界.

**定理 10.3** 若系统 (I) 分 $p$ 组逼近边界同步, 则必成立

$$\text{rank}(D, AD, \cdots, A^{N-1}D) \geqslant N - p. \tag{10.19}$$

换言之, 为实现系统 (I) 的分 $p$ 组逼近边界同步性至少需要 $N - p$ 个总控制.

**证** 注意此时并未先验地假设 $C_p$-相容性条件 (10.10) 成立. 我们首先由下式引入一个 $(N - \tilde{p}) \times N$ 的行满秩矩阵 $\widetilde{C}_{\tilde{p}}$ $(0 \leqslant \tilde{p} \leqslant p)$:

$$\text{Im}(\widetilde{C}_{\tilde{p}}^{\text{T}}) = \text{Span}(C_p^{\text{T}}, A^{\text{T}} C_p^{\text{T}}, \cdots, (A^{\text{T}})^{N-1} C_p^{\text{T}}). \tag{10.20}$$

由 Cayley-Hamilton 定理, 我们有 $A^{\text{T}} \text{Im}(\widetilde{C}_{\tilde{p}}^{\text{T}}) \subseteq \text{Im}(\widetilde{C}_{\tilde{p}}^{\text{T}})$, 或等价地,

$$A\text{Ker}(\widetilde{C}_{\tilde{p}}) \subseteq \text{Ker}(\widetilde{C}_{\tilde{p}}). \tag{10.21}$$

由命题 2.10, 存在一个 $N - \tilde{p}$ 阶矩阵 $\widetilde{A}_{\tilde{p}}$ , 使成立

$$\widetilde{C}_{\tilde{p}} A = \widetilde{A}_{\tilde{p}} \widetilde{C}_{\tilde{p}}. \tag{10.22}$$

接着, 将 $C_p$ 作用在具边界控制 $H = H_n$ 及相应解 $U = U_n$ 的系统 (I) 上, 由 (10.7) 易得, 对任意给定的整数 $l \geqslant 0$, 当 $n \to +\infty$ 时

$$C_p A^l U_n \to 0 \quad \text{在}(\mathcal{D}'((T, +\infty) \times \Omega))^{N-p}\text{中成立}, \tag{10.23}$$

从而

$$\widetilde{C}_{\tilde{p}} U_n \to 0 \quad \text{在}(\mathcal{D}'((T, +\infty) \times \Omega))^{N-\tilde{p}}\text{中成立}. \tag{10.24}$$

我们断言

$$\text{rank}(\widetilde{C}_{\tilde{p}} D, \widetilde{A}_{\tilde{p}} \widetilde{C}_{\tilde{p}} D, \cdots, \widetilde{A}_{\tilde{p}}^{N-\tilde{p}-1} \widetilde{C}_{\tilde{p}} D) \geqslant N - \tilde{p}. \tag{10.25}$$

否则, 注意到 $\widetilde{A}_{\tilde{p}}$ 是一个 $N - \tilde{p}$ 阶矩阵, 由命题 2.8 的断言 (i)(其中取 $d = 0$), 存在一个包含在 $\text{Ker}(\widetilde{C}_{\tilde{p}} D)^{\text{T}}$ 中的 $\widetilde{A}_{\tilde{p}}^{\text{T}}$ 的非平凡子空间. 因此, 存在一个非零向量 $E \in \mathbb{C}^{N-\tilde{p}}$ 以及 $\lambda \in \mathbb{C}$, 使成立

$$\widetilde{A}_{\tilde{p}}^{\text{T}} E = \lambda E \quad \text{且} \quad (\widetilde{C}_{\tilde{p}} D)^{\text{T}} E = 0. \tag{10.26}$$

作用 $\widetilde{C}_{\tilde{p}}^{\text{T}} E$ 于具边界控制 $H = H_n$ 及相应解 $U = U_n$ 的问题 (I) 及 (I0) 上, 注意到 $\phi = (E, \widetilde{C}_{\tilde{p}} U_n)$, 容易得到

$$\begin{cases} \phi'' - \Delta\phi + \lambda\phi = 0, & (t, x) \in (0, +\infty) \times \Omega, \\ \phi = 0, & (t, x) \in (0, +\infty) \times \Gamma, \\ t = 0: \ \phi = (E, \widetilde{C}_{\tilde{p}} \widehat{U}_0), \ \phi' = (E, \widetilde{C}_{\tilde{p}} \widehat{U}_1), & x \in \Omega. \end{cases} \tag{10.27}$$

对于满足 $(E, \widetilde{C}_{\tilde{p}}\widehat{U}_0) \neq 0$ 或 $(E, \widetilde{C}_{\tilde{p}}\widehat{U}_1) \neq 0$ 的初值, 有 $\phi \not\equiv 0$. 注意到 $\phi$ 与 $n$ 无关, 这与 (10.24) 矛盾.

最后, 由命题2.11, 在 $\widetilde{C}_{\tilde{p}}$-相容性条件 (10.22) 成立时, 由秩条件 (10.25) 可得

$$\text{rank}(D, AD, \cdots, A^{N-1}D) \tag{10.28}$$
$$\geqslant \text{rank}(\widetilde{C}_{\tilde{p}}D, \widetilde{C}_{\tilde{p}}AD, \cdots, \widetilde{C}_{\tilde{p}}A^{N-1}D)$$
$$= \text{rank}(\widetilde{C}_{\tilde{p}}D, \widetilde{A}_{\tilde{p}}\widetilde{C}_{\tilde{p}}D, \cdots, \widetilde{A}_{\tilde{p}}^{N-\tilde{p}-1}\widetilde{C}_{\tilde{p}}D) \geqslant N - \tilde{p},$$

由于 $\tilde{p} \leqslant p$ 从而推出 (10.19). □

根据定理 10.3, 一个自然的想法是考察系统 (I) 在最少总控制个数 $N - p$ 下的分 $p$ 组逼近边界同步性. 此时, 耦合矩阵 $A$ 必须满足一些与分 $p$ 组同步阵 $C_p$ 相关的基本性质.

**定理 10.4** 假设系统 (I) 在最小秩条件

$$\text{rank}(D, AD, \cdots, A^{N-1}D) = N - p \tag{10.29}$$

下具分 $p$ 组逼近边界同步性, 则如下的断言成立:

(i) 存在线性无关的标量函数 $u_1, u_2, \cdots, u_p$, 使得对所有 $n_{r-1} + 1 \leqslant k \leqslant n_r$ 及 $1 \leqslant r \leqslant p$ 在空间

$$C^0_{\text{loc}}([T, +\infty); \mathcal{H}_0) \cap C^1_{\text{loc}}([T, +\infty); \mathcal{H}_{-1}) \tag{10.30}$$

中当 $n \to +\infty$ 时成立

$$u_n^{(k)} \to u_r. \tag{10.31}$$

(ii) 耦合矩阵 $A$ 满足 $C_p$-相容性条件(10.10).

(iii) $A^{\text{T}}$ 有一个包含在 $\text{Ker}(D^{\text{T}})$ 中且双正交于 $\text{Ker}(C_p)$ 的不变子空间.

**证** (i) 由命题2.8的断言 (ii)(其中取 $d = p$), 秩条件 (10.29) 保证了存在 $A^{\text{T}}$ 的一个不变子空间 $V$, 它包含在 $\text{Ker}(D^{\text{T}})$ 中且维数等于 $p$. 设 $\{E_1, \cdots, E_p\}$ 是 $V$ 的一组基, 有

$$A^{\text{T}}E_r = \sum_{s=1}^{p} \alpha_{rs}E_s \quad \text{且} \quad D^{\text{T}}E_r = 0, \quad 1 \leqslant r \leqslant p. \tag{10.32}$$

将 $E_r$ 作用在具边界控制 $H = H_n$ 及相应解 $U = U_n$ 的问题 (I) 及 (I0) 上, 并记 $\phi_r = (E_r, U_n)(r = 1, \cdots, p)$, 可得

$$\begin{cases} \phi_r'' - \Delta\phi_r + \sum\limits_{s=1}^{p} \alpha_{rs}\phi_s = 0, & (t, x) \in (0, +\infty) \times \Omega, \\ \phi_r = 0, & (t, x) \in (0, +\infty) \times \Gamma, \end{cases} \tag{10.33}$$

其初始条件为

$$t = 0: \quad \phi_r = (E_r, \widehat{U}_0), \ \phi_r' = (E_r, \widehat{U}_1), \quad x \in \Omega. \tag{10.34}$$

显然, $\phi_1, \cdots, \phi_r$ 与 $n$ 及与所施的控制 $H_n$ 无关. 此外, 由 (10.7) 可知在空间 $C^0_{\text{loc}}([T, +\infty); (\mathcal{H}_0)^N) \cap C^1_{\text{loc}}([T, +\infty); (\mathcal{H}_{-1})^N)$ 中当 $n \to +\infty$ 时成立

$$\begin{pmatrix} C_p \\ E_1^{\mathrm{T}} \\ \vdots \\ E_p^{\mathrm{T}} \end{pmatrix} U_n = \begin{pmatrix} C_p U_n \\ (E_1, U_n) \\ \vdots \\ (E_p, U_n) \end{pmatrix} \to \begin{pmatrix} 0 \\ \phi_1 \\ \vdots \\ \phi_p \end{pmatrix}. \tag{10.35}$$

我们断言: 矩阵

$$\begin{pmatrix} C_p \\ E_1^{\mathrm{T}} \\ \vdots \\ E_p^{\mathrm{T}} \end{pmatrix} \tag{10.36}$$

是可逆的. 于是, 在 $C^0_{\text{loc}}([T, +\infty); (\mathcal{H}_0)^N) \cap C^1_{\text{loc}}([T, +\infty); (\mathcal{H}_{-1})^N)$ 中, 当 $n \to +\infty$ 时,

$$U_n \to \begin{pmatrix} C_p \\ E_1^{\mathrm{T}} \\ \vdots \\ E_p^{\mathrm{T}} \end{pmatrix}^{-1} \begin{pmatrix} 0 \\ \phi_1 \\ \vdots \\ \phi_p \end{pmatrix} := U. \tag{10.37}$$

由(10.35)及(10.37)得 $C_p U = 0$, 注意到 (10.9), 存在 $u_r (r = 1, \cdots, p)$ 使得

$$U = \sum_{r=1}^{p} u_r e_r. \tag{10.38}$$

于是, 由 (10.8) 给出的 $e_r$ 的表达式, 由 (10.37) 就得到收敛性 (10.31) .

现在回过来证明矩阵 (10.36) 是可逆的. 事实上, 假设存在一个向量 $x \in \mathbb{R}^N$ 满足

$$x^{\mathrm{T}} \begin{pmatrix} C_p \\ E_1^{\mathrm{T}} \\ \vdots \\ E_p^{\mathrm{T}} \end{pmatrix} = 0. \tag{10.39}$$

记

$$x = \begin{pmatrix} \widehat{x} \\ \widetilde{x} \end{pmatrix}, \quad \text{其中} \ \widehat{x} \in \mathbb{C}^{N-p}, \ \widetilde{x} \in \mathbb{C}^p. \tag{10.40}$$

将 $x$ 作用于 (10.35), 易见有

$$t \geqslant T: \quad \widetilde{x}^{\mathrm{T}} \begin{pmatrix} \phi_1 \\ \vdots \\ \phi_p \end{pmatrix} = 0. \tag{10.41}$$

对 $r = 1, \cdots, p$, 将初始条件 (10.34) 取作

$$t = 0: \quad \phi_r = \theta_r, \ \phi_r' = 0, \quad x \in \Omega. \tag{10.42}$$

那么, 问题 (10.33) 及 (10.34) 的求解过程

$$(\theta_1, \cdots, \theta_p) \mapsto (\phi_1(T), \cdots, \phi_p(T)) \tag{10.43}$$

定义了 $(\mathcal{H}_0)^p$ 上的一种同构关系. 这样, 当 $(\theta_1, \cdots, \theta_p)$ 在 $(\mathcal{H}_0)^p$ 中变化时, 状态变量 $(\phi_1(T), \cdots, \phi_p(T))$ 将遍历空间 $(\mathcal{H}_0)^p$. 于是, 由 (10.41) 知 $\widetilde{x}^{\mathrm{T}} = 0$, 从而由 (10.39) 可得 $\widehat{x}^{\mathrm{T}} C_p = 0$. 而 $C_p$ 是行满秩的, 故 $\widehat{x} = 0$, 从而 $x = 0$.

(ii) 将 $C_p$ 作用在具边界控制 $H = H_n$ 及相应解 $U = U_n$ 的系统 (I) 上, 并令 $n \to +\infty$ 取极限, 由 (10.38) 易得

$$t \geqslant T: \quad \sum_{r=1}^{p} u_r C_p A e_r = 0. \tag{10.44}$$

另一方面, 注意到 (10.35) 及 (10.38) 可得

$$t \geqslant T: \quad \phi_r = \sum_{s=1}^{p} (E_r, e_s) u_s, \quad r = 1, \cdots, p. \tag{10.45}$$

由于当 (10.42) 中给定的初值 $(\theta_1, \cdots, \theta_p)$ 取遍空间 $(\mathcal{H}_0)^p$ 时, 系统 (10.33) 的状态变量在 $T$ 时刻的取值 $(\phi_1(T), \cdots, \phi_p(T))$ 遍历整个空间 $(\mathcal{H}_0)^p$, 从而分 $p$ 组逼近同步态 $(u_1, \cdots, u_p)^{\mathrm{T}}$ 遍历 $(\mathcal{H}_0)^p$. 特别地, 函数 $u_1, \cdots, u_p$ 是线性无关的, 于是

$$C_p A e_r = 0, \quad 1 \leqslant r \leqslant p, \tag{10.46}$$

即 $A\mathrm{Ker}(C_p) \subseteq A\mathrm{Ker}(C_p)$. 故 (10.10) 得证.

(iii) 注意到 $\mathrm{Span}\{E_1, \cdots, E_p\}$ 和 $\mathrm{Ker}(C_p)$ 具有相同的维数, 且 $\{\mathrm{Ker}(C_p)\}^{\perp} = \mathrm{Im}(C_p^{\mathrm{T}})$. 由命题2.2 和命题 2.3, 为了证明 $\mathrm{Ker}(C_p)$ 双正交于 $\mathrm{Span}\{E_1, \cdots, E_p\}$, 只须证明 $\mathrm{Span}\{E_1, \cdots, E_p\} \cap \mathrm{Im}(C_p^{\mathrm{T}}) = \{0\}$.

设有一非零向量 $E \in \mathrm{Span}\{E_1, \cdots, E_p\} \cap \mathrm{Im}(C_p^{\mathrm{T}})$. 那么存在一组系数 $\alpha_1, \cdots, \alpha_p$ 和一个非零向量 $r \in \mathbb{R}^{N-p}$ 使成立

$$E = \sum_{r=1}^{p} \alpha_r E_r, \quad \text{且 } E = C_p^{\mathrm{T}} r. \tag{10.47}$$

设

$$\phi = (E, U_n) = \sum_{r=1}^{p} \alpha_r (E_r, U_n) = \sum_{r=1}^{p} \alpha_r \phi_r, \tag{10.48}$$

其中 $(\phi_1, \cdots, \phi_p)$ 是具齐次边界条件的问题 (10.33) 及 (10.34) 的解, 从而与 $n$ 无关. 特别地, 对任意给定的非零初值 $(\theta_1, \cdots, \theta_p)$, 相应的解 $\phi \not\equiv 0$. 另一方面, 我们有

$$\phi = (C_p^{\mathrm{T}} r, U_n) = (r, C_p U_n). \tag{10.49}$$

于是, 由 (10.7) 所示的收敛性说明当 $n \to +\infty$ 时在空间

$$C_{\mathrm{loc}}^0([T, +\infty); \mathcal{H}_0) \cap C_{\mathrm{loc}}^1([T, +\infty); \mathcal{H}_{-1}), \tag{10.50}$$

中 $\phi \to 0$. 从而得到矛盾, 因此 $\mathrm{Span}\{E_1, \cdots, E_p\} \cap \mathrm{Im}(C_p^{\mathrm{T}}) = \{0\}$. □

**注 10.2** 在秩条件 (10.29) 成立的前提下, 条件 (10.7) 实际上蕴含着分 $p$ 组逼近同步态 $(u_1, \cdots, u_p)^{\mathrm{T}}$ 的存在性, 且同步态与边界控制的取法无关. 此时, 系统 (I) 具有**牵制意义下的分 $p$ 组逼近同步性**, 而最初由定义10.1给出的同步性称之为**协同意义下的同步性**.

**注 10.3** 秩条件 (10.29) 说明此时总控制的个数等于 $N - p$, 但因为系统 (I) 的状态变量 $U$ 有 $N$ 个独立的分量, 所以若系统 (I) 是分 $p$ 组逼近边界同步的, 则必存在 $p$ 个方向 $E_1, \cdots, E_p$, 使得问题 (I) 及 (I0) 的解 $U_n$ 在这些方向上的投影 $(E_1, U_n), \cdots, (E_p, U_n)$ 与 $N - p$ 个边界控制无关 (参见 (10.33)), 因此, 当 $n \to +\infty$ 时这些投影收敛到 0. 所以, 在此情形下, 我们可以证明 $C_p$-相容性条件(10.10) 的必要性.

**注 10.4** 注意到秩条件 (10.29) 说明由 $N - p$ 个方程组成的化约系统 (10.13) 有 $N - p$ 个总控制, 这是其具有相应的逼近边界零能控性的必要条件. 换言之, 总控制的个数未被减少. 从系统 (I) 到化约系统 (10.13) 的过程仅仅减少了方程的个数, 但并未减少总控制的个数, 所以我们才能保证由 $N - p$ 个方程组成的化约系统具有 $N - p$ 个总控制, 而这正是我们所需要的.

**注 10.5** 由于 $A^{\mathrm{T}}$ 的不变子空间 $\mathrm{Span}\{E_1, \cdots, E_p\}$ 双正交于 $A$ 的不变子空间 $\mathrm{Span}\{e_1, \cdots, e_p\}$, 由命题2.5, $A$ 的不变子空间 $\mathrm{Span}\{E_1, \cdots, E_p\}^{\perp}$ 是 $\mathrm{Span}\{e_1, \cdots, e_p\}$ 的一个补空间. 因此, $A$ 在直和分解 $\mathrm{Span}\{e_1, \cdots, e_p\} \oplus \mathrm{Span}\{E_1, \cdots, E_p\}^{\perp}$ 下是分块对角化的.

**定理 10.5** 假设耦合矩阵 $A$ 满足 $C_p$-相容性条件 (10.10), 且 $\mathrm{Ker}(C_p)$ 存在一个关于 $A$ 不变的补空间. 那么, 可以找到一个满足最小秩条件(10.29) 的边界控制矩阵 $D$, 使得系统 (I) 在牵制意义下具分 $p$ 组逼近边界同步性.

**证**　由引理10.1, 在 $C_p$-相容性条件 (10.10) 成立的前提下, 系统 (I) 的分 $p$ 组逼近边界同步性等价于化约伴随系统(10.15) 的 $C_pD$-能观性.

设 $W^\perp$ 是 $\mathrm{Ker}(C_p)$ 的一个关于 $A$ 不变的补空间. 由命题2.5, 可得 $W$ 是 $A^{\mathrm{T}}$ 的一个不变子空间且双正交于 $\mathrm{Ker}(C_p)$.

由下式定义边界控制矩阵$D$:

$$\mathrm{Ker}(D^{\mathrm{T}}) = W. \tag{10.51}$$

显然, $W$ 是 $A^{\mathrm{T}}$ 的唯一不变子空间, 它具有最大维数 $p$、且包含在 $\mathrm{Ker}(D^{\mathrm{T}})$ 中. 于是, 由命题2.8的断言 (ii) (其中取 $d=p$), 可验证该控制矩阵 $D$ 满足秩条件 (10.29). 另一方面, $W$ 与 $\mathrm{Ker}(C_p)$ 的双正交性说明 $\mathrm{Ker}(C_p) \cap \mathrm{Im}(D) = \{0\}$. 因此, 由命题2.7可知

$$\mathrm{rank}(D) = \mathrm{rank}(C_pD) = N - p. \tag{10.52}$$

于是 $C_pD$-观测(10.16) 是完全的观测:

$$\partial_\nu \Psi \equiv 0, \quad (t,x) \in [0,T] \times \Gamma_1, \tag{10.53}$$

从而由 Holmgren 唯一性定理(见 [66] 的定理 8.2), 立得 $\Psi \equiv 0$.　□

**注 10.6**　由 (10.51) 定义的控制矩阵 $D$ 的秩等于 $N - p$. 于是, 我们可以通过 $N - p$ 个直接边界控制实现系统 (I) 的分 $p$ 组逼近边界同步性. 但我们更感兴趣的是, 利用更少的直接边界控制去实现系统 (I) 的分 $p$ 组逼近边界同步性. 在后文中的命题11.10中, 将给出一个具有最小秩的矩阵 $D$, 使秩条件 (10.29) 及 (10.17) 同时满足. 我们指出, 由第八章中的结果, 对某些特殊的系统 (例如幂零系统、具特征间隙条件(8.74) 的 $2 \times 2$ 系统以及一些一维系统 ), Kalman 准则(10.17) 事实上是化约系统 (10.13) 具逼近边界零能控性的一个充分条件, 从而也是系统 (I) 具分 $p$ 组逼近边界同步性的一个充分条件.

**注 10.7**　设集合 $\mathbb{D}_p$ 表示所有可实现系统 (I) 的分 $p$ 组逼近边界同步性的边界控制矩阵$D$ 的全体. 定义 $N_p$ 是系统 (I) 具分 $p$ 组逼近边界同步性所需的总控制的最小个数:

$$N_p = \inf_{D \in \mathbb{D}_p} \mathrm{rank}(D, AD, \cdots, A^{N-1}D). \tag{10.54}$$

那么, 由定理10.3、定理 10.4和定理10.5的结论, 等式

$$N_p = N - p \tag{10.55}$$

成立当且仅当 $\mathrm{Ker}(C_p)$ 是 $A$ 的一个不变子空间, 且 $A^{\mathrm{T}}$ 有一个双正交于 $\mathrm{Ker}(C_p)$ 的不变子空间, 或者等价地 (由命题2.5) 当且仅当 $\mathrm{Ker}(C_p)$ 存在一个补空间 $V$, 使得 $\mathrm{Ker}(C_p)$ 和 $V$ 都是关于 $A$ 不变的子空间.

下面的结果将说明: 当 $A$ 满足一些与矩阵 $C_p$ 相关的代数性质时, 我们可以将秩条件 (10.29) 与 (10.17) 关联起来.

**命题 10.6** 设 $C_p$ 为由(10.5)定义的分 $p$ 组同步阵. 那么, 存在边界控制矩阵 $D$ 同时满足秩条件 (10.29) 和 (10.17), 当且仅当 $A^{\mathrm{T}}$ 有一个双正交于 $\mathrm{Ker}(C_p)$ 的不变子空间 $W$.

**证** 由命题 2.8的 (ii) (其中取 $d=p$), 由秩条件 (10.29) 可推出: 存在一个 $A^{\mathrm{T}}$ 的一个不变子空间 $W$, 其维数等于 $p$ 且包含在 $\mathrm{Ker}(D^{\mathrm{T}})$ 中. 由此易证

$$W \subseteq \mathrm{Ker}(D, AD, \cdots, A^{N-1}D)^{\mathrm{T}} \tag{10.56}$$

和

$$\dim(W) = \dim \mathrm{Ker}(D, AD, \cdots, A^{N-1}D)^{\mathrm{T}} = p, \tag{10.57}$$

于是有

$$W = \mathrm{Ker}(D, AD, \cdots, A^{N-1}D)^{\mathrm{T}}. \tag{10.58}$$

由命题 2.7, 秩条件 (10.29) 和 (10.17) 蕴含着

$$\mathrm{Ker}(C_p) \cap W^{\perp} = \mathrm{Ker}(C_p) \cap \mathrm{Im}(D, AD, \cdots, A^{N-1}D) = \{0\}. \tag{10.59}$$

由于 $\dim(W) = \dim \mathrm{Ker}(C_p)$, 由命题2.2和命题2.3, 可得 $W$ 与 $\mathrm{Ker}(C_p)$ 双正交.

反之, 假设 $W$ 是 $A^{\mathrm{T}}$ 的一个不变子空间, 且与 $\mathrm{Ker}(C_p)$ 双正交, 于是它的维数等于 $p$. 由下式定义一个 $N \times (N-p)$ 阶列满秩矩阵 $D$:

$$\mathrm{Ker}(D^{\mathrm{T}}) = W. \tag{10.60}$$

显然,$W$ 是 $A^{\mathrm{T}}$ 的一个不变子空间, 其维数为 $p$, 且包含在$\mathrm{Ker}(D^{\mathrm{T}})$ 中. 此外, $\mathrm{Ker}(D^{\mathrm{T}})$ 的维数等于 $p$. 于是由命题2.8 的 (ii) (其中取 $d=p$), 可得秩条件 (10.29) . 注意到此时 (10.58) 仍然成立, 故

$$\mathrm{Ker}(C_p) \cap \mathrm{Im}(D, AD, \cdots, A^{N-1}D) = \mathrm{Ker}(C_p) \cap W^{\perp} = \{0\}, \tag{10.61}$$

从而由命题2.8可推出秩条件 (10.17). $\square$

# § 4. $C_p$-相容性条件的必要性

本节我们将继续讨论系统 (I) 的分 $p$ 组逼近边界同步性并且证明 $C_p$-相容性条件的必要性.

在定义 10.1中, 我们需排除一些平凡的情形. 为此, 我们假设每一组都不是逼近零能控的.

首先让我们回忆一下由 (10.20) 定义的扩张矩阵 $\widetilde{C}_{\widetilde{p}}$ 满足 $\widetilde{C}_{\widetilde{p}}$-相容性条件 (10.21). 此外, 在 $n \to +\infty$ 时的收敛性

$$\widetilde{C}_{\widetilde{p}} U_n \to 0 \quad \text{在} (\mathcal{D}'((T, +\infty) \times \Omega))^{N-\widetilde{p}} \text{中成立} \tag{10.62}$$

蕴含着(10.25), 于是, 注意到 $\widetilde{C}_{\widetilde{p}}$ 仅有 $N - \widetilde{p}$ 行, 可得

$$\operatorname{rank}(\widetilde{C}_{\widetilde{p}} D, \widetilde{A}_{\widetilde{p}} \widetilde{C}_{\widetilde{p}} D, \cdots, \widetilde{A}_{\widetilde{p}}^{N-\widetilde{p}-1} \widetilde{C}_{\widetilde{p}} D) = N - \widetilde{p}. \tag{10.63}$$

基于上述结论, 我们将引入分 $p$ 组逼近边界同步性的一个较强的变体.

**定理 10.7** 假设系统 (I) 具有分 $p$ 组逼近边界同步性. 那么, 对任意给定的初值 $(\widehat{U}_0, \widehat{U}_1) \in (\mathcal{H}_0)^N \times (\mathcal{H}_{-1})^N$, 在 $L^2_{\text{loc}}(0, +\infty; (L^2(\Gamma_1))^M)$ 中存在一列支集在 $[0, T]$ 中的边界控制序列 $\{H_n\}$, 使得相应问题 (I) 及 (I0) 的解序列 $\{U_n\}$ 在空间

$$C^0_{\text{loc}}([T, +\infty); (\mathcal{H}_0)^{N-\widetilde{p}}) \cap C^1_{\text{loc}}([T, +\infty); (\mathcal{H}_{-1})^{N-\widetilde{p}}) \tag{10.64}$$

中当 $n \to +\infty$ 时满足

$$\widetilde{C}_{\widetilde{p}} U_n \to 0. \tag{10.65}$$

由于该定理的证明相当长, 我们将其放在本节的末尾.

首先考察特殊的情形 $p = 1$.

**推论 10.8** 假设 $p = 1$, 且 $A$ 不满足 $C_1$-相容性条件. 若系统 (I) 具有逼近边界同步性, 则它是逼近零能控的. 故而, 若系统 (I) 具逼近边界同步性但不是逼近零能控的, 则必成立 $C_1$-相容性条件.

**证** 由于 $p = 1$, 扩张矩阵 $\widetilde{C}_{\widetilde{p}}$ 阶数为 $N$ 且行满秩, 所以是可逆的. 于是由收敛性 (10.65) 可得逼近边界零能控性. □

现在我们考察一般的情形 $p \geqslant 1$.

**定理 10.9** 设 $\widetilde{p}$ 是由(10.20)给出的整数. 若系统 (I) 具分 $p$ 组逼近同步性, 则在一组合适的基下它也具有分 $\widetilde{p}$ 组逼近同步性.

**证** 设

$$0 = \widetilde{n}_0 < \widetilde{n}_1 < \widetilde{n}_2 < \cdots < \widetilde{n}_{\widetilde{p}} \tag{10.66}$$

是整数集 $\{0, 1, \cdots, N\}$ 任意给定的一个划分, 且对 $1 \leqslant r \leqslant \widetilde{p}$ 成立 $\widetilde{n}_r - \widetilde{n}_{r-1} \geqslant 2$. 记 $C_{\widetilde{p}}$ 为相应的分 $\widetilde{p}$ 组同步阵:

$$\operatorname{Ker}(C_{\widetilde{p}}) = \{\widetilde{e}_1, \cdots, \widetilde{e}_{\widetilde{p}}\}. \tag{10.67}$$

由于 $C_{\tilde{p}}$ 和 $\widetilde{C}_{\tilde{p}}$ 有相同的秩, 存在一个 $N$ 阶可逆矩阵 $P$, 使成立

$$\widetilde{C}_{\tilde{p}} = C_{\tilde{p}}P. \tag{10.68}$$

这样, 易见

$$P\mathrm{Ker}(\widetilde{C}_{\tilde{p}}) = \mathrm{Ker}(C_{\tilde{p}}). \tag{10.69}$$

记

$$\widetilde{U} = PU \quad 及 \quad \widetilde{A} = PAP^{-1}, \tag{10.70}$$

问题 (I) 及 (I0) 可以写成如下的形式:

$$\begin{cases} \widetilde{U}'' - \Delta\widetilde{U} + \widetilde{A}\widetilde{U} = 0, & (t,x) \in (0,+\infty) \times \Omega, \\ \widetilde{U} = 0, & (t,x) \in (0,+\infty) \times \Gamma_0, \\ \widetilde{U} = PDH, & (t,x) \in (0,+\infty) \times \Gamma_1, \end{cases} \tag{10.71}$$

其初值为

$$t = 0: \quad \widetilde{U} = P\widehat{U}_0, \ \widetilde{U}' = P\widehat{U}_1, \quad x \in \Omega. \tag{10.72}$$

由定理10.7且注意到 (10.68), 可得在空间

$$C^0_{\mathrm{loc}}([T,+\infty);(\mathcal{H}_0)^{N-\tilde{p}}) \cap C^1_{\mathrm{loc}}([T,+\infty);(\mathcal{H}_{-1})^{N-\tilde{p}}) \tag{10.73}$$

中当 $n \to +\infty$ 时成立

$$C_{\tilde{p}}\widetilde{U}_n = \widetilde{C}_{\tilde{p}}U_n \to 0. \tag{10.74}$$

换言之, 在 $P$ 这组基下, 系统 (10.71) 分 $\tilde{p}$ 组逼近同步. □

作为一个直接的推论, 我们有以下结论.

**推论 10.10** 假设系统 (I) 具分 $p$ 组逼近同步性, 但在某组基下不具分 $\tilde{p}$ 组逼近同步性 (其中 $\tilde{p} < p$), 则必成立 $C_p$-相容性条件(10.10).

现在我们回到定理 10.7的证明. 我们将会在收敛性 (10.7) 以及 $A$ 不满足 $C_p$-相容性条件 (10.10) 的假设下得到更强的收敛性 (10.65). 我们指出: 仅仅有秩条件 (10.63), 并不能保证这个收敛性质.

首先让我们将定义 8.1 推广到初值在更弱的空间中的情形.

**定义 10.2** 设 $m \geqslant 0$ 是一个整数. 称系统 (I) 在空间 $(\mathcal{H}_{-2m})^N \times (H_{-(2m+1)})^N$ 中在 $T>0$ 时刻逼近零能控, 若对任意给定的初值 $(\widehat{U}_0, \widehat{U}_1) \in (\mathcal{H}_{-2m})^N \times (H_{-(2m+1)})^N$,

在 $L^2_{\mathrm{loc}}(0, +\infty; (L^2(\Gamma_1)^M)$ 中存在一列支集在 $[0, T]$ 中的边界控制序列 $\{H_n\}$, 使相应问题 (I) 及 (I0) 的解序列 $\{U_n\}$ 在空间

$$C^0_{\mathrm{loc}}([T, +\infty); (\mathcal{H}_{-2m})^N) \cap C^1_{\mathrm{loc}}([T, +\infty); (\mathcal{H}_{-(2m+1)})^N) \tag{10.75}$$

中当 $n \to +\infty$ 时满足

$$U_n \to 0. \tag{10.76}$$

相应地, 我们给出

**定义 10.3** 称伴随问题 (8.7) 在空间 $(\mathcal{H}_{2m+1})^N \times (\mathcal{H}_{2m})^N$ 中在时间区间 $[0, T]$ 上是 $D$-能观的, 若对 $(\widehat{\Phi}_0, \widehat{\Phi}_1) \in (\mathcal{H}_{2m+1})^N \times (\mathcal{H}_{2m})^N$, 由观测 (8.8) 可推出 $\widehat{\Phi}_0 \equiv \widehat{\Phi}_1 \equiv 0$, 从而 $\Phi \equiv 0$.

类似于对 $m = 0$ 情形的定理8.2, 我们可得到下面的命题.

**命题 10.11** 系统 (I) 在空间 $(\mathcal{H}_{-2m})^N \times (H_{-(2m+1)})^N$ 中在 $T > 0$ 时刻逼近零能控, 当且仅当伴随问题 (8.7) 在空间 $(\mathcal{H}_{2m+1})^N \times (\mathcal{H}_{2m})^N$ 上是 $D$-能观的.

**命题 10.12** 设 $m \geqslant 0$ 是一个整数. 系统 (I) 在空间 $(\mathcal{H}_{-2m})^N \times (H_{-(2m+1)})^N$ 中逼近零能控, 当且仅当它在空间 $(\mathcal{H}_0)^N \times (\mathcal{H}_{-1})^N$ 中逼近零能控.

**证** 由命题 10.11, 我们只需证明: 伴随问题 (8.7) 在空间 $(\mathcal{H}_{2m+1})^N \times (\mathcal{H}_{2m})^N$ 中是 $D$-能观的, 当且仅当其在空间 $(\mathcal{H}_1)^N \times (\mathcal{H}_0)^N$ 中是 $D$-能观的.

假设伴随问题 (8.7) 在空间 $(\mathcal{H}_{2m+1})^N \times (\mathcal{H}_{2m})^N$ 中是 $D$-能观的, 则下述表达式

$$\|(\widehat{\Phi}_0, \widehat{\Phi}_1)\|^2_{\mathcal{F}} = \int_0^T \int_{\Gamma_1} |D^{\mathrm{T}} \partial_\nu \Phi|^2 \, \mathrm{d}\Gamma \, \mathrm{d}t \tag{10.77}$$

定义了空间 $(\mathcal{H}_{2m+1})^N \times (\mathcal{H}_{2m})^N$ 中一个 Hilbert 范数. 令 $\mathcal{F}$ 表示 $(\mathcal{H}_{2m+1})^N \times (\mathcal{H}_{2m})^N$ 关于 $F$-范数的闭包.

根据问题 (8.7) 隐藏的正则性(参见 [66]), 有

$$\int_0^T \int_{\Gamma_1} |D^{\mathrm{T}} \partial_\nu \Phi|^2 \, \mathrm{d}\Gamma \, \mathrm{d}t \leqslant c\|(\widehat{\Phi}_0, \widehat{\Phi}_1)\|^2_{(\mathcal{H}_1)^N \times (\mathcal{H}_0)^N}, \tag{10.78}$$

从而

$$(\mathcal{H}_1)^N \times (\mathcal{H}_0)^N \subseteq \mathcal{F}. \tag{10.79}$$

由于问题 (8.7) 在 $\mathcal{F}$ 中是 $D$-能观的, 所以它在子空间 $(\mathcal{H}_1)^N \times (\mathcal{H}_0)^N$ 中仍然是 $D$-能观的. 其逆是显然的. $\qquad\square$

**注 10.8** 关于精确边界能控性的类似结果见 [12].

**命题 10.13** 假设系统 (I) 具有分 $p$ 组逼近同步性. 那么, 对任意给定的整数 $l \geqslant 0$ 及任意给定的初值 $(\widehat{U}_0, \widehat{U}_1) \in (\mathcal{H}_0)^N \times (\mathcal{H}_{-1})^N$, 当 $n \to +\infty$ 时

$$C_p A^l U_n \to 0 \quad \text{在} C^0_{\text{loc}}([T, +\infty); (\mathcal{H}_{-2l})^{N-p}) \text{中成立} \tag{10.80}$$

和

$$C_p A^l U_n' \to 0 \quad \text{在} C^0_{\text{loc}}([T, +\infty); (\mathcal{H}_{-(2l+1)})^{N-p}) \text{中成立}. \tag{10.81}$$

**证** 注意到 $U_n$ 满足下面的齐次系统:

$$\begin{cases} U_n'' - \Delta U_n + A U_n = 0, & (t, x) \in (T, +\infty) \times \Omega, \\ U_n = 0, & (t, x) \in (T, +\infty) \times \Gamma. \end{cases} \tag{10.82}$$

将 $C_p A^{l-1}$ 作用在系统 (10.82) 上, 可得

$$\|C_p A^l U_n\|_{C^0_{\text{loc}}([T, +\infty); (\mathcal{H}_{-2l})^{N-p})} \tag{10.83}$$
$$\leqslant \|C_p A^{l-1} U_n''\|_{C^0_{\text{loc}}([T, +\infty); (\mathcal{H}_{-2l})^{N-p})}$$
$$+ \|\Delta C_p A^{l-1} U_n\|_{C^0_{\text{loc}}([T, +\infty); (\mathcal{H}_{-2l})^{N-p})}$$
$$\leqslant c \|C_p A^{l-1} U_n\|_{C^0_{\text{loc}}([T, +\infty); (\mathcal{H}_{-2(l-1)})^{N-p})}$$
$$\leqslant c^l \|C_p U_n\|_{C^0_{\text{loc}}([T, +\infty); (\mathcal{H}_0)^{N-p})},$$

其中 $c > 0$ 是一个正常数. 对 $C_p A^l U_n'$ 也可以证明类似的结果. $\qquad \square$

现在给出定理 10.7 的证明.

(i) 设 $(\widehat{U}_0, \widehat{U}_1) \in (\mathcal{H}_0)^N \times (\mathcal{H}_{-1})^N$. 那么, 由 (10.20) 且注意到 (10.80)—(10.81) (其中 $0 \leqslant l \leqslant N-1$), 可知当 $n \to +\infty$ 时,

$$\widetilde{C}_{\tilde{p}} U_n \to 0 \quad \text{在} C^0_{\text{loc}}([T, +\infty); (\mathcal{H}_{-2(N-1)})^{N-\tilde{p}}) \text{中成立} \tag{10.84}$$

和

$$\widetilde{C}_{\tilde{p}} U_n' \to 0 \quad \text{在} C^0_{\text{loc}}([T, +\infty); (\mathcal{H}_{-(2N-1)})^{N-\tilde{p}}) \text{中成立}. \tag{10.85}$$

(ii) 设 $(\widehat{U}_0, \widehat{U}_1) \in (\mathcal{H}_{-2(N-1)})^N \times (\mathcal{H}_{-(2N-1)})^N$. 由稠密性, 在 $(\mathcal{H}_0)^N \times (\mathcal{H}_{-1})^N$ 中存在一列 $\{(\widehat{U}_0^m, \widehat{U}_1^m)\}_{m \geqslant 0}$, 在 $m \to +\infty$ 时

$$(\widehat{U}_0^m, \widehat{U}_1^m) \to (\widehat{U}_0, \widehat{U}_1) \quad \text{在} (\mathcal{H}_{-2(N-1)})^N \times (\mathcal{H}_{-(2N-1)})^N \text{中成立}. \tag{10.86}$$

对每个固定的 $m$, 存在一列边界控制 $\{H_n^m\}_{n \geqslant 0}$, 使得具初值 $(\widehat{U}_0^m, \widehat{U}_1^m)$ 的对应问题 (I) 及 (I0) 的解序列 $\{U_n^m\}_{n \geqslant 0}$ 在 $n \to +\infty$ 时满足

$$\widetilde{C}_{\tilde{p}} U_n^m \to 0 \quad \text{在} C_{\text{loc}}^0([T, +\infty); (\mathcal{H}_{-2(N-1)})^{N-\tilde{p}}) \text{中成立}. \tag{10.87}$$

(iii) 以 $\mathcal{R}$ 表示问题 (I) 及 (I0) 的求解过程:

$$\mathcal{R}: \quad (\widehat{U}_0, \widehat{U}_1; H_n) \to (U_n, U_n'), \tag{10.88}$$

它是从空间

$$(\mathcal{H}_{-2(N-1)})^N \times (\mathcal{H}_{-(2N-1)})^N \times \mathcal{L}^M \tag{10.89}$$

到空间

$$C_{\text{loc}}^0([T, +\infty); (\mathcal{H}_{-2(N-1)})^N) \cap C_{\text{loc}}^1([T, +\infty); (\mathcal{H}_{-(2N-1)})^N) \tag{10.90}$$

的一个连续映射.

现在, 对任意给定的 $(\widehat{U}_0, \widehat{U}_1) \in (\mathcal{H}_{-2(N-1)})^N \times (\mathcal{H}_{-(2N-1)})^N$, 有

$$\mathcal{R}(\widehat{U}_0, \widehat{U}_1; H_n^m) = \mathcal{R}(\widehat{U}_0^m, \widehat{U}_1^m; H_n^m) + \mathcal{R}(\widehat{U}_0 - \widehat{U}_0^m, \widehat{U}_1 - \widehat{U}_1^m; 0). \tag{10.91}$$

根据适定性, 对所有的 $0 \leqslant t \leqslant T \leqslant S$, 在 $(\mathcal{H}_{-2(N-1)})^N \times (\mathcal{H}_{-(2N-1)})^N$ 的范数下成立

$$\|\mathcal{R}(\widehat{U}_0 - \widehat{U}_0^m, \widehat{U}_1 - \widehat{U}_1^m; 0)(t)\| \leqslant c_S \|(\widehat{U}_0 - \widehat{U}_0^m, U_1 - U_1^m)\|, \tag{10.92}$$

其中 $c_S$ 是仅依赖于 $S$ 的一个正常数. 于是, 注意到 (10.86) 和 (10.87), 可以选择一个对角子列 $\{H_{n_k}^{m_k}\}_{k \geqslant 0}$ 使得当 $k \to +\infty$ 时

$$\widetilde{C}_{\tilde{p}} \mathcal{R}(\widehat{U}_0, \widehat{U}_1; H_{n_k}^{m_k}) \to 0 \quad \text{在} C_{\text{loc}}^0([T, +\infty); (\mathcal{H}_{-2(N-1)})^{N-\tilde{p}}) \text{中成立}. \tag{10.93}$$

因此, 化约系统 (10.71) 在空间 $(\mathcal{H}_{-2(N-1)})^{N-\tilde{p}} \times (\mathcal{H}_{-(2N-1)})^{N-\tilde{p}}$ 中是逼近零能控的, 于是, 由命题 10.12, 它在 $(\mathcal{H}_0)^{N-\tilde{p}} \times (\mathcal{H}_1)^{N-\tilde{p}}$ 中也是逼近零能控的. □

# §5. 逼近边界零能控性

设 $d$ 是 $D$ 的一个列向量, 或更一般地, 是 $D$ 中若干列向量的一个线性组合, 也就是说, $d \in \text{Im}(D)$. 若 $d \in \text{Ker}(C_p)$, 则 $d$ 在乘积矩阵 $C_p D$ 中会变成 $0$ 向量, 因此对化约系统(10.13) 不会有任何作用. 然而, $\text{Ker}(C_p)$ 中的向量对逼近边界零能控性却可以发挥重要的作用. 在下面的定理中, 我们将给出更准确的表述.

定理 10.14  设耦合矩阵 $A$ 满足 $C_p$-相容性条件 (10.10). 假设

$$e_1, \cdots, e_p \in \mathrm{Im}(D), \tag{10.94}$$

其中 $\mathrm{Ker}(C_p) = \mathrm{Span}\{e_1, \cdots, e_p\}$. 若系统 (I) 分 $p$ 组逼近边界同步, 则它事实上为逼近边界零能控.

证  由定理 8.2, 为了证明该定理, 只需证明伴随问题 (8.7) 是 $D$-能观的.

对 $1 \leqslant r \leqslant p$, 将 $e_r$ 作用于伴随问题 (8.7), 且记 $\phi_r = (e_r, \Phi)$, 则从 $C_p$-相容性条件 (10.10) 可得

$$\begin{cases} \phi_r'' - \Delta\phi_r + \displaystyle\sum_{s=1}^{p} \beta_{rs}\phi_s = 0, & (t, x) \in (0, T) \times \Omega, \\ \phi_r = 0, & (t, x) \in (0, T) \times \Gamma, \end{cases} \tag{10.95}$$

其中 $\beta_{sr}$ 满足

$$Ae_r = \sum_{s=1}^{p} \beta_{rs} e_s, \quad 1 \leqslant r \leqslant p. \tag{10.96}$$

由于 $e_r \in \mathrm{Im}(D)$, 存在 $x_r \in \mathbb{R}^M$ 使得 $e_r = \mathrm{d}x_r$. 于是, 由 $D$-观测 (8.8) 可得

$$\partial_\nu \phi_r = (e_r, \partial_\nu \Phi) = (x_r, D^{\mathrm{T}} \partial_\nu \Phi) \equiv 0, \quad (t, x) \in (0, T) \times \Gamma_1. \tag{10.97}$$

因此, 由 Holmgren 唯一性定理, 对所有 $1 \leqslant r \leqslant p$ 有 $\phi_r \equiv 0$. 因而成立

$$\Phi \in \{\mathrm{Ker}(C_p)\}^\perp = \mathrm{Im}(C_p^{\mathrm{T}}). \tag{10.98}$$

于是伴随问题 (8.7) 的解可以写成

$$\Phi = C_p^{\mathrm{T}} \Psi, \tag{10.99}$$

且由伴随问题 (8.7) 可得

$$\begin{cases} C_p^{\mathrm{T}} \Psi'' - C_p^{\mathrm{T}} \Delta\Psi + A^{\mathrm{T}} C_p^{\mathrm{T}} \Psi = 0, & (t, x) \in (0, T) \times \Omega, \\ C_p^{\mathrm{T}} \Psi = 0, & (t, x) \in (0, T) \times \Gamma. \end{cases} \tag{10.100}$$

注意到 $C_p$-相容性条件 (10.11), 就得到

$$\begin{cases} C_p^{\mathrm{T}} \Psi'' - C_p^{\mathrm{T}} \Delta\Psi + C_p^{\mathrm{T}} \overline{A_p}^{\mathrm{T}} \Psi = 0, & (t, x) \in (0, T) \times \Omega, \\ C_p^{\mathrm{T}} \Psi = 0, & (t, x) \in (0, T) \times \Gamma. \end{cases} \tag{10.101}$$

由于矩阵 $C_p^{\mathrm{T}}$ 是列满秩的, 我们可得化约伴随问题 (10.15). 相应地, 由 $D$-观测可得

$$D^{\mathrm{T}} \partial_\nu \Phi = D^{\mathrm{T}} C_p^{\mathrm{T}} \partial_\nu \Psi \equiv 0, \quad (t, x) \in (0, T) \times \Gamma_1. \tag{10.102}$$

由引理10.1, 化约伴随问题 (10.15) 是 $C_p D$-能观的, 从而 $\Psi \equiv 0$. 于是, 由 (10.99) 可得 $\Phi \equiv 0$. 最终就得伴随问题 (8.7) 是 $D$-能观的. $\qquad\qquad$ □

**注 10.9** 由 (10.20) 定义的扩张矩阵 $\widetilde{C}_{\tilde{p}}$ 满足 $\widetilde{C}_{\tilde{p}}$-相容性条件 (10.21), 且由定理 10.7, 相应的化约系统 (类似于 (10.13)) 是逼近零能控的. 此外, 我们有 $\mathrm{Ker}(\widetilde{C}_{\tilde{p}}) \subseteq \mathrm{Ker}(C_p)$. 所以, 若 $A$ 不满足 $C_p$-相容性条件 (10.10), 可用 $\widetilde{C}_{\tilde{p}}$ 替代 $C_p$, 而定理 10.14此时依旧成立.

# 第十一章
# 诱导逼近边界同步性

## §1. 定义

在上一章我们研究了系统 (I) 在最小秩条件(10.29) 下的分 $p$ 组逼近边界同步性. 此时, 问题 (I) 及 (I0) 的解序列 $\{U_n\}$ 的分组收敛性以及 $C_p$-相容性条件(10.10) 的必要性本质上都是 "总控制个数取到最小值" 的结果.

而本章的目标是: 在

$$N_p > N - p \tag{11.1}$$

的情况下研究分 $p$ 组逼近边界同步性, 其中 $N_p$ 由 (10.54) 定义.

由 $C_p$-相容性条件 (10.10) 可知 $\mathrm{Ker}(C_p)$ 关于 $A$ 不变. 然而, 由注10.7, (11.1) 这一情况发生当且仅当 $\mathrm{Ker}(C_p)$ 不存在任何补空间是 $A$ 的不变子空间. 所以, 为了确定此时总控制个数的最小值$N_p$(它对系统 (I) 实现分 $p$ 组逼近边界同步性是必要的), 一个自然的想法是将分 $p$ 组同步阵$C_p$ 扩张为由定义2.6 所示的**诱导扩张矩阵** $C_q^*$. 这样, 我们就可以将此情形纳入第十章的框架中.

相应地, 我们引入下面的定义.

**定义 11.1** 称系统 (I) 在时刻 $T > 0$ 关于诱导扩张矩阵$C_q^*$ **诱导逼近同步**, 若对任意给定的初值 $(\widehat{U}_0, \widehat{U}_1) \in (\mathcal{H}_0)^N \times (\mathcal{H}_{-1})^N$, 在 $\mathcal{L}^M$ 中存在一列支集在 $[0,T]$ 中的边界控制序列 $\{H_n\}$, 使得相应的问题 (I) 及 (I0) 的解序列 $\{U_n\}$ 在空间 $C_{\mathrm{loc}}^0([T,+\infty); (\mathcal{H}_0)^{N-q}) \cap C_{\mathrm{loc}}^1([T,+\infty); (\mathcal{H}_{-1})^{N-q})$ 中当 $n \to +\infty$ 时满足

$$C_q^* U_n \to 0. \tag{11.2}$$

事实上, 在一般情况下, 系统并不具有诱导逼近边界同步性. 为了说明这一点,

设 $\mathcal{E}_1,\cdots,\mathcal{E}_{m^*}$ 是 $A^{\mathrm T}$ 对应于特征值 $\lambda$ 的一个 Jordan 链:

$$\mathcal{E}_0 = 0, \quad A^{\mathrm T}\mathcal{E}_i = \lambda\mathcal{E}_i + \mathcal{E}_{i-1}, \quad i = 1,\cdots,m. \tag{11.3}$$

设整数 $m(1 \leqslant m < m^*)$ 满足 $\mathcal{E}_1,\cdots\mathcal{E}_m \in \mathrm{Im}(C_p^{\mathrm T})$. 将 $\mathcal{E}_1,\cdots,\mathcal{E}_m$ 作用于具边界控制 $H = H_n$ 及相应解 $U = U_n$ 的系统 (I), 并记 $\phi_i = (\mathcal{E}_i, U_n)(i = 1,\cdots,m)$, 就有

$$\begin{cases} \phi_{1,n}'' - \Delta\phi_{1,n} + \lambda\phi_{1,n} = 0, & (t,x) \in (0,+\infty) \times \Omega, \\ \cdots\cdots \\ \phi_{m,n}'' - \Delta\phi_{m,n} + \lambda\phi_{m,n} + \phi_{m-1,n} = 0, & (t,x) \in (0,+\infty) \times \Omega, \\ \cdots\cdots \\ \phi_{m,n}'' - \Delta\phi_{m,n} + \lambda\phi_{m,n} + \phi_{m-1,n} = 0, & (t,x) \in (0,+\infty) \times \Omega. \end{cases} \tag{11.4}$$

因为 $\mathcal{E}_1,\cdots,\mathcal{E}_m \in \mathrm{Im}(C_p^{\mathrm T})$, 存在向量 $r_i \in \mathbb{R}^{N-p}(i = 1,\cdots,m)$ 使得

$$\mathcal{E}_i = C_p^{\mathrm T}r_i, \quad i = 1,\cdots,m. \tag{11.5}$$

由 (10.7), 对所有 $i = 1,\cdots,m$, 在空间

$$C_{\mathrm{loc}}^0([T,+\infty);\mathcal{H}_0) \cap C_{\mathrm{loc}}^1([T,+\infty);\mathcal{H}_{-1}) \tag{11.6}$$

中当 $n \to +\infty$ 时成立

$$\phi_{i,n} = (r_i, C_p U_n) \to 0. \tag{11.7}$$

这样, 当 $n \to +\infty$ 时, 前 $m$ 个分量 $\phi_{1,n},\cdots,\phi_{m,n}$ 收敛于 0. 然而, 除却一些特殊的情形 (见下面的定理11.7 和定理11.8), 我们并不知道其余分量 $\phi_{m+1,n},\cdots,\phi_{m,n}$ 是否收敛到 0.

　　然而, 若系统 (I) 是诱导逼近同步的, 那么它不仅是分 $p$ 组逼近同步的, 还具有一些额外的性质, 这些信息隐藏在扩张矩阵 $C_q^*$ 中. 也就是说, 在此情形, 在实现系统 (I) 分 $p$ 组逼近边界同步性的同时, 我们额外地收获了一些意料之外的结果, 这将使分 $p$ 组逼近边界同步性的探究更加完善.

　　假设系统 (I) 是诱导逼近同步的, 由于 $\mathrm{Im}(C_q^*)$ 存在一个关于 $A^{\mathrm T}$ 不变的补空间, 由注 10.7, 我们立刻得到

$$N_p = N - q, \tag{11.8}$$

也就是说, $N - q$ 个总控制是实现系统 (I) 分 $p$ 组逼近边界同步性的必要条件. 在本章中, 我们将在一般情形下证明总控制的最小个数由 (11.8) 式给出. 这一结果进一步改进了估计式 (10.19), 且深刻地揭示了: 为实现分 $p$ 组逼近边界同步性所需的 "总控制个数的最小值" 不仅依赖于分组的数目 $p$, 也依赖于与分 $p$ 组同步阵$C_p$ 相关的耦合矩阵$A$ 的代数结构.

# §2. 预备知识

为了更好地理解本章引入的概念, 在下文中, 我们始终假设 $\mathrm{Im}(C_p^{\mathrm{T}})$ 是具有 $A^{\mathrm{T}}$ 特征的. 在这一框架下, 构造矩阵 $C_q^*$ 的方法如第二章所示. 在下面的注 11.1中, 我们将说明在不具有这一特征的情形考察诱导逼近同步性时是没有意义的.

**命题 11.1** 假设耦合矩阵$A$ 满足 $C_p$-相容性条件 (10.10). 若 $D$ 满足

$$\mathrm{rank}(C_pD, C_pAD, \cdots, C_pA^{N-1}D) = N - p, \tag{11.9}$$

则必成立

$$\mathrm{rank}(D, AD, \cdots, A^{N-1}D) \geqslant N - q, \tag{11.10}$$

其中 $q$ 由 (2.59) 给定.

**证** 由命题 2.8的断言 (i), 只需证明 $A^{\mathrm{T}}$ 的任何包含在 $\mathrm{Ker}(D^{\mathrm{T}})$ 中的不变子空间$W$ 的维数都不会超过 $q$.

由 $C_p$-相容性条件(10.10), 存在一个 $N - p$ 阶矩阵 $\overline{A}_p$ 满足 $C_pA = \overline{A}_pC_p$. 由命题2.11, 秩条件 (11.9) 等价于

$$\mathrm{rank}(C_pD, \overline{A}_pC_pD, \cdots, \overline{A}_p^{N-p-1}C_pD) = N - p, \tag{11.11}$$

再由命题 2.8的断言 (ii), 可知 $\mathrm{Ker}(C_pD)^{\mathrm{T}}$ 不包含 $\overline{A}_p^{\mathrm{T}}$ 的任何非平凡的不变子空间.

现假设 $W$ 是任意给定的一个包含在 $\mathrm{Im}(C_p^{\mathrm{T}})$ 中的 $A^{\mathrm{T}}$ 的不变子空间. 那么, 投影空间

$$\overline{W} = (C_pC_p^{\mathrm{T}})^{-1}C_pW = \{\overline{x} : C_p^{\mathrm{T}}\overline{x} = x, \quad \forall x \in W\} \tag{11.12}$$

是 $\overline{A}_p^{\mathrm{T}}$ 的一个不变子空间. 特别地, 有

$$\overline{W} \cap \mathrm{Ker}(C_pD)^{\mathrm{T}} = \{0\}. \tag{11.13}$$

对任意给定的 $x \in W$, 存在 $\overline{x} \in \overline{W}$ 使得 $x = C_p^{\mathrm{T}}\overline{x}$, 于是有

$$D^{\mathrm{T}}x = D^{\mathrm{T}}C_p^{\mathrm{T}}\overline{x} = (C_pD)^{\mathrm{T}}\overline{x}. \tag{11.14}$$

这样, 对任意给定的包含在 $\mathrm{Im}(C_p^{\mathrm{T}})$ 中的 $A^{\mathrm{T}}$ 的不变子空间 $W$, 成立

$$W \cap \mathrm{Ker}(D^{\mathrm{T}}) = \{0\}. \tag{11.15}$$

现设 $W^*$ 是一个包含在 $\mathrm{Im}(C_q^{*\mathrm{T}}) \cap \mathrm{Ker}(D^{\mathrm{T}})$ 中的 $A^{\mathrm{T}}$ 的不变子空间. 因为 $W^* \cap \mathrm{Im}(C_p^{\mathrm{T}})$ 也是一个包含在 $\mathrm{Im}(C_p^{\mathrm{T}}) \cap \mathrm{Ker}(D^{\mathrm{T}})$ 中的 $A^{\mathrm{T}}$ 的不变子空间, 由 (11.15) 可得 $W^* \cap \mathrm{Im}(C_p^{\mathrm{T}}) = \{0\}$. 从而可得

$$W^* \subseteq \mathrm{Im}(C_q^{*\mathrm{T}}) \setminus \mathrm{Im}(C_p^{\mathrm{T}}). \tag{11.16}$$

因为 $\mathrm{Im}(C_p^{\mathrm{T}})$ 是具有 $A^{\mathrm{T}}$ 特征的, 由构造过程知 $\mathrm{Im}(C_q^{*\mathrm{T}}) \setminus \mathrm{Im}(C_p^{\mathrm{T}})$ 不含有任何 $A^{\mathrm{T}}$ 的任何特征向量, 从而

$$W^* = \{0\}. \tag{11.17}$$

最后, 设 $W$ 是包含在 $\mathrm{Ker}(D^{\mathrm{T}})$ 中的 $A^{\mathrm{T}}$ 的一个不变子空间. 因为 $W \cap \mathrm{Im}(C_q^{*\mathrm{T}})$ 是包含在 $\mathrm{Im}(C_q^{*\mathrm{T}}) \cap \mathrm{Ker}(D^{\mathrm{T}})$ 中的 $A^{\mathrm{T}}$ 的一个不变子空间, 由 (11.17) 可得

$$W \cap \mathrm{Im}(C_q^{*\mathrm{T}}) = \{0\}. \tag{11.18}$$

于是得到

$$\dim \mathrm{Im}(C_q^{*\mathrm{T}}) + \dim(W) = N - q + \dim(W) \leqslant N, \tag{11.19}$$

从而推出 $\dim(W) \leqslant q$. $\qquad\qquad\qquad\qquad\qquad\qquad\qquad\qquad\square$

**注 11.1** 如果 $\mathrm{Im}(C_p^{\mathrm{T}})$ 不具有 $A^{\mathrm{T}}$ 特征, 类似于 §3所示, 我们也可以构造出扩张矩阵 $C_q^*$. 但此时集合 $\mathrm{Im}(C_q^{*\mathrm{T}}) \setminus \mathrm{Im}(C_p^{\mathrm{T}})$ 可能包含 $A^{\mathrm{T}}$ 的特征向量, 于是(11.17)将不再成立. 所以,(11.10) 将由一个更弱的估计式

$$\mathrm{rank}(D, AD, \cdots, A^{N-1}D) \geqslant N - q' \tag{11.20}$$

所代替, 其中 $q' > q$. 当上式中取等号时, 有

$$\mathrm{rank}(D, AD, \cdots A^{N-1}D) = N - q' < N - q. \tag{11.21}$$

因此, 系统 (I) 不能实现诱导逼近边界同步性. 这就解释了在本节一开始我们仅仅假设 $\mathrm{Im}(C_p^{\mathrm{T}})$ 是具 $A^{\mathrm{T}}$ 特征的原因.

**命题 11.2** 假设耦合矩阵$A$ 满足 $C_p$-相容性条件(10.10). 若

$$\mathrm{rank}(D, AD, \cdots, A^{N-1}D) = N - q, \tag{11.22}$$

则必成立如下的秩条件:

$$\mathrm{rank}(C_q^* D, C_q^* AD, \cdots C_q^* A^{N-1}D) = N - q. \tag{11.23}$$

**证** 首先, 由命题2.8的断言 (ii), 秩条件 (11.22) 成立说明 $A^{\mathrm{T}}$ 存在一个 $q$ 维的不变子空间$W$, 且它包含在 $\mathrm{Ker}(D^{\mathrm{T}})$ 中. 另一方面, 注意到 (11.18), 可得

$$\dim \mathrm{Im}(C_q^{*\mathrm{T}}) + \dim(W) = (N - q) + q = N, \tag{11.24}$$

于是 $\mathrm{Im}(C_q^{*\mathrm{T}})$ 是 $W$ 的一个补空间, 它也是关于 $A^{\mathrm{T}}$ 不变的.

此外, 由 $W$ 的定义易见

$$W \subseteq \mathrm{Ker}(D, AD, \cdots, A^{N-1}D)^{\mathrm{T}}, \tag{11.25}$$

或等价地,

$$\mathrm{Im}(D, AD, \cdots, A^{N-1}D) \subseteq W^{\perp}, \tag{11.26}$$

从而结合秩条件 (11.22) 可得

$$\mathrm{Im}(D, AD, \cdots, A^{N-1}D) = W^{\perp}. \tag{11.27}$$

但 $W^{\perp}$ 是 $\mathrm{Ker}(C_q^*)$ 的一个补空间, 且关于 $A$ 是不变的, 所以

$$\mathrm{Im}(D, AD, \cdots, A^{N-1}D) \cap \mathrm{Ker}(C_q^*) = \{0\}. \tag{11.28}$$

由命题2.7, 可得

$$\begin{aligned}
&\mathrm{rank}(C_q^*D, C_q^*AD, \cdots, C_q^*A^{N-1}D) \\
&= \mathrm{rank}(D, AD, \cdots, A^{N-1}D).
\end{aligned} \tag{11.29}$$

$\square$

# §3. 诱导逼近边界同步性

我们首先给出系统 (I) 具分 $p$ 组逼近边界同步性时所需的总控制个数的一个下界估计.

**命题 11.3** 假设耦合矩阵 $A$ 满足 $C_p$-相容性条件 (10.10). 若系统 (I) 在边界控制矩阵 $D$ 的作用下分 $p$ 组逼近边界同步, 则必成立

$$\mathrm{rank}(D, AD, \cdots, A^{N-1}D) \geqslant N - q, \tag{11.30}$$

其中 $q$ 由 (2.59) 给定.

**证** 由引理 10.2可得下面 Kalman 准则:

$$\mathrm{rank}(C_pD, C_pAD, \cdots, C_pA^{N-1}D) = N - p. \tag{11.31}$$

于是, 由命题11.1立得秩条件 (11.30) .　　$\square$

现在我们回到**诱导逼近边界同步性**.

**定理 11.4** 假设耦合矩阵 $A$ 满足 $C_p$-相容性条件 (10.10). 若系统 (I) 在总控制个数达到最小值 (11.22) 时具诱导逼近边界同步性, 那么, 在空间

$$C_{\text{loc}}^0([T,+\infty);(\mathcal{H}_0)^N) \cap (C_{\text{loc}}^1([T,+\infty);(\mathcal{H}_{-1})^N), \tag{11.32}$$

中存在标量函数 $u_1^*,\cdots,u_q^*$, 在 $n \to +\infty$ 时满足

$$U_n \to \sum_{s=1}^q u_s^* e_s^*, \tag{11.33}$$

其中 $\text{Span}\{e_1^*,\cdots e_q^*\} = \text{Ker}(C_q^*)$.

特别地, 此时系统 (I) 具有牵制意义下的分 $p$ 组逼近同步性.

**证** 其证明过程类似于定理 10.4, 在此仅给出证明的基本步骤.

由命题 2.8, 秩条件 (11.22) 保证了存在一个子空间 $\text{Span}\{E_1,\cdots,E_q\}$, 它是 $A^{\text{T}}$ 的不变子空间且包含在 $\text{Ker}(D^{\text{T}})$ 中. 这样, $U_n$ 在 $\text{Span}\{E_1,\cdots,E_q\}$ 上的投影与边界控制 $H_n$ 无关. 类似于定理 10.4, 可以证明 $\text{Span}\{E_1,\cdots,E_q\}$ 是 $\text{Im}(C_q^{*\text{T}})$ 的一个补空间. 我们有

$$U_n = \sum_{r=1}^q u_r^* e_r^* + C_q^{*\text{T}} R_n, \tag{11.34}$$

其中 $R_n \in \mathbb{R}^{N-q}$. 由于 $\text{Ker}(C_q^*) = \text{Span}\{e_1^*,\cdots e_q^*\}$, 当 $n \to +\infty$ 时诱导逼近边界同步性 (11.2) 导致 $C_q^* C_q^{*\text{T}} R_n \to 0$. 因为 $C_q^* C_q^{*\text{T}}$ 是可逆的, 所以当 $n \to +\infty$ 时 $R_n \to 0$, 从而得到 (11.33).

由 $\text{Ker}(C_q^*) \subseteq \text{Ker}(C_p)$ 可知存在一组系数 $\alpha_{sr}$ 满足

$$e_s^* = \sum_{r=1}^p \alpha_{sr} e_r, \quad s = 1,\cdots,q. \tag{11.35}$$

于是, 在 (11.33) 中置

$$u_r = \sum_{s=1}^q \alpha_{sr} u_s^*, \quad r = 1,\cdots,p, \tag{11.36}$$

就在空间

$$C_{\text{loc}}^0([T,+\infty);(\mathcal{H}_0)^N) \cap C_{\text{loc}}^0([T,+\infty);(\mathcal{H}_{-1})^N) \tag{11.37}$$

中当 $n \to +\infty$ 时成立

$$U_n \to \sum_{r=1}^p u_r e_r. \tag{11.38}$$

因此, 系统 (I) 具有牵制意义下的分 $p$ 组逼近同步性. □

**注 11.2** 因为最小秩条件 (11.22) 成立,(11.33) 中的函数 $u_1^*, \cdots, u_q^*$ 是线性无关的; 然而, 因为 $p > q$, (11.36) 中的函数 $u_1, \cdots, u_p$ 是线性相关的. 我们将会在后文的例11.2和例11.3中看到: $u_1, \cdots, u_p$ 间的关系依赖于 $\mathrm{Ker}(C_q^*)$ 的结构.

**定理 11.5** 假设耦合矩阵 $A$ 满足 $C_p$-相容性条件 (10.10). 那么, 可以找到一个边界控制矩阵 $D$ 使得相应的系统 (I) 在最少总控制个数(11.22) 下具诱导逼近边界同步性.

**证** 由于 $\mathrm{Ker}(C_q^*)$ 是 $A$ 的一个不变子空间, 由命题 2.10, 存在一个 $N - q$ 阶矩阵 $A_q^*$ 使得 $C_q^* A = A_q^* C_q^*$. 在问题 (I) 及 (I0) 中置 $W = C_q^* U$, 我们得到下面的化约系统:

$$\begin{cases} W'' - \Delta W + A_q^* W = 0, & (t, x) \in (0, +\infty) \times \Omega, \\ W = 0, & (t, x) \in (0, +\infty) \times \Gamma_0, \\ W = C_q^* D H, & (t, x) \in (0, +\infty) \times \Gamma_1, \end{cases} \tag{11.39}$$

其初始条件为

$$t = 0: \quad W = C_q^* \widehat{U}_0, \ W' = C_q^* \widehat{U}_1, \quad x \in \Omega. \tag{11.40}$$

显然, 系统 (I) 具有由 $C_q^*$ 诱导的逼近边界同步性等价于化约系统(11.39) 具有逼近边界零能控性, 从而也等价于相应的化约伴随问题

$$\begin{cases} \Psi'' - \Delta \Psi + A_q^{*\mathrm{T}} \Psi = 0, & (t, x) \in (0, +\infty) \times \Omega, \\ \Psi = 0, & (t, x) \in (0, +\infty) \times \Gamma, \\ t = 0: \quad \Psi = \widehat{\Psi}_0, \ \Psi' = \widehat{\Psi}_1, \quad x \in \Omega \end{cases} \tag{11.41}$$

的 $C_q^* D$-能观性.

设 $W$ 是 $A^{\mathrm{T}}$ 的一个不变子空间且与 $\mathrm{Ker}(C_q^*)$ 双正交. 显然, $W$ 和 $\mathrm{Ker}(C_q^*)$ 具有相同的维数 $q$. 记

$$\mathrm{Ker}(D^{\mathrm{T}}) = W, \tag{11.42}$$

$W$ 是 $A^{\mathrm{T}}$ 包含在 $\mathrm{Ker}(D^{\mathrm{T}})$ 中的最大不变子空间. 由命题2.8的断言 (ii) (其中取 $d = q$), 就可得到秩条件 (11.22).

另一方面, 由于 $W$ 与 $\mathrm{Ker}(C_q^*)$ 双正交, 由命题 2.3可得

$$\mathrm{Im}(D) \cap \mathrm{Ker}(C_q^*) = W^\perp \cap \mathrm{Ker}(C_q^*) = \{0\}. \tag{11.43}$$

于是由命题 2.7可知

$$\mathrm{rank}(C_q^* D) = \mathrm{rank}(D) = N - q. \tag{11.44}$$

因此,$C_q^* D$-观测就变成了完全的观测:

$$\partial_\nu \Psi \equiv 0, (t,x) \in [0,T] \times \Gamma_1, \tag{11.45}$$

从而利用 Holmgren 唯一性定理(参见 [66] 中定理 8.2),可以得到化约伴随问题 (11.41) 的 $C_q^* D$-能观性. 这样,就得到了收敛性结论 (11.2).　　□

下面是定理 11.5的一个直接推论.

**推论 11.6** 设 $q(0 \leqslant q < p)$ 由 (2.59) 给出,那么

$$N_p = N - q. \tag{11.46}$$

**注 11.3** 注意到由 (11.42) 给出的边界控制矩阵 $D$ 满足 $\mathrm{rank}(D) = N - q$, 定理11.5告诉我们: 可以通过施加最少 $N - q$ 个直接控制实现分 $p$ 组逼近边界同步性. 然而, 在实际应用中, 我们更希望最小化边界控制矩阵 $D$ 的秩 $\mathrm{rank}(D)$, 却依旧可以提供 $N - q$ 个总控制. 为此目的, 我们要将秩条件 (11.44) 替换成一个更弱的秩条件 (11.23), 而在一般情况下 (11.23) 仅仅是诱导逼近边界同步性的一个必要条件. 在一些合适的附加条件下, 下面的结果将给出一些肯定的答案.

**定理 11.7** 设 $\Omega \subseteq \mathbb{R}^n$ 满足乘子几何条件 (3.1). 假设耦合矩阵$A$ 满足 $C_p$-相容性条件(10.10), 且相似于某个幂零矩阵. 那么, 若系统 (I) 在秩条件 (11.22) 下具分 $p$ 组逼近同步性, 那么它也具诱导逼近边界同步性.

**证** 如定理 11.5证明的一开始所解释的, 系统 (I) 的诱导逼近边界同步性等价于化约伴随问题(11.41) 的 $C_q^* D$-能观性.

首先, 由命题 11.2可得秩条件 (11.23). 故由命题2.11, 可知

$$\mathrm{rank}(C_q^* D, A_q^* C_q^* D, \cdots, A_q^{*\, N-q-1} C_q^* D) = N - q. \tag{11.47}$$

另一方面, 因为矩阵 $A$ 相似于一个幂零矩阵, 且由命题2.14, 化约矩阵 $A_q^*$ 的根向量族由 $A$ 的根向量族的投影提供. 因此, $A_q^*$ 也相似于一个幂零矩阵. 于是由定理 8.9可知化约伴随问题 (11.41) 是 $C_q^* D$-能观的.　　□

**定理 11.8** 设耦合矩阵 $A$ 满足 $C_p$-相容性条件(10.10). 假设系统 (I) 在边界控制矩阵$D$ 的作用下具分 $p$ 组逼近边界同步性. 令

$$\widetilde{D} = (\tilde{e}_1, \cdots, \tilde{e}_{p-q}, D), \tag{11.48}$$

其中 $\tilde{e}_1, \cdots, \tilde{e}_{p-q} \in \mathrm{Ker}(C_p) \cap \mathrm{Im}(C_q^{*\mathrm{T}})$. 那么系统 (I) 在新的边界控制矩阵 $\widetilde{D}$ 的作用下具诱导逼近边界同步性.

**证** 只需证明化约伴随问题(11.41) 的 $C_q^* \widetilde{D}$-能观性. 因为 $C_q^{*\mathrm{T}}$ 是从 $\mathbb{R}^{N-q}$ 到 $\mathrm{Im}(C_q^{*\mathrm{T}})$ 上的双射, 可置 $\Phi = C_q^{*\mathrm{T}}\Psi$. 于是, 注意到 $C_q^* A = A_q^* C_q^*$, 由系统 (11.41) 可得

$$\begin{cases} \Phi'' - \Delta\Phi + A^{\mathrm{T}}\Phi = 0, & (t,x) \in (0,+\infty) \times \Omega, \\ \Phi = 0, & (t,x) \in (0,+\infty) \times \Gamma, \end{cases} \tag{11.49}$$

其初始资料为 $(\widehat{\Phi}_0, \widehat{\Phi}_1) \in \mathrm{Im}(C_q^{*\mathrm{T}}) \times \mathrm{Im}(C_q^{*\mathrm{T}})$. 相应地, $C_q^* \widetilde{D}$-观测

$$\widetilde{D}^{\mathrm{T}} C_q^{*\mathrm{T}} \Psi \equiv 0, (t,x) \in (0,T) \times \Gamma \tag{11.50}$$

化为 $\widetilde{D}$-观测

$$\widetilde{D}^{\mathrm{T}} \Phi \equiv 0, (t,x) \in (0,T) \times \Gamma. \tag{11.51}$$

于是, 系统 (11.41) 的 $C_q^* \widetilde{D}$-能观性化为系统 (11.49) 的 $\widetilde{D}$-能观性, 其相应的初始资料为 $(\widehat{\Phi}_0, \widehat{\Phi}_1) \in \mathrm{Im}(C_q^{*\mathrm{T}}) \times \mathrm{Im}(C_q^{*\mathrm{T}})$.

令 $\overline{C}_p$ 表示 $C_p$ 在子空间 $\mathrm{Im}(C_q^{*\mathrm{T}})$ 的限制. 我们有

$$\mathrm{Im}(C_q^{*\mathrm{T}}) = \mathrm{Im}(C_p^{\mathrm{T}}) \oplus \mathrm{Ker}(\overline{C}_p). \tag{11.52}$$

由于诱导逼近边界同步性可以看作是在子空间 $\mathrm{Im}(C_q^{*\mathrm{T}}) \times \mathrm{Im}(C_q^{*\mathrm{T}})$ 上的逼近边界零能控性, 故应用定理 10.14的结论, 定理得证. □

# §4. 直接控制个数的最小值

在本节, 我们首先阐明总控制个数和直接控制个数的关系. 接着, 我们将给出一个精细的构造方法以得到一个具有最小秩的边界控制矩阵$D$.

**命题 11.9** 设 $A$ 是 $N$ 阶矩阵, $D$ 是 $N \times M$ 阶矩阵, 且满足

$$\mathrm{rank}(D, AD, \cdots, A^{N-1}D) = N. \tag{11.53}$$

那么 $D$ 的秩有如下的最优下界估计:

$$\mathrm{rank}(D) \geqslant \mu, \tag{11.54}$$

其中

$$\mu = \max_{\lambda \in \mathrm{Sp}(A^{\mathrm{T}})} \dim \mathrm{Ker}(A^{\mathrm{T}} - \lambda I) \tag{11.55}$$

表示 $A^{\mathrm{T}}$ 的特征值的最大几何重数.

**证**　设 $\lambda$ 是 $A^{\mathrm{T}}$ 的一个特征值, 其几何重数为 $\mu$. 由对应于特征值 $\lambda$ 的所有特征向量组成的子空间记为 $V$. 由命题2.8的断言 (ii), 秩条件 (11.53) 说明不存在 $A^{\mathrm{T}}$ 的任何包含在 $\mathrm{Ker}(D^{\mathrm{T}})$ 中的非平凡子空间. 因此,

$$\dim \mathrm{Ker}(D^{\mathrm{T}}) + \dim (V) \leqslant N, \tag{11.56}$$

即

$$\dim (V) \leqslant N - \dim \mathrm{Ker}(D^{\mathrm{T}}) = \mathrm{rank}(D), \tag{11.57}$$

从而可得下界估计 (11.54).

为了证明 (11.54) 给出的估计是最优的, 我们将构造一个秩为 $\mu$ 的矩阵 $D_0$, 使得 $\mathrm{Ker}(D_0^{\mathrm{T}})$ 不包含 $A^{\mathrm{T}}$ 的任何非平凡子空间, 于是由命题 2.8可知其满足秩条件 (11.53).

设 $\lambda_1, \cdots, \lambda_d$ 是 $A$ 的互异特征值, 其几何重数分别为 $\mu_1, \cdots, \mu_d$. 对任意给定的 $r = 1, \cdots, d$ 以及 $k = 1, \cdots, \mu_r$, 记 $(x_{r,p}^{(k)})$ 是如下所示的长度为 $d_r^{(k)}$ 的 Jordan 链:

$$x_{r,d_r^{(k)}+1}^{(k)} = 0, \quad A x_{r,p}^{(k)} = \lambda_r x_{r,p}^{(k)} + x_{r,p+1}^{(k)}, \quad p = 1, \cdots, d_r^{(k)}. \tag{11.58}$$

相应地, 对任意给定的 $s = 1, \cdots, d$ 和 $l = 1, \cdots, \mu_s$, 记 $(y_{s,q}^{(l)})$ 是如下所示的长度为 $d_s^{(l)}$ 的 Jordan 链:

$$y_{s,0}^{(l)} = 0, \quad A^{\mathrm{T}} y_{s,q}^{(l)} = \lambda_s y_{s,q}^{(l)} + y_{s,q-1}^{(l)}, \quad q = 1, \cdots, d_s^{(l)}. \tag{11.59}$$

我们可以选择

$$(x_{r,p}^{(k)}, y_{s,q}^{(l)}) = \delta_{kl}\delta_{rs}\delta_{pq}. \tag{11.60}$$

于是, 可由下式定义矩阵 $D_0$ 为

$$D_0 = (x_{1,1}^{(1)}, \cdots, x_{1,1}^{(\mu_1)}, \cdots, x_{d,1}^{(1)}, \cdots, x_{d,1}^{(\mu_d)})\overline{D}, \tag{11.61}$$

其中 $\overline{D}$ 是一个由

$$\overline{D} = \begin{pmatrix} I_{\mu_1} & 0 \\ I_{\mu_2} & 0 \\ \vdots & \vdots \\ I_{\mu_d} & 0 \end{pmatrix} \tag{11.62}$$

定义的 $(\mu_1 + \cdots + \mu_d) \times \mu$ 矩阵, 其中, 若 $\mu_r = \mu$, 就假设没有第 $r$ 个零子矩阵. 显然, $\mathrm{rank}(D_0) = \mu$.

现对于任意给定的 $s = 1, \cdots, d$, 令

$$y_s = \sum_{l=1}^{\mu_s} \alpha_l y_{s,1}^{(l)}, \quad \text{其中} \quad (\alpha_1, \cdots, \alpha_{\mu_s}) \neq 0. \tag{11.63}$$

它是 $A^{\mathrm{T}}$ 对应于特征值 $\lambda_s$ 的一个特征向量. 注意到(11.60), 易得

$$y_s^{\mathrm{T}} D_0 = (0, \cdots, 0, \alpha_1, \alpha_2, \cdots, \alpha_{\mu_s}, 0, \cdots, 0) \neq 0. \tag{11.64}$$

这样, $\mathrm{Ker}(D_0^{\mathrm{T}})$ 不含有 $A^{\mathrm{T}}$ 的任何特征向量, 进而也不含有 $A^{\mathrm{T}}$ 的任何非平凡的不变子空间. 由命题2.8, 矩阵 $D_0$ 满足秩条件 (11.53). □

**命题 11.10** 可以找到一个具有最小秩 $\mu$ 的边界控制矩阵 $D$, 使得秩条件(11.22) 和 (11.23) 同时成立.

**证** 因为耦合矩阵$A$ 总满足 $C_q^*$-相容性条件, 存在一个 $N - q$ 阶矩阵 $A_q^*$, 使得 $C_q^* A = A_q^* C_q^*$. 于是, 由命题2.11, 秩条件 (11.23) 等价于

$$\mathrm{rank}(C_q^* D, A_q^* C_q^* D, \cdots, A_q^{*N-q-1} C_q^* D) = N - q. \tag{11.65}$$

注意到 $A_q^*$ 的阶数为 $N - q$, 如命题 11.9的证明中所述, 存在一个 $(N - q) \times \mu^*$ 阶矩阵 $D^*$ 具有最小的秩 $\mu^*$, 且满足

$$\mathrm{rank}(D^*, A_q^* D^*, \cdots, A_q^{*N-q-1} D^*) = N - q, \tag{11.66}$$

其中 $\mu^*$ 是化约矩阵$A_q^{*\mathrm{T}}$ 的特征值的最大几何重数.

另一方面, $A^{\mathrm{T}}$ 有一个不变子空间$W$ 双正交于 $\mathrm{Ker}(C_q^*)$. 从而 $\{\mathrm{Ker}(C_q^*)\}^{\perp} = \mathrm{Im}(C_q^{*\mathrm{T}})$ 是 $A^{\mathrm{T}}$ 的一个不变子空间, 而 $W^{\perp} = \mathrm{Span}\{e_{q+1}, \cdots, e_N\}$ 是 $A$ 的一个不变子空间且双正交于 $\mathrm{Im}(C_q^{*\mathrm{T}})$, 也就是说, 我们有

$$C_q^*(e_{q+1}, \cdots, e_N) = I_{N-q}. \tag{11.67}$$

于是, 由 (11.66) 可得

$$D = (e_{q+1}, \cdots, e_N) D^* \tag{11.68}$$

满足 (11.65), 从而 (11.23) 成立.

最后, 因为 $\mathrm{Im}(D) \subseteq \mathrm{Span}\{e_{q+1}, \cdots, e_N\}$ 是 $A$ 的一个不变子空间, 所以

$$\mathrm{Im}(A^k D) \subseteq \mathrm{Span}\{e_{q+1}, \cdots, e_N\}, \quad \forall k \geqslant 0. \tag{11.69}$$

注意到 $\mathrm{Span}\{e_{q+1}, \cdots, e_N\}$ 是 $\mathrm{Ker}(C_q^*)$ 的一个补空间, 故有

$$\mathrm{Ker}(C_q^*) \cap \mathrm{Im}(D, AD, \cdots, A^{N-1}D) = \{0\}, \tag{11.70}$$

从而由命题2.7及 (11.23) 可推出等式 (11.22) 以及关于 rank($D$) 的最优估计:

$$\operatorname{rank}(C_q^* D) = \operatorname{rank}(D) = \mu^*. \tag{11.71}$$

$\square$

# §5. 若干例子

**例 11.1** 如命题11.9所示, 一个 "好的" 耦合矩阵 $A$ 应该有互异特征值, 或者其特征值的几何重数应该尽可能小.

特别地, 若 $A$ 的所有特征值 $\lambda_i (i = 1, \cdots, N)$ 都是单重的, 我们就能找到一个秩为 1 的边界控制矩阵 $D$ 如下:

$$D = x, \tag{11.72}$$

其中

$$x = \sum_{i=1}^{N} x_i, \quad \text{且} \quad Ax_i = \lambda_i x_i \ (i = 1, \cdots, N). \tag{11.73}$$

设 $y_j (j = 1, \cdots, N)$ 是 $A^{\mathrm{T}}$ 的特征向量, 使得 $(x_i, y_j) = \delta_{ij}$. 那么对所有的 $j = 1, \cdots N$, 成立

$$D^{\mathrm{T}} y_j = x^{\mathrm{T}} y_j = \sum_{i=1}^{N} (x_i, y_j) = 1. \tag{11.74}$$

所以, $\operatorname{Ker}(D^{\mathrm{T}})$ 不包含 $A^{\mathrm{T}}$ 的任何特征向量, 由命题2.8 的断言 (ii)(其中取 $d = 0$), $D$ 满足 Kalman 准则(11.53).

若 $A$ 有一个两重特征值:

$$\lambda_1 = \lambda_2 < \lambda_3 \cdots < \lambda_N, \qquad Ax_i = \lambda_i x_i \ (i = 1, \cdots, N), \tag{11.75}$$

则就能找到一个秩为 2 的边界控制矩阵 $D$:

$$D = (x_1, x), \tag{11.76}$$

其中

$$x = \sum_{i=2}^{N} x_i. \tag{11.77}$$

设 $y_j (j = 1, \cdots N)$ 是 $A^{\mathrm{T}}$ 的特征向量, 使得 $(x_i, y_j) = \delta_{ij}$. 那么, 就有

$$D^{\mathrm{T}} y_1 = \begin{pmatrix} (x_1, y_1) \\ (x, y_1) \end{pmatrix} = \begin{pmatrix} 1 \\ 0 \end{pmatrix}, \tag{11.78}$$

且对 $j = 2, \cdots, N$ 成立

$$D^{\mathrm{T}} y_j = \begin{pmatrix} (x_1, y_j) \\ (x, y_j) \end{pmatrix} = \begin{pmatrix} 0 \\ 1 \end{pmatrix}. \tag{11.79}$$

所以, $\mathrm{Ker}(D^{\mathrm{T}})$ 不包含 $A^{\mathrm{T}}$ 的任何特征向量. 再次由命题 2.8的断言 (ii)(其中取 $d = 0$), 可得 $D$ 满足 Kalman 准则 (11.53).

**例 11.2** 设 $N = 4, M = 1, p = 2$,

$$A = \begin{pmatrix} 2 & -2 & -1 & 1 \\ 1 & -1 & 0 & 0 \\ 1 & -1 & -1 & 1 \\ 0 & 0 & 0 & 0 \end{pmatrix} \tag{11.80}$$

及

$$C_2 = \begin{pmatrix} 1 & -1 & 0 & 0 \\ 0 & 0 & 1 & -1 \end{pmatrix}, \quad \text{而} \quad e_1 = \begin{pmatrix} 1 \\ 1 \\ 0 \\ 0 \end{pmatrix}, \quad e_2 = \begin{pmatrix} 0 \\ 0 \\ 1 \\ 1 \end{pmatrix}. \tag{11.81}$$

首先, 注意到 $Ae_1 = Ae_2 = 0$, 可以得到 $C_2$-相容性条件: $A\mathrm{Ker}(C_2) \subseteq \mathrm{Ker}(C_2)$, 且对应的化约矩阵

$$\overline{A}_2 = \begin{pmatrix} 1 & -1 \\ 1 & -1 \end{pmatrix} \tag{11.82}$$

相似于 2 阶的串联矩阵 $\begin{pmatrix} 0 & 1 \\ 0 & 0 \end{pmatrix}$.

为了确定实现分 2 组逼近边界同步性所需的总控制个数的最小值, 我们首先列出矩阵 $A^{\mathrm{T}}$ 的根向量系如下:

$$\mathcal{E}_1^{(1)} = \begin{pmatrix} 0 \\ 0 \\ 0 \\ 1 \end{pmatrix}, \quad \mathcal{E}_1^{(2)} = \begin{pmatrix} 1 \\ -1 \\ -1 \\ 1 \end{pmatrix}, \quad \mathcal{E}_2^{(2)} = \begin{pmatrix} 0 \\ 0 \\ 1 \\ -1 \end{pmatrix}, \quad \mathcal{E}_3^{(2)} = \begin{pmatrix} 0 \\ 1 \\ -1 \\ 0 \end{pmatrix}. \tag{11.83}$$

因为 $\mathcal{E}_1^{(2)}, \mathcal{E}_2^{(2)} \in \mathrm{Im}(C_2^{\mathrm{T}})$, 而 $\mathrm{Im}(C_2^{\mathrm{T}})$ 是具有 $A^{\mathrm{T}}$ 特征的, 于是, 诱导矩阵 $C_1^*$ 可以取作

$$C_1^* = C_1 = \begin{pmatrix} 1 & -1 & 0 & 0 \\ 0 & 1 & -1 & 0 \\ 0 & 0 & 1 & -1 \end{pmatrix}. \tag{11.84}$$

这很好地说明了我们至少需要利用 3 个 (而不是 2 个!) 总控制才能实现分 2 组逼近边界同步性.

另一方面, 仅有一个列向量的矩阵 $D$ 要满足下面的秩条件:

$$\text{rank}(C_2 D, \overline{A}_2 C_2 D) = 2 \quad \text{且} \quad \text{rank}(D, AD, A^2 D, A^3 D) = 3, \tag{11.85}$$

或者是

$$D = \begin{pmatrix} \alpha + \beta \\ \alpha \\ \beta \\ 1 \end{pmatrix}, \quad \forall \alpha, \beta \in \mathbb{R}, \tag{11.86}$$

或者是

$$D = \begin{pmatrix} \gamma \\ \alpha \\ \beta \\ 0 \end{pmatrix}, \quad \forall \alpha, \beta, \gamma \in \mathbb{R}, \text{ 而 } \gamma \neq \alpha + \beta. \tag{11.87}$$

由于上述仅 1 个列向量的矩阵 $D$ 只可以提供 3 个总控制, 由定理8.2及定理8.4, 系统 (I) 并不是逼近边界零能控的. 然而, 对应的 Kalman 准则rank$(C_2 D, \overline{A}_2 C_2 D) = 2$ 是对应的串联型化约系统 (10.13) 具逼近边界零能控性的充分条件, 所以也是原始系统 (I) 具协同意义下分 2 组逼近边界同步性的充分条件, 其中协同意义下的分 2 组逼近边界同步性意指: 在空间

$$C_{\text{loc}}^0([T, +\infty); \mathcal{H}_0) \cap C_{\text{loc}}^1([T, +\infty); \mathcal{H}_{-1}) \tag{11.88}$$

中当 $n \to +\infty$ 时成立

$$u_n^{(1)} - u_n^{(2)} \to 0 \quad \text{且} \quad u_n^{(3)} - u_n^{(4)} \to 0. \tag{11.89}$$

此外, 化约矩阵

$$A_1^* = \begin{pmatrix} 1 & 0 & -1 \\ 0 & 0 & 1 \\ 1 & 0 & -1 \end{pmatrix} \tag{11.90}$$

相似于一个串联矩阵. 注意到 $q = 1$ 及 $C_1^* A = A_1^* C_1^*$, 由命题11.2, 对于边界控制矩阵$D$(取作(11.86)或(11.87)), 满足下面的 Kalman 准则

$$\text{rank}(C_1^* D, A_1^* C_1^* D, A_1^{*2} C_1^* D, A_1^{*3} C_1^* D) = 3. \tag{11.91}$$

由于秩条件 (11.91)对于相应化约系统 (11.39) 具逼近边界零能控性是充分的, 所以系统 (I) 具诱导逼近同步性. 由定理11.4, 存在一个非平凡的标量函数 $u^*$ 使得当 $n \to +\infty$ 时

$$U_n \to u^* e_1^*, \tag{11.92}$$

其中 $\mathrm{Ker}(C_1^*) = \{e_1^*\}$, 而 $e_1^* = (1,1,1,1)^{\mathrm{T}}$, 或等价地, 在空间

$$C_{\mathrm{loc}}^0([T, +\infty); \mathcal{H}_0) \cap C_{\mathrm{loc}}^1([T, +\infty); \mathcal{H}_{-1}) \tag{11.93}$$

中当 $n \to +\infty$ 时成立

$$u_n^{(1)} \to u, \ u_n^{(2)} \to u, \ u_n^{(3)} \to u, \ u_n^{(4)} \to u. \tag{11.94}$$

这样, 诱导逼近边界同步性 (11.94)提供了一些隐藏的信息, 使得在协同意义下的分 2 组逼近边界同步性(11.89)得以进一步澄清.

**例 11.3** 令 $N = 4, M = 1, p = 2$,

$$A = \begin{pmatrix} 0 & 0 & 1 & -1 \\ 0 & 0 & -1 & 1 \\ 1 & -1 & 0 & 0 \\ 1 & -1 & 0 & 0 \end{pmatrix}, \quad D = \begin{pmatrix} 0 \\ 0 \\ 1 \\ -1 \end{pmatrix} \tag{11.95}$$

及

$$C_2 = \begin{pmatrix} 1 & -1 & 0 & 0 \\ 0 & 0 & 1 & -1 \end{pmatrix}, \text{而 } e_1 = \begin{pmatrix} 1 \\ 1 \\ 0 \\ 0 \end{pmatrix}, \ e_2 = \begin{pmatrix} 0 \\ 0 \\ 1 \\ 1 \end{pmatrix}. \tag{11.96}$$

首先, Kalman 矩阵

$$(D, AD, A^2D, A^3D) = \begin{pmatrix} 0 & 2 & 0 & 0 \\ 0 & -2 & 0 & 0 \\ 1 & 0 & 4 & 0 \\ -1 & 0 & 4 & 0 \end{pmatrix} \tag{11.97}$$

的秩等于 3. 所以, 由定理8.2和定理8.4, 系统 (I) 在边界控制矩阵$D$ 的作用下不是逼近零能控的.

接着, 由 $Ae_1 = Ae_2 = 0$, 可以证明 $C_2$-相容性条件(10.10): $A\mathrm{Ker}(C_2) \subseteq \mathrm{Ker}(C_2)$, 而化约矩阵为

$$\overline{A}_2 = C_2 A C_2^{\mathrm{T}} (C_2 C_2^{\mathrm{T}})^{-1} = \begin{pmatrix} 0 & 2 \\ 0 & 0 \end{pmatrix}. \tag{11.98}$$

此外,

$$(C_2D, \overline{A}_2C_2D) = \begin{pmatrix} 0 & 4 \\ 2 & 0 \end{pmatrix}. \tag{11.99}$$

所以化约矩阵 $\overline{A}_2$ 是串联型的, 从而 Kalman 准则( $\operatorname{rank}(C_2D, \overline{A}_2C_2D) = 2$) 是相应的化约系统(10.13) 具逼近边界零能控性的充分条件, 因此, 原先的系统 (I) 在协同意义下具分 2 组逼近同步性, 即当 $n \to +\infty$, 在空间

$$C_{\text{loc}}^0([T, +\infty); \mathcal{H}_0) \cap C_{\text{loc}}^1([T, +\infty); \mathcal{H}_{-1}) \tag{11.100}$$

中成立

$$u_n^{(1)} - u_n^{(2)} \to 0 \quad \text{且} \quad u_n^{(3)} - u_n^{(4)} \to 0. \tag{11.101}$$

现在, 我们列出矩阵 $A^{\text{T}}$ 的根向量系统:

$$\mathcal{E}_1^{(1)} = \begin{pmatrix} 1 \\ 1 \\ 0 \\ 0 \end{pmatrix}, \ \mathcal{E}_1^{(2)} = \begin{pmatrix} 0 \\ 0 \\ 2 \\ -2 \end{pmatrix}, \ \mathcal{E}_2^{(2)} = \begin{pmatrix} 1 \\ -1 \\ 0 \\ 0 \end{pmatrix}, \ \mathcal{E}_3^{(2)} = \begin{pmatrix} 0 \\ 0 \\ 0 \\ 1 \end{pmatrix}. \tag{11.102}$$

因为 $\mathcal{E}_1^{(2)}, \mathcal{E}_2^{(2)} \in \operatorname{Im}(C_2^{\text{T}})$, 而 $\operatorname{Im}(C_2^{\text{T}})$ 是具 $A^{\text{T}}$ 特征的, 于是, 诱导矩阵 $C_1^*$ 可取为

$$C_1^* = \begin{pmatrix} 0 & 0 & 1 & -1 \\ 1 & -1 & 0 & 0 \\ 0 & 0 & 0 & 1 \end{pmatrix}. \tag{11.103}$$

此外, 由

$$A_1^* = \begin{pmatrix} 0 & 0 & 0 \\ 1 & 0 & 0 \\ 0 & 1 & 0 \end{pmatrix} \tag{11.104}$$

给出的化约矩阵 $A_1^*$ 是一个串联矩阵. 且由命题11.2, 必成立下面的 Kalman 准则:

$$\operatorname{rank}(C_1^*D, A_1^*C_1^*D, A_1^{*2}C_1^*D, A_1^{*3}C_1^*D) = 3,$$

从而可以推出相应的化约系统(11.39) 的逼近边界零能控性. 于是, 系统 (I) 是诱导逼近同步的. 由定理 11.4, 存在一个非平凡的标量函数 $u^*$, 使当 $n \to +\infty$ 时成立

$$U_n \to u^* e_1^*, \tag{11.105}$$

其中 $\operatorname{Ker}(C_1^*) = \{e_1^*\}$, 而 $e_1^* = (1,1,0,0)^{\text{T}}$, 或等价地, 当 $n \to +\infty$ 时在空间

$$C_{\text{loc}}^0([T, +\infty); \mathcal{H}_0) \cap C_{\text{loc}}^1([T, +\infty); \mathcal{H}_{-1}) \tag{11.106}$$

中成立

$$u_n^{(1)} \to u^*, \ u_n^{(2)} \to u^* \quad \text{且} \quad u_n^{(3)} \to 0, \ u_n^{(4)} \to 0. \tag{11.107}$$

再一次, 诱导逼近边界同步性(11.107)进一步澄清了系统在协同意义下的分 2 组逼近边界同步性.

**注 11.4** 诱导逼近边界同步性得以实现的本质取决于 $\mathrm{Ker}(C_q^*)$ 的结构. 在例 11.2中, 因为 $C_1^* = C_1$, 诱导逼近边界同步性就成为了逼近边界同步性. 这纯属偶然. 事实上, 在例 11.3中, 因为 $C_1^* \neq C_1$, 诱导逼近边界同步性蕴含着第一组的逼近边界同步性以及第二组的逼近边界零能控性, 而这种分 2 组的逼近边界零能控和同步性可以用分组逼近边界同步性的方式 (详见第十章) 类似处理.

可以构造更多的例子来说明一些更复杂的情形. 然而, 在下一个例子中我们会看到: 系统的诱导逼近边界同步性在一般情形下未必成立.

**例 11.4** 设 $N = 2, M = 1, p = 1$ 及

$$A = \begin{pmatrix} 0 & \epsilon \\ \epsilon & 0 \end{pmatrix}, \quad D = \begin{pmatrix} 1 \\ 0 \end{pmatrix}, \tag{11.108}$$

其中 $\epsilon \neq 0$ 为一个实数.

考虑下面系统:

$$\begin{cases} u'' - \Delta u + \epsilon v = 0, & (t,x) \in (0, +\infty) \times \Omega, \\ v'' - \Delta v + \epsilon u = 0, & (t,x) \in (0, +\infty) \times \Omega, \\ u = v = 0, & (t,x) \in (0, +\infty) \times \Gamma_0, \\ u = h, \quad v = 0, & (t,x) \in (0, +\infty) \times \Gamma_1. \end{cases} \tag{11.109}$$

记 $w = u - v$, 可以得到下面的化约系统:

$$\begin{cases} w'' - \Delta w - \epsilon w = 0, & (t,x) \in (0, +\infty) \times \Omega, \\ w = 0, & (t,x) \in (0, +\infty) \times \Gamma_0, \\ w = h, & (t,x) \in (0, +\infty) \times \Gamma_1. \end{cases} \tag{11.110}$$

由于该化约系统是逼近零能控的, 于是系统 (11.109)是逼近同步的. 此外, 容易得到对所有 $\epsilon \neq 0$ 均成立 Kalman 准则 $\mathrm{rank}(D, AD) = 2$, 也就是说, 总控制的个数等于 $2 > N - p = 1$. 然而, 正如定理8.5所示, 伴随系统(8.35)在 $\epsilon$ 的某些取值下不是 $D$-能观的. 从而, 系统(11.109)在一般情况下并不是逼近零能控的.

这个例子说明: 对于分 $p$ 组逼近边界同步性而言, 即便总控制个数 $\mathrm{rank}(D, AD, \cdots, A^{N-1}D)$ 大于 $N - p$, 也不总是能从诱导逼近边界同步性的角度获得更多的信息.

# 第 II 部分  具 Neumann 边界控制的波动方程耦合系统的同步性

在这一部分中我们将考察如下具 Neumann 边界控制的波动方程耦合系统:

(II)
$$\begin{cases} U'' - \Delta U + AU = 0, & (t,x) \in (0, +\infty) \times \Omega, \\ U = 0, & (t,x) \in (0, +\infty) \times \Gamma_0, \\ \partial_\nu U = DH, & (t,x) \in (0, +\infty) \times \Gamma_1 \end{cases}$$

及其初始条件

(II0) $$t = 0: \quad U = \widehat{U}_0, \ U' = \widehat{U}_1 \quad x \in \Omega,$$

其中 $\Omega \subset \mathbb{R}^n$ 是具光滑边界 $\Gamma = \Gamma_1 \cup \Gamma_0$ 的有界区域, $\overline{\Gamma}_1 \cap \overline{\Gamma}_0 = \varnothing$ 且 $\mathrm{mes}(\Gamma_1) > 0$; "$'$" 表示对于时间的导数; $\Delta = \sum_{k=1}^{n} \frac{\partial^2}{\partial x_k^2}$ 表示 Laplace 算子; $\partial_\nu$ 表示边界上的外法向导数; $U = \left(u^{(1)}, \cdots, u^{(N)}\right)^{\mathrm{T}}$ 及 $H = \left(h^{(1)}, \cdots, h^{(M)}\right)^{\mathrm{T}} (M \leqslant N)$ 分别表示状态变量以及边界控制; $A = (a_{ij})$ 为 $N$ 阶耦合矩阵, $D$ 为列满秩的 $N \times M$ 阶边界控制矩阵, $A$ 和 $D$ 均是具常数元素的矩阵.

# II1 精确边界同步性

我们将在 II1(第十二至十五章) 中讨论系统 (II) 的精确边界同步性以及分组精确边界同步性, 而系统 (II) 的逼近边界同步性以及分组逼近边界同步性将在 II2 中讨论.

# 第十二章

# 精确与非精确边界能控性

## §1. 引言

我们将考察具 Neumann 边界控制的波动耦合系统 (II) 及其初始条件 (II0).

令

$$\mathcal{H}_0 = L^2(\Omega), \qquad \mathcal{H}_1 = H^1_{\Gamma_0}(\Omega), \tag{12.1}$$

其中 $H^1_{\Gamma_0}(\Omega)$ 是 $H^1(\Omega)$ 的子空间, 它由 $H^1(\Omega)$ 中在边界 $\Gamma_0$ 上迹为 0 的函数全体组成. 记 $\mathcal{H}_{-1}$ 是 $\mathcal{H}$ 的对偶空间. 若 $\mathrm{mes}(\Gamma_0) = 0$, 即 $\Gamma_1 = \Gamma$, 则代替(12.1), 令

$$\begin{cases} \mathcal{H}_0 = \{\phi \in L^2(\Omega), \int_\Omega \phi \, \mathrm{d}x = 0\}, \\ \mathcal{H}_1 = \{\phi \in H^1(\Omega), \int_\Omega \phi \, \mathrm{d}x = 0\}. \end{cases} \tag{12.2}$$

下面我们将利用 HUM 方法 证明: 对于任意给定的初值 $(\widehat{U}_0, \widehat{U}_1) \in (\mathcal{H}_1)^N \times (\mathcal{H}_0)^N$, 系统 (II) 具有精确边界能控性.

为此, 令

$$\Phi = (\phi^{(1)}, \cdots, \phi^{(N)})^{\mathrm{T}} \tag{12.3}$$

为伴随变量. 考察如下的**伴随问题**:

$$\begin{cases} \Phi'' - \Delta\Phi + A^{\mathrm{T}}\Phi = 0, & (t, x) \in (0, +\infty) \times \Omega, \\ \Phi = 0, & (t, x) \in (0, +\infty) \times \Gamma_0, \\ \partial_\nu \Phi = 0, & (t, x) \in (0, +\infty) \times \Gamma_1, \\ t = 0: \quad \Phi = \widehat{\Phi}_0, \ \Phi' = \widehat{\Phi}_1, \quad x \in \Omega. \end{cases} \tag{12.4}$$

我们将证明下面的

**定理 12.1** 存在与初值无关的正常数 $T > 0$ 及 $C > 0$, 使得对任意给定的初值 $(\widehat{\Phi}_0, \widehat{\Phi}_1) \in \mathcal{F} \subseteq (\mathcal{H}_0)^N \times (\mathcal{H}_{-1})^N$ ( 其中 $\mathcal{F}$ 的定义见后文的 (12.63) ), 伴随问题(12.4)的解满足如下的能观不等式:

$$\|(\widehat{\Phi}_0, \widehat{\Phi}_1)\|_{(\mathcal{H}_0)^N \times (\mathcal{H}_{-1})^N}^2 \leqslant C \int_0^T \int_{\Gamma_1} |\Phi|^2 \, \mathrm{d}\Gamma \, \mathrm{d}t. \tag{12.5}$$

若对耦合矩阵 $A$ 不施加任何假设, 就不能直接利用通常的乘子方法. 即使对于单个波动方程, 在不等式估计中要吸收低阶的耦合项也是一件费力的工作 ( 参见 [66] 及 [27]). 为了处理这些低阶项, 在下面的引理中我们提出了一种基于紧致唯一性的方法.

**引理 12.2** 设 $\mathcal{F}$ 为一个具 $p$-范数的 Hilbert 空间. 假设

$$\mathcal{F} = \mathcal{N} \bigoplus \mathcal{L}, \tag{12.6}$$

其中 $\oplus$ 表示子空间的直和, 而 $\mathcal{L}$ 是 $\mathcal{F}$ 的一个具有限余维数的闭子空间. 若存在空间 $\mathcal{F}$ 的另一个范数— $q$-范数, 使得 $\mathcal{F}$ 到 $\mathcal{N}$ 的投影算子关于 $q$-范数是连续的, 且有

$$q(y) \leqslant p(y), \quad \forall y \in \mathcal{L}, \tag{12.7}$$

则必存在一个正常数 $C > 0$, 使成立

$$q(z) \leqslant C p(z), \quad \forall z \in \mathcal{F}. \tag{12.8}$$

基于上面的引理, 我们首先在初值属于更高频率的空间 $\mathcal{L}$ 时证明能观不等式. 为了将这个不等式拓展到整个空间 $\mathcal{F}$ 上, 只需证明在 $q$-范数下从 $\mathcal{F}$ 到 $\mathcal{N}$ 的投影算子是连续的. 在很多情形下, 子空间 $\mathcal{N}$ 和 $\mathcal{L}$ 关于 $q$-内积是相互正交的, 如我们所要考虑的情况就是如此. 事实证明, 这种新方法对于获得某些具有低阶项的分布参数系统的能观性特别简单且有效.

类似于在第三章中关于具 Dirichlet 边界控制的相应问题的讨论, 在边界控制个数充足 $(M = N)$ 或不足 $(M < N)$的情形下, 我们将分别证明具 Neumann 边界控制的系统 (II) 的精确边界能控性或非精确边界能控性(参见定理12.9和12.10). 粗略地说, 当初始条件的所有分量都在同一能量空间中时, 具 Dirichlet 或 Neumann 边界控制的波动方程耦合系统具有精确边界能控性, 当且仅当施加的边界控制个数等于波动方程组的状态变量个数.

## § 2. 引理12.2的证明

假设 (12.8) 不成立, 则存在一列 $\{z_n\} \in \mathcal{F}$, 使当 $n \to +\infty$ 时成立

$$q(z_n) = 1 \quad \text{且} \quad p(z_n) \to 0. \tag{12.9}$$

由 (12.6) 可写 $z_n = x_n + y_n$, 其中 $x_n \in \mathcal{N}$, 而 $y_n \in \mathcal{L}$. 由于在 $q$-范数下从 $\mathcal{F}$ 到 $\mathcal{N}$ 的投影是连续的, 必存在一个正常数 $c > 0$, 使得

$$q(x_n) \leqslant cq(z_n) = c, \quad \forall n \geqslant 1. \tag{12.10}$$

注意到 $\mathcal{N}$ 是有限维的, 我们可假设存在 $x \in \mathcal{N}$, 使得当 $n \to +\infty$ 时在 $\mathcal{N}$ 中 $x_n \to x$. 于是, 由 (12.9) 的第二个式子, 当 $n \to +\infty$ 时在 $\mathcal{F}$ 中 $z_n \to 0$, 从而推出当 $n \to +\infty$ 时在 $\mathcal{L}$ 中对 $p$-范数成立 $y_n \to -x$. 于是得到 $x \in \mathcal{L} \cap \mathcal{N}$, 从而 $x = 0$. 这样, 当 $n \to +\infty$ 时成立

$$q(x_n) \to 0 \quad \text{且} \quad p(y_n) \to 0. \tag{12.11}$$

它结合 (12.7) 就产生了下面的矛盾: 当 $n \to +\infty$ 时,

$$1 = q(z_n) \leqslant q(x_n) + q(y_n) \leqslant q(x_n) + p(y_n) \to 0. \tag{12.12}$$

引理得证.

**注 12.1** 注意到 $\mathcal{L}$ 在更弱的 $q$-范数下未必是闭的, 于是, 先验地, 投影 $z \to x$ 在 $q$-范数下不是连续的 (参见 [8]).

## § 3. 能观不等式

为了证明定理12.1, 我们先介绍一些有用的初步结论. 设 $\Omega \subset \mathbb{R}^n$ 是具光滑边界 $\Gamma = \Gamma_1 \cup \Gamma_0$ 的有界区域, 且 $\overline{\Gamma}_1 \cap \overline{\Gamma}_0 = \varnothing$. 贯穿本章, 我们始终假设 $\Omega$ 满足几何控制条件 (参见 [7], [27] 及 [66]). 更精确地说, 假设存在 $x_0 \in \mathbb{R}^n$, 使得对于 $m = x - x_0$, 成立

$$(m, \nu) \leqslant 0, \quad \forall x \in \Gamma_0; \quad (m, \nu) > 0, \quad \forall x \in \Gamma_1, \tag{12.13}$$

其中 $(\cdot, \cdot)$ 表示 $\mathbb{R}^n$ 中的内积.

在 $\mathcal{H}_0$ 上如下定义线性无界算子 $-\Delta$:

$$D(-\Delta) = \{\phi \in H^2(\Omega) : \phi|_{\Gamma_0} = 0, \partial_\nu \phi|_{\Gamma_1} = 0\}. \tag{12.14}$$

显然,$-\Delta$ 是 $\mathcal{H}_0$ 上具紧豫解式的稠定自伴算子及强制算子. 从而, 对任意给定的 $s \in \mathbb{R}$, 可以定义幂算子 $(-\Delta)^{s/2}$ (参见 [68]). 此外, 配以范数 $\|\phi\|_s = \|(-\Delta)^{s/2}\phi\|_{\mathcal{H}_0}$ 的 $\mathcal{H}_s = D((-\Delta)^{s/2})$ 是一个 Hilbert 空间, 且在基础空间为 $\mathcal{H}_0$ 时, 其对偶空间为 $\mathcal{H}_s' = \mathcal{H}_{-s}$. 特别地, 我们有

$$\mathcal{H}_1 = D(\sqrt{-\Delta}) = \{\phi \in H^1(\Omega) : \phi = 0, x \in \Gamma_0\}. \tag{12.15}$$

我们将伴随问题 (12.4) 写成在空间 $(\mathcal{H}_s)^N \times (\mathcal{H}_{s-1})^N (s \in \mathbb{R})$ 上的抽象发展方程:

$$\begin{cases} \Phi'' - \Delta\Phi + A^{\mathrm{T}}\Phi = 0, \\ t = 0: \quad \Phi = \widehat{\Phi}_0, \ \Psi' = \widehat{\Phi}_1. \end{cases} \tag{12.16}$$

此外, 我们有如下的一些结论 (参见 [64],[68],[74]).

**命题 12.3** 对任意给定的初值 $(\widehat{\Phi}_0, \widehat{\Phi}_1) \in (\mathcal{H}_s)^N \times (\mathcal{H}_{s-1})^N$, 其中 $s \in \mathbb{R}$, 在 $C^0$-半群的意义下伴随问题(12.16) 存在唯一的一个弱解 $\Phi$, 使成立

$$\Phi \in C^0([0, +\infty); (\mathcal{H}_s)^N) \cap C^1([0, +\infty); (\mathcal{H}_{s-1})^N). \tag{12.17}$$

设 $e_m$ 为由下式定义的规范特征函数:

$$\begin{cases} -\Delta e_m = \mu_m^2 e_m, & x \in \Omega, \\ e_m = 0, & x \in \Gamma_0, \\ \partial_\nu e_m = 0, & x \in \Gamma_1, \end{cases} \tag{12.18}$$

其中正的序列 $\{\mu_m\}_{m \geqslant 1}$ 是递增的, 且 $m \to +\infty$ 时 $\mu_m \to +\infty$.

对每个 $m \geqslant 1$, 定义子空间 $Z_m$ 为

$$Z_m = \{\alpha e_m : \alpha \in \mathbb{R}^N\}. \tag{12.19}$$

由于 $A$ 是具常数元素的矩阵, 对任意给定的 $m \geqslant 1$, 子空间 $Z_m$ 关于 $A^{\mathrm{T}}$ 是不变的. 此外, 对任意给定的整数 $m, n(m \neq n)$ 及任意给定的向量 $\alpha, \beta \in \mathbb{R}^N$, 我们有

$$\begin{aligned} &(\alpha e_m, \beta e_n)_{(\mathcal{H}_s)^N} \\ &= (\alpha, \beta)_{\mathbb{R}^N} ((-\Delta)^{s/2} e_m, (-\Delta)^{s/2} e_n)_{\mathcal{H}_0} \\ &= (\alpha, \beta)_{\mathbb{R}^N} \mu_m^s \mu_n^s (e_m, e_n)_{\mathcal{H}_0} \\ &= (\alpha, \beta)_{\mathbb{R}^N} \mu_m^s \mu_n^s \delta_{mn}. \end{aligned} \tag{12.20}$$

从而, 子空间 $Z_m(m \geqslant 1)$ 在 Hilbert 空间 $(\mathcal{H}_s)^N (s \in \mathbb{R})$ 中是相互正交的, 且特别地, 有

$$\|\Phi\|_{(\mathcal{H}_s)^N} = \frac{1}{\mu_m} \|\Phi\|_{(\mathcal{H}_{s+1})^N}, \quad \forall \Phi \in Z_m. \tag{12.21}$$

设整数 $m_0 \geqslant 1$. 记 $\bigoplus_{m \geqslant m_0} (Z_m \times Z_m)$ 为子空间 $Z_m \times Z_m (m \geqslant m_0)$ 的线性包. 换言之, $\bigoplus_{m \geqslant m_0} (Z_m \times Z_m)$ 由 $Z_m \times Z_m (m \geqslant m_0)$ 中元素的所有有限线性组合组成.

**命题 12.4** 设 $\Phi$ 为伴随问题(12.16) 具初值 $(\widehat{\Phi}_0, \widehat{\Phi}_1) \in \bigoplus_{m \geqslant 1} (Z_m \times Z_m)$ 的解, 且满足下述附加条件: 当 $T > 0$ 充分大时,

$$\Phi \equiv 0, \quad (t, x) \in [0, T] \times \Gamma_1, \tag{12.22}$$

则 $\widehat{\Phi}_0 \equiv \widehat{\Phi}_1 \equiv 0$.

**证** 由 Schur 定理, 可假设 $A = (a_{ij})$ 是一个上三角矩阵, 于是问题 (12.16) 及附加条件 (12.22) 可以写成: 对 $k = 1, \cdots, N$,

$$\begin{cases} (\phi^{(k)})'' - \Delta \phi^{(k)} + \sum_{p=1}^{k} a_{pk} \phi^{(p)} = 0, & (t, x) \in (0, +\infty) \times \Omega, \\ \phi^{(k)} = 0, & (t, x) \in (0, +\infty) \times \Gamma, \\ \partial_\nu \phi^{(k)} = 0, & (t, x) \in (0, +\infty) \times \Gamma_1, \\ t = 0: \quad \phi^{(k)} = \widehat{\phi}_0^{(k)}, \ (\phi^{(k)})' = \widehat{\phi}_1^{(k)}, & x \in \Omega, \end{cases} \tag{12.23}$$

其中, 相应于(12.3)有

$$\widehat{\Phi}_0 = (\widehat{\phi}_0^{(1)}, \cdots, \widehat{\phi}_0^{(N)})^{\mathrm{T}} \quad \text{及} \quad \widehat{\Phi}_1 = (\widehat{\phi}_1^{(1)}, \cdots, \widehat{\phi}_1^{(N)})^{\mathrm{T}}. \tag{12.24}$$

于是, 利用 Holmgren 唯一性定理(参见 [66] 中定理 8.2), 存在一个与初值 $(\widehat{\phi}_0^{(1)}, \widehat{\phi}_1^{(1)})$ 无关的充分大的正常数 $T > 0$, 使得 $\phi^{(1)} \equiv 0$. 进而可得 $\phi^{(k)} \equiv 0 (k = 1, \cdots, N)$. □

**命题 12.5** 设整数 $m_0 \geqslant 1$, 且 $\Phi$ 为伴随问题(12.16) 且初值 $(\widehat{\Phi}_0, \widehat{\Phi}_1) \in \bigoplus_{m \geqslant m_0} (Z_m \times Z_m)$ 的解. 定义能量为

$$E(t) = \frac{1}{2} \int_\Omega (|\Phi'|^2 + |\nabla \Phi|^2) \, \mathrm{d}x. \tag{12.25}$$

令 $\sigma$ 表示矩阵 $A$ 的欧氏范数. 则有如下的能量估计: 对所有 $(\widehat{\Phi}_0, \widehat{\Phi}_1) \in \bigoplus_{m \geqslant m_0} (Z_m \times Z_m)$ 成立

$$\mathrm{e}^{\frac{-\sigma t}{\mu m_0}} E(0) \leqslant E(t) \leqslant \mathrm{e}^{\frac{\sigma t}{\mu m_0}} E(0), \quad t \geqslant 0, \tag{12.26}$$

其中序列 $(\mu_m)_{m \geqslant 1}$ 由问题 (12.18)定义.

证　首先, 通过直接的计算可得

$$E'(t) = -\int_\Omega (A\Phi', \Phi)\, \mathrm{d}x. \tag{12.27}$$

由 (12.21) 可得

$$\left|\int_\Omega (A\Phi', \Phi)\, \mathrm{d}x\right| \tag{12.28}$$

$$\leqslant \sigma\|\Phi'\|_{\mathcal{H}_0}\|\Phi\|_{\mathcal{H}_0} \leqslant \frac{\sigma}{\mu_{m_0}}\|\Phi'\|_{\mathcal{H}_0}\|\Phi\|_{\mathcal{H}_1} \leqslant \frac{\sigma}{\mu_{m_0}}E(t).$$

从而

$$-\frac{\sigma}{\mu_{m_0}}E(t) \leqslant E'(t) \leqslant \frac{\sigma}{\mu_{m_0}}E(t). \tag{12.29}$$

所以函数 $E(t)\mathrm{e}^{\frac{\sigma t}{\mu_{m_0}}}$ 关于变量 $t$ 是递增的; 而函数 $E(t)\mathrm{e}^{\frac{-\sigma t}{\mu_{m_0}}}$ 关于变量 $t$ 是递减的. 因此 (12.26) 得证.　□

**命题 12.6**　*存在一个整数 $m_0 \geqslant 1$ 以及与初值无关的正常数 $T > 0$ 和 $C > 0$, 使得下面的能观不等式*

$$\|(\widehat{\Phi}_0, \widehat{\Phi}_1)\|^2_{(\mathcal{H}_1)^N \times (\mathcal{H}_0)^N} \leqslant C \int_0^T \int_{\Gamma_1} |\Phi'|^2\, \mathrm{d}\Gamma\, \mathrm{d}t, \tag{12.30}$$

*对所有具初始值 $(\widehat{\Phi}_0, \widehat{\Phi}_1) \in \bigoplus_{m \geqslant m_0}(Z_m \times Z_m)$ 的伴随问题(12.16) 的解 $\Phi$ 成立.*

证　首先我们将伴随问题 (12.16) 写成分量形式:

$$\begin{cases} (\phi^{(k)})'' - \Delta\phi^{(k)} + \sum_{p=1}^N a_{pk}\phi^{(p)} = 0, & (t,x) \in (0, +\infty) \times \Omega, \\ \phi^{(k)} = 0, & (t,x) \in (0, +\infty) \times \Gamma_0, \\ \partial_\nu\phi^{(k)} = 0, & (t,x) \in (0, +\infty) \times \Gamma_1, \\ t = 0: \quad \phi^{(k)} = \widehat{\phi}_0^{(k)}, \ (\phi^{(k)})' = \widehat{\phi}_1^{(k)}, & x \in \Omega, \end{cases} \tag{12.31}$$

其中 $k = 1, 2, \cdots, N$. 接着, 在 (12.31) 的第 $k$ 个方程上乘以

$$M^{(k)} := 2m \cdot \nabla\phi^{(k)} + (N-1)\phi^{(k)}, \quad \text{其中} \quad m = x - x_0, \tag{12.32}$$

并分部积分, 就可以得到下面的恒等式 (参见 [27], [66]):

$$\int_0^T \int_\Gamma \left(\partial_\nu\phi^{(k)}M^{(k)} + (m,\nu)(|(\phi^{(k)})'|^2 - |\nabla\phi^{(k)}|^2)\right)\mathrm{d}\Gamma\,\mathrm{d}t \tag{12.33}$$

$$= \left[\int_\Omega (\phi^{(k)})'M^{(k)}\,\mathrm{d}x\right]_0^T + \int_0^T \int_\Omega \left(|(\phi^{(k)})'|^2 + |\nabla\phi^{(k)}|^2\right)\mathrm{d}x\,\mathrm{d}t$$

$$+\sum_{p=1}^{N}\int_{0}^{T}\int_{\Omega}a_{kp}\phi^{(p)}M^{(k)}\,\mathrm{d}x\,\mathrm{d}t,\quad k=1,\cdots,N.$$

注意到乘子几何条件(12.13), 我们有

$$\partial_{\nu}\phi^{(k)}M^{(k)}+(m,\nu)(|(\phi^{(k)})'|^{2}-|\nabla\phi^{(k)}|^{2}) \tag{12.34}$$
$$=(m,\nu)|\partial_{\nu}\phi^{(k)}|^{2}\leqslant0,\qquad\qquad(t,x)\in(0,T)\times\varGamma_{0}$$

和

$$\partial_{\nu}\phi^{(k)}M^{(k)}+(m,\nu)(|(\phi^{(k)})'|^{2}-|\nabla\phi^{(k)}|^{2}) \tag{12.35}$$
$$=(m,\nu)(|(\phi^{(k)})'|^{2}-|\nabla\phi^{(k)}|^{2})$$
$$\leqslant(m,\nu)|\phi'^{(k)}|^{2},\qquad\qquad(t,x)\in(0,T)\times\varGamma_{1}.$$

于是, 由 (12.33) 可得

$$\int_{0}^{T}\int_{\Omega}\left(|(\phi^{(k)})'|^{2}+|\nabla\phi^{(k)}|^{2}\right)\,\mathrm{d}x\,\mathrm{d}t \tag{12.36}$$
$$\leqslant\int_{0}^{T}\int_{\varGamma_{1}}(m,\nu)|(\phi^{(k)})'|^{2}\,\mathrm{d}\varGamma\,\mathrm{d}t-\left[\int_{\Omega}(\phi^{(k)})'M^{(k)}\,\mathrm{d}x\right]_{0}^{T}$$
$$-\sum_{p=1}^{N}\int_{0}^{T}\int_{\Omega}a_{kp}\phi^{(p)}M^{(k)}\,\mathrm{d}x\,\mathrm{d}t,\quad k=1,\cdots,N.$$

将 (12.36) 对 $k=1,\cdots,N$ 求和, 得到

$$2\int_{0}^{T}E(t)\,\mathrm{d}t\leqslant\int_{0}^{T}\int_{\varGamma_{1}}(m,\nu)|\varPhi'|^{2}\,\mathrm{d}\varGamma\,\mathrm{d}t \tag{12.37}$$
$$-\left[\int_{\Omega}(\varPhi',M)\,\mathrm{d}x\right]_{0}^{T}-\int_{0}^{T}\int_{\Omega}(\varPhi,AM)\,\mathrm{d}x\,\mathrm{d}t,$$

其中向量 $M$ 是由 (12.32) 给出的 $M^{(k)}(k=1,\cdots,N)$ 组成的.

接下来, 我们估计 (12.37) 右端的最后两项.

首先, 由 (12.32) 可得

$$\|M\|_{(\mathcal{H}_{0})^{N}}\leqslant2R\sum_{k=1}^{N}\|\nabla\phi^{(k)}\|_{(\mathcal{H}_{0})^{n}} \tag{12.38}$$
$$+(N-1)\|\varPhi\|_{(\mathcal{H}_{0})^{N}}\leqslant\gamma\|\varPhi\|_{(\mathcal{H}_{1})^{N}},$$

其中 $R=\|m\|_{\infty}$ 表示 $\Omega$ 的直径, 而

$$\gamma=\sqrt{4R^{2}+(N-1)^{2}}. \tag{12.39}$$

另一方面, 由于 $Z_m$ 是关于 $A^{\mathrm{T}}$ 不变的, 于是对任意给定的 $(\widehat{\Phi}_0, \widehat{\Phi}_1) \in \bigoplus_{m \geqslant m_0}(Z_m \times Z_m)$, 相应的伴随问题 (12.16) 的解 $\Phi$ 对任意给定的 $t \geqslant 0$ 均属于 $\bigoplus_{m \geqslant m_0} Z_m$. 因此, 由 (12.21) 和 (12.38), 有

$$\left| \int_{\Omega} (\Phi, AM) \, \mathrm{d}x \right| \leqslant \sigma \|\Phi\|_{(\mathcal{H}_0)^N} \|M\|_{(\mathcal{H}_0)^N} \tag{12.40}$$
$$\leqslant \gamma\sigma \|\Phi\|_{(\mathcal{H}_0)^N} \|\Phi\|_{(\mathcal{H}_1)^N} \leqslant \frac{2\gamma\sigma}{\mu_{m_0}} E(t).$$

类似地, 有

$$\left| \int_{\Omega} (\Phi', M) \, \mathrm{d}x \right| \leqslant \|\Phi'\|_{(\mathcal{H}_0)^N} \|M\|_{(\mathcal{H}_0)^N} \tag{12.41}$$
$$\leqslant \gamma \|\Phi'\|_{(\mathcal{H}_0)^N} \|\Phi\|_{(\mathcal{H}_1)^N} \leqslant \gamma E(t).$$

这样, 取

$$T = \frac{\mu_{m_0}}{\sigma} \tag{12.42}$$

并注意到 (12.26), 可得

$$\left| \left[ \int_{\Omega} \Phi' M \, \mathrm{d}x \right]_0^T \right| \leqslant \gamma(E(T) + E(0)) \leqslant \gamma(1 + \mathrm{e})E(0). \tag{12.43}$$

将 (12.40) 和 (12.43) 代入 (12.37) 中, 可得

$$2 \int_0^T E(t) \, \mathrm{d}t \leqslant \int_0^T \int_{\Gamma_1} (m, \nu) |\Phi'|^2 \, \mathrm{d}\Gamma \, \mathrm{d}t \tag{12.44}$$
$$+ \gamma(1 + \mathrm{e})E(0) + \frac{2\sigma\gamma}{\mu_{m_0}} \int_0^T E(t) \, \mathrm{d}t.$$

于是, 当 $m_0$ 充分大使得

$$\mu_{m_0} \geqslant 2\sigma\gamma \tag{12.45}$$

时, 便成立

$$\int_0^T E(t) \, \mathrm{d}t \leqslant R \int_0^T \int_{\Gamma_1} |\Phi'|^2 \, \mathrm{d}\Gamma \, \mathrm{d}t + \gamma(1 + \mathrm{e})E(0). \tag{12.46}$$

现在, 将不等式 (12.26) 的左端在 $[0, T]$ 上积分, 得到

$$\frac{\mu_{m_0}}{\sigma} \left( 1 - \mathrm{e}^{\frac{-\sigma T}{\mu_{m_0}}} \right) E(0) \leqslant \int_0^T E(t) \, \mathrm{d}t, \tag{12.47}$$

于是注意到 (12.26), 就有

$$T(1 - \mathrm{e}^{-1})E(0) \leqslant \int_0^T E(t) \, \mathrm{d}t. \tag{12.48}$$

这样, 对任意给定的 $(\widehat{\Phi}_0, \widehat{\Phi}_1) \in \bigoplus_{m \geqslant m_0}(Z_m \times Z_m)$, 当

$$T > \frac{\gamma \mathrm{e}(1 + \mathrm{e})}{\mathrm{e} - 1} \tag{12.49}$$

时, 由 (12.46) 和 (12.48) 可得

$$E(0) \leqslant \frac{R}{T(1 - \mathrm{e}^{-1}) - \gamma(1 + \mathrm{e})} \int_0^T \int_{\Gamma_1} |\Phi'|^2 \, \mathrm{d}\Gamma \, \mathrm{d}t. \tag{12.50}$$

而为了保证(12.49)成立, 只需选取

$$\mu_{m_0} > \frac{2\sigma\gamma \mathrm{e}(1 + \mathrm{e})}{\mathrm{e} - 1} \tag{12.51}$$

(参见 (12.42), (12.45) 及 (12.49)) 即可. $\hfill\square$

**命题 12.7** 存在整数 $m_0 \geqslant 1$ 以及与初值无关的正常数 $T > 0$ 和 $C > 0$, 使得对具初值 $(\widehat{\Phi}_0, \widehat{\Phi}_1) \in \bigoplus_{m \geqslant m_0}(Z_m \times Z_m)$ 的伴随问题(12.16) 的所有解 $\Phi$, 均成立下面的能观不等式:

$$\|(\widehat{\Phi}_0, \widehat{\Phi}_1)\|^2_{(\mathcal{H}_0)^N \times (\mathcal{H}_{-1})^N} \leqslant C \int_0^T \int_{\Gamma_1} |\Phi|^2 \, \mathrm{d}\Gamma \, \mathrm{d}t. \tag{12.52}$$

**证** 由于 $\mathrm{Ker}(-\Delta + A^{\mathrm{T}})$ 是有限维的, 故存在一个充分大的整数 $m_0 \geqslant 1$, 使得

$$\mathrm{Ker}(-\Delta + A^{\mathrm{T}}) \bigcap \bigoplus_{m \geqslant m_0} Z_m = \{0\}. \tag{12.53}$$

令

$$\mathcal{W} = \overline{\{\bigoplus_{m \geqslant m_0} Z_m\}}^{(\mathcal{H}_0)^N} \subseteq (\mathcal{H}_0)^N. \tag{12.54}$$

由于 $\bigoplus_{m \geqslant m_0} Z_m$ 是 $(-\Delta + A^{\mathrm{T}})$ 的一个不变子空间, 由 Fredholm 择一原理, $(-\Delta + A^{\mathrm{T}})^{-1}$ 是从 $\mathcal{W}$ 到其对偶空间 $\mathcal{W}'$ 的一个同构. 此外, 我们有

$$\|(-\Delta + A^{\mathrm{T}})^{-1}\Psi\|^2_{(\mathcal{H}_0)^N} \sim \|\Psi\|^2_{(\mathcal{H}_{-1})^N}, \quad \forall \Psi \in \mathcal{W}. \tag{12.55}$$

对任意给定的 $(\widehat{\Phi}_0, \widehat{\Phi}_1) \in \bigoplus_{m \geqslant m_0}(Z_m \times Z_m)$, 设

$$\Psi_0 = (\Delta - A^{\mathrm{T}})^{-1}\widehat{\Phi}_1, \quad \Psi_1 = \widehat{\Phi}_0. \tag{12.56}$$

就有

$$\|\Psi_0\|^2_{(\mathcal{H}_1)^N} + \|\Psi_1\|^2_{(\mathcal{H}_0)^N} \sim \|\widehat{\Phi}_1\|^2_{(\mathcal{H}_{-1})^N} + \|\widehat{\Phi}_0\|^2_{(\mathcal{H}_0)^N}. \tag{12.57}$$

设 $\Psi$ 是伴随问题 (12.16) 的解, 其中初值 $(\Psi_0, \Psi_1)$ 由 (12.56) 给出, 则有

$$t = 0: \quad \Psi' = \widehat{\Phi}_0, \ \Psi'' = \widehat{\Phi}_1. \tag{12.58}$$

由适定性可得

$$\Psi' = \Phi. \tag{12.59}$$

另一方面, 由于子空间 $\bigoplus_{m \geqslant m_0} Z_m$ 关于 $(-\Delta + A^{\mathrm{T}})$ 是不变的, 我们有

$$(\Psi_0, \Psi_1) \in \bigoplus_{m \geqslant m_0} (Z_m \times Z_m). \tag{12.60}$$

对 $\Psi$ 利用 (12.30), 就得到

$$\|(\Psi_0, \Psi_1)\|_{(\mathcal{H}_1)^N \times (\mathcal{H}_0)^N}^2 \leqslant C \int_0^T \int_{\Gamma_1} |\Psi'|^2 \, \mathrm{d}\Gamma \, \mathrm{d}t. \tag{12.61}$$

这样, 由 (12.57) 及 (12.59) 立得 (12.52). □

现在我们已经准备就绪, 下面给出定理12.1的证明.

对任意给定的 $(\widehat{\Phi}_0, \widehat{\Phi}_1) \in \bigoplus_{m \geqslant 1}(Z_m \times Z_m)$, 定义

$$p(\widehat{\Phi}_0, \widehat{\Phi}_1) = \sqrt{\int_0^T \int_{\Gamma_1} |\Phi|^2 \, \mathrm{d}\Gamma \, \mathrm{d}t}, \tag{12.62}$$

其中 $\Phi$ 为伴随问题(12.16) 的解. 由命题12.4, 当 $T > 0$ 充分大时, $p(\cdot, \cdot)$ 定义了 $\bigoplus_{m \geqslant 1}(Z_m \times Z_m)$ 上的一个范数. 记 $\mathcal{F}$ 为 $\bigoplus_{m \geqslant 1}(Z_m \times Z_m)$ 在 $p$-范数下的完备化空间. 显然 $\mathcal{F}$ 是一个 Hilbert 空间.

将 $\mathcal{F}$ 写成

$$\mathcal{F} = \mathcal{N} \bigoplus \mathcal{L}, \tag{12.63}$$

其中

$$\mathcal{N} = \bigoplus_{1 \leqslant m < m_0} (Z_m \times Z_m), \quad \mathcal{L} = \overline{\Big\{ \bigoplus_{m \geqslant m_0} (Z_m \times Z_m) \Big\}}^p. \tag{12.64}$$

显然, $\mathcal{N}$ 是一个有限维子空间, 而 $\mathcal{L}$ 是 $\mathcal{F}$ 的一个闭子空间. 特别地, 能观不等式(12.52) 可以被拓展到所有属于整个子空间 $\mathcal{L}$ 的初值的情况.

现在我们引入如下定义的 $q$-范数:

$$q(\widehat{\Phi}_0, \widehat{\Phi}_1) = \|(\widehat{\Phi}_0, \widehat{\Phi}_1)\|_{(\mathcal{H}_0)^N \times (\mathcal{H}_{-1})^N}, \quad \forall (\widehat{\Phi}_0, \widehat{\Phi}_1) \in \mathcal{F}. \tag{12.65}$$

由 (12.20), 对所有 $m \geqslant 1$, 子空间 $(Z_m \times Z_m)$ 在 $(\mathcal{H}_0)^N \times (\mathcal{H}_{-1})^N$ 中是相互正交的, 因此子空间 $\mathcal{N}$ 是 $\mathcal{L}$ 在 $(\mathcal{H}_0)^N \times (\mathcal{H}_{-1})^N$ 中的一个正交补空间. 特别地, 从 $\mathcal{F}$ 到 $\mathcal{N}$ 的投影在 $q$-范数下是连续的.

另一方面, (12.52) 意味着 (12.7) 成立. 于是, 利用引理12.2, 我们可以得到不等式 (12.8), 在现在的情形下也就是 (12.5). 特别地, 我们有

$$\mathcal{F} \subset (\mathcal{H}_0)^N \times (\mathcal{H}_{-1})^N. \tag{12.66}$$

至此, 定理12.1 得证. □

**注 12.2** 若对于耦合矩阵 $A$ 不施加任何额外的假设, 伴随问题 (12.16) 并不是守恒的, 所以不能直接使用通常的乘子方法. 然而, 由于子空间 $Z_m$ 关于矩阵 $A^{\mathrm{T}}$ 是不变的, 则对任意给定的初值 $(\widehat{\varPhi}_0, \widehat{\varPhi}_1) \in Z_m \times Z_m$, 伴随问题 (12.16) 的相应的解 $\varPhi$ 依旧属于子空间 $Z_m$. 于是, 由恒等式 (12.21), 相较于 $\frac{1}{\mu_m} \|\varPhi\|_{(\mathcal{H}_1)^N}$, 耦合项 $\|A^{\mathrm{T}}\varPhi\|_{(\mathcal{H}_0)^N}$ 是可忽略的. 因此, 我们首先在具更高频率的初值 $(\widehat{\varPhi}_0, \widehat{\varPhi}_1)$ 下证明能观不等式 (12.30), 其中 $(\widehat{\varPhi}_0, \widehat{\varPhi}_1)$ 属于次线性包 $\bigoplus_{m \geqslant m_0} (Z_m \times Z_m)$, 而 $m_0 \geqslant 1$ 充分大. 接着利用引理 12.2 所示的紧摄动方法, 将不等式拓展到整个线性包 $\bigoplus_{m \geqslant 1} (Z_m \times Z_m)$ 上.

**注 12.3** 紧致–唯一性议论常被用在分布参数系统的能观性研究中. 事实上, 这一方法对处理一些具低阶项的系统特别简单且有效. 一个自然的想法是, 将该问题化为一个斜伴算子的紧摄动问题 (参见 [28, 73]), 但这一方法要求基本系统对应的特征系形成能量空间的一组 Riesz 基. 然而, 即便在紧摄动下 Riesz 基也不是稳定的, 从而会产生新的困难. 相比之下, 这儿提出的方法并不要求基本系统满足任何谱条件. 特别地, 我们规避了验证 Riesz 基的性质, 而仅仅假设从 $\mathcal{F}$ 到 $\mathcal{N}$ 的投影在 $q$-范数下是连续的. 此外, 在许多情形下, 子空间 $\mathcal{N}$ 和 $\mathcal{L}$ 关于 $q$-内积是相互正交的, 因此, 从 $\mathcal{F}$ 到 $\mathcal{N}$ 的投影的连续性比 Riesz 基性质要容易验证得多.

对变系数的系统, 基于能量方法的证明可参见 [11], [89], [91] 及其参考文献.

## §4. 精确边界能控性

作为 J.-L. Lions 提出的 HUM 方法 (见 [65, 66]) 的一个标准的应用, 我们首先证明系统 (II) 的**精确边界零能控性**.

显然,

$$\mathcal{H}_s \subset H^s(\varOmega), \quad s \geqslant 0. \tag{12.67}$$

另一方面, 由 (12.66) 以及迹嵌入 $H^s(\Omega) \to L^2(\Gamma_1)$ ($\forall s > 1/2$), 注意到(12.62), 我们有如下的连续嵌入关系:

$$(\mathcal{H}_s)^N \times (\mathcal{H}_{s-1})^N \subset \mathcal{F} \subset (\mathcal{H}_0)^N \times (\mathcal{H}_{-1})^N, \quad s > 1/2. \tag{12.68}$$

在系统 (II) 的方程上乘以伴随问题 (12.4) 的解 $\Phi$, 并分部积分, 可得

$$(U'(t), \Phi(t))_{(\mathcal{H}_0)^N} - (U(t), \Phi'(t))_{(\mathcal{H}_0)^N} \tag{12.69}$$

$$= (\widehat{U}_1, \widehat{\Phi}_0)_{(\mathcal{H}_0)^N} - (\widehat{U}_0, \widehat{\Phi}_1)_{(\mathcal{H}_0)^N} + \int_0^t \int_{\Gamma_1} (DH(\tau), \Phi(\tau)) \, \mathrm{d}\Gamma \mathrm{d}\tau.$$

取 $(\mathcal{H}_0)^N$ 为基本空间并注意到 (12.68), (12.69) 可以写成

$$\langle (U'(t), -U(t)), (\Phi(t), \Phi'(t)) \rangle \tag{12.70}$$

$$= \langle (\widehat{U}_1, -\widehat{U}_0), (\widehat{\Phi}_0, \widehat{\Phi}_1) \rangle + \int_0^t \int_{\Gamma_1} (DH(\tau), \Phi(\tau)) \, \mathrm{d}\Gamma \mathrm{d}\tau,$$

其中 $\langle \cdot, \cdot \rangle$ 表示空间 $(\mathcal{H}_{-s})^N \times (\mathcal{H}_{1-s})^N$ 和 $(\mathcal{H}_s)^N \times (\mathcal{H}_{s-1})^N$ 的对偶积.

**定义 12.1** 称 $U$ 是问题 (II) 及 (II0) 的弱解, 若

$$(U, U') \in C^0([0, T]; (\mathcal{H}_{1-s})^N \times (\mathcal{H}_{-s})^N) \tag{12.71}$$

使得对任意给定的 $(\widehat{\Phi}_0, \widehat{\Phi}_1) \in (\mathcal{H}_s)^N \times (\mathcal{H}_{s-1})^N$ ($s > 1/2$) 满足变分方程 (12.70).

**命题 12.8** 对任意给定的 $H \in L^2(0, T; (L^2(\Gamma_1))^M)$ 及任意给定的 $(\widehat{U}_0, \widehat{U}_1) \in (\mathcal{H}_{1-s})^N \times (\mathcal{H}_{-s})^N$, 其中 $s > 1/2$, 问题 (II) 及 (II0) 存在唯一的弱解 $U$. 此外, 线性映射

$$\mathcal{R} : (\widehat{U}_0, \widehat{U}_1, H) \to (U, U') \tag{12.72}$$

在相应的拓扑下是连续的.

**证** 定义线性型

$$L_t(\widehat{\Phi}_0, \widehat{\Phi}_1) \tag{12.73}$$

$$= \langle (\widehat{U}_1, -\widehat{U}_0), (\widehat{\Phi}_0, \widehat{\Phi}_1) \rangle + \int_0^t \int_{\Gamma_1} (DH(\tau), \Phi(\tau)) \, \mathrm{d}\Gamma \mathrm{d}\tau.$$

由 (12.62) 定义的 $p$-范数和连续嵌入关系 (12.68), 对任意给定的 $t \geqslant 0$, 线性型 $L_t$ 在 $(\mathcal{H}_s)^N \times (\mathcal{H}_{s-1})^N$ 上是有界的. 设 $S_t$ 为伴随问题 (12.16) 在 Hilbert 空间 $(\mathcal{H}_s)^N \times (\mathcal{H}_{s-1})^N$ 上生成的算子半群, 它是一个在 $(\mathcal{H}_s)^N \times (\mathcal{H}_{s-1})^N$ 上的同构. 组

合的线性型 $L_t \circ S_t^{-1}$ 在 $(\mathcal{H}_s)^N \times (\mathcal{H}_{s-1})^N$ 中有界. 于是, 根据 Riesz-Fréchet 表示定理, 存在唯一的元素 $(U'(t), -U(t)) \in (\mathcal{H}_{-s})^N \times (\mathcal{H}_{1-s})^N$, 使得对任意给定的 $(\widehat{\Phi}_0, \widehat{\Phi}_1) \in (\mathcal{H}_s)^N \times (\mathcal{H}_{s-1})^N$ 成立

$$L_t \circ S_t^{-1}(\Phi(t), \Phi'(t)) = \langle (U'(t), -U(t)), (\Phi(t), \Phi'(t)) \rangle. \tag{12.74}$$

由于

$$L_t \circ S_t^{-1}(\Phi(t), \Phi'(t)) = L_t(\widehat{\Phi}_0, \widehat{\Phi}_1), \tag{12.75}$$

对任意给定的 $(\widehat{\Phi}_0, \widehat{\Phi}_1) \in (\mathcal{H}_s)^N \times (\mathcal{H}_{s-1})^N$ 可得 (12.70). 此外, 我们有

$$\|(U'(t), -U(t))\|_{(\mathcal{H}_{-s})^N \times (\mathcal{H}_{1-s})^N} \tag{12.76}$$
$$\leqslant C_T \big( \|(\widehat{U}_1, \widehat{U}_0)\|_{(\mathcal{H}_{-s})^N \times (\mathcal{H}_{1-s})^N} + \|H\|_{L^2(0,T;(L^2(\Gamma_1))^M)} \big).$$

于是, 通过经典的稠密性论述, 可得解的正则性 (12.71). □

**定义 12.2** 称系统 (II) 在时刻 $T$ 在空间 $(\mathcal{H}_1)^N \times (\mathcal{H}_0)^N$ 中是**精确边界零能控**的, 若存在常数 $T > 0$, 对任意给定的初值 $(\widehat{U}_1, \widehat{U}_0) \in (\mathcal{H}_1)^N \times (\mathcal{H}_0)^N$, 可以找到一个边界控制 $H \in L^2(0,T;(L^2(\Gamma_1))^M)$, 使得问题 (II) 及 (II0) 具有唯一的弱解 $U$, 且满足零终值条件:

$$t = T: \quad U = U' = 0. \tag{12.77}$$

**定理 12.9** 假设 $M = N$. 则存在常数 $T > 0$, 使得对任意给定的初值 $(\widehat{U}_0, \widehat{U}_1) \in (\mathcal{H}_1)^N \times (\mathcal{H}_0)^N$, 系统 (II) 在时刻 $T$ 是精确边界零能控的. 此外, 成立如下的连续依赖性:

$$\|H\|_{L^2(0,T;(L^2(\Gamma_1))^N)} \leqslant c\|(\widehat{U}_0, \widehat{U}_1)\|_{(\mathcal{H}_1)^N \times (\mathcal{H}_0)^N}. \tag{12.78}$$

**证** 设 $\Phi$ 为伴随问题 (12.4) 在 $(\mathcal{H}_s)^N \times (\mathcal{H}_{s-1})^N$ 中的解, 其中 $s > 1/2$. 令

$$H = D^{-1} \Phi |_{\Gamma_1}. \tag{12.79}$$

由 (12.68) 中第一个包含关系, 可得 $H \in L^2(0,T;(L^2(\Gamma_1))^N)$. 于是, 由命题 12.8, 相应的后向问题

$$\begin{cases} U'' - \Delta U + AU = 0, & (t,x) \in (0,T) \times \Omega, \\ U = 0, & (t,x) \in (0,T) \times \Gamma_0, \\ \partial_\nu U = \Phi, & (t,x) \in (0,T) \times \Gamma_1, \\ t = T: U = U' = 0, & x \in \Omega \end{cases} \tag{12.80}$$

存在唯一的弱解 $U$ 且满足 (12.71). 因此, 可定义线性映射

$$\Lambda(\widehat{\Phi}_0, \widehat{\Phi}_1) = (-U'(0), U(0)). \tag{12.81}$$

显然, $\Lambda$ 是从 $(\mathcal{H}_s)^N \times (\mathcal{H}_{s-1})^N$ 到 $(\mathcal{H}_{-s})^N \times (H_{1-s})^N$ 的一个连续映射.

注意到(12.77), 由 (12.70) 可得

$$\langle \Lambda(\widehat{\Phi}_0, \widehat{\Phi}_1), (\widehat{\Psi}_0, \widehat{\Psi}_1) \rangle = \int_0^T \int_{\Gamma_1} \Phi(\tau) \Psi(\tau) \, \mathrm{d}\Gamma \, \mathrm{d}\tau, \tag{12.82}$$

其中 $\Psi$ 是伴随问题 (12.16) 具初值 $(\widehat{\Psi}_0, \widehat{\Psi}_1)$ 的解. 于是就有

$$\langle \Lambda(\widehat{\Phi}_0, \widehat{\Phi}_1), (\widehat{\Psi}_0, \widehat{\Psi}_1) \rangle \leqslant \|(\widehat{\Phi}_0, \widehat{\Phi}_1)\|_{\mathcal{F}} \|(\widehat{\Psi}_0, \widehat{\Psi}_1)\|_{\mathcal{F}}. \tag{12.83}$$

由定义, $(\mathcal{H}_s)^N \times (\mathcal{H}_{s-1})^N$ 在 $\mathcal{F}$ 中是稠密的, 于是线性型

$$(\widehat{\Psi}_0, \widehat{\Psi}_1) \to \langle \Lambda(\widehat{\Phi}_0, \widehat{\Phi}_1), (\widehat{\Psi}_0, \widehat{\Psi}_1) \rangle \tag{12.84}$$

可以被连续地延拓到空间 $\mathcal{F}$ 上, 从而 $\Lambda(\Phi_0, \Phi_1) \in \mathcal{F}'$, 且成立

$$\|\Lambda(\widehat{\Phi}_0, \widehat{\Phi}_1)\|_{\mathcal{F}'} \leqslant \|(\widehat{\Phi}_0, \widehat{\Phi}_1)\|_{\mathcal{F}}. \tag{12.85}$$

这样, $\Lambda$ 是一个从 $\mathcal{F}$ 到 $\mathcal{F}'$ 的连续线性映射. 因此, 对称双线性型

$$\langle \Lambda(\widehat{\Phi}_0, \widehat{\Phi}_1), (\widehat{\Psi}_0, \widehat{\Psi}_1) \rangle \tag{12.86}$$

在乘积空间 $\mathcal{F} \times \mathcal{F}$ 上是连续且强制的, 其中 $\langle \cdot, \cdot \rangle$ 表示空间 $(\mathcal{H}_{-s})^N \times (\mathcal{H}_{1-s})^N$ 与 $(\mathcal{H}_s)^N \times (\mathcal{H}_{s-1})^N$ 的对偶积. 利用 Lax-Milgram 引理, $\Lambda$ 是 $\mathcal{F}$ 到 $\mathcal{F}'$ 上的一个同构. 因此, 对任意给定的 $(-\widehat{U}_1, \widehat{U}_0) \in \mathcal{F}'$, 存在一个元素 $(\widehat{\Phi}_0, \widehat{\Phi}_1) \in \mathcal{F}$, 使得

$$\Lambda(\widehat{\Phi}_0, \widehat{\Phi}_1) = (-\widehat{U}_1, \widehat{U}_0). \tag{12.87}$$

这就是对任意给定的初值 $(\widehat{U}_1, -\widehat{U}_0) \in \mathcal{F}'$, 系统 (II) 的精确边界能控性. 再由 (12.68) 所示的第二个包含关系, 就推出对任意给定的初值 $(\widehat{U}_1, -\widehat{U}_0) \in (\mathcal{H}_0)^N \times (\mathcal{H}_1)^N \subset \mathcal{F}'$, 成立同样的结论.

最后, 由定义 (12.79) 和(12.62), 我们有

$$\|H\|_{L^2(0,T;(L^2(\Gamma_1))^N)} \leqslant C\|\Phi\|_{L^2(0,T;(L^2(\Gamma_1))^N)} = C\|(\widehat{\Phi}_0, \widehat{\Phi}_1)\|_{\mathcal{F}}, \tag{12.88}$$

再结合 (12.87) 就可以推出连续依赖性:

$$\|H\|_{L^2(0,T;(L^2(\Gamma_1))^N)} \leqslant C\|\Lambda^{-1}\|_{\mathcal{L}(\mathcal{F}',\mathcal{F})}\|(\widehat{U}_0, \widehat{U}_1)\|_{(\mathcal{H}_1)^N \times (\mathcal{H}_0)^N}. \tag{12.89}$$

$\square$

## §5. 非精确边界能控性

在边界控制较少的情形, 我们有如下的否定性结果.

**定理 12.10** 假设 $M < N$, 则对于所有初值 $(\widehat{U}_0, \widehat{U}_1) \in (\mathcal{H}_1)^N \times (\mathcal{H}_0)^N$, 系统 (II) 均不是精确边界能控的.

**证** 由于 $M < N$, 存在一个非零向量 $e \in \mathbb{R}^N$, 使得 $D^{\mathrm{T}} e = 0$. 选取一组特殊的初值

$$\widehat{U}_0 = \theta e, \quad \widehat{U}_1 = 0, \tag{12.90}$$

其中 $\theta \in \mathcal{D}(\Omega)$ 是任意给定的. 若系统 (II) 是精确边界能控的, 注意到此时定理 3.5 依旧成立, 可以找到一个边界控制 $H$ 使得

$$\|H\|_{L^2(0,T;(L^2(\Gamma_1))^M)} \leqslant C \|\theta\|_{H^1(\Omega)}. \tag{12.91}$$

于是, 由命题12.8可得

$$\|U\|_{L^2(0,T;(\mathcal{H}_{1-s}(\Omega))^N)} \leqslant C \|\theta\|_{H^1(\Omega)}, \quad \forall s > 1/2. \tag{12.92}$$

将 $e$ 与问题 (II) 及 (II0) 作内积, 并记 $\phi = (e, U)$, 就得到

$$\begin{cases} \phi'' - \Delta\phi = -(e, AU), & (t,x) \in (0,T) \times \Omega, \\ \phi = 0, & (t,x) \in (0,T) \times \Gamma_0, \\ \partial_\nu \phi = 0, & (t,x) \in (0,T) \times \Gamma_1, \\ t = 0: \quad \phi = \theta, \ \phi' = 0, & x \in \Omega, \\ t = T: \quad \phi = 0, \ \phi' = 0, & x \in \Omega. \end{cases} \tag{12.93}$$

注意到 (12.67), 由适定性及(12.92), 可得

$$\|\theta\|_{H^{2-s}(\Omega)} \leqslant C \|U\|_{L^2(0,T;(H_{1-s}(\Omega))^N)} \leqslant C' \|\theta\|_{H^1(\Omega)}. \tag{12.94}$$

选取 $s$ 使得 $1 > s > 1/2$, 从而 $2 - s > 1$, 便得到了矛盾. 定理得证. $\qquad \square$

**注 12.4** 正如定理 12.9的证明所示的, 一个较弱的正则性 $(U, U') \in C^0([0,T];$ $(\mathcal{H}_0)^N \times (\mathcal{H}_{-1})^N)$ 便足以保证 $(U(0), U'(0))$ 的取值是有意义的, 从而, 足以保证精确边界能控性的实现. 在此阶段, 不必过多关注弱解关于空间变量的正则性. 但是, 为了建立定理12.10所示的非精确边界能控性, 该正则性在紧摄动的论述中是必不可少的. 在 Dirichlet 边界控制的情况下, 弱解与能控的初值保持相同的正则性, 而这一正则性在边界控制较少的情况下导致了系统的非精确边界能控性 (见第三章).

然而, 对 Neumann 边界控制而言, 正向不等式比反向不等式要弱得多. 例如, 在命题12.8中, 我们仅能得到: 对任意给定的 $s > 1/2$, $(U, U') \in C^0([0, T]; (\mathcal{H}_{1-s})^N \times (H_{-s})^N)$, 而能控的初值 $(\widehat{U}_0, \widehat{U}_1)$ 属于空间 $(\mathcal{H}_1)^N \times (\mathcal{H}_0)^N$. 即便这里的正则性一般不是最优的, 但已足以证明系统 (II) 的非精确边界能控性. 然而, 解与其初值之间的正则性差距, 将在考察耦合 Robin 边界控制情形的非精确边界能控性时带来困难 (见本书的第 III 部分).

**注 12.5** 如同我们在第 I 部分的 I1 中所考察的具 Dirichlet 边界控制的系统, 我们已在定理12.9和定理12.10中说明: 具 Neumann 边界控制的系统 (II) 是精确边界能控的, 当且仅当边界控制的个数恰好等于状态变量的个数, 即波动方程的个数. 当然, 非精确边界能控性的结论仅仅在初值的所有分量均属于同一能量空间的框架下成立. 例如, 在 [69] 中作者们证明了, 当初值属于不同水平的能量空间时, 仅通过一个边界控制就可以对两个波动方程的系统实现精确边界能控性. 更特别地, 在由 $N$ 个波动方程组成的串联系统中, 亦仅可通过一个边界控制实现精确边界能控性 (见 [1], [2]). 另一方面, 与精确边界能控性相比, 逼近边界能控性对边界控制个数的选取更加灵活, 且与由耦合矩阵 $A$ 和边界控制矩阵 $D$ 组成的扩张矩阵的秩所满足的所谓 Kalman 准则密切相关 (参见 II2).

# 第十三章

# 精确与非精确边界同步性

## §1. 定义

令

$$U = \left(u^{(1)}, \cdots, u^{(N)}\right)^{\mathrm{T}} \quad \text{及} \quad H = \left(h^{(1)}, \cdots, h^{(M)}\right)^{\mathrm{T}}, \tag{13.1}$$

其中 $M \leqslant N$. 考察具初值 (II0) 的耦合系统 (II).

为了论述简便, 且不失一般性, 在下文我们总假设 $\mathrm{mes}(\Gamma_0) \neq 0$, 且记

$$\mathcal{H}_0 = L^2(\Omega), \quad \mathcal{H}_1 = H^1_{\Gamma_0}(\Omega), \quad \mathcal{L} = L^2_{\mathrm{loc}}(0, +\infty; L^2(\Gamma_1)), \tag{13.2}$$

其中 $H^1_{\Gamma_0}(\Omega)$ 作为 $H^1(\Omega)$ 的子空间, 是由所有在 $\Gamma_0$ 上迹为 0 的函数组成的.

由定理12.9, 当 $M = N$ 时, 存在常数 $T > 0$, 使得对任意给定的初值 $(\widehat{U}_0, \widehat{U}_1) \in (\mathcal{H}_1)^N \times (\mathcal{H}_0)^N$, 系统 (II) 在时刻 $T$ 是精确零能控的.

另一方面, 根据定理 12.10, 在边界控制部分缺失的情形下, 即当 $M < N$ 时, 无论 $T > 0$ 多大, 对任意给定的初值 $(\widehat{U}_0, \widehat{U}_1) \in (\mathcal{H}_1)^N \times (\mathcal{H}_0)^N$, 系统 (II) 在时刻 $T$ 不是精确零能控的.

因此, 有必要讨论当边界控制个数不足时, 即当 $M < N$ 时, 系统（II）是否在某些较弱的意义下是能控的. 尽管结果与具 Dirichlet 边界控制的波动方程耦合系统的情形 (见 I1) 相似, 但由于具 Neumann 边界条件的波动方程耦合系统的解具有较弱的正则性, 为了实现预期的结果, 我们需要采用更强的函数空间, 而相应的伴随问题也将有所不同.

首先, 我们给出如下定义.

**定义 13.1** 称系统 (II) 在时刻 $T$ 在 $(\mathcal{H}_1)^N \times (\mathcal{H}_0)^N$ 中是**精确同步的**, 若对任意给定的初值 $(\widehat{U}_0, \widehat{U}_1) \in (\mathcal{H}_1)^N \times (\mathcal{H}_0)^N$, 存在一个支集在 $[0, T]$ 中的边界控制

$H \in \mathcal{L}^M$, 使得混合初边值问题 (II) 及 (II0) 的弱解 $U = U(t,x)$ 满足

$$t \geqslant T : u^{(1)} \equiv \cdots \equiv u^{(N)} := u, \qquad (13.3)$$

其中 $u = u(t,x)$ 是事先未知的状态函数, 称为**精确同步态**.

上面的定义要求即便边界控制在时刻 $T$ 之后已经撤除, 系统 (II) 仍保持精确同步状态.

设

$$C_1 = \begin{pmatrix} 1 & -1 & & & \\ & 1 & -1 & & \\ & & \ddots & \ddots & \\ & & & 1 & -1 \end{pmatrix}_{(N-1) \times N} \qquad (13.4)$$

为相应的**同步阵**. $C_1$ 是一个行满秩的矩阵, 且 $\mathrm{Ker}(C_1) = \mathrm{Span}\{e_1\}$, 其中 $e_1 = (1, \cdots, 1)^{\mathrm{T}}$. 显然, **精确边界同步性** (13.3) 可以等价地写为

$$t \geqslant T : C_1 U(t,x) \equiv 0, \quad x \in \Omega. \qquad (13.5)$$

## § 2. $C_1$-相容性条件

**定理 13.1** 假设 $M < N$. 若系统 (II) 在空间 $(\mathcal{H}_1)^N \times (\mathcal{H}_0)^N$ 中具有精确边界同步性, 则耦合阵 $A = (a_{ij})$ 必满足如下的相容性条件 (**行和条件**: 每一行的各个元素的和相等):

$$\sum_{j=1}^{N} a_{ij} := a, \qquad (13.6)$$

其中 $a$ 是与 $i = 1, \cdots, N$ 无关的常数.

**证** 根据定理 12.10, 因为 $M < N$, 系统 (II) 不是精确零能控的, 从而至少存在一个初值 $(\widehat{U}_0, \widehat{U}_1) \in (\mathcal{H}_1)^N \times (\mathcal{H}_0)^N$, 使得无论取怎样的边界控制 $H$, 系统对应的同步态 $u(t,x) \not\equiv 0$. 注意到 (13.3), 问题 (II) 及 (II0) 在该初值下的相应解满足: 对所有 $i = 1, \cdots, N$, 在 $\mathcal{D}'((T, +\infty) \times \Omega)$ 中成立

$$u'' - \Delta u + \Big( \sum_{j=1}^{N} a_{ij} \Big) u = 0, \qquad (13.7)$$

从而, 对 $i,k=1,\cdots,N$, 在 $\mathcal{D}'((T,+\infty)\times\Omega)$ 中成立

$$\Big(\sum_{j=1}^{N}a_{kj}-\sum_{j=1}^{N}a_{ij}\Big)u=0. \tag{13.8}$$

这就推得了

$$\sum_{j=1}^{N}a_{kj}=\sum_{j=1}^{N}a_{ij},\quad i,k=1,\cdots,N, \tag{13.9}$$

即得所要求的相容性条件(13.6). □

由命题 2.10, 容易验证以下结论.

**引理 13.2** 下面的性质是等价的:

(i) 相容性条件 (13.6) 成立;

(ii) $e=(1,\cdots,1)^{\mathrm{T}}$ 是 $A$ 的一个特征向量, 而相应的特征值 $a$ 由 (13.6)给出;

(iii) $\mathrm{Ker}(C_1)$ 是 $A$ 的一个一维不变子空间:

$$A\mathrm{Ker}(C_1)\subseteq\mathrm{Ker}(C_1); \tag{13.10}$$

(iv) 存在唯一的一个 $N-1$ 阶矩阵 $\overline{A}_1$ 满足

$$C_1A=\overline{A}_1C_1. \tag{13.11}$$

$\overline{A}_1=(\overline{a}_{ij})$ 称为 $A$ 关于 $C_1$ 的化约矩阵, 其中对 $i,j=1,\cdots,N-1$, 有

$$\overline{a}_{ij}=\sum_{p=j+1}^{N}(a_{i+1,p}-a_{ip})=\sum_{p=1}^{j}(a_{ip}-a_{i+1,p}). \tag{13.12}$$

下面我们称行和条件 (13.6)为$C_1$-**相容性条件**.

# §3. 精确边界同步性和非精确边界同步性

**定理 13.3** 假设 $C_1$-相容性条件(13.10)满足, 系统 (II) 在某个时刻 $T>0$ 在空间 $(\mathcal{H}_1)^N\times(\mathcal{H}_0)^N$ 中具精确边界同步性, 当且仅当 $\mathrm{rank}(C_1D)=N-1$. 此外, 有如下的连续依赖性:

$$\|H\|_{L^2(0,T;(L^2(\Gamma_1))^{N-1})}\leqslant c\|C_1(\widehat{U}_0,\widehat{U}_1)\|_{(\mathcal{H}_1)^N\times(\mathcal{H}_0)^{N-1}}, \tag{13.13}$$

其中 $c$ 是一个正常数.

**证** 当 $C_1$-相容性条件 (13.10)满足时, 记

$$W = C_1 U, \quad \widehat{W}_0 = C_1 \widehat{U}_0, \quad \widehat{W}_1 = C_1 \widehat{U}_1. \tag{13.14}$$

注意到(13.11), 易见关于变量 $U$ 的原始问题 (II) 及 (II0) 可以化约为关于变量 $W = (w^{(1)}, \cdots, w^{(N-1)})^{\mathrm{T}}$ 的如下自封闭问题:

$$\begin{cases} W'' - \Delta W + \overline{A}_1 W = 0, & (t,x) \in (0, +\infty) \times \Omega, \\ W = 0, & (t,x) \in (0, +\infty) \times \Gamma_0, \\ \partial_\nu W = \overline{D}H, & (t,x) \in (0, +\infty) \times \Gamma_1, \end{cases} \tag{13.15}$$

其中 $\overline{D} = C_1 D$, 而相应的初始条件为

$$t = 0: \quad W = \widehat{W}_0, \, W' = \widehat{W}_1, \quad x \in \Omega. \tag{13.16}$$

注意到 $C_1$ 是从 $(\mathcal{H}_1)^N \times (\mathcal{H}_0)^N$ 到 $(\mathcal{H}_1)^{N-1} \times (\mathcal{H}_0)^{N-1}$ 的一个满射. 容易验证, 关于 $U$ 的系统 (II) 的精确边界同步性等价于关于 $W$ 的**化约系统** (13.15)的精确边界零能控性. 因此, 由定理12.9和命题12.10可知, 系统 (II) 的精确边界同步性等价于秩条件 $\mathrm{rank}(\overline{D}) = \mathrm{rank}(C_1 D) = N - 1$. 而连续依赖性(13.13), 则可由(12.78)直接得到. □

## §4. 精确同步态的能达集

如果系统 (II) 在某个时刻 $T > 0$ 具有精确边界同步性, 且 $C_1$-相容性条件(13.6)满足, 易得对于 $t \geqslant T$, 由 (13.3) 定义的精确同步态 $u = u(t,x)$ 应满足下面具齐次边界条件的波动方程:

$$\begin{cases} u'' - \Delta u + au = 0, & (t,x) \in (T, +\infty) \times \Omega, \\ u = 0, & (t,x) \in (T, +\infty) \times \Gamma_0, \\ \partial_\nu u = 0, & (t,x) \in (T, +\infty) \times \Gamma_1, \end{cases} \tag{13.17}$$

其中 $a$ 由行和条件 (13.3) 给出. 因此, 精确同步态 $u = u(t,x)$ 关于时间 $t$ 的演化完全由 $(u,u')$ 在 $t = T$ 时刻的值

$$t = T: \quad u = \widehat{u}_0, \quad u' = \widehat{u}_1, \quad x \in \Omega \tag{13.18}$$

决定.

**定理 13.4** 假设耦合阵 $A$ 满足 $C_1$-相容性条件(13.6), 那么, 当初始条件 $(\widehat{U}_0, \widehat{U}_1)$ 取遍空间 $(\mathcal{H}_1)^N \times (\mathcal{H}_0)^N$ 时, 精确同步态 $u = u(t,x)$ 在时刻 $t = T$ 相应的值 $(u, u')$ 的能达集是整个空间 $\mathcal{H}_1 \times \mathcal{H}_0$.

**证**　对于任意给定的 $(\widehat{u}_0, \widehat{u}_1) \in \mathcal{H}_1 \times \mathcal{H}_0$, 求解终值条件为

$$t = T: \quad u = \widehat{u}_0, \quad u' = \widehat{u}_1, \quad x \in \Omega \tag{13.19}$$

的后向问题

$$\begin{cases} u'' - \Delta u + au = 0, & (t,x) \in (0,T) \times \Omega, \\ u = 0, & (t,x)(0,T) \times \Gamma_0, \\ \partial_\nu u = 0, & (t,x) \in (0,T) \times \Gamma_1, \end{cases} \tag{13.20}$$

可得到相应的解 $u = u(t,x)$. 由于 $C_1$-相容性条件 (13.6) 成立, 问题 (II) 及 (II0) 具零边界控制 $H \equiv 0$ 以及初始条件

$$t = 0: \quad U = u(0,x)e_1, \ U' = u'(0,x)e_1 \tag{13.21}$$

的解恰为

$$U(t,x) = u(t,x)e_1, \tag{13.22}$$

其中 $e_1 = (1, \cdots, 1)^{\mathrm{T}}$. 因此, 通过求解具零边界控制及初始条件 (13.21) 的问题 (II) 及 (II0), 可以在时刻 $t = T$ 达到任意给定的精确同步态$(\widehat{u}_0, \widehat{u}_1)$. 这一事实说明: 任一给定的状态 $(\widehat{u}_0, \widehat{u}_1) \in \mathcal{H}_1 \times \mathcal{H}_0$ 均可作为一个精确同步态. 所以, 当初值 $(\widehat{U}_0, \widehat{U}_1)$ 取遍整个空间 $(\mathcal{H}_1)^N \times (\mathcal{H}_0)^N$ 时, 系统的精确同步态 $u = (t,x)$ 在 $T$ 时刻对应的取值 $(u(T), u'(T))$ 的能达集是整个空间 $\mathcal{H}_1 \times \mathcal{H}_0$. □

对每个给定的初值 $(\widehat{U}_0, \widehat{U}_1)$, 相应的精确同步态 $u$ 的确定将在第十五章中讨论.

# 第十四章

# 分 $p$ 组精确边界同步性

## §1. 定义

当边界控制的个数进一步减少时, 我们考察系统 (II) 的**分 $p$ 组精确边界同步性**, 其中 $p \geqslant 1$. 这表明我们将 $U$ 的元素划分为 $p$ 组:

$$(u^{(1)}, \cdots, u^{(n_1)}), \ (u^{(n_1+1)}, \cdots, u^{(n_2)}), \cdots, (u^{(n_{p-1}+1)}, \cdots, u^{(n_p)}), \qquad (14.1)$$

其中整数 $0 = n_0 < n_1 < n_2 < \cdots < n_p = N$, 且对 $1 \leqslant r \leqslant p$ 成立 $n_r - n_{r-1} \geqslant 2$.

**定义 14.1** 称系统 (II) 在时刻 $T > 0$ 在空间 $(\mathcal{H}_1)^N \times (\mathcal{H}_0)^N$ 中是分 $p$ 组精确同步, 若对任意给定的初值 $(\widehat{U}_0, \widehat{U}_1) \in (\mathcal{H}_1)^N \times (\mathcal{H}_0)^N$, 存在一个支集在 $[0, T]$ 中的边界控制 $H \in \mathcal{L}^M$, 使得相应的问题 (II) 及 (II0) 的弱解 $U = U(t, x)$ 满足

$$t \geqslant T : u^{(i)} = u_r, \quad n_{r-1} + 1 \leqslant i \leqslant n_r, \quad 1 \leqslant r \leqslant p, \qquad (14.2)$$

其中 $u = (u_1, \cdots, u_p)^{\mathrm{T}}$ 事先未知, 称为**分 $p$ 组精确同步态**.

设 $S_r$ 为下面的 $(n_r - n_{r-1} - 1) \times (n_r - n_{r-1})$ 阶行满秩矩阵:

$$S_r = \begin{pmatrix} 1 & -1 & & & \\ & 1 & -1 & & \\ & & \ddots & \ddots & \\ & & & 1 & -1 \end{pmatrix}, \quad 1 \leqslant r \leqslant p, \qquad (14.3)$$

而 $C_p$ 为下面的 $(N-p) \times N$ 阶的**分 $p$ 组同步阵**:

$$C_p = \begin{pmatrix} S_1 & & & \\ & S_2 & & \\ & & \ddots & \\ & & & S_p \end{pmatrix}. \tag{14.4}$$

显然, 我们有

$$\mathrm{Ker}(C_p) = \mathrm{Span}\{e_1, \cdots, e_p\}, \tag{14.5}$$

其中对 $1 \leqslant r \leqslant p$,

$$(e_r)_i = \begin{cases} 1, & n_{r-1} + 1 \leqslant i \leqslant n_r, \\ 0, & \text{其余情形}. \end{cases} \tag{14.6}$$

因此, 分 $p$ 组精确边界同步性 (14.2) 可写为

$$t \geqslant T: C_p U \equiv 0, \quad x \in \Omega, \tag{14.7}$$

或等价地,

$$t \geqslant T: U = \sum_{r=1}^{p} u_r e_r, \quad x \in \Omega. \tag{14.8}$$

## § 2. $C_p$-相容性条件

**定理 14.1**　假设系统 (II) 具分 $p$ 组精确同步性, 则必成立 $M \geqslant N - p$. 特别地, 当 $M = N - p$ 时, 耦合矩阵 $A = (a_{ij})$ 须满足下面的$C_p$-**相容性条件**:

$$A\mathrm{Ker}(C_p) \subseteq \mathrm{Ker}(C_p). \tag{14.9}$$

**证**　注意到引理 6.1 的证明与所取的边界条件无关, 它依旧可以应用到 Neumann 边界控制的情形.

由(14.7), 若 $A\mathrm{Ker}(C_p) \nsubseteq \mathrm{Ker}(C_p)$, 则由引理 6.1, 我们可以构造一个扩大的 $(N-p+1) \times N$ 阶的行满秩矩阵 $\widetilde{C}_{p-1}$, 使满足

$$t \geqslant T: \widetilde{C}_{p-1} U \equiv 0, \quad x \in \Omega.$$

若 $A\mathrm{Ker}(\widetilde{C}_{p-1}) \not\subseteq \mathrm{Ker}(\widetilde{C}_{p-1})$, 仍由引理 6.1, 我们可以构造另一个扩大的 $(N-p+2)\times N$ 阶的行满秩矩阵 $\widetilde{C}_{p-2}$, 使满足

$$t \geqslant T : \widetilde{C}_{p-2}U \equiv 0, \quad x \in \Omega,$$

如此下去, 这一构造过程将在第 $r(0 \leqslant r \leqslant p)$ 步结束. 最后, 我们可得到一个扩张矩阵 $\widetilde{C}_{p-r}$, 它是一个行满秩的 $(N-p+r)\times N$ 矩阵, 且满足

$$t \geqslant T : \widetilde{C}_{p-r}U \equiv 0, \quad x \in \Omega \tag{14.10}$$

及

$$A\mathrm{Ker}(\widetilde{C}_{p-r}) \subseteq \mathrm{Ker}(\widetilde{C}_{p-r}). \tag{14.11}$$

于是, 由命题2.10, 存在唯一的一个 $N-p+r$ 阶矩阵 $\tilde{A}$, 使得

$$\widetilde{C}_{p-r}A = \tilde{A}\widetilde{C}_{p-r}. \tag{14.12}$$

在问题 (II) 及 (II0) 中记 $W = \widetilde{C}_{p-r}U$, 便得下面关于 $W = (w^{(1)},\cdots,w^{(N-p+r)})^{\mathrm{T}}$ 的化约系统:

$$\begin{cases} W'' - \Delta W + \tilde{A}W = 0, & (t,x) \in (0,+\infty)\times \Omega, \\ W = 0, & (t,x) \in (0,+\infty)\times \Gamma_0, \\ \partial_\nu W = \tilde{D}H, & (t,x) \in (0,+\infty)\times \Gamma_1 \end{cases} \tag{14.13}$$

其中 $\tilde{D} = \widetilde{C}_{p-r}D$, 而相应的初始条件为

$$t = 0 : W = \widetilde{C}_{p-r}\widehat{U}_0, \ W' = \widetilde{C}_{p-r}\widehat{U}_1, \quad x \in \Omega. \tag{14.14}$$

此外, 由(14.10)有

$$t \geqslant T : W \equiv 0. \tag{14.15}$$

注意到 $\widetilde{C}_{p-r}$ 是一个 $(N-p+r)\times N$ 阶的行满秩矩阵, 线性映射

$$(\widehat{U}_0,\widehat{U}_1) \rightarrow (\widetilde{C}_{p-r}\widehat{U}_0, \widetilde{C}_{p-r}\widehat{U}_1) \tag{14.16}$$

是从 $(\mathcal{H}_1)^N \times (\mathcal{H}_0)^N$ 到 $(\mathcal{H}_1)^{N-p+r} \times (\mathcal{H}_0)^{N-p+r}$ 的一个满射. 于是, 系统 (14.13)在时刻 $T$ 在空间 $(\mathcal{H}_1)^{N-p+r} \times (\mathcal{H}_0)^{N-p+r}$ 中具有精确边界零能控性. 由定理 12.9 和定理 12.10, 必成立

$$\mathrm{rank}(\widetilde{C}_{p-r}D) = N - p + r,$$

从而得到

$$M = \operatorname{rank}(D) \geqslant \operatorname{rank}(\widetilde{C}_{p-r}D) = N - p + r \geqslant N - p. \tag{14.17}$$

特别地, 当 $M = N - p$ 时, 有 $r = 0$, 即 $C_p$-相容性条件 (14.9) 成立. □

**注 14.1** $C_p$-相容性条件 (14.9) 等价于存在一些常数 $\alpha_{rs}$ $(1 \leqslant r, s \leqslant p)$ 使得

$$Ae_r = \sum_{s=1}^{p} \alpha_{sr}e_s, \quad 1 \leqslant r \leqslant p, \tag{14.18}$$

或者, 注意到(14.6), 也等价于 $A$ 满足如下的**分块行和条件**:

$$\sum_{j=n_{s-1}+1}^{n_s} a_{ij} = \alpha_{rs}, \quad n_{r-1}+1 \leqslant i \leqslant n_r, \quad 1 \leqslant r, s \leqslant p. \tag{14.19}$$

特别地, 当 $p = 1$ 时, 该相容性条件便是行和条件 (13.6).

# §3. 分 $p$ 组精确边界同步性和非分 $p$ 组精确边界同步性

**定理 14.2** 假设 $C_p$-相容性条件 (14.9)成立. 则系统 (II) 具分 $p$ 组精确边界同步性, 当且仅当 $\operatorname{rank}(C_pD) = N - p$. 此外, 有如下的连续依赖性:

$$\|H\|_{L^2(0;T;(L^2(\Gamma_1))^{N-p})} \leqslant c\|C_p(\widehat{U}_0, \widehat{U}_1)\|_{(\mathcal{H}_1)^{N-p} \times (\mathcal{H}_0)^{N-p}}, \tag{14.20}$$

其中 $c$ 是一个正常数.

**证** 假设耦合矩阵 $A = (a_{ij})$ 满足 $C_p$-相容性条件 (14.9). 由命题 2.10, 存在唯一的一个 $N - p$ 阶矩阵 $\overline{A}_p$, 使得

$$C_pA = \overline{A}_pC_p. \tag{14.21}$$

记

$$W = C_pU, \quad \overline{D} = C_pD, \tag{14.22}$$

得到关于 $W = (w^{(1)}, \cdots, w^{(N-p)})^{\mathrm{T}}$ 的下述化约系统:

$$\begin{cases} W'' - \Delta W + \overline{A}_pW = 0, & (t,x) \in (0, +\infty) \times \Omega, \\ W = 0, & (t,x) \in (0, +\infty) \times \Gamma_0, \\ \partial_\nu W = \overline{D}H, & (t,x) \in (0, +\infty) \times \Gamma_1, \end{cases} \tag{14.23}$$

其初始条件为

$$t = 0: W = C_p\widehat{U}_0, \ W' = C_p\widehat{U}_1, \quad x \in \Omega. \tag{14.24}$$

注意到 $C_p$ 是一个 $(N-p) \times N$ 阶的行满秩矩阵, 易得系统 (II) 具分 $p$ 组精确边界同步性, 当且仅当化约系统 (14.23)具精确边界零能控性, 或是由定理12.9和定理12.10, 当且仅当 $\mathrm{rank}(C_p D) = N - p$. 此外, 由 (12.78)可导出连续依赖性 (14.20) . □

# §4. 分 $p$ 组精确同步态的能达集

在 $C_p$-相容性条件 (14.9) 成立的前提下, 若系统 (II) 在时刻 $T > 0$ 具有分 $p$ 组精确同步性, 则易见对于 $t \geqslant T$, 分 $p$ 组精确同步态 $u = (u_1, \cdots u_p)^{\mathrm{T}}$ 满足下面具齐次边界条件的波动方程耦合系统:

$$\begin{cases} u'' - \Delta u + \widetilde{A}u = 0, & (t,x) \in (T, +\infty) \times \Omega, \\ u = 0, & (t,x) \in (T, +\infty) \times \varGamma_0, \\ \partial_\nu u = 0, & (t,x) \in (T, +\infty) \times \varGamma_1, \end{cases} \tag{14.25}$$

其中 $\widetilde{A} = (\alpha_{rs})$ 由 (14.18) 给出. 因此, 分 $p$ 组精确同步态 $u = (u_1, \cdots u_p)^{\mathrm{T}}$ 关于时间 $t$ 的演化完全由其在 $t = T$ 时刻 $(u, u')$ 的值

$$t = T: u = \widehat{u}_0, \quad u' = \widehat{u}_1 \tag{14.26}$$

所决定.

类似于 $p = 1$ 情形下的定理13.4, 当初值 $(\widehat{U}_0, \widehat{U}_1)$ 取遍全空间 $(\mathcal{H}_1)^N \times (\mathcal{H}_0)^N$ 时, 可以证明在 $t = T$ 时刻 $(u, u')$ 的所有可能的取值的能达集是整个空间 $(\mathcal{H}_1)^p \times (\mathcal{H}_0)^p$.

对每个给定的初值 $(\widehat{U}_0, \widehat{U}_1)$, 分 $p$ 组精确同步态 $u = (u_1, \cdots, u_p)^{\mathrm{T}}$ 的确定将在第十五章中讨论.

# 第十五章

# 分 $p$ 组精确同步态的确定

## §1. 引言

在 $C_p$-相容性条件 (14.9) 成立的前提下, 我们将在本章讨论系统 (II) 的分 $p$ 组精确同步态 $u = (u_1, \cdots, u_p)^{\mathrm{T}}$ 的确定, 其中 $p \geqslant 1$. 一般来说, 分 $p$ 组精确同步态依赖于初值 $(\widehat{U}_0, \widehat{U}_1)$ 和所用的边界控制 $H$ 问题. 然而, 当耦合阵 $A$ 具有某些好的性质时, 分 $p$ 组精确同步态可以与边界上所施加的控制 $H$ 无关, 且能由具齐次边界条件的波动方程组及任意给定的初值 $(\widehat{U}_0, \widehat{U}_1)$ 的解所完全确定.

类似于 Dirichlet 边界控制的情形, 我们有如下结论.

**定理 15.1** 记 $\mathcal{U}_{\mathrm{ad}}$ 为可实现系统 (II) 在时刻 $T > 0$ 具分 $p$ 组精确边界同步性的所有边界控制 $H = (h^{(1)}, \cdots, h^{(N-p)})^{\mathrm{T}}$ 所组成的集合. 假设 $C_p$-相容性条件 (14.9) 成立, 那么对于 $\epsilon > 0$ 充分小, $H \in \mathcal{U}_{\mathrm{ad}}$ 在 $(0, \epsilon) \times \Gamma_1$ 上的值可以被任意地选取.

**证** 当 $C_p$-相容性条件 (14.9) 成立时, 系统 (II) 的分 $p$ 组精确边界同步性等价于化约系统(14.23)的精确边界零能控性.

设 $T_0 > 0$ 为不依赖初值的一个正常数, 使得对于满足 $T > T_0$ 的任意给定的时刻 $T$, 化约系统(14.23)在 $T$ 时刻是精确零能控的. 取 $\epsilon > 0$ 充分小使得 $T - \epsilon > T_0$, 则对在 $t = \epsilon$ 时刻给定的初值, 系统 (II) 在 $T$ 时刻依旧是分 $p$ 组精确边界同步的.

对于任何给定的初值 $(\widehat{U}_0, \widehat{U}_1) \in (\mathcal{H}_1)^N \times (\mathcal{H}_0)^N$, 任意给定

$$\widehat{H}_\epsilon \in (C_0^\infty([0, \epsilon] \times \Gamma_1))^{N-p}, \tag{15.1}$$

并在时间区间 $[0, \epsilon]$ 上求解问题 (II) 及 (II0) 具边界函数 $H = \widehat{H}_\epsilon$ 的混合初边值问题. 记 $(\widehat{U}_\epsilon, \widehat{U}_\epsilon')$ 为相应的解. 容易验证

$$(\widehat{U}_\epsilon, \widehat{U}_\epsilon') \in C^0([0, \epsilon]; (\mathcal{H}_1)^N \times (\mathcal{H}_0)^N). \tag{15.2}$$

由定理14.2, 可以找到一个边界控制

$$\widetilde{H}_\epsilon \in L^2(\epsilon, T; (L^2(\Gamma_1))^{N-p}), \tag{15.3}$$

使得系统 (II) 及初始条件

$$t = \epsilon: \widetilde{U}_\epsilon = \widehat{U}_\epsilon, \quad \widetilde{U}'_\epsilon = \widehat{U}'_\epsilon \tag{15.4}$$

在 $t = T$ 时刻实现分 $p$ 组精确边界同步性.

取

$$H = \begin{cases} \widehat{H}_\epsilon, & t \in (0, \epsilon), \\ \widetilde{H}_\epsilon, & t \in (\epsilon, T), \end{cases} \quad U = \begin{cases} \widehat{U}_\epsilon, & t \in (0, \epsilon), \\ \widetilde{U}_\epsilon, & t \in (\epsilon, T). \end{cases} \tag{15.5}$$

易证 $U$ 是问题 (II) 及 (II0) 具边界控制 $H$ 的解. 于是, 对 $t = 0$ 时刻给定的初值 $(\widehat{U}_0, \widehat{U}_1)$, 系统 (II) 依旧在时刻 $T$ 具分 $p$ 组精确边界同步性. □

# §2. 分 $p$ 组精确同步态的确定和估计

分 $p$ 组精确同步态与耦合矩阵 $A$ 的性质密切相关.

令

$$\mathcal{D}_{N-p} = \{D \in \mathbb{M}^{N \times (N-p)}(\mathbb{R}) : \text{rank}(D) = \text{rank}(C_p D) = N - p\}. \tag{15.6}$$

由命题 6.6, $D \in \mathcal{D}_{N-p}$ 当且仅当 $D$ 可以表示成

$$D = C_p^{\mathrm{T}} D_1 + (e_1, \cdots, e_p) D_0, \tag{15.7}$$

其中 $e_1, \cdots, e_p$ 由 (14.6)给出, $D_1$ 是一个 $N - p$ 阶可逆矩阵, 而 $D_0$ 是一个 $p \times (N - p)$ 阶矩阵.

**定理 15.2** 设矩阵 $A$ 满足 $C_p$-相容性条件(14.9), 进一步假设 $A^{\mathrm{T}}$ 存在一个双正交于 $\text{Ker}(C_p) = \text{Span}\{e_1, \cdots, e_p\}$ 的不变子空间 $\text{Span}\{E_1, \cdots, E_p\}$:

$$(E_r, e_s) = \delta_{rs}, \quad 1 \leqslant r, s \leqslant p. \tag{15.8}$$

则存在一个边界控制矩阵 $D \in \mathcal{D}_{N-p}$, 使得每个分 $p$ 组精确同步态 $u = (u_1, \cdots, u_p)^{\mathrm{T}}$ 与所施加的边界控制无关, 且可以由下式

$$t \geqslant T: u = \psi \tag{15.9}$$

唯一确定, 其中 $\psi = (\psi_1, \cdots, \psi_p)^{\mathrm{T}}$ 为下述具齐次边界条件的问题的解: 对 $r = 1, \cdots, p$,

$$
\begin{cases}
\psi_r'' - \Delta\psi_r + \sum_{s=1}^{p} \alpha_{rs}\psi_s = 0, & (t,x) \in (0, +\infty) \times \Omega, \\
\psi_r = 0, & (t,x) \in (0, +\infty) \times \Gamma_0, \\
\partial_\nu \psi_r = 0, & (t,x) \in (0, +\infty) \times \Gamma_1, \\
t = 0: \quad \psi_r = (E_r, \widehat{U}_0), \ \psi_r' = (E_r, \widehat{U}_1), & x \in \Omega,
\end{cases}
\tag{15.10}
$$

其中 $\alpha_{rs}\ (1 \leqslant r, s \leqslant p)$ 由(14.19)给定.

　　**证**　注意到子空间 $\mathrm{Span}\{E_1, \cdots, E_p\}$ 和 $\mathrm{Ker}(C_p) = \mathrm{Span}\{e_1, \cdots, e_p\}$ 双正交, 在(15.7)中取

$$
D_1 = I_{N-p}, \quad D_0 = -E^{\mathrm{T}}C_p^{\mathrm{T}},
\tag{15.11}
$$

其中 $E = (E_1, \cdots, E_p)$, 我们得到一个边界控制矩阵 $D \in \mathcal{D}_{N-p}$, 且易见

$$
E_s \in \mathrm{Ker}(D^{\mathrm{T}}), \quad 1 \leqslant s \leqslant p.
\tag{15.12}
$$

另一方面, 由于 $\mathrm{Span}\{E_1, \cdots, E_p\}$ 是 $A^{\mathrm{T}}$ 的一个不变子空间, 注意到(14.18)和双正交性 (15.8), 易见

$$
A^{\mathrm{T}}E_s = \sum_{r=1}^{p} \alpha_{sr}E_r, \quad 1 \leqslant s \leqslant p.
\tag{15.13}
$$

对 $s = 1, \cdots, p$, 将 $E_s$ 内积作用在问题 (II) 及 (II0) 上, 并记 $\psi_s = (E_s, U)$, 我们可得到问题 (15.10). 最后, 对分 $p$ 组精确同步态 $u = (u_1, \cdots, u_p)^{\mathrm{T}}$ 而言, 由(14.8)可得

$$
t \geqslant T: \psi_s = (E_s, U) = \sum_{r=1}^{p}(E_s, e_r)u_r = u_s, \quad 1 \leqslant s \leqslant p.
\tag{15.14}
$$

$\square$

　　当 $A^{\mathrm{T}}$ 不具有任何双正交于 $\mathrm{Ker}(C_p) = \mathrm{Span}\{e_1, \cdots, e_p\}$ 的不变子空间 $\mathrm{Span}\{E_1, \cdots, E_p\}$ 时, 我们可以利用问题 (15.10)的解对每个分 $p$ 组精确同步态给出一个估计.

　　**定理 15.3**　在满足 $C_p$-相容性条件(14.9)的假设下, 进一步假设存在一个双正交于 $\mathrm{Span}\{e_1, \cdots, e_p\}$ 的子空间 $\mathrm{Span}\{E_1, \cdots, E_p\}$. 则存在一个边界控制矩阵 $D \in \mathcal{D}_{N-p}$, 使得每个分 $p$ 组精确同步态 $u = (u_1, \cdots, u_p)^{\mathrm{T}}$ 满足如下的估计式: 对所有 $t \geqslant T$, 成立

$$
\|(u, u')(t) - (\psi, \psi')(t)\|_{(\mathcal{H}_{2-s})^p \times (\mathcal{H}_{1-s})^p}
\tag{15.15}
$$

$$\leqslant c\|C_p(\widehat{U}_0,\widehat{U}_1)\|_{(\mathcal{H}_1)^{N-p}\times(\mathcal{H}_0)^{N-p}},$$

其中 $s > 1/2$, $\psi = (\psi_1,\cdots,\psi_p)^{\mathrm{T}}$ 是问题 (15.10)的解, 而 $c$ 是一个与初值无关的正常数.

**证** 因为 $\mathrm{Span}\{E_1,\cdots,E_p\}$ 双正交于 $\mathrm{Span}\{e_1,\cdots,e_p\}$, 仍由(15.11)可得, 存在一个边界控制矩阵 $D \in \mathcal{D}_{N-p}$, 使得(15.12) 成立. 注意到 (14.18), 易见

$$A^{\mathrm{T}}E_s - \sum_{r=1}^{p}\alpha_{sr}E_r \in \{\mathrm{Ker}(C_p)\}^{\perp} = \mathrm{Im}(C_p^{\mathrm{T}}),$$

于是, 存在向量 $R_s \in \mathbb{R}^{N-p}$ 使得

$$A^{\mathrm{T}}E_s - \sum_{r=1}^{p}\alpha_{sr}E_r = C_p^{\mathrm{T}}R_s. \tag{15.16}$$

这样, 将 $E_s$ 与问题 (II) 及 (II0) 作内积, 并记 $\phi_s = (E_s, U)(s = 1,\cdots,p)$, 就得到

$$\begin{cases} \phi_s'' - \Delta\phi_s + \sum_{r=1}^{p}\alpha_{sr}\phi_r = -(R_s, C_pU), & (t,x) \in (0,+\infty)\times\Omega, \\ \phi_s = 0, & (t,x) \in (0,+\infty)\times\Gamma_0, \\ \partial_\nu\phi_s = 0, & (t,x) \in (0,+\infty)\times\Gamma_1, \\ t = 0: \quad \phi_r = (E_s,\widehat{U}_0), \ \phi_s' = (E_s,\widehat{U}_1), & x \in \Omega, \end{cases} \tag{15.17}$$

其中 $\alpha_{sr}$ $(1 \leqslant r, s \leqslant p)$ 由 (14.19)给定, 而 $U = U(t,x) \in C_{\mathrm{loc}}(0,+\infty;(\mathcal{H}_{1-s})^N) \cap C_{\mathrm{loc}}^1(0,+\infty;(\mathcal{H}_{-s})^N)(s > 1/2)$ 是问题 (II) 及 (II0) 的解. 此外, 对 $s = 1,\cdots,p$, 有

$$t \geqslant T : \phi_s = (E_s, U) = \sum_{r=1}^{p}(E_s, e_r)u_r = u_s. \tag{15.18}$$

注意到(15.10)和 (15.17)具有同样的初值以及同样的边界条件, 由具 Neumann 边界条件的波动方程系统的适定性知, 存在一个与初值无关的常数 $c > 0$, 使成立 (参见 [74] 中 Ch.3)

$$\|(\psi,\psi')(t) - (\phi,\phi')(t)\|_{(\mathcal{H}_{2-s})^p\times(\mathcal{H}_{1-s})^p}^2 \tag{15.19}$$

$$\leqslant c\int_0^T \|C_pU\|_{(\mathcal{H}_{1-s})^{N-p}}^2 \mathrm{d}s, \qquad \forall\, 0 \leqslant t \leqslant T.$$

注意到 $W = C_pU$, 由化约系统(14.23)的适定性知

$$\int_0^T \|C_pU\|_{(\mathcal{H}_{1-s})^{N-p}}^2 \mathrm{d}s \tag{15.20}$$

$$\leqslant c(\|C_p(\widehat{U}_0, \widehat{U}_1)\|^2_{(\mathcal{H}_1)^{N-p} \times (\mathcal{H}_0)^{N-p}} + \|\overline{D}H\|^2_{L^2(0;T;(L^2(\Gamma_1))^{N-p})}).$$

此外, 由(14.20)有

$$\|\overline{D}H\|_{L^2(0;T;(L^2(\Gamma_1))^{N-p})} \leqslant c\|C_p(\widehat{U}_0, \widehat{U}_1)\|_{(\mathcal{H}_1)^{N-p} \times (\mathcal{H}_0)^{N-p}}. \tag{15.21}$$

将其代入(15.20), 就有

$$\int_0^T \|C_p U\|^2_{(\mathcal{H}_{1-s})^{N-p}} \mathrm{d}s \leqslant c\|C_p(\widehat{U}_0, \widehat{U}_1)\|^2_{(\mathcal{H}_1)^{N-p} \times (\mathcal{H}_0)^{N-p}}, \tag{15.22}$$

再由(15.19) 可得

$$\|(\psi, \psi')(t) - (\phi, \phi')(t)\|^2_{(\mathcal{H}_{2-s})^p \times (\mathcal{H}_{1-s})^p} \tag{15.23}$$
$$\leqslant c\|C_p(\widehat{U}_0, \widehat{U}_1)\|^2_{(\mathcal{H}_1)^{N-p} \times (\mathcal{H}_0)^{N-p}}.$$

最后, 将 (15.18)代入 (15.23), 便得到了(15.15).    □

**注 15.1** 不同于 Dirichlet 边界控制的情形, 虽然具 Neumann 边界控制的问题 (II) 及 (II0) 的解具有较弱的正则性, 但是对于用来估计分 $p$ 组精确同步态的问题(15.10), 其解比原始问题 (II) 及 (II0) 的解具有更高的正则性. 这一正则性的提升确保了我们可以利用一个相对更光滑的问题的解来迫近分 $p$ 组精确同步态.

若 $A^{\mathrm{T}}$ 不具有任何双正交于 $\mathrm{Ker}(C_p) = \mathrm{Span}\{e_1, \cdots, e_p\}$ 的不变子空间 $\mathrm{Span}\{E_1, \cdots, E_p\}$, 为了表示系统 (II) 的分 $p$ 组精确同步态, 通过如 §3 所示的同样手续, 我们总能将子空间 $\mathrm{Span}\{e_1, \cdots, e_p\}$ 扩张成一个最小的 $A$ 的不变子空间 $\mathrm{Span}\{e_1, \cdots, e_q\}(q \geqslant p)$, 从而 $A^{\mathrm{T}}$ 具有一个双正交于 $\mathrm{Span}\{e_1, \cdots, e_q\}$ 的不变子空间 $\mathrm{Span}\{E_1, \cdots, E_q\}$.

设 $P$ 为由 $\mathbb{R}^N$ 到子空间 $\mathrm{Span}\{e_1, \cdots, e_q\}$ 的投影算子:

$$P = \sum_{s=1}^q e_s \otimes E_s, \tag{15.24}$$

其中张量积 $\otimes$ 定义为

$$(e \otimes E)U = (E, U)e = E^{\mathrm{T}} U e, \quad \forall U \in \mathbb{R}^N.$$

$P$ 可以被表示成一个 $N$ 阶矩阵的形式, 使得

$$\mathrm{Im}(P) = \mathrm{Span}\{e_1, \cdots, e_q\} \tag{15.25}$$

及

$$\operatorname{Ker}(P) = \left(\operatorname{Span}\{E_1, \cdots, E_q\}\right)^{\perp}. \tag{15.26}$$

此外, 容易证明

$$PA = AP. \tag{15.27}$$

设 $U = U(t,x)$ 是问题 (II) 及 (II0) 的解. 其**同步部分** $U_s$ 和**能控部分** $U_c$ 可以分别定义为

$$U_s := PU, \quad U_c := (I-P)U. \tag{15.28}$$

若系统 (II) 是分 $p$ 组精确同步的, 则

$$U \in \operatorname{Span}\{e_1, \cdots, e_p\} \subseteq \operatorname{Span}\{e_1, \cdots, e_q\} = \operatorname{Im}(P), \tag{15.29}$$

于是有

$$t \geqslant T: \quad U_s = PU = U, \quad U_c = (I-P)U = 0. \tag{15.30}$$

注意到(15.27), 分别将 $P$ 和 $I - P$ 作用在问题 (II) 及 (II0) 上, 可得 $U$ 的同步部分$U_s$ 满足下面的问题:

$$\begin{cases} U_s'' - \Delta U_s + A U_s = 0, & (t,x) \in (0,+\infty) \times \Omega, \\ U_s = 0, & (t,x) \in (0,+\infty) \times \Gamma_0, \\ \partial_\nu U_s = PDH, & (t,x) \in (0,+\infty) \times \Gamma_1, \\ t = 0: \quad U_s = P\widehat{U}_0, \ U_s' = P\widehat{U}_1, & x \in \Omega, \end{cases} \tag{15.31}$$

而 $U$ 的能控部分$U_c$ 满足下面的问题:

$$\begin{cases} U_c'' - \Delta U_c + A U_c = 0, & (t,x) \in (0,+\infty) \times \Omega, \\ U_c = 0, & (t,x) \in (0,+\infty) \times \Gamma_0, \\ \partial_\nu U_c = (I-P)DH, & (t,x) \in (0,+\infty) \times \Gamma_1, \\ t = 0: \quad U_c = (I-P)\widehat{U}_0, \ U_c' = (I-P)\widehat{U}_1, & x \in \Omega. \end{cases} \tag{15.32}$$

事实上, 由(15.30)可知, 在边界控制$H$ 的作用下, 具初值 $((I-P)\widehat{U}_0, (I-P)\widehat{U}_1) \in \operatorname{Ker}(P) \times \operatorname{Ker}(P)$ 的能控部分$U_c$ 是精确零能控的, 而具初值 $(P\widehat{U}_0, P\widehat{U}_1) \in \operatorname{Im}(P) \times \operatorname{Im}(P)$ 的同步部分$U_s$ 是精确同步的.

**定理 15.4** 假设 $C_p$-相容性条件(14.9) 成立, 且系统 (II) 具分 $p$ 组精确同步性. 若同步部分 $U_s$ 与 $t \geqslant 0$ 时所加的边界控制 $H$ 无关, 则 $A^\mathrm{T}$ 存在一个双正交于 $\mathrm{Ker}(C_p)$ 的不变子空间.

**证** 我们只需证明 $p = q$. 这样, $\mathrm{Span}\{E_1, \cdots, E_p\}$ 就是所要求的子空间.

假设同步部分 $U_s$ 与 $t \geqslant 0$ 时所用的边界控制 $H$ 无关. 设 $H_1$ 和 $H_2$ 均是使系统 (II) 实现分 $p$ 组精确边界同步性的边界控制, 则由 (15.31)可知

$$PD(H_1 - H_2) = 0, \quad (t,x) \in (0, \epsilon) \times \Gamma_1.$$

由定理15.1, $H_1$ 在 $(0, \epsilon) \times \Gamma_1$ 上的值可任意选取, 从而

$$PD = 0,$$

于是

$$\mathrm{Im}(D) \subseteq \mathrm{Ker}(P).$$

注意到 (15.25), 就有

$$\dim \mathrm{Ker}(P) = N - q \quad \text{及} \quad \dim \mathrm{Im}(D) = N - p,$$

因此 $p = q$. □

**注 15.2** 特别地, 对于满足 $P\widehat{U}_0 = P\widehat{U}_1 = 0$ 的初值 $(\widehat{U}_0, \widehat{U}_1)$, 系统 (II) 是精确零能控的.

## §3. 精确同步态的确定

在精确边界同步性的情形, 由 $C_1$-相容性条件(13.10), $e_1 = (1, \cdots, 1)^\mathrm{T}$ 是 $A$ 的一个特征向量, 其对应的特征值 $a$ 由(13.6)给定. 记 $\epsilon_1, \cdots, \epsilon_r$ 和 $E_1, \cdots, E_r$ 分别为 $A$ 和 $A^\mathrm{T}$ 对应于特征值 $a$ 的一组长度为 $r(r \geqslant 1)$ 的 Jordan 链, 而 $\mathrm{Span}\{\epsilon_1, \cdots, \epsilon_r\}$ 双正交于 $\mathrm{Span}\{E_1, \cdots, E_r\}$. 于是, 我们有

$$\begin{cases} A\epsilon_l = a\epsilon_l + \epsilon_{l+1}, & 1 \leqslant l \leqslant r, \\ A^\mathrm{T}E_k = aE_k + E_{k-1}, & 1 \leqslant k \leqslant r, \\ (E_k, \epsilon_l) = \delta_{kl}, & 1 \leqslant k, l \leqslant r, \end{cases} \tag{15.33}$$

其中

$$\epsilon_r = e_1 = (1, \cdots, 1)^\mathrm{T}, \quad \epsilon_{r+1} = 0, \quad E_0 = 0. \tag{15.34}$$

设 $U = U(t, x)$ 是问题 (II) 及 (II0) 的解. 若系统 (II) 是可精确同步的, 则有

$$t \geqslant T : U = u\epsilon_r, \tag{15.35}$$

其中 $u = u(t, x)$ 是相应的精确同步态. 于是同步部分 $U_s$ 和能控部分 $U_c$ 满足

$$t \geqslant T : \quad U_s = u\epsilon_r, \quad U_c = 0. \tag{15.36}$$

记

$$\psi_k = (E_k, U), \quad 1 \leqslant k \leqslant r, \tag{15.37}$$

注意到 (15.24) 和 (15.28), 我们有

$$U_s = \sum_{k=1}^{r} (E_k, U)\epsilon_k = \sum_{k=1}^{r} \psi_k \epsilon_k. \tag{15.38}$$

这样, $(\psi_1, \cdots, \psi_r)$ 可以视为 $U_s$ 在 $\{\epsilon_1, \cdots, \epsilon_r\}$ 这组基下的坐标.

将 $E_k$ 内积作用在 (15.31) 上, 并注意到 (15.35), 可得

$$t \geqslant T : \quad \psi_k = (E_k, U) = (E_k, \epsilon_r) = \delta_{kr}, \quad 1 \leqslant k \leqslant r, \tag{15.39}$$

于是易得下面的定理.

**定理 15.5** 设 $\epsilon_1, \cdots, \epsilon_r$ 和 $E_1, \cdots, E_r$ 分别为 $A$ 和 $A^{\mathrm{T}}$ 对应于特征值 $a$ 的 Jordan 链, 其中 $a$ 由 (13.6) 给定, $\epsilon_r = e_1 = (1, \cdots, 1)^{\mathrm{T}}$. 于是, 精确同步态 $u$ 由

$$t \geqslant T : \quad u = \psi_r \tag{15.40}$$

决定, 而同步部分 $U_s = (\psi_1, \cdots, \psi_r)$ 是下面问题的解:

$$\begin{cases} \psi_k'' - \Delta\psi_k + a\psi_k + \psi_{k-1} = 0, & (t, x) \in (0, +\infty) \times \Omega, \\ \psi_k = 0, & (t, x) \in (0, +\infty) \times \Gamma_0, \\ \partial_\nu \psi_k = h_k, & (t, x) \in (0, +\infty) \times \Gamma_1, \\ t = 0 : \ \psi_k = (E_k, \widehat{U}_0), \ \psi_k' = (E_k, \widehat{U}_1), & x \in \Omega, \end{cases} \tag{15.41}$$

其中 $1 \leqslant k \leqslant r$, 且

$$\psi_0 = 0, \quad h_k = E_k^{\mathrm{T}} PDH. \tag{15.42}$$

**注 15.3** 若 $r = 1$, 则 $A^{\mathrm{T}}$ 有一个特征向量 $E_1$, 使得

$$(E_1, \epsilon_1) = 1. \tag{15.43}$$

由定理 15.2, 我们可取到一个边界控制矩阵 $D$, 使得精确同步态与所用的边界控制 $H$ 无关.

若 $r \geqslant 1$, 则精确同步态依赖于所用的边界控制 $H$. 此外, 为了确定精确同步态, 必须求解整个耦合系统 (15.41)—(15.42).

## §4. 分 3 组精确同步态的确定

在本节, 我们以 $p = 3$ 的情形为例, 对系统 (II) 的分 3 组精确同步态的确定作一个细致的考察. 此时, 我们总是假设 $A$ 满足 $C_3$-相容性条件 (14.9), 且 $\mathrm{Ker}(C_3)$ 是具有 $A$-特征的. 本节的方法可以类似推广到 $p \geqslant 1$ 的一般情形.

由分 3 组精确边界同步性的定义知, 当 $t \geqslant T$ 时成立

$$u^{(1)} \equiv \cdots \equiv u^{(n_1)} := u_1, \tag{15.44}$$
$$u^{(n_1+1)} \equiv \cdots \equiv u^{(n_2)} := u_2, \tag{15.45}$$
$$u^{(n_2+1)} \equiv \cdots \equiv u^{(N)} := u_3. \tag{15.46}$$

设

$$\begin{cases} e_1 = (\overbrace{1,\cdots,1}^{n_1}, \overbrace{0,\cdots,0}^{n_2-n_1}, \overbrace{0,\cdots,0}^{N-n_2})^{\mathrm{T}}, \\ e_2 = (\overbrace{0,\cdots,0}^{n_1}, \overbrace{1,\cdots,1}^{n_2-n_1}, \overbrace{0,\cdots,0}^{N-n_2})^{\mathrm{T}}, \\ e_3 = (\overbrace{0,\cdots,0}^{n_1}, \overbrace{0,\cdots,0}^{n_2-n_1}, \overbrace{1,\cdots,1}^{N-n_2})^{\mathrm{T}}, \end{cases} \tag{15.47}$$

我们有

$$\mathrm{Ker}(C_3) = \mathrm{Span}\{e_1, e_2, e_3\}, \tag{15.48}$$

且分 3 组精确边界同步性 (15.44)–(15.46) 意味着

$$t \geqslant T: \quad U = u_1 e_1 + u_2 e_2 + u_3 e_3. \tag{15.49}$$

因为 $A$ 的不变子空间 $\mathrm{Span}\{e_1, e_2, e_3\}$ 是 3 维的, 它可能包含 $A$ 的一个、两个或者三个特征向量, 所以我们分以下三种情况讨论:

(i) 假设 $A$ 存在三个分别对应于特征值 $\lambda, \mu$ 和 $\nu$ 的特征向量 $f_r, g_s$ 和 $h_t$, 且它们均属于不变子空间 $\mathrm{Span}\{e_1, e_2, e_3\}$. 令 $f_1, \cdots, f_r; g_1, \cdots, g_s$ 和 $h_1, \cdots, h_t$ 分别

是 $A$ 的这些特征向量生成的 Jordan 链:

$$\begin{cases} Af_i = \lambda f_i + f_{i+1}, & 1 \leqslant i \leqslant r, \quad f_{r+1} = 0, \\ Ag_j = \mu g_j + g_{j+1}, & 1 \leqslant j \leqslant s, \quad g_{s+1} = 0, \\ Ah_k = \nu h_k + h_{k+1}, & 1 \leqslant k \leqslant t, \quad h_{t+1} = 0, \end{cases} \tag{15.50}$$

相应地, 令 $\xi_1, \cdots, \xi_r;\ \eta_1, \cdots, \eta_s$ 和 $\zeta_1, \cdots, \zeta_t$ 分别表示 $A^{\mathrm{T}}$ 的相应的 Jordan 链:

$$\begin{cases} A^{\mathrm{T}}\xi_i = \lambda \xi_i + \xi_{i-1}, & 1 \leqslant i \leqslant r, \quad \xi_0 = 0, \\ A^{\mathrm{T}}\eta_j = \mu \eta_j + \eta_{j-1}, & 1 \leqslant j \leqslant s, \quad \eta_0 = 0, \\ A^{\mathrm{T}}\zeta_k = \nu \zeta_k + \zeta_{k-1}, & 1 \leqslant k \leqslant t, \quad \zeta_0 = 0, \end{cases} \tag{15.51}$$

使得对所有 $i, l = 1, \cdots, r;\ j, m = 1, \cdots, s$ 和 $k, n = 1, \cdots, t$, 成立

$$(f_i, \xi_l) = \delta_{il}, \quad (g_j, \eta_m) = \delta_{jm}, \quad (h_k, \zeta_n) = \delta_{kn} \tag{15.52}$$

及

$$(f_i, \eta_m) = (f_i, \zeta_n) = (g_j, \xi_l) = (g_j, \zeta_n) = (h_k, \xi_l) = (h_k, \eta_m) = 0. \tag{15.53}$$

对 $i = 1, \cdots, r;\ j = 1, \cdots, s$ 和 $k = 1, \cdots t$, 将问题 (II) 及 (II0) 分别与 $\xi_i, \eta_j$ 和 $\zeta_k$ 作内积, 并记

$$\phi_i = (U, \xi_i), \quad \psi_j = (U, \eta_j), \quad \theta_k = (U, \zeta_k), \tag{15.54}$$

可得下面的子系统:

$$\begin{cases} \phi_i'' - \Delta\phi_i + \lambda\phi_i + \phi_{i-1} = 0, & (t, x) \in (0, +\infty) \times \Omega, \\ \phi_i = 0, & (t, x) \in (0, +\infty) \times \Gamma_0, \\ \partial_\nu \phi_i = \xi_i^{\mathrm{T}} DH, & (t, x) \in (0, +\infty) \times \Gamma_1, \\ t = 0: \quad \phi_i = (\xi_i, \widehat{U}_0), \ \phi_i' = (\xi_i, \widehat{U}_1), & x \in \Omega; \end{cases} \tag{15.55}$$

$$\begin{cases} \psi_j'' - \Delta\psi_j + \mu\psi_j + \psi_{j-1} = 0, & (t, x) \in (0, +\infty) \times \Omega, \\ \psi_j = 0, & (t, x) \in (0, +\infty) \times \Gamma_0, \\ \partial_\nu \psi_j = \eta_j^{\mathrm{T}} DH, & (t, x) \in (0, +\infty) \times \Gamma_1, \\ t = 0: \quad \psi_j = (\eta_j, \widehat{U}_0), \ \psi_j' = (\eta_j, \widehat{U}_1), & x \in \Omega \end{cases} \tag{15.56}$$

及

$$\begin{cases} \theta_k'' - \Delta\theta_k + \nu\theta_k + \theta_{k-1} = 0, & (t, x) \in (0, +\infty) \times \Omega, \\ \theta_k = 0, & (t, x) \in (0, +\infty) \times \Gamma_0, \\ \partial_\nu\theta_k = \zeta_k^{\mathrm{T}} DH, & (t, x) \in (0, +\infty) \times \Gamma_1, \\ t = 0: \quad \theta_k = (\zeta_k, \widehat{U}_0), \ \theta_k' = (\zeta_k, \widehat{U}_1), \quad x \in \Omega, \end{cases} \tag{15.57}$$

其中

$$\phi_0 = \psi_0 = \theta_0 = 0. \tag{15.58}$$

分别求解化约问题 (15.55)—(15.57), 可得到相应的解 $\phi_1, \cdots, \phi_r$; $\psi_1, \cdots, \psi_s$ 和 $\theta_1, \cdots, \theta_t$. 注意到 $f_r, g_s$ 和 $h_t$ 是线性无关的特征向量, 且包含在 $\mathrm{Span}\{e_1, e_2, e_3\}$ 中, 则有

$$\begin{cases} e_1 = \alpha_1 f_r + \alpha_2 g_s + \alpha_3 h_t, \\ e_2 = \beta_1 f_r + \beta_2 g_s + \beta_3 h_t, \\ e_3 = \gamma_1 f_r + \gamma_2 g_s + \gamma_3 h_t. \end{cases} \tag{15.59}$$

于是, 注意到(15.52)—(15.53), 由分 3 组精确边界同步性 (15.49) 可得

$$t \geqslant T: \quad \begin{cases} \phi_r = \alpha_1 u_1 + \beta_1 u_2 + \gamma_1 u_3, \\ \psi_s = \alpha_2 u_1 + \beta_2 u_2 + \gamma_2 u_3, \\ \theta_t = \alpha_3 u_1 + \beta_3 u_2 + \gamma_3 u_3. \end{cases} \tag{15.60}$$

由于 $e_1, e_2, e_3$ 线性无关, 线性系统 (15.59)是可逆的. 于是, 通过求解线性系统(15.60), 相应的分 3 组精确同步态 $u = (u_1, u_2, u_3)^{\mathrm{T}}$ 可唯一确定.

特别地, 若 $r = s = t = 1$, 则 $A^{\mathrm{T}}$ 的不变子空间 $\mathrm{Span}\{\xi_1, \eta_1, \zeta_1\}$ 双正交于 $\mathrm{Ker}(C_3) = \mathrm{Span}\{e_1, e_2, e_3\}$. 由定理 15.2, 可选择一个边界控制矩阵 $D \in \mathcal{D}_{N-3}$, 使得分 3 组精确同步态 $u = (u_1, u_2, u_3)^{\mathrm{T}}$ 与所施加的边界控制无关.

(ii) 假设 $A$ 存在两个分别对应于特征值 $\lambda$ 和 $\mu$ 的特征向量 $f_r$ 和 $g_s$, 且它们均属于不变子空间 $\mathrm{Span}\{e_1, e_2, e_3\}$. 令 $f_1, f_2, \cdots, f_r$ 和 $g_1, g_2, \cdots, g_s$ 分别是 $A$ 的相应的 Jordan 链:

$$\begin{cases} Af_i = \lambda f_i + f_{i+1}, & 1 \leqslant i \leqslant r, \quad f_{r+1} = 0, \\ Ag_j = \mu g_j + g_{j+1}, & 1 \leqslant j \leqslant s, \quad g_{s+1} = 0, \end{cases} \tag{15.61}$$

相应地, 令 $\xi_1, \xi_2, \cdots, \xi_r$ 和 $\eta_1, \eta_2, \cdots, \eta_s$ 分别表示 $A^{\mathrm{T}}$ 的相应的 Jordan 链:

$$\begin{cases} A^{\mathrm{T}}\xi_i = \lambda\xi_i + \xi_{i-1}, & 1 \leqslant i \leqslant r, \quad \xi_0 = 0, \\ A^{\mathrm{T}}\eta_j = \mu\eta_j + \eta_{j-1}, & 1 \leqslant j \leqslant s, \quad \eta_0 = 0, \end{cases} \tag{15.62}$$

使得对所有 $i, l = 1, \cdots, r$ 和 $j, m = 1, \cdots, s$ 成立

$$(f_i, \xi_l) = \delta_{il}, \quad (g_j, \eta_m) = \delta_{jm} \tag{15.63}$$

及

$$(f_i, \eta_m) = (g_j, \xi_l) = 0. \tag{15.64}$$

将问题 (II) 及 (II0) 分别与 $\xi_i$ 和 $\eta_j$ 作内积, 并记

$$\phi_i = (U, \xi_i), \quad \psi_j = (U, \eta_j), \quad i = 1, \cdots, r; \ j = 1, \cdots, s, \tag{15.65}$$

则可再次得到化约系统(15.55)—(15.56).

由于 $\mathrm{Span}\{e_1, e_2, e_3\}$ 是具有 $A$-特征的, 或为不确定起见, 不妨假设 $f_{r-1} \in \mathrm{Span}\{e_1, e_2, e_3\}$, 于是

$$\begin{cases} e_1 = \alpha_1 f_r + \alpha_2 f_{r-1} + \alpha_3 g_s, \\ e_2 = \beta_1 f_r + \beta_2 f_{r-1} + \beta_3 g_s, \\ e_3 = \gamma_1 f_r + \gamma_2 f_{r-1} + \gamma_3 g_s. \end{cases} \tag{15.66}$$

注意到(15.63)—(15.64), 由分 3 组精确边界同步性 (15.49) 可得

$$t \geqslant T: \begin{cases} \phi_r = \alpha_1 u_1 + \beta_1 u_2 + \gamma_1 u_3, \\ \phi_{r-1} = \alpha_2 u_1 + \beta_2 u_2 + \gamma_2 u_3, \\ \psi_s = \alpha_3 u_1 + \beta_3 u_2 + \gamma_3 u_3. \end{cases} \tag{15.67}$$

因为 $e_1, e_2, e_3$ 线性无关, 故线性系统 (15.66) 是可逆的, 于是通过求解线性系统(15.67), 相应的分 3 组精确同步态 $u = (u_1, u_2, u_3)^{\mathrm{T}}$ 可唯一确定.

特别地, 若 $r = 2, s = 1$, 则 $A^{\mathrm{T}}$ 的不变子空间 $\mathrm{Span}\{\xi_1, \xi_2, \eta_1\}$ 双正交于 $\mathrm{Span}\{e_1, e_2, e_3\}$. 由定理 15.2, 可选择一个边界控制矩阵 $D \in \mathcal{D}_{N-3}$, 使得相应的分 3 组精确同步态 $u = (u_1, u_2, u_3)^{\mathrm{T}}$ 与所施加的边界控制无关.

(iii) 假设 $A$ 在其不变子空间 $\mathrm{Span}\{e_1, e_2, e_3\}$ 中仅有一个对应于特征值 $\lambda$ 的特征向量 $f_r$. 令 $f_1, f_2, \cdots, f_r$ 表示 $A$ 的一条相应的 Jordan 链:

$$Af_i = \lambda f_i + f_{i+1}, \quad 1 \leqslant i \leqslant r, \quad f_{r+1} = 0, \tag{15.68}$$

并令 $\xi_1, \xi_2, \cdots, \xi_r$ 表示 $A^{\mathrm{T}}$ 的相应 Jordan 链:

$$A^{\mathrm{T}}\xi_i = \lambda\xi_i + \xi_{i-1}, \quad 1 \leqslant i \leqslant r, \quad \xi_0 = 0, \tag{15.69}$$

且满足

$$(f_i, \xi_l) = \delta_{il}, \quad i, l = 1, \cdots, r. \tag{15.70}$$

将问题 (II) 及 (II0) 分别与 $\xi_i$ 作内积, 并记

$$\phi_i = (U, \xi_i), \quad i = 1, \cdots r, \tag{15.71}$$

可再次得到化约系统 (15.55).

由于 $\mathrm{Span}\{e_1, e_2, e_3\}$ 是具有 $A$-特征的, $f_{r-1}$ 和 $f_{r-2}$ 必属于 $\mathrm{Span}\{e_1, e_2, e_3\}$, 从而有

$$\begin{cases} e_1 = \alpha_1 f_r + \alpha_2 f_{r-1} + \alpha_3 f_{r-2}, \\ e_2 = \beta_1 f_r + \beta_2 f_{r-1} + \beta_3 f_{r-2}, \\ e_3 = \gamma_1 f_r + \gamma_2 f_{r-1} + \gamma_3 f_{r-2}. \end{cases} \tag{15.72}$$

注意到 (15.70), 由分 3 组精确边界同步性 (15.49) 可得

$$t \geqslant T: \quad \begin{cases} \phi_r = \alpha_1 u_1 + \beta_1 u_2 + \gamma_1 u_3, \\ \phi_{r-1} = \alpha_2 u_1 + \beta_2 u_2 + \gamma_2 u_3, \\ \phi_{r-2} = \alpha_3 u_1 + \beta_3 u_2 + \gamma_3 u_3. \end{cases} \tag{15.73}$$

由于 $e_1, e_2, e_3$ 线性无关, 线性系统 (15.72) 是可逆的. 于是, 通过求解线性系统 (15.73), 相应的分 3 组精确同步态 $u = (u_1, u_2, u_3)^{\mathrm{T}}$ 可唯一确定.

特别地, 若 $r = 3$, 则 $A^{\mathrm{T}}$ 的不变子空间 $\{\xi_1, \xi_2, \xi_3\}$ 双正交于 $\mathrm{Span}\{e_1, e_2, e_3\}$. 由定理 15.2, 可选择一个边界控制矩阵 $D \in \mathcal{D}_{N-3}$, 使得分 3 组精确同步态 $u = (u_1, u_2, u_3)^{\mathrm{T}}$ 与所施加的边界控制无关.

# II2 逼近边界同步性

在这一部分中, 我们将引入逼近边界零能控性、逼近边界同步性以及分组逼近边界同步性这些概念, 并且在边界控制缺失时, 对在 Neumann 边界控制下由波动方程组成的耦合系统建立相应的理论. 此外, 我们将会得到各种类型的 Kalman 准则, 它将在有关的讨论中发挥重要的作用.

# 第十六章

# 逼近边界零能控性

## § 1. 定义

对于具 Neumann 边界控制的波动方程耦合系统 (II), 我们依旧采用第十二章及第十三章中的记号.

**定义 16.1** 设 $s > 1/2$. 称系统 (II) 在时刻 $T > 0$ **逼近零能控**, 若对任意给定的初值 $(\widehat{U}_0, \widehat{U}_1) \in (\mathcal{H}_{1-s})^N \times (\mathcal{H}_{-s})^N$, 存在一列支集在 $[0,T]$ 中的边界控制 $\{H_n\}, H_n \in \mathcal{L}^M$, 使得相应问题 (II) 及 (II0) 的解序列 $\{U_n\}$ 满足下面的条件: 当 $n \to +\infty$ 时,

$$(U_n(T), U_n'(T)) \longrightarrow 0 \quad \text{在} (\mathcal{H}_{1-s})^N \times (\mathcal{H}_{-s})^N \text{中成立}, \tag{16.1}$$

或等价地, 当 $n \to +\infty$ 时, 在空间 $C_{\mathrm{loc}}([T, +\infty); (\mathcal{H}_{1-s})^N) \times C_{\mathrm{loc}}([T, +\infty); (\mathcal{H}_{-s})^N)$ 中成立

$$(U_n, U_n') \longrightarrow (0, 0). \tag{16.2}$$

显然, 精确边界零能控性蕴含着**逼近边界零能控性**. 然而, 由定义16.1, 我们并不能保证边界控制序列 $\{H_n\}$ 的收敛性, 一般来说, 逼近边界零能控性并不能导出精确边界零能控性.

令

$$\Phi = (\phi^{(1)}, \cdots, \phi^{(N)})^{\mathrm{T}}.$$

考察下面的**伴随问题**:

$$\begin{cases} \Phi'' - \Delta\Phi + A^{\mathrm{T}}\Phi = 0, & (t,x) \in (0,+\infty) \times \Omega, \\ \Phi = 0, & (t,x) \in (0,+\infty) \times \Gamma_0, \\ \partial_\nu\Phi = 0, & (t,x) \in (0,+\infty) \times \Gamma_1, \\ t = 0: \quad \Phi = \widehat{\Phi}_0, \; \Phi' = \widehat{\Phi}_1, \; x \in \Omega, \end{cases} \tag{16.3}$$

其中 $A^{\mathrm{T}}$ 为 $A$ 的转置.

类似于 Dirichlet 边界控制的情形 (参见 §2), 我们给出如下定义.

**定义 16.2** 对于 $(\widehat{\Phi}_0, \widehat{\Phi}_1) \in (\mathcal{H}_s)^N \times (\mathcal{H}_{s-1})^N$ $(s > 1/2)$, 称伴随问题 (16.3)在区间 $[0,T]$ 上是*D-能观的*, 若成立

$$D^{\mathrm{T}}\Phi \equiv 0, \quad (t,x) \in [0,T] \times \Gamma_1 \implies (\widehat{\Phi}_0, \widehat{\Phi}_1) \equiv 0, \text{ 从而 } \Phi \equiv 0. \tag{16.4}$$

# § 2. 逼近边界零能控性与 *D*-能观性的等价性

为了证实原系统 (II) 的逼近边界零能控性与伴随问题 (16.3)的 $D$-能观性之间的等价性, 记集合 $\mathcal{C}$ 是所有初始状态 $(V(0), V'(0))$ 的全体, 其中 $(V(0), V'(0))$ 由下述后向问题:

$$\begin{cases} V'' - \Delta V + AV = 0, & (t,x) \in (0,T) \times \Omega, \\ V = 0, & (t,x) \in (0,T) \times \Gamma_0, \\ \partial_\nu V = DH, & (t,x) \in (0,T) \times \Gamma_1, \\ V(T) = 0, \quad V'(T) = 0, \; x \in \Omega \end{cases} \tag{16.5}$$

取遍所有允许的边界控制 $H \in \mathcal{L}^M$ 所决定.

由命题12.8, 我们有如下引理.

**引理 16.1** 对任意给定的 $T > 0$, 任意给定的 $(V(T), V'(T)) \in (\mathcal{H}_{1-s})^N \times (\mathcal{H}_{-s})^N (s > 1/2)$, 以及任意给定的边界控制 $H \in \mathcal{L}^M$, 后向问题 (16.5) (其中零终端条件被改为给定的终值) 存在唯一的弱解

$$V \in C^0([0,T]; (\mathcal{H}_{1-s})^N) \cap C^1([0,T]; (\mathcal{H}_{-s})^N). \tag{16.6}$$

**引理 16.2** 系统 (II) 具有逼近边界零能控性当且仅当成立

$$\overline{\mathcal{C}} = (\mathcal{H}_{1-s})^N \times (\mathcal{H}_{-s})^N. \tag{16.7}$$

**证** 假设 $\overline{\mathcal{C}} = (\mathcal{H}_{1-s})^N \times (\mathcal{H}_{-s})^N$. 由 $\mathcal{C}$ 的定义, 对于任意给定的 $(\widehat{U}_0, \widehat{U}_1) \in (\mathcal{H}_{1-s})^N \times (\mathcal{H}_{-s})^N$, 在 $\mathcal{L}^M$ 中存在一列支集在 $[0,T]$ 中的边界控制$\{H_n\}$, 使得相应后向问题(16.5)的解序列 $\{V_n\}$ 满足当 $n \to +\infty$ 时,

$$\left(V_n(0), V_n'(0)\right) \to (\widehat{U}_0, \widehat{U}_1) \quad 在(\mathcal{H}_{1-s})^N \times (\mathcal{H}_{-s})^N中成立. \tag{16.8}$$

已知由(12.72)定义的

$$\mathcal{R}: \quad (\widehat{U}_0, \widehat{U}_1, H) \to (U, U') \tag{16.9}$$

是一个连续线性映射, 故有

$$(\widehat{U}_0, \widehat{U}_1, H_n) \tag{16.10}$$
$$= (\widehat{U}_0 - V_n(0), \widehat{U}_1 - V_n'(0), 0) + (V_n(0), V_n'(0), H_n).$$

另一方面, 由 $V_n$ 的定义知

$$(V_n(0), V_n'(0), H_n)(T) = 0. \tag{16.11}$$

于是

$$(\widehat{U}_0, \widehat{U}_1, H_n)(T) = (\widehat{U}_0 - V_n(0), \widehat{U}_1 - V_n'(0), 0)(T). \tag{16.12}$$

由命题12.8, 且注意到(16.8), 可得当 $n \to +\infty$ 时,

$$\|(\widehat{U}_0, \widehat{U}_1, H_n)(T)\|_{(\mathcal{H}_{1-s})^N \times (\mathcal{H}_{-s})^N} \tag{16.13}$$
$$\leqslant c\|(\widehat{U}_0 - V_n(0), \widehat{U}_1 - V_n'(0))\|_{(\mathcal{H}_{1-s})^N \times (\mathcal{H}_{-s})^N} \to 0.$$

这里及后文中, $c$ 总表示一个正常数. 从而, 系统 (II) 具有逼近边界零能控性.

反之, 假设系统 (II) 是逼近零能控的. 对任意给定的 $(\widehat{U}_0, \widehat{U}_1) \in (\mathcal{H}_{1-s})^N \times (\mathcal{H}_{-s})^N$, 在 $\mathcal{L}^M$ 中存在一列支集在 $[0,T]$ 中的边界控制序列 $\{H_n\}$, 使得当 $n \to +\infty$ 时, 问题 (II) 及 (II0) 相应的解序列 $\{U_n\}$ 满足当 $n \to +\infty$ 时,

$$(U_n(T), U_n'(T)) = (\widehat{U}_0, \widehat{U}_1, H_n)(T) \to (0,0) \quad 在(\mathcal{H}_{1-s})^N \times (\mathcal{H}_{-s})^N中成立. \tag{16.14}$$

取这样的 $H_n$ 为边界控制, 求解后向问题 (16.5), 并记 $V_n$ 为相应的解. 由映射 $\mathcal{R}$ 的线性性, 有

$$(\widehat{U}_0, \widehat{U}_1, H_n) - (V_n(0), V_n'(0), H_n) \tag{16.15}$$
$$= (\widehat{U}_0 - V_n(0), \widehat{U}_1 - V_n'(0), 0).$$

由引理16.1, 且注意到 (16.14), 当 $n \to +\infty$ 时成立

$$\|(\widehat{U}_0 - V_n(0), \widehat{U}_1 - V_n'(0), 0)(0)\|_{(\mathcal{H}_{1-s})^N \times (\mathcal{H}_{-s})^N} \tag{16.16}$$
$$\leqslant c\|(U_n(T) - V_n(T), U_n'(T) - V_n'(T)\|_{(\mathcal{H}_{1-s})^N \times (\mathcal{H}_{-s})^N}$$
$$= c\|(U_n(T), U_n'(T))\|_{(\mathcal{H}_{1-s})^N \times (\mathcal{H}_{-s})^N} \to 0.$$

再注意到(16.15)可得, 当 $n \to +\infty$ 时,

$$\|(\widehat{U}_0, \widehat{U}_1) - (V_n(0), V_n'(0))\|_{(\mathcal{H}_{1-s})^N \times (\mathcal{H}_{-s})^N} \tag{16.17}$$
$$= \|(\widehat{U}_0, \widehat{U}_1, H_n)(0) - (V_n(0), V_n'(0), H_n)(0)\|_{(\mathcal{H}_{1-s})^N \times (\mathcal{H}_{-s})^N}$$
$$\leqslant c\|(\widehat{U}_0 - V_n(0), \widehat{U}_1 - V_n'(0), 0)(0)\|_{(\mathcal{H}_{1-s})^N \times (\mathcal{H}_{-s})^N} \to 0,$$

这意味着 $\overline{C} = (\mathcal{H}_{1-s})^N \times (\mathcal{H}_{-s})^N.$ □

**定理 16.3** 系统 (II) 在时刻 $T > 0$ 逼近零能控, 当且仅当伴随问题(16.3)在区间 $[0, T]$ 上是 $D$-能观的.

**证** 假设系统 (II) 在时刻 $T > 0$ 不是逼近边界零能控. 由引理 16.2, 存在一个非平凡的向量 $(-\widehat{\Phi}_1, \widehat{\Phi}_0) \in \mathcal{C}^\perp$. 于此及今后, 正交补空间总是在对偶的意义下定义. 因此, $(-\widehat{\Phi}_1, \widehat{\Phi}_0) \in (\mathcal{H}_{s-1})^N \times (\mathcal{H}_s)^N$. 取 $(\widehat{\Phi}_0, \widehat{\Phi}_1)$ 为初值, 求解伴随问题 (16.3), 并得到解 $\Phi \not\equiv 0$. 将 $\Phi$ 乘在后向问题 (16.5)上, 并作分部积分, 可得

$$\langle V(0), \widehat{\Phi}_1 \rangle_{(\mathcal{H}_{1-s})^N; (\mathcal{H}_{s-1})^N} - \langle V'(0), \widehat{\Phi}_0 \rangle_{(\mathcal{H}_{-s})^N; (\mathcal{H}_s)^N} \tag{16.18}$$
$$= \int_0^T \int_{\Gamma_1} (DH, \Phi) \, \mathrm{d}\Gamma \, \mathrm{d}t,$$

其中

$$\Phi \in \left(C^0([0, T]; \mathcal{H}_s)\right)^N \subset \left(L^2(0, T; L^2(\Gamma_1))\right)^N, \quad s > \frac{1}{2} \tag{16.19}$$

保证了 (16.18)的右端积分项是有意义的.

注意到 $(V(0), V'(0)) \in \mathcal{C}$ 及 $(-\widehat{\Phi}_1, \widehat{\Phi}_0) \in \mathcal{C}^\perp$, 由 (16.18)易见, 对任意给定的 $H \in \mathcal{L}^M$, 成立

$$\int_0^T \int_{\Gamma_1} (DH, \Phi) \, \mathrm{d}\Gamma \, \mathrm{d}t = 0.$$

于是

$$D^{\mathrm{T}} \Phi \equiv 0, \quad (t, x) \in [0, T] \times \Gamma_1. \tag{16.20}$$

但 $\Phi \not\equiv 0$, 这说明伴随问题(16.3)在 $[0, T]$ 上不是 $D$-能观的.

反之, 假设伴随问题 (16.3) 在区间 $[0,T]$ 上不是 $D$-能观的, 则存在一个非平凡的初值 $(\widehat{\Phi}_0, \widehat{\Phi}_1) \in (\mathcal{H}_s)^N \times (\mathcal{H}_{s-1})^N$, 使得相应的伴随问题 (16.3) 的解 $\Phi$ 满足(16.20). 对任意给定的 $(\widehat{U}_0, \widehat{U}_1) \in \overline{\mathcal{C}}$, 在 $\mathcal{L}^M$ 中存在边界控制序列 $\{H_n\}$, 使得相应的后向问题(16.5)的解序列 $\{V_n\}$ 当 $n \to +\infty$ 时,

$$(V_n(0), V_n'(0)) \to (\widehat{U}_0, \widehat{U}_1) \quad 在(\mathcal{H}_{1-s})^N \times (\mathcal{H}_{-s})^N 中成立. \tag{16.21}$$

类似于 (16.18), 将 $\Phi$ 乘在后向问题(16.5)上, 并注意到 (16.20), 可得

$$\langle V_n(0), \widehat{\Phi}_1 \rangle_{(\mathcal{H}_{1-s})^N;(\mathcal{H}_{s-1})^N} - \langle V_n'(0), \widehat{\Phi}_0 \rangle_{(\mathcal{H}_{-s})^N;(\mathcal{H}_s)^N} = 0. \tag{16.22}$$

当 $n \to +\infty$ 时取极限, 并注意到(16.21), 就可从(16.22)得到对所有 $(\widehat{U}_0, \widehat{U}_1) \in \overline{\mathcal{C}}$ 成立

$$\langle (\widehat{U}_0, \widehat{U}_1), (-\widehat{\Phi}_1, \widehat{\Phi}_0) \rangle_{(\mathcal{H}_{1-s})^N \times (\mathcal{H}_{-s})^N;(\mathcal{H}_{s-1})^N \times (\mathcal{H}_s)^N} = 0, \tag{16.23}$$

从而 $(-\widehat{\Phi}_1, \widehat{\Phi}_0) \in \overline{\mathcal{C}}^{\perp}$, 这就证得 $\overline{\mathcal{C}} \neq (\mathcal{H}_{1-s})^N \times (\mathcal{H}_{-s})^N$. □

**定理 16.4** 假设对任意给定的初值 $(\widehat{U}_0, \widehat{U}_1) \in (\mathcal{H}_1)^N \times (\mathcal{H}_0)^N$, 对某个 $s\ (> 1/2)$, 系统 (II) 在 $(\mathcal{H}_{1-s})^N \times (\mathcal{H}_{-s})^N$ 中具有逼近边界零能控性, 则对任意给定的初值 $(\widehat{U}_0, \widehat{U}_1) \in (\mathcal{H}_{1-s})^N \times (\mathcal{H}_{-s})^N$, 系统 (II) 具有相同的逼近边界零能控性.

**证** 对任意给定的初值 $(\widehat{U}_0, \widehat{U}_1) \in (\mathcal{H}_{1-s})^N \times (\mathcal{H}_{-s})^N\ (s > 1/2)$, 因为 $(\mathcal{H}_1)^N \times (\mathcal{H}_0)^N$ 在 $(\mathcal{H}_{1-s})^N \times (\mathcal{H}_{-s})^N$ 中稠, 可在 $(\mathcal{H}_1)^N \times (\mathcal{H}_0)^N$ 中找到一列 $\{(\widehat{U}_0^n, \widehat{U}_1^n)\}_{n \in \mathbb{N}}$, 当 $n \to +\infty$ 时,

$$(\widehat{U}_0^n, \widehat{U}_1^n) \to (\widehat{U}_0, \widehat{U}_1) \quad 在 \quad (\mathcal{H}_{1-s})^N \times (\mathcal{H}_{-s})^N 中成立. \tag{16.24}$$

由定理假设, 对任何固定的 $n \geqslant 1$, 在 $\mathcal{L}^M$ 中存在一列支集在 $[0,T]$ 中的边界控制序列 $\{H_k^n\}_{k \in \mathbb{N}}$, 使得相应问题 (II) 及 (II0) 的解序列 $\{U_k^n\}$ 当 $k \to +\infty$ 时满足

$$(U_k^n(T), (U_k^n)'(T)) \to (0,0) \quad 在 \quad (\mathcal{H}_{1-s})^N \times (\mathcal{H}_{-s})^N 中成立. \tag{16.25}$$

对任意给定的 $n \geqslant 1$, 取整数 $k_n$ 使得

$$\|(\widehat{U}_0^n, \widehat{U}_1^n, H_{k_n}^n)(T)\|_{(\mathcal{H}_{1-s})^N \times (\mathcal{H}_{-s})^N} \tag{16.26}$$
$$= \|(U_{k_n}^n(T), (U_{k_n}^n)'(T))\|_{(\mathcal{H}_{1-s})^N \times (\mathcal{H}_{-s})^N} \leqslant \frac{1}{2^n}.$$

这样, 我们得到了一列 $\{k_n\}$, 且当 $n \to +\infty$ 时, $k_n \to +\infty$. 对 $\mathcal{L}^M$ 中的边界控制序列 $\{H_{k_n}^n\}$, 当 $n \to +\infty$ 时,

$$(\widehat{U}_0^n, \widehat{U}_1^n, H_{k_n}^n)(T) \to 0 \quad 在 \quad (\mathcal{H}_{1-s})^N \times (\mathcal{H}_{-s})^N 中成立. \tag{16.27}$$

由于 $\mathcal{R}$ 是线性映射, 结合(16.24)和 (16.27)可得当 $n \to +\infty$ 时, 在 $(\mathcal{H}_{1-s})^N \times (\mathcal{H}_{-s})^N$ 中成立

$$
\begin{aligned}
&(\widehat{U}_0, \widehat{U}_1, H_{k_n}^n) \\
&=(\widehat{U}_0 - \widehat{U}_0^n, \widehat{U}_1 - \widehat{U}_1^n, 0) + (\widehat{U}_0^n, \widehat{U}_1^n, H_{k_n}^n) \to (0,0),
\end{aligned} \tag{16.28}
$$

这意味着对任意给定的初值 $(\widehat{U}_0, \widehat{U}_1) \in (\mathcal{H}_{1-s})^N \times (\mathcal{H}_{-s})^N$, 边界控制序列 $\{H_{k_n}^n\}$ 实现了系统的逼近边界零能控性. $\square$

**注 16.1** 因为 $(\mathcal{H}_1)^N \times (\mathcal{H}_0)^N \subset (\mathcal{H}_{1-s})^N \times (\mathcal{H}_{-s})^N$ $(s > 1/2)$, 若对任意给定的初值 $(\widehat{U}_0, \widehat{U}_1) \in (\mathcal{H}_{1-s})^N \times (\mathcal{H}_{-s})^N$ $(s > \frac{1}{2})$, 系统 (II) 是逼近边界零能控的, 则它对任意给定的初值 $(\widehat{U}_0, \widehat{U}_1) \in (\mathcal{H}_1)^N \times (\mathcal{H}_0)^N$ 也具有同样的逼近边界零能控性.

**注 16.2** 定理16.4和注16.1说明: 在同样的收敛空间 $(\mathcal{H}_{1-s})^N \times (\mathcal{H}_{-s})^N$ 中, 系统对空间 $(\mathcal{H}_{1-s})^N \times (\mathcal{H}_{-s})^N$ $(s > 1/2)$ 中初值的逼近边界零能控性等价于对空间 $(\mathcal{H}_1)^N \times (\mathcal{H}_0)^N$ 中初值的逼近边界零能控性.

**注 16.3** 类似地可以证明: 若对任意给定的初值 $(\widehat{U}_0, \widehat{U}_1) \in (\mathcal{H}_{1-s})^N \times (\mathcal{H}_{-s})^N$ $(s > 1/2)$, 系统 (II) 是逼近边界零能控的, 则对任意给定的初值 $(\widehat{U}_0, \widehat{U}_1) \in (\mathcal{H}_{1-s'})^N \times (\mathcal{H}_{-s'})^N$ $(s' > s)$, 系统 (II) 也是逼近边界零能控的.

**推论 16.5** 若 $M = N$, 则无论乘子几何条件 (12.13)满足与否, 系统 (II) 总是逼近边界零能控的.

**证** 由于 $M = N$, 由 (16.4)给出的观测变为

$$
\Phi \equiv 0, \quad (t, x) \in [0, T] \times \Gamma_1. \tag{16.29}
$$

由 Holmgren 唯一性定理 (参见 [66] 中定理 8.2), 可以得到伴随问题 (16.3)的 $D$-能观性. 因此, 由定理16.3, 就得到系统 (II) 的逼近边界零能控性. $\square$

## §3. Kalman 准则. 总 (直接与间接) 控制

由定理 16.3, 类似于定理8.4, 可以给出逼近边界零能控性的下述必要条件.

**定理 16.6** 若系统 (II) 在时刻 $T > 0$ 具逼近边界零能控性, 则必成立下面的 **Kalman** 准则:

$$
\operatorname{rank}(D, AD, \cdots, A^{N-1}D) = N. \tag{16.30}
$$

由定理 16.6, 类似于 Dirichlet 边界控制的情形 (见 §3), 对 Neumann 边界控制, 我们不仅需要考虑作用在边界 $\Gamma_1$ 上的 "直接" 边界控制的个数 rankD, 还需考虑由耦合矩阵 $A$ 和边界控制矩阵 $D$ 生成的扩张矩阵 $(D, AD, \cdots, A^{N-1}D)$ 的秩, 即所谓的 "总" 控制的个数. 在具逼近边界零能控性的要求下, 总控制个数需等于 $N$, 而 "间接" 控制的个数为 $\text{rank}(D, AD, \cdots, A^{N-1}D) - \text{rank}(D) = N - M$.

一般来说, 类似于对具 Dirichlet 边界控制的波动方程耦合组的逼近边界零能控性, 在 Neumann 边界控制的情形下, 我们也无法保证 Kalman 准则的充分性. 这是因为 Kalman 准则不依赖于 $T$, 若它是一个充分条件, 那么立刻就能实现系统 (II) 的逼近边界零能控性或者伴随问题(16.3)的 $D$-能观性, 然而, 由于波具有限传播速度, 这是不可能的.

首先, 我们给出一个例子来说明 Kalman 准则的不充分性.

**定理 16.7** 设 $\mu_n^2$ 和 $e_n$ 如下定义:

$$\begin{cases} -\Delta e_n = \mu_n^2 e_n, & x \in \Omega, \\ e_n = 0, & x \in \Gamma_0, \\ \partial_\nu e_n = 0, & x \in \Gamma_1. \end{cases} \tag{16.31}$$

假设集合

$$\Lambda = \{(m, n): \quad \mu_n \neq \mu_m, \quad \text{且在} \Gamma_1 \text{上} e_m = e_n \} \tag{16.32}$$

非空. 则对任意给定的 $(m, n) \in \Lambda$, 令

$$\epsilon = \frac{\mu_m^2 - \mu_n^2}{2}, \tag{16.33}$$

伴随问题

$$\begin{cases} \phi'' - \Delta\phi + \epsilon\psi = 0, & (t, x) \in (0, +\infty) \times \Omega, \\ \psi'' - \Delta\psi + \epsilon\phi = 0, & (t, x) \in (0, +\infty) \times \Omega, \\ \phi = \psi = 0, & (t, x) \in (0, +\infty) \times \Gamma_0, \\ \partial_\nu\phi = \partial_\nu\psi = 0, & (t, x) \in (0, +\infty) \times \Gamma_1 \end{cases} \tag{16.34}$$

必存在一个非平凡解 $(\phi, \psi) \not\equiv (0, 0)$, 它在无穷时间区间上具有如下的观测值:

$$\phi \equiv 0, \quad (t, x) \in [0 + \infty) \times \Gamma_1, \tag{16.35}$$

因此伴随问题(16.34)不是 $D$-能观的.

**证** 令

$$\phi = (e_n - e_m), \quad \psi = (e_n + e_m), \quad \lambda^2 = \frac{\mu_m^2 + \mu_n^2}{2}. \tag{16.36}$$

容易验证 $(\phi, \psi)$ 满足下面的系统：

$$\begin{cases} \lambda^2 \phi + \Delta \phi - \epsilon \psi = 0, & x \in (0, +\infty) \times \Omega, \\ \lambda^2 \psi + \Delta \psi - \epsilon \phi = 0, & x \in (0, +\infty) \times \Omega, \\ \phi = \psi = 0, & x \in (0, +\infty) \times \Gamma_0, \\ \partial_\nu \phi = \partial_\nu \psi = 0, & x \in (0, +\infty) \times \Gamma_1. \end{cases} \tag{16.37}$$

此外, 注意到 $\Lambda$ 的定义(16.32), 有

$$\phi = 0, \quad x \in \Gamma_1. \tag{16.38}$$

于是, 令

$$\phi_\lambda = e^{i\lambda t} \phi, \quad \psi_\lambda = e^{i\lambda t} \psi. \tag{16.39}$$

易见 $(\phi_\lambda, \psi_\lambda)$ 是伴随系统 (16.34)的一个非平凡解, 且满足观测条件(16.35). □

为了说明定理 16.7中假设的合理性, 我们在如下的情形分别验证集合 $\Lambda$ 确实是非空的.

(1) $\Omega = (0, \pi)$, $\Gamma_1 = \{\pi\}$. 此时, 有

$$\mu_n = n + \frac{1}{2}, \quad e_n = (-1)^n \sin(n + \frac{1}{2})x, \quad \text{而 } e_n(\pi) = e_m(\pi) = 1. \tag{16.40}$$

因此, 对一切 $m \neq n$, $(m, n) \in \Lambda$.

(2) $\Omega = (0, \pi) \times (0, \pi)$, $\Gamma_1 = \{\pi\} \times [0, \pi]$. 取

$$\mu_{m,n} = \sqrt{(m + \frac{1}{2})^2 + n^2}, \quad e_{m,n} = (-1)^m \sin(m + \frac{1}{2})x \sin ny, \tag{16.41}$$

有

$$e_{m,n}(\pi, y) = e_{m',n}(\pi, y) = \sin ny, \quad 0 \leqslant y \leqslant \pi. \tag{16.42}$$

因此, 对一切 $m \neq m'$ 及 $n \geqslant 1$, $(\{m, n\}, \{m', n\}) \in \Lambda$.

**注 16.4** 定理 16.7 说明: 在一般情况下 Kalman 准则是并不充分的. 事实上, 对于满足观测条件(16.35)的伴随系统(16.34), 有 $N = 2$,

$$A = \begin{pmatrix} 0 & \epsilon \\ \epsilon & 0 \end{pmatrix}, \quad D = \begin{pmatrix} 1 \\ 0 \end{pmatrix}, \quad (D, AD) = \begin{pmatrix} 1 & 0 \\ 0 & \epsilon \end{pmatrix}, \tag{16.43}$$

因此相应的 Kalman 准则(16.30)满足. 由定理 16.7可见, 即便观测时间是无穷的, Kalman 准则对于伴随系统(16.34)的 $D$-能观性也是不充分的.

# §4. 一维情况 Kalman 准则在观测时间 $T > 0$ 充分大时 的充分性

类似于一维系统具 Dirichlet 边界控制的情形, 我们将证明, 在某些情况下, Kalman 准则 (16.30)对原系统的逼近边界零能控性是充分的.

考虑下述的一维空间中的伴随问题

$$\begin{cases} \Phi'' - \Delta\Phi + \epsilon A^{\mathrm{T}}\Phi = 0, & t > 0, \quad 0 < x < \pi, \\ \Phi(t, 0) = 0, & t > 0, \\ \partial_\nu \Phi(t, \pi) = 0, & t > 0, \\ t = 0: \quad \Phi = \widehat{\Phi}_0, \ \Phi' = \widehat{\Phi}_1, & 0 < x < \pi, \end{cases} \tag{16.44}$$

且在 $x = \pi$ 端具观测

$$D^{\mathrm{T}}\Phi(t, \pi) = 0, \quad t \in [0, T], \tag{16.45}$$

其中 $|\epsilon| > 0$ 充分小.

假设 $N \times N$ 阶矩阵 $A^{\mathrm{T}}$ 是可对角化的, 且具有 $m\ (\leqslant N)$ 个相异实特征值:

$$\delta_1 < \delta_2 < \cdots < \delta_m \tag{16.46}$$

和相应的特征向量 $w^{(l,\mu)}$:

$$A^{\mathrm{T}} w^{(l,\mu)} = \delta_l w^{(l,\mu)}, \quad 1 \leqslant l \leqslant m, \quad 1 \leqslant \mu \leqslant \mu_l, \tag{16.47}$$

我们有

$$\sum_{l=1}^{m} \mu_l = N. \tag{16.48}$$

设

$$e_n = (-1)^n \sin(n + \tfrac{1}{2})x, \quad n \geqslant 0 \tag{16.49}$$

是 $-\Delta$ 算子在 $\mathcal{H}_1$ 中的特征函数, 它满足

$$
\begin{cases}
-\Delta e_n = \mu_n^2 e_n, & 0 < x < \pi, \\
e_n = 0, & x = 0, \\
\partial_\nu e_n = 0, & x = \pi,
\end{cases}
\tag{16.50}
$$

其中 $\mu_n = (n + \frac{1}{2})$. 于是 $e_n w^{(l,\mu)}$ 是 $-\Delta + \epsilon A^{\mathrm{T}}$ 对应于特征值 $(n + \frac{1}{2})^2 + \delta_l \epsilon$ 的一个特征向量.

定义

$$
\begin{cases}
\beta_n^{(l)} = \sqrt{(n + \frac{1}{2})^2 + \delta_l \epsilon}, & l = 1, 2, \cdots, m, \quad n \geqslant 0, \\
\beta_{-n}^{(l)} = -\beta_n^{(l)}, & l = 1, 2, \cdots, m, \quad n \geqslant 1.
\end{cases}
\tag{16.51}
$$

系统 (16.44)的相应特征向量为

$$
E_n^{(l,\mu)} = \begin{pmatrix} \frac{e_n w^{(l,\mu)}}{\mathrm{i} \beta_n^{(l)}} \\ e_n w^{(l,\mu)} \end{pmatrix}, \quad 1 \leqslant l \leqslant m, \quad 1 \leqslant \mu \leqslant \mu_l, \quad n \in \mathbb{Z},
\tag{16.52}
$$

其中对 $n \geqslant 0$, 定义 $e_{-n} = e_n$. 类似于 §7 , 可知 $\{E_n^{(l,\mu)}\}_{1 \leqslant l \leqslant m, 1 \leqslant \mu \leqslant \mu_l, n \in \mathbb{Z}}$ 是 $(\mathcal{H}_1)^N \times (\mathcal{H}_0)^N$ 中的一组 Riesz 基. 于是, 对 $(\mathcal{H}_1)^N \times (\mathcal{H}_0)^N$ 中任意给定的初值:

$$
\begin{pmatrix} \Phi_0 \\ \Phi_1 \end{pmatrix} = \sum_{n \in \mathbb{Z}} \sum_{l=1}^m \sum_{\mu=1}^{\mu_l} \alpha_n^{(l,\mu)} E_n^{(l,\mu)},
\tag{16.53}
$$

伴随问题 (16.44)的解为

$$
\begin{pmatrix} \Phi \\ \Phi' \end{pmatrix} = \sum_{n \in \mathbb{Z}} \sum_{l=1}^m \sum_{\mu=1}^{\mu_l} \alpha_n^{(l,\mu)} \mathrm{e}^{\mathrm{i} \beta_n^{(l)} t} E_n^{(l,\mu)}.
\tag{16.54}
$$

特别地, 我们有

$$
\Phi = \sum_{n \in \mathbb{Z}} \sum_{l=1}^m \sum_{\mu=1}^{\mu_l} \frac{\alpha_n^{(l,\mu)}}{\mathrm{i} \beta_n^{(l)}} \mathrm{e}^{\mathrm{i} \beta_n^{(l)} t} e_n w^{(l,\mu)},
\tag{16.55}
$$

且 $D$-观测条件 (16.45) 变成

$$
\sum_{n \in \mathbb{Z}} \sum_{l=1}^m D^{\mathrm{T}} \Big( \sum_{\mu=1}^{\mu_l} \frac{\alpha_n^{(l,\mu)}}{\mathrm{i} \beta_n^{(l)}} w^{(l,\mu)} \Big) \mathrm{e}^{\mathrm{i} \beta_n^{(l)} t} = 0, \quad t \in [0, T].
\tag{16.56}
$$

现在考察由(16.51)定义的序列 $\{\beta_n^{(l)}\}_{1 \leqslant l \leqslant m; n \in \mathbb{Z}}$ :

$$
\cdots \beta_{-1}^{(1)} < \cdots < \beta_{-1}^{(m)} < \beta_0^{(1)} < \cdots < \beta_0^{(m)} < \beta_1^{(1)} < \cdots < \beta_1^{(m)} < \cdots .
\tag{16.57}
$$

首先, 当 $|\epsilon| > 0$ 充分小时, $\{\beta_n^{(l)}\}_{1 \leqslant l \leqslant m; n \in \mathbb{Z}}$ 是一个严格递增的数列. 另一方面, 类似于(8.106)和 (8.107), 当 $|\epsilon| > 0$ 充分小而 $|n| > 0$ 充分大时, 易见

$$\beta_{n+1}^{(l)} - \beta_n^{(l)} = O(1) \tag{16.58}$$

及

$$\beta_n^{(l+1)} - \beta_n^{(l)} = O\left(\left|\frac{\epsilon}{n}\right|\right). \tag{16.59}$$

这样, 序列 $\{\beta_n^{(l)}\}_{1 \leqslant l \leqslant m; n \in \mathbb{Z}}$ 满足定理 8.13 (其中取 $s = 1$) 的所有假设. 此外, 由(8.93)给出的定义, 直接计算可得 $D^+ = m$. 因此, 当 $T > 2m\pi$ 时, 序列 $\{\mathrm{e}^{\mathrm{i}\beta_n^{(l)}t}\}_{1 \leqslant l \leqslant m; n \in \mathbb{Z}}$ 在 $L^2(0, T)$ 中是 $\omega$-线性无关的.

**定理 16.8** 假设 $A$ 和 $D$ 满足 Kalman 准则 (16.30). 进一步假设 $A^{\mathrm{T}}$ 可对角化, 其特征值与特征向量由 (16.46)–(16.47)给出. 那么, 当 $|\epsilon| > 0$ 充分小时, 若 $T > 2m\pi$, 则伴随问题 (16.44) 是 $D$-能观的.

**证** 由于当 $T > 2m\pi$ 时, 序列 $\{\mathrm{e}^{\mathrm{i}\beta_n^{(l)}t}\}_{1 \leqslant l \leqslant m; n \in \mathbb{Z}}$ 在 $L^2(0, T)$ 中是 $\omega$-线性无关的, 由(16.56)可得

$$D^{\mathrm{T}}\Big(\sum_{\mu=1}^{\mu_l} \frac{\alpha_n^{(l,\mu)}}{\mathrm{i}\beta_n^{(l)}} w^{(l,\mu)}\Big) = 0, \quad 1 \leqslant l \leqslant m, \quad n \in \mathbb{Z}. \tag{16.60}$$

注意到 Kalman 准则(16.30), 由命题2.8 的断言 (ii) (其中取 $d = 0$), $\mathrm{Ker}(D^{\mathrm{T}})$ 不含有 $A^{\mathrm{T}}$ 的任何非平凡的子空间, 从而

$$\sum_{\mu=1}^{\mu_l} \frac{\alpha_n^{(l,\mu)}}{\mathrm{i}\beta_n^{(l)}} w^{(l,\mu)} = 0, \quad 1 \leqslant l \leqslant m, \quad n \in \mathbb{Z}. \tag{16.61}$$

于是

$$\alpha_n^{(l,\mu)} = 0, \quad 1 \leqslant \mu \leqslant \mu_l, \quad 1 \leqslant l \leqslant m, \quad n \in \mathbb{Z}, \tag{16.62}$$

因此 $\varPhi \equiv 0$, 这意味着伴随问题 (16.44) 是 $D$-能观的. □

此外, 类似于定理 8.16, 我们有

**定理 16.9** 在定理 16.8的假设下, 进一步假设 $A^{\mathrm{T}}$ 有 $N$ 个互异的实特征值:

$$\delta_1 < \delta_2 < \cdots < \delta_N. \tag{16.63}$$

那么当 $|\epsilon| > 0$ 充分小时, 若观测时间 $T > 2\pi(N - M + 1)$, 其中 $M = \mathrm{rank}(D)$, 则伴随问题 (16.44)是 $D$-能观的.

# §5. 波动方程串联系统的唯一延拓性

考虑由两个波动方程组成的串联系统：

$$\begin{cases} \phi'' - \Delta\phi = 0, & (t,x) \in (0,T) \times \Omega, \\ \psi'' - \Delta\psi + \phi = 0, & (t,x) \in (0,T) \times \Omega, \\ \phi = \psi = 0, & (t,x) \in (0,T) \times \Gamma_0, \\ \partial_\nu\phi = \partial_\nu\psi = 0, & (t,x) \in (0,T) \times \Gamma_1, \\ t = 0: \quad (\phi,\psi,\phi',\psi') = (\phi_0,\psi_0,\phi_1,\psi_1), & x \in \Omega \end{cases} \tag{16.64}$$

及边界上的 Dirichlet 观测：

$$a\phi + b\psi = 0, \quad (t,x) \in [0,T] \times \Gamma_1, \tag{16.65}$$

其中 $a$ 和 $b$ 是常数.

设

$$A = \begin{pmatrix} 0 & 1 \\ 0 & 0 \end{pmatrix} \quad 及 \quad D = \begin{pmatrix} a \\ b \end{pmatrix}. \tag{16.66}$$

易见当且仅当 $b \neq 0$ 时, Kalman 准则(16.30) 成立. 此外, 我们有 (参见 [2]) 以下定理.

**定理 16.10** 设 $b \neq 0$. 若具初值 $(\phi_0,\psi_0,\phi_1,\psi_1) \in H^1_{\Gamma_0}(\Omega) \times H^1_{\Gamma_0}(\Omega) \times L^2(\Omega) \times L^2(\Omega)$ 的伴随问题 (16.64)的解 $(\phi,\psi)$ 满足 Dirichlet 观测(16.65), 则当 $T > 0$ 充分大时, $\phi \equiv \psi \equiv 0$.

定理 16.10可以推广到下面由两个波动方程组成的 $n$ 块串联系统：对 $j = 1,\cdots,n$,

$$\begin{cases} \phi_j'' - \Delta\phi_j = 0, & (t,x) \in (0,T) \times \Omega, \\ \psi_j'' - \Delta\psi_j + \phi_j = 0, & (t,x) \in (0,T) \times \Omega, \\ \phi_j = \psi_j = 0, & (t,x) \in (0,T) \times \Gamma_0, \\ \partial_\nu\phi_j = \partial_\nu\psi_j = 0, & (t,x) \in (0,T) \times \Gamma_1, \end{cases} \tag{16.67}$$

且具有 Dirichlet 观测

$$\sum_{j=1}^{n} (a_{ji}\phi_j + b_{ji}\psi_j) = 0, \quad (t,x) \in [0,T] \times \Gamma_1, \quad i = 1,\cdots,n. \tag{16.68}$$

令 $N = 2n$ 及

$$\Phi = (\phi_1,\psi_1,\cdots\phi_n,\psi_n)^{\mathrm{T}}. \tag{16.69}$$

设

$$A = \begin{pmatrix} \begin{pmatrix} 0 & 1 \\ 0 & 0 \end{pmatrix} & & \\ & \ddots & \\ & & \begin{pmatrix} 0 & 1 \\ 0 & 0 \end{pmatrix} \end{pmatrix} \tag{16.70}$$

及

$$D = \begin{pmatrix} a_{11} & a_{12} & \cdots & a_{1n} \\ b_{11} & b_{12} & \cdots & b_{1n} \\ \vdots & \vdots & \cdots & \vdots \\ a_{n1} & a_{n2} & \cdots & a_{nn} \\ b_{n1} & b_{n2} & \cdots & b_{nn} \end{pmatrix}. \tag{16.71}$$

将 (16.67) 和 (16.68)写成 (16.44) 和 (16.45)的形式, 直接计算可得, 当且仅当矩阵 $B = (b_{ij})$ 为可逆时, Kalman 准则 (16.30)成立. 此外, 我们有下面的结论.

**推论 16.11** 假设 $B = (b_{ij})$ 是一可逆矩阵. 若对 $i = 1, \cdots, n$, 具初值 $(\phi_{i0}, \psi_{i0}) \in H^1_{\Gamma_0} \times L^2(\Omega)$ 的系统 (16.67) 的解 $\{(\phi_i, \psi_i)\}$ 满足观测(16.68), 则当 $T > 0$ 充分大时, $\phi_i \equiv \psi_i \equiv 0 (i = 1, \cdots, n)$.

**证** 对 $i = 1, \cdots, n$, 将 $a_{ji}$ 和 $b_{ji}$ 分别乘在 (16.67)的第 $j$ 个方程上, 再对指标 $j$ 从 1 到 $n$ 求和, 就得到对 $i = 1, \cdots, n$, 成立

$$\sum_{j=1}^{N}(a_{ji}\phi_j + b_{ji}\psi_j)'' - \sum_{j=1}^{N}\Delta(a_{ji}\phi_j + b_{ji}\psi_j) + \sum_{j=1}^{N}b_{ji}\phi_j = 0. \tag{16.72}$$

设

$$u_i = \sum_{j=1}^{N}b_{ji}\phi_j, \quad v_i = \sum_{j=1}^{N}(a_{ji}\phi_j + b_{ji}\psi_j), \quad i = 1, \cdots, n. \tag{16.73}$$

由 (16.72) 可得, 对每个 $i = 1, \cdots, n$, 成立

$$\begin{cases} u_i'' - \Delta u_i = 0, & (t, x) \in (0, T) \times \Omega, \\ v_i'' - \Delta v_i + u_i = 0, & (t, x) \in (0, T) \times \Omega, \\ u_i = v_i = 0, & (t, x) \in (0, T) \times \Gamma_0, \\ \partial_\nu u_i = \partial_\nu v_i = 0, & (t, x) \in (0, T) \times \Gamma_1 \end{cases} \tag{16.74}$$

且具有相应的 Dirichlet 观测

$$v_i \equiv 0, \quad (t, x) \in [0, T] \times \Gamma_1. \tag{16.75}$$

对每个子系统 (16.74) 及(16.75)应用定理 16.10, 就得到

$$u_i \equiv v_i \equiv 0, \quad (t,x) \in [0,T] \times \Omega, \quad i = 1, \cdots, n. \tag{16.76}$$

最后, 由于矩阵 $B$ 是可逆的, 由 (16.76) 可得

$$\phi_i \equiv \psi_i \equiv 0, \quad (t,x) \in [0,T] \times \Omega, \quad i = 1, \cdots, n. \tag{16.77}$$

$\square$

# 第十七章
# 逼近边界同步性

## §1. 定义

**定义 17.1** 设 $s > 1/2$. 称系统 (II) 在时刻 $T > 0$ **逼近同步**, 若对任意给定的初值 $(\widehat{U}_0, \widehat{U}_1) \in (\mathcal{H}_{1-s})^N \times (\mathcal{H}_{-s})^N$, 在 $\mathcal{L}^M$ 中存在支集在 $[0, T]$ 中的边界控制序列 $\{H_n\}$, 使得相应问题 (II) 及 (II0) 的解序列 $\{U_n\}$ 在空间

$$C^0_{\mathrm{loc}}([T, +\infty); \mathcal{H}_{1-s}) \cap C^1_{\mathrm{loc}}([T, +\infty); \mathcal{H}_{-s}) \tag{17.1}$$

中当 $n \to +\infty$ 时满足

$$u_n^{(k)} - u_n^{(l)} \to 0, \quad \forall 1 \leqslant k, l \leqslant N. \tag{17.2}$$

设 $C_1$ 为 $(N-1) \times N$ 阶**同步阵**:

$$C_1 = \begin{pmatrix} 1 & -1 & & & \\ & 1 & -1 & & \\ & & \ddots & \ddots & \\ & & & 1 & -1 \end{pmatrix}. \tag{17.3}$$

$C_1$ 是一个行满秩矩阵, 且

$$\mathrm{Ker}(C_1) = \mathrm{Span}\{e_1\}, \tag{17.4}$$

而

$$e_1 = (1, \cdots, 1)^{\mathrm{T}}. \tag{17.5}$$

显然, **逼近边界同步性** (17.2) 可等价地改写为: 在空间

$$C_{\mathrm{loc}}^0([T,+\infty);(\mathcal{H}_{1-s})^{N-1}) \cap C_{\mathrm{loc}}^1([T,+\infty);(\mathcal{H}_{-s})^{N-1}) \tag{17.6}$$

中当 $n \to +\infty$ 时成立

$$C_1 U_n \to 0. \tag{17.7}$$

## §2. $C_1$-相容性条件

类似于定理9.1, 我们有以下定理.

**定理 17.1** 假设系统 (II) 在时刻 $T > 0$ 逼近同步, 但不是逼近零能控, 则耦合矩阵 $A = (a_{ij})$ 必满足下面的**行和条件**:

$$\sum_{j=1}^N a_{ij} := a \quad (i = 1, \cdots, N), \tag{17.8}$$

其中 $a$ 是与 $i = 1, \cdots, N$ 无关的常数. 这一条件也称之为 $C_1$-**相容性条件**.

**注 17.1** 这里的逼近边界同步性所提出的 $C_1$-相容性条件 (17.8), 其实就是精确边界同步性中的 $C_1$-相容性条件 (13.6). 特别地, 引理13.2现在依旧成立.

## §3. 基本性质

在 $C_1$-相容性条件 (17.8)成立的前提下, 令

$$W_1 = (w^{(1)}, \cdots, w^{(N-1)})^{\mathrm{T}} = C_1 U. \tag{17.9}$$

注意到(13.11), 关于变量 $U$ 的原系统 (II) 及 (II0) 可等价地化为关于变量 $W_1$ 的化约系统:

$$\begin{cases} W_1'' - \Delta W_1 + \overline{A}_1 W_1 = 0, & (t,x) \in (0,+\infty) \times \Omega, \\ W_1 = 0, & (t,x) \in (0,+\infty) \times \Gamma_0, \\ \partial_\nu W_1 = C_1 DH, & (t,x) \in (0,+\infty) \times \Gamma_1, \end{cases} \tag{17.10}$$

其相应的初始条件为

$$t = 0: \quad W_1 = C_1 \widehat{U}_0, \ W_1' = C_1 \widehat{U}_1, \quad x \in \Omega. \tag{17.11}$$

相应地, 令

$$\Psi_1 = (\psi^{(1)}, \cdots, \psi^{(N-1)})^{\mathrm{T}}. \tag{17.12}$$

考虑化约系统(17.10)的伴随问题:

$$\begin{cases} \Psi_1'' - \Delta\Psi_1 + \overline{A}_1^{\mathrm{T}}\Psi_1 = 0, & (t,x) \in (0,+\infty) \times \Omega, \\ \Psi_1 = 0, & (t,x) \in (0,+\infty) \times \Gamma_0, \\ \partial_\nu\Psi_1 = 0, & (t,x) \in (0,+\infty) \times \Gamma_1, \\ t = 0: \quad \Psi_1 = \widehat{\Psi}_0, \ \Psi_1' = \widehat{\Psi}_1, \quad x \in \Omega, \end{cases} \tag{17.13}$$

它也称作系统 (II) 的 **化约伴随问题**.

由定义16.1 和定义 17.1, 立刻可以得到下面的结论.

**引理 17.2**　假设耦合矩阵 $A$ 满足 $C_1$-相容性条件(17.8). 则系统 (II) 在时刻 $T > 0$ 具逼近边界同步性, 当且仅当化约系统(17.10) 在时刻 $T > 0$ 逼近边界零能控, 或等价地, 当且仅当化约伴随问题 (17.13) 在时间区间 $[0,T]$ 上是 $C_1D$-能观的 (见定义16.2).

**推论 17.3**　假设 $C_1$-相容性条件(17.8)成立. 若 $\mathrm{rank}(C_1D) = N - 1$, 则系统 (II) 总具有逼近边界同步性.

**证**　因为 $(C_1D)^{\mathrm{T}}$ 是 $N - 1$ 阶可逆矩阵, 观测信息 (由定义16.2类似给出) 就变成

$$\Psi_1 \equiv 0, \quad (t,x) \in [0,T] \times \Gamma_1. \tag{17.14}$$

因此, 利用 Holmgren 唯一性定理 (见 [66] 中定理 8.2), 可得化约伴随问题 (17.13)在时间区间 $[0,T]$ 上的 $C_1D$-能观性, 于是由引理 17.2, 就得到了系统 (II) 的逼近边界同步性. $\square$

类似于引理 9.3, 可以得到如下结论.

**引理 17.4**　在 $C_1$-相容性条件 (17.8)成立的前提下, 若系统 (II) 在时刻 $T > 0$ 具逼近边界同步性, 则必成立 **Kalman** 型的判据:

$$\mathrm{rank}(C_1D, C_1AD, \cdots, C_1A^{N-1}D) = N - 1. \tag{17.15}$$

## §4. 与总控制个数相关的若干性质

由于扩张矩阵 $(D, AD, \cdots, A^{N-1}D)$ 的秩表示总 (直接和间接) 控制的个数, 无论 $C_1$-相容性条件(17.8) 是否满足, 现在要确定为实现系统 (II) 的逼近边界同步性所需总控制个数的最小值.

类似于定理 9.4, 我们可以证明下述定理.

**定理 17.5**　假设系统 (II) 在边界控制矩阵 $D$ 的作用下具逼近边界同步性, 则必有

$$\operatorname{rank}(D, AD, \cdots, A^{N-1}D) \geqslant N - 1. \qquad (17.16)$$

换言之, 为了实现系统 (II) 的逼近边界同步性, 至少需要 $N-1$ 个总控制.

当系统 (II) 在最小秩条件

$$\operatorname{rank}(D, AD, \cdots, A^{N-1}D) = N - 1 \qquad (17.17)$$

下具逼近边界同步性时, 耦合矩阵 $A$ 就具备一些与同步阵 $C_1$ 有关的基本性质. 类似于定理 9.5, 我们有如下定理.

**定理 17.6**　假设系统 (II) 在最小秩条件(17.17)下具逼近边界同步性, 那么我们有下列断言:

(i) 耦合矩阵 $A$ 满足 $C_1$-相容性条件 (17.8).

(ii) 存在一个标量函数 $u$, 称为**逼近同步态**, 使得对所有 $1 \leqslant k \leqslant n$, 在空间

$$C_{\mathrm{loc}}^0([T, +\infty); \mathcal{H}_{1-s}) \cap C_{\mathrm{loc}}^1([T, +\infty); \mathcal{H}_{-s}) \qquad (17.18)$$

中当 $n \to +\infty$ 时成立

$$u_n^{(k)} \to u, \qquad (17.19)$$

其中 $s > 1/2$. 此外, 逼近同步态 $u$ 与所施加的边界控制序列 $\{H_n\}$ 的选取无关.

(iii) 耦合矩阵 $A$ 的转置 $A^{\mathrm{T}}$ 有一个特征向量 $E_1$ 满足 $(E_1, e_1) = 1$, 其中 $e_1 = (1, \cdots, 1)^{\mathrm{T}}$ 是 $A$ 的一个特征向量, 其相应的特征值 $a$ 由 (17.8) 给出.

**注 17.2**　在定理17.6的假设下, 系统 (II) 具有**在牵制意义 (pinning sense)** 下的逼近边界同步性, 而最初由定义17.1给出的概念是**在协同意义 (consensus sense)** 下的逼近边界同步性.

另一方面, 类似于定理 9.6, 我们有如下定理.

**定理 17.7**　设 $A$ 满足 $C_1$-相容性条件(17.8). 若 $A^{\mathrm{T}}$ 有一个特征向量 $E_1$ 使得 $(E_1, e_1) = 1$, 其中 $e_1 = (1, \cdots, 1)^{\mathrm{T}}$, 则存在一个满足最小秩条件(17.17)的边界控制矩阵 $D$, 可实现系统 (II) 的逼近边界同步性. 此外, 逼近同步态 $u$ 与边界控制的选取无关.

## §5. 一个例子

本节, 我们将考察由三个波动方程组成的耦合系统的逼近边界同步性, 其化约伴随系统由(16.64)给出.

为此目的, 我们首先寻找所有的 3 阶矩阵 $A$, 使满足 $C_1 A = \bar{A}_1 C_1$. 具体地说, 设

$$N = 3, \quad \bar{A}_1 = \begin{pmatrix} 0 & 1 \\ 0 & 0 \end{pmatrix}, \quad C_1 = \begin{pmatrix} 1 & -1 & 0 \\ 0 & 1 & -1 \end{pmatrix}. \tag{17.20}$$

为了得到 $A$, 我们求解下面的线性系统:

$$C_1 A = \bar{A}_1 C_1 = \begin{pmatrix} 0 & 1 & -1 \\ 0 & 0 & 0 \end{pmatrix}. \tag{17.21}$$

注意到矩阵

$$A_0 = \begin{pmatrix} 0 & 1 & -1 \\ 0 & 0 & 0 \\ 0 & 0 & 0 \end{pmatrix} \tag{17.22}$$

满足(17.21), 容易得到

$$A = A_0 + \begin{pmatrix} \alpha & \beta & \gamma \\ \alpha & \beta & \gamma \\ \alpha & \beta & \gamma \end{pmatrix} = \begin{pmatrix} \alpha & \beta+1 & \gamma-1 \\ \alpha & \beta & \gamma \\ \alpha & \beta & \gamma \end{pmatrix}, \tag{17.23}$$

其中 $\alpha, \beta, \delta$ 是任意给定的实数. 如此构造的 $A$ 满足 $C_1$-相容性条件 (17.8) , 且相应的行和为 $a = \alpha + \beta + \delta$.

**命题 17.8** 若成立

$$\alpha + \beta + \gamma \neq 0 \tag{17.24}$$

或者

$$\alpha + \beta + \gamma = 0 \text{ 且 } \alpha = 0, \tag{17.25}$$

则 $\lambda = \alpha + \beta + \gamma$ 是 $A$ 的一个特征值, 其相应的特征向量为 $e_1 = (1,1,1)^{\mathrm{T}}$, 且可取到 $A^{\mathrm{T}}$ 的相应特征向量 $E_1$ 使得 $(E_1, e_1) = 1$. 然而, 若

$$\alpha + \beta + \gamma = 0 \text{ 且 } \alpha \neq 0, \tag{17.26}$$

则 $\lambda = 0$ 是 $A$ 的唯一特征值, 且 $A^{\mathrm{T}}$ 所有相应的特征向量 $E_1$ 必满足 $(E_1, e_1) = 0$.

证　首先, 直接计算可得

$$\det(\lambda I - A) = \lambda^3 - (\alpha + \beta + \gamma)\lambda^2. \tag{17.27}$$

(i) 若 $\alpha + \beta + \gamma \neq 0$, 则 $\lambda = \alpha + \beta + \gamma$ 是 $A$ 的一个单重特征值, 且其相应的特征向量为 $e_1$. 从而, 可以找到 $A^{\mathrm{T}}$ 的一个特征向量 $E_1$ 使 $(E_1, e_1) = 1$. 更准确地, 向量 $E_1$ 由下式给出:

$$E_1 = \frac{1}{a^2} \begin{pmatrix} a\alpha \\ a\beta + \alpha \\ a\gamma - \alpha \end{pmatrix}, \tag{17.28}$$

其中 $a = \alpha + \beta + \gamma$.

(ii) 若 $\alpha + \beta + \gamma = 0$ 且 $\alpha = 0$, 则 $\lambda = 0$ 是 $A$ 的三重特征值, 且 $\dim \operatorname{Ker}(A) = 2$. 此外, $A^{\mathrm{T}}$ 的特征向量

$$E_1 = \frac{1}{2} \begin{pmatrix} -2\beta \\ \beta + 1 \\ \beta + 1 \end{pmatrix} \tag{17.29}$$

满足 $(E_1, e_1) = 1$.

(iii) 若 $\alpha + \beta + \gamma = 0$ 且 $\alpha \neq 0$, 则 $\lambda = 0$ 仍是 $A$ 的三重特征值, 但 $\dim \operatorname{Ker}(A) = 1$. 因此, $A^{\mathrm{T}}$ 的特征向量

$$E_1 = \begin{pmatrix} 0 \\ 1 \\ -1 \end{pmatrix} \tag{17.30}$$

必满足 $(E_1, e_1) = 0$. $\qquad\square$

现在我们考虑具边界控制矩阵 $D = (d_1, d_2, d_3)^{\mathrm{T}}$ 及由 (17.23) 给出的耦合矩阵 $A$ 的问题 (II) 及 (II0):

$$\begin{cases} u'' - \Delta u + \alpha u + (\beta + 1)v + (\gamma - 1)w = 0, & (t,x) \in (0, +\infty) \times \Omega, \\ v'' - \Delta v + \alpha u + \beta v + \gamma w = 0, & (t,x) \in (0, +\infty) \times \Omega, \\ w'' - \Delta w + \alpha u + \beta v + \gamma w = 0, & (t,x) \in (0, +\infty) \times \Omega, \\ u = v = w = 0, & (t,x) \in (0, +\infty) \times \Gamma_0, \\ \partial_\nu u = d_1 h, \quad \partial_\nu v = d_2 h, \quad \partial_\nu w = d_3 h, & (t,x) \in (0, +\infty) \times \Gamma_1, \end{cases} \tag{17.31}$$

其初始条件为

$$t = 0: \quad (u, v, w) = (u_0, v_0, w_0), \ (u', v', w') = (u_1, v_1, w_1), \quad x \in \Omega. \tag{17.32}$$

由于 $A$ 满足 $C_1$-相容性条件, 伴随系统(17.10)(其中 $\bar{A}_1$ 由 (17.20) 给定) 可写成

$$
\begin{cases}
y'' - \Delta y + z = 0, & (t,x) \in (0,+\infty) \times \Omega, \\
z'' - \Delta z = 0, & (t,x) \in (0,+\infty) \times \Omega, \\
y = z = 0, & (t,x) \in (0,+\infty) \times \Gamma_0, \\
\partial_\nu y = (d_1 - d_2)h, \quad \partial_\nu z = (d_2 - d_3)h, & (t,x) \in (0,+\infty) \times \Gamma_1,
\end{cases}
\tag{17.33}
$$

而相应的化约伴随问题 (17.13) 变为

$$
\begin{cases}
\psi_1'' - \Delta \psi_1 = 0, & (t,x) \in (0,+\infty) \times \Omega, \\
\psi_2'' - \Delta \psi_2 + \psi_1 = 0, & (t,x) \in (0,+\infty) \times \Omega, \\
\psi_1 = \psi_2 = 0, & (t,x) \in (0,+\infty) \times \Gamma_0, \\
\partial_\nu \psi_1 = \partial_\nu \psi_2 = 0, & (t,x) \in (0,+\infty) \times \Gamma_1,
\end{cases}
\tag{17.34}
$$

此外, 相应的 $C_1 D$-观测为

$$
(d_1 - d_2)\psi_1 + (d_2 - d_3)\psi_2 = 0, \quad (t,x) \in [0,T] \times \Gamma_1.
\tag{17.35}
$$

**定理 17.9** 设 $\Omega$ 满足乘子几何条件. 则存在一个边界控制矩阵 $D = (d_1, d_2, d_3)^{\mathrm{T}}$, 使得系统 (17.31) 具逼近边界同步性. 此外, 在 (17.24) 和 (17.25) 这两种情形下, 逼近同步态 $u$ 与施加的边界控制无关.

**证** 由引理 17.2, 系统 (17.31) 的逼近边界同步性等价于化约伴随系统(17.34) 的 $C_1 D$-能观性. 由定理 16.10, 在乘子几何条件成立的前提下, 若 $d_2 - d_3 \neq 0$ 且观测时间 $T > 0$ 充分大, 则具 $C_1 D$-观测(17.35) 的化约伴随系统 (17.34) 仅有平凡解 $\psi_1 \equiv \psi_2 \equiv 0$. 这样, 我们就得到了系统 (17.31) 的逼近边界同步性.

更准确地说, 在 (17.24) 的情形下, 可以选取

$$
\begin{cases}
d_1 = \frac{1}{\sigma} - \frac{\gamma}{\alpha}, \quad d_2 = 0, \quad d_3 = 1, & \text{若} \alpha \neq 0, \\
d_1 = 0, \quad d_2 = 1, \quad d_3 = -\frac{\beta}{\gamma}, & \text{若} \alpha = 0 \text{ 且} \gamma \neq 0, \\
d_1 = 0, \quad d_2 = -\frac{\gamma}{\beta}, \quad d_3 = 1, & \text{若} \alpha = 0 \text{ 且} \beta \neq 0,
\end{cases}
\tag{17.36}
$$

而在 (17.25) 的情形下, 可以选取

$$
d_1 = 0, \quad d_2 = -1, \quad d_3 = 1,
\tag{17.37}
$$

使得无论哪种情形, 均可保证 $E_1^{\mathrm{T}} D = 0$, 其中 $E_1$ 分别由 (17.28) 和 (17.29)给出. 这样, 将 $E_1$ 作用在系统 (17.31) 上, 并记 $\phi = (E_1, U_n)$, 其中 $U_n = (u_n, v_n, w_n)^{\mathrm{T}}$,

就可以得到

$$\begin{cases} \phi'' - \Delta\phi + a\phi = 0, & (t,x) \in (0,+\infty) \times \Omega, \\ \phi = 0, & (t,x) \in (0,+\infty) \times \Gamma_0, \\ \partial_\nu\phi = 0, & (t,x) \in (0,+\infty) \times \Gamma_1, \\ t = 0: \quad \phi = (E_1,\widehat{U}_0), \ \phi' = (E_1,\widehat{U}_1), \quad x \in \Omega. \end{cases} \tag{17.38}$$

由于 $\phi$ 与施加的边界控制无关, 且 $(E_1,e_1) = 1$, 当 $n \to +\infty$ 时, 在空间

$$C^0([T,+\infty);(\mathcal{H}_0)^3) \cap C^1([T,+\infty);(\mathcal{H}_{-1})^3) \tag{17.39}$$

中的收敛性

$$U_n \to ue_1 \tag{17.40}$$

意味着

$$t \geqslant T: \quad \phi = (E_1,U_n) \to (E_1,e_1)u = u. \tag{17.41}$$

因此, 逼近同步态 $u$ 实际上与施加的边界控制 $h$ 无关. □

**注 17.3** 在 (17.24) 和 (17.25)这两种情形下, 在最小秩条件

$$\mathrm{rank}(D,AD,AD^2) = 2 \tag{17.42}$$

下, 逼近同步态 $u$ 与所施加的边界控制$h$ 无关. 然而, 在 (17.26) 的情形下, $A$ 相似于一个 3 阶 Jordan 块, 必成立秩条件:

$$\mathrm{rank}(D,AD,AD^2) = 3, \tag{17.43}$$

它对于幂零系统(17.31) 具逼近边界零能控性是必要的. 该秩条件是否充分目前尚未可知.

# 第十八章

# 分 $p$ 组逼近边界同步性

## §1. 定义

当总控制的个数 $\mathrm{rank}(D, AD, \cdots, A^{N-1}D)$ 进一步减少时, 我们可以考察**分 $p$ 组逼近边界同步性** $(p \geqslant 1)$. 而 $p = 1$ 这一特殊情形, 实际上就是第十七章考虑过的逼近边界同步性.

设 $p \geqslant 1$ 为一整数, 并取整数 $n_0, n_1, n_2, \cdots, n_p$ 满足

$$0 = n_0 < n_1 < n_2 < \cdots < n_p = N, \tag{18.1}$$

且对 $1 \leqslant r \leqslant p$ 成立 $n_r - n_{r-1} \geqslant 2$. 分 $p$ 组逼近边界同步性意味着: 我们可以将 $U$ 中元素分成 $p$ 组:

$$(u^{(1)}, \cdots, u^{(n_1)}), \ (u^{(n_1+1)}, \cdots, u^{(n_2)}), \cdots, (u^{(n_{p-1}+1)}, \cdots, u^{(n_p)}), \tag{18.2}$$

且每一组分别具有相应的逼近边界同步性.

**定义 18.1** 设 $s > 1/2$. 称系统 (II) 在时刻 $T > 0$ 分 $p$ 组逼近同步, 若对任意给定的初值 $(\widehat{U}_0, \widehat{U}_1) \in (\mathcal{H}_{1-s})^N \times (\mathcal{H}_{-s})^N$, 在 $\mathcal{L}^M$ 中存在一列支集在 $[0, T]$ 中的边界控制序列 $\{H_n\}$, 使问题 (II) 及 (II0) 的相应解序列 $\{U_n\}$ 满足: 当 $n \to +\infty$ 时, 对 $n_{r-1}+1 \leqslant k, l \leqslant n_r$ 及 $1 \leqslant r \leqslant p$,

$$u_n^{(k)} - u_n^{(l)} \to 0 \quad \text{在} \ C_{\mathrm{loc}}^0([T, +\infty); \mathcal{H}_{1-s}) \cap C_{\mathrm{loc}}^1([T, +\infty); \mathcal{H}_{-s}) \ \text{中成立}. \tag{18.3}$$

设 $S_r$ 是下述 $(n_r - n_{r-1} - 1) \times (n_r - n_{r-1})$ 阶行满秩矩阵:

$$S_r = \begin{pmatrix} 1 & -1 & & & \\ & 1 & -1 & & \\ & & \ddots & \ddots & \\ & & & 1 & -1 \end{pmatrix}, \quad 1 \leqslant r \leqslant p, \tag{18.4}$$

而 $C_p$ 是 $(N-p) \times N$ 阶**分 $p$ 组同步阵**:

$$C_p = \begin{pmatrix} S_1 & & & \\ & S_2 & & \\ & & \ddots & \\ & & & S_p \end{pmatrix}. \tag{18.5}$$

显然,

$$\mathrm{Ker}(C_p) = \mathrm{Span}\{e_1, \cdots, e_p\}, \tag{18.6}$$

其中对 $1 \leqslant r \leqslant p$,

$$(e_r)_i = \begin{cases} 1, & n_{r-1} + 1 \leqslant i \leqslant n_r, \\ 0, & \text{其余情况}. \end{cases} \tag{18.7}$$

因此, 分 $p$ 组逼近边界同步性 (18.3) 可以等价地改写成: 在空间

$$C^0_{\mathrm{loc}}([T, +\infty); (\mathcal{H}_{1-s})^{N-p}) \cap C^1_{\mathrm{loc}}([T, +\infty); (\mathcal{H}_{-s})^{N-p}) \tag{18.8}$$

中, 当 $n \to +\infty$ 时, 成立

$$C_p U_n \to 0. \tag{18.9}$$

## § 2. 基本性质

类似于引理 13.2, 称耦合矩阵 $A$ 满足 $C_p$-相容性条件, 若 $\mathrm{Ker}(C_p)$ 是 $A$ 的一个不变子空间, 即成立

$$A\mathrm{Ker}(C_p) \subseteq \mathrm{Ker}(C_p), \tag{18.10}$$

或等价地, 存在一个 $(N-p)$ 阶矩阵 $\overline{A}_p$, 使得

$$C_p A = \overline{A}_p C_p. \tag{18.11}$$

$\overline{A}_p$ 称为 $A$ **关于 $C_p$ 的化约矩阵.**

在 $C_p$-相容性条件(18.10)成立的前提下, 记

$$W_p = C_p U = (w^{(1)}, \cdots, w^{(N-p)})^{\mathrm{T}}. \tag{18.12}$$

注意到 (18.11), 关于 $U$ 的问题 (II) 及 (II0) 可化为如下关于 $W_p$ 的**化约系统**:

$$\begin{cases} W_p'' - \Delta W_p + \overline{A}_p W_p = 0, & (t,x) \in (0,+\infty) \times \Omega, \\ W_p = 0, & (t,x) \in (0,+\infty) \times \Gamma_0, \\ \partial_\nu W_p = C_p D H, & (t,x) \in (0,+\infty) \times \Gamma_1, \end{cases} \tag{18.13}$$

其初值为

$$t = 0: \quad W_p = C_p \widehat{U}_0, \ W_p' = C_p \widehat{U}_1, \quad x \in \Omega. \tag{18.14}$$

相应地, 设

$$\Psi_p = (\psi^{(1)}, \cdots, \psi^{(N-p)})^{\mathrm{T}}, \tag{18.15}$$

考虑下面的化约伴随问题:

$$\begin{cases} \Psi_p'' - \Delta \Psi_p + \overline{A}_p^{\mathrm{T}} \Psi_p = 0, & (t,x) \in (0,+\infty) \times \Omega, \\ \Psi_p = 0, & (t,x) \in (0,+\infty) \times \Gamma_0, \\ \partial_\nu \Psi_p = 0, & (t,x) \in (0,+\infty) \times \Gamma_1, \\ t = 0: \quad \Psi_p = \widehat{\Psi}_{p0}, \ \Psi_p' = \widehat{\Psi}_{p1}, \quad x \in \Omega. \end{cases} \tag{18.16}$$

由定义 16.1 和定义 18.1, 并利用定理 16.3, 可得以下引理.

**引理 18.1**　假设耦合矩阵 $A$ 满足 $C_p$-相容性条件(18.10). 则系统 (II) 在时刻 $T > 0$ 具分 $p$ 组逼近边界同步性, 当且仅当化约系统 (18.13) 在时刻 $T > 0$ 是逼近零能控的; 或者等价地, 当且仅当化约伴随问题 (18.16) 在时间区间 $[0,T]$ 上是 $C_p D$-能观的, 即由边界 $\Gamma_1$ 上的部分观测信息

$$(C_p D)^{\mathrm{T}} \partial_\nu \Psi_p \equiv 0, \quad (t,x) \in [0,T] \times \Gamma_1 \tag{18.17}$$

可推出 $\widehat{\Psi}_{p0} = \widehat{\Psi}_{p1} \equiv 0$, 从而 $\Psi_p \equiv 0$.

这样, 由定理 16.6 并注意到(18.11), 易得以下定理.

**定理 18.2** 在 $C_p$-相容性条件(18.10) 成立的前提下, 若系统 (II) 具分 $p$ 组逼近边界同步性, 则必成立如下的 **Kalman** 型的判据:

$$\text{rank}(C_p D, C_p A D, \cdots, C_p A^{N-1} D) = N - p. \tag{18.18}$$

# §3. 与总控制个数相关的若干性质

本节我们将考虑总 (直接和间接) 控制个数 $\text{rank}(D, AD, \cdots, A^{N-1}D)$. 无论 $C_p$-相容性条件 (18.10) 是否成立, 我们希望决定为实现系统 (II) 分 $p$ 组逼近边界同步性所需的总控制个数的下界.

类似于定理 10.3, 我们有以下定理.

**定理 18.3** 假设系统 (II) 在边界控制矩阵 $D$ 的作用下分 $p$ 组逼近边界同步, 则必成立

$$\text{rank}(D, AD, \cdots, A^{N-1}D) \geqslant N - p. \tag{18.19}$$

换言之, 为实现系统 (II) 的分 $p$ 组逼近边界同步性至少需要 $N - p$ 个总控制.

基于定理 18.3, 我们在最小秩条件

$$\text{rank}(D, AD, \cdots, A^{N-1}D) = N - p \tag{18.20}$$

下考虑系统 (II) 的分 $p$ 组逼近边界同步性. 此时, 耦合矩阵 $A$ 必须满足一些与分 $p$ 组同步阵 $C_p$ 有关的基本性质.

类似于定理 10.4, 我们有以下定理.

**定理 18.4** 假设系统 (II) 在最小秩条件 (18.20)下具分 $p$ 组逼近边界同步性, 则如下的断言成立:

(i) 耦合矩阵 $A$ 满足 $C_p$-相容性条件(18.10).

(ii) 存在线性无关的标量函数 $u_1, \cdots, u_p$, 使得对所有 $n_{r-1} + 1 \leqslant k \leqslant n_r$ 及 $1 \leqslant r \leqslant p$, 在空间

$$C_{\text{loc}}^0([T, +\infty); \mathcal{H}_{1-s}) \cap C_{\text{loc}}^1([T, +\infty); \mathcal{H}_{-s}) \tag{18.21}$$

中当 $n \to +\infty$ 时成立

$$u_n^{(k)} \to u_r, \tag{18.22}$$

其中 $s > 1/2$. 此外, **分 $p$ 组逼近同步态** $u = (u_1, \cdots, u_p)^{\text{T}}$ 与所施加的边界控制 $H_n$ 无关.

(iii) $A^{\text{T}}$ 有一个包含在 $\text{Ker}(D^{\text{T}})$ 中且双正交于 $\text{Ker}(C_p) = \text{Span}\{e_1, \cdots, e_p\}$ 的不变子空间 $\text{Span}\{E_1, \cdots, E_p\}$.

**注 18.1**　在最小秩条件 (18.20)的假设下, 系统 (II) 具有**牵制意义下**的分 $p$ 组逼近同步性, 而最初由定义 18.1给出的同步性为**协同意义下**的同步性.

**注 18.2**　由于 $A^{\mathrm{T}}$ 的不变子空间 $\mathrm{Span}\{E_1,\cdots,E_p\}$ 双正交于 $A$ 的不变子空间 $\mathrm{Span}\{e_1,\cdots,e_p\}$, 由命题 2.5, $A$ 的不变子空间 $\mathrm{Span}\{E_1,\cdots,E_p\}^{\perp}$ 是 $\mathrm{Span}\{e_1,\cdots,e_p\}$ 的一个补空间.

此外, 类似于定理 10.5, 我们有如下定理.

**定理 18.5**　假设耦合矩阵 $A$ 满足 $C_p$-相容性条件(18.10), 且 $\mathrm{Ker}(C_p)$ 有一个关于 $A$ 不变的补空间. 那么, 可以找到一个满足最小秩条件(18.20)的边界控制矩阵 $D$, 使得系统 (II) 在牵制意义下具分 $p$ 组逼近边界同步性.

# 第 III 部分 具耦合 Robin 边界控制的波动方程耦合系统的同步性

在这一部分我们将考察如下具耦合 Robin 边界控制的波动方程耦合系统：

(III)
$$\begin{cases} U'' - \Delta U + AU = 0, & (t,x) \in (0,+\infty) \times \Omega, \\ \partial_\nu U + BU = DH, & (t,x) \in (0,+\infty) \times \Gamma \end{cases}$$

及其初始条件

(III0)
$$t = 0: \quad U = \widehat{U}_0, \ U' = \widehat{U}_1, \quad x \in \Omega,$$

其中，为叙述清晰起见，$\Omega \subset \mathbb{R}^n$ 是具光滑边界 $\Gamma$ 的有界区域；"$\prime$" 表示对于时间的导数；$\Delta = \sum\limits_{k=1}^{n} \frac{\partial^2}{\partial x_k^2}$ 表示 Laplace 算子；$U = (u^{(1)}, \cdots, u^{(N)})^{\mathrm{T}}$ 及 $H = (h^{(1)}, \cdots, h^{(M)})^{\mathrm{T}} (M \leqslant N)$ 分别表示状态变量以及边界控制，且控制 $H$ 是作用在整个边界 $\Gamma$ 上的；**内部耦合矩阵** $A = (a_{ij})$ 及**边界耦合矩阵** $B$ 均为 $N$ 阶矩阵；$D$ 为列满秩的 $N \times M$ 阶边界控制矩阵；$A$、$B$ 和 $D$ 均是具常数元素的矩阵.

# III1. 精确边界同步性

我们将在 III1(第十九章至二十五章) 中讨论系统 (III) 的精确边界同步性以及分组精确边界同步性, 而系统 (III) 的逼近边界同步性以及分组逼近边界同步性将在 III2 中讨论.

# 第十九章

# 对具 Neumann 边界条件的问题的一些补充

为了考察系统 (III) 的精确边界能控性以及精确边界同步性, 我们先在本章对具 Neumann 边界条件的问题给出若干必要的结果.

## §1. Neumann 边界条件下解的最优正则性

类似于具 Neumann 边界条件的波动方程问题, 具 Robin 边界条件的相应问题不再具有在 Dirichlet 边界条件情形下解的隐藏的正则性. 从而, 在一般情况下, 具耦合 Robin 边界条件的问题 (III) 及 (III0) 的解的正则性并不足以用来证明该问题的非精确边界能控性.

为了克服这个困难, 我们必须深入地研究具 Neumann 边界条件的波动方程的解的正则性. 为此, 在具光滑边界 $\Gamma$ 的有界区域 $\Omega \subset \mathbb{R}^n \ (n \geqslant 2)$ 上考察下面的二阶双曲型问题:

$$
\begin{cases}
y'' + A(x, \partial)y = f, & (t, x) \in (0, T) \times \Omega = Q, \\
\frac{\partial y}{\partial \nu_A} = g, & (t, x) \in (0, T) \times \Gamma = \Sigma, \\
t = 0: \ y = y_0, \quad y' = y_1, & x \in \Omega,
\end{cases}
\tag{19.1}
$$

其中

$$
A(x, \partial) = -\sum_{i,j=1}^{n} a_{ij}(x) \frac{\partial^2}{\partial x_i \partial x_j} + \sum_{i=1}^{n} b_i(x) \frac{\partial}{\partial x_i} + c_0(x),
\tag{19.2}
$$

而 $a_{ij}(x)$ 满足 $a_{ij}(x) = a_{ji}(x)$, 且 $a_{ij}(x)$, $b_j(x)$ 及 $c_0(x)$ $(i,j = 1, \cdots, n)$ 均是光滑的实系数, 并假设在 $\Omega$ 上 $A(x,\partial)$ 的主部具一致强椭圆性, 即满足: 对一切的 $x \in \Omega$ 以及 $\eta = (\eta_1, \cdots, \eta_n) \in \mathbb{R}^n$, 成立

$$\sum_{i,j=1}^{n} a_{ij}(x)\eta_i\eta_j \geqslant c \sum_{j=1}^{n} \eta_j^2, \tag{19.3}$$

其中 $c > 0$ 为一个常数; 此外, $\dfrac{\partial y}{\partial \nu_A}$ 表示关于 $A$ 的外法向导数:

$$\frac{\partial y}{\partial \nu_A} = \sum_{i=1}^{N} \sum_{j=1}^{N} a_{ij}(x) \frac{\partial y}{\partial x_i} \nu_j, \tag{19.4}$$

其中 $\nu = (\nu_1, \cdots, \nu_n)^{\mathrm{T}}$ 是边界 $\Gamma$ 上的单位外法向量.

定义如下的算子 $\mathcal{A}$:

$$\mathcal{A} = A(x,\partial), \quad \mathcal{D}(\mathcal{A}) = \left\{ y \in H^2(\Omega): \text{在 } \Gamma \text{上 } \frac{\partial y}{\partial \nu_A} = 0 \right\}. \tag{19.5}$$

若 $-\mathcal{A}$ 是闭的, 且 $-\mathcal{A}$ 是极大耗散算子 (即 $-\mathcal{A}$ 是耗散的: $\mathrm{Re}(\mathcal{A}u, u) \geqslant 0$, $\forall u \in D(\mathcal{A})$, 且不具有任何真正的耗散扩张), 则对任意给定的 $\alpha(0 < \alpha < 1)$, 可以自然地定义分数幂 $\mathcal{A}^\alpha$(参见 [6], [25], [74]), 例如

$$\mathcal{A}^\alpha u = \frac{\sin \pi\alpha}{\pi} \int_0^\infty \lambda^{\alpha-1} \mathcal{A}(\lambda + \mathcal{A})^{-1} u \, \mathrm{d}\lambda, \quad u \in D(\mathcal{A}). \tag{19.6}$$

可以验证由 (19.5)定义的 $-\mathcal{A}$ 是闭的, 且存在一个足够大的常数 $c > 0$ 使得 $-(cI + \mathcal{A})$ 是极大耗散的, 从而可以定义 $(cI + \mathcal{A})$ 的分数幂. 由于算子的适当平移不会改变在 $[0,T]$ (其中 $T < +\infty$) 中解的正则性, 则对满足 $0 < \alpha < 1$ 的任意 $\alpha$, 分数幂 $\mathcal{A}^\alpha$ 均能很好定义, 此外, 我们有

$$\|y\|_{D(\mathcal{A}^\alpha)} = \|\mathcal{A}^\alpha y\|_{L^2(\Omega)}. \tag{19.7}$$

在 [32] 中 (亦见 [31]、[33]), Lasiecka 和 Triggiani 通过余弦算子的理论得到了问题 (19.1) 的解的最优正则性. 为了简洁明了, 我们仅列出以下结论以供后文需要.

设 $\epsilon > 0$ 是一个任意给定的小实数. 定义 $\alpha$, $\beta$ 为

$$\alpha = \frac{3}{5} - \epsilon, \ \beta = \frac{3}{5}. \tag{19.8}$$

**引理 19.1** 假设 $y_0 \equiv y_1 \equiv 0$ 及 $f \equiv 0$. 对任意给定的 $g \in L^2(0,T;L^2(\Gamma))$, 问题 (19.1)存在唯一的解 $y$, 满足

$$(y, y') \in C^0([0,T]; H^\alpha(\Omega) \times H^{\alpha-1}(\Omega)) \tag{19.9}$$

及

$$y|_{\Sigma} \in H^{2\alpha-1}(\Sigma) = L^2(0,T;H^{2\alpha-1}(\Gamma)) \cap H^{2\alpha-1}(0,T;L^2(\Gamma)), \tag{19.10}$$

其中 $\alpha$ 由(19.8)的第一个式子给出, $H^\alpha(\Omega)$ 表示通常定义的 $\alpha$ 阶的 Sobolev 空间, 而 $\Sigma = (0,T) \times \Gamma$.

**引理 19.2** 假设 $y_0 \equiv y_1 \equiv 0$ 且 $g \equiv 0$. 对任意给定的 $f \in L^2(0,T;L^2(\Omega))$, 问题(19.1) 存在唯一的解 $y$, 满足

$$(y,y') \in C^0([0,T];H^1(\Omega) \times L^2(\Omega)) \tag{19.11}$$

及

$$y|_{\Sigma} \in H^\beta(\Sigma). \tag{19.12}$$

其中 $\beta$ 由(19.8)的第二个式子给出.

**引理 19.3** 假设 $f \equiv 0$ 且 $g \equiv 0$, 则有

(1) 若 $(y_0,y_1) \in H^1(\Omega) \times L^2(\Omega)$, 则问题 (19.1)存在唯一的解 $y$, 满足

$$(y,y') \in C^0([0,T];H^1(\Omega) \times L^2(\Omega)) \tag{19.13}$$

及

$$y|_{\Sigma} \in H^\beta(\Sigma). \tag{19.14}$$

(2) 若 $(y_0,y_1) \in L^2(\Omega) \times (H^1(\Omega))'$, 其中 $(H^1(\Omega))'$ 表示 $H^1(\Omega)$ 在 $L^2(\Omega)$ 意义下的对偶空间, 则问题 (19.1)存在唯一的解 $y$, 满足

$$(y,y') \in C^0([0,T];L^2(\Omega) \times (H^1(\Omega))') \tag{19.15}$$

及

$$y|_{\Sigma} \in H^{\alpha-1}(\Sigma). \tag{19.16}$$

这里的 $\alpha,\beta$ 由(19.8)给出.

**注 19.1** 在上面列出的结果中, 从给定的初值到对应问题的解的映射在相应的拓扑下都是连续的.

## §2. 具Neumann边界控制的系统的精确边界同步性和非 精确边界同步性

对系统 (III) 的精确边界能控性的研究将建立在对如下具 Neumann 边界控制的波动方程耦合系统的连续或者 (和) 紧的扰动之上:

$$\begin{cases} U'' - \Delta U + AU = 0, & (t,x) \in (0, +\infty) \times \Omega, \\ \partial_\nu U = DH, & (t,x) \in (0, +\infty) \times \Gamma \end{cases} \tag{19.17}$$

及其相应的初始条件

$$t = 0: \quad U = \widehat{U}_0, U' = \widehat{U}_1, \quad x \in \Omega. \tag{19.18}$$

若边界控制仅作用在部分边界 $\Gamma_1$ 上, 而在其余部分 $\Gamma_0$ 上取齐次 Dirichlet 边界条件, 则系统(19.17)的精确边界能控性已可见第十二章. 利用一个经典的方法, 通过将初值限定在 $(H^1(\Omega) \times L^2(\Omega))^N$ 的一个由零均值的函数所组成的子空间上, 定理12.9可以被容易地推广到 $\Gamma_0 = \varnothing$ 的情形. 然而, 这种限定其实并不是必须的, 我们有下面的引理.

**引理 19.4** 设 $\Omega \subset \mathbb{R}^n$ 是具光滑边界 $\Gamma$ 的有界区域, 且满足乘子几何条件. 假设 $\mathrm{rank}(D) = N$, 则存在常数 $T > 0$ 使对任意给定初值 $(\widehat{U}_0, \widehat{U}_1) \in (H^1(\Omega))^N \times (L^2(\Omega))^N$, 可找到一个支集在 $[0,T]$ 中的边界控制$H \in L^2_{\mathrm{loc}}(0, +\infty; (L^2(\Gamma))^N)$, 使得系统(19.17)的解 $U = U(t,x)$ 满足

$$t \geqslant T: \quad U(t,x) \equiv 0, \quad x \in \Omega. \tag{19.19}$$

换言之, 系统(19.17)在空间 $(H^1(\Omega) \times L^2(\Omega))^N$ 中在时刻 $T$ 精确边界零能控. 此外, 边界控制可选得连续地依赖于初值:

$$\|H\|_{L^2(0,T;(L^2(\Gamma))^N)} \leqslant c\|(\widehat{U}_0, \widehat{U}_1)\|_{(H^1(\Omega) \times L^2(\Omega))^N}, \tag{19.20}$$

其中 $c > 0$ 为一个正常数.

**证** 证明类似于定理12.9. 这里仅需说明: 当 $\Gamma_0 = \varnothing$ 时能观不等式(12.52)依旧成立. 事实上, 在整个边界 $\Gamma$ 上具 Neumann 边界条件的 $-\Delta$ 算子的特征函数是相互正交的, 且除常值函数的情形外均是零均值的. 由 Poincaré 不等式, 若初值具有较高频率, 即 $(\Phi_0, \Phi_1) \in \bigoplus_{m \geqslant m_0}(Z_m \times Z_m)$, 由乘子方法得到的能观不等式(12.52)依旧成立, 其中 $\bigoplus_{m \geqslant m_0}(Z_m \times Z_m)$ 表示由具较高频率且零均值的特征函数生成的线性包. 于是, 通过一个紧致–唯一性的议论, 可以将这个不等式拓展

到具低频率的初值 $(\Psi_0, \Psi_1)$ 上, 特别也包括常值的特征函数情形, 从而可拓展到一个合适的 Hilbert 空间 $\mathcal{F}$ 上, 其中 $\mathcal{F}$ 的定义见(12.68). 最终, 对通常的函数空间 $(H^1(\Omega))^N \times (L^2(\Omega))^N \subset \mathcal{F}'$ 中的所有初值, 系统(19.17)是精确边界能控的.    □

另一方面, 在边界控制部分缺失的情形下, 由定理12.10 给出的非精确边界能控性也可以容易地拓展到 $\Gamma_0 = \varnothing$ 的情况, 也就是说, 我们有以下结论.

**引理 19.5**  假设 $\mathrm{rank}(D) < N$, 则不论 $T > 0$ 多大, 系统(19.17) 在时刻 $T$ 均不具有对所有初值 $(\widehat{U}_0, \widehat{U}_1) \in (H^1(\Omega))^N \times (L^2(\Omega))^N$ 的精确边界能控性.

# 第二十章

# 具耦合 Robin 边界条件的问题

我们首先建立问题 (III) 及 (III0) 的弱解的适定性, 然后借助第十九章中对具 Neumann 边界条件问题的解的最优正则性来提升该弱解的正则性. 在本章中, 始终假设 $\Omega \subset \mathbb{R}^n$ 是具有光滑边界 $\Gamma$ 的有界区域.

## §1. 弱解的适定性

设 $\Phi = (\phi^{(1)}, \cdots, \phi^{(N)})^{\mathrm{T}}$. 首先考察下面的**伴随问题**:

$$\begin{cases} \Phi'' - \Delta\Phi + A^{\mathrm{T}}\Phi = 0, & (t, x) \in (0, +\infty) \times \Omega, \\ \partial_\nu \Phi + B^{\mathrm{T}}\Phi = 0, & (t, x) \in (0, +\infty) \times \Gamma \end{cases} \tag{20.1}$$

及相应的初值

$$t = 0: \quad \Phi = \widehat{\Phi}_0, \, \Phi' = \widehat{\Phi}_1, \quad x \in \Omega, \tag{20.2}$$

其中 $A^{\mathrm{T}}$ 和 $B^{\mathrm{T}}$ 分别表示 $A$ 和 $B$ 的转置.

设

$$\mathcal{H}_0 = L^2(\Omega), \quad \mathcal{H}_1 = H^1(\Omega). \tag{20.3}$$

我们现在证明问题(20.1)—(20.2)的适定性.

**定理 20.1** 假设 $B$ 相似于一个实对称矩阵. 则对任意给定的 $(\widehat{\Phi}_0, \widehat{\Phi}_1) \in (\mathcal{H}_1)^N \times (\mathcal{H}_0)^N$, 伴随问题 (20.1)—(20.2)在 $C_0$-算子半群的意义下存在唯一的弱解

$$(\Phi, \Phi') \in C_{\mathrm{loc}}^0([0, +\infty); (\mathcal{H}_1)^N \times (\mathcal{H}_0)^N), \tag{20.4}$$

其中 $\mathcal{H}_1$ 和 $\mathcal{H}_0$ 由(20.3)给出.

**证**　不失一般性, 假设 $B$ 是一个实对称矩阵.

首先将系统(20.1)写成如下的变分形式: 对任意给定的试验函数 $\widehat{\Phi} \in (\mathcal{H}_1)^N$, 成立

$$\int_\Omega (\Phi'', \widehat{\Phi})\,\mathrm{d}x + \int_\Omega \langle \nabla\Phi, \nabla\widehat{\Phi}\rangle\,\mathrm{d}x + \int_\Gamma (\Phi, B\widehat{\Phi})\,\mathrm{d}\Gamma + \int_\Omega (\Phi, A\widehat{\Phi})\,\mathrm{d}x = 0, \qquad (20.5)$$

其中 $(\cdot,\cdot)$ 表示 $\mathbb{R}^N$ 中的内积, 而 $\langle\cdot,\cdot\rangle$ 表示 $\mathbb{M}^{N\times N}(\mathbb{R})$ 中的内积.

利用如下的插值不等式 ([70]):

$$\int_\Gamma |\phi|^2\,\mathrm{d}\Gamma \leqslant c\|\phi\|_{H^1(\Omega)}\|\phi\|_{L^2(\Omega)}, \quad \forall \phi \in H^1(\Omega),$$

我们有

$$\int_\Gamma (\Phi, B\Phi)\,\mathrm{d}\Gamma \leqslant \|B\| \int_\Gamma |\Phi|^2\,\mathrm{d}\Gamma \leqslant c\|B\|\|\Phi\|_{(\mathcal{H}_1)^N}\|\Phi\|_{(\mathcal{H}_0)^N},$$

从而易见存在适当的常数 $\lambda > 0$ 和 $c' > 0$, 成立

$$\int_\Omega \langle\nabla\Phi, \nabla\Phi\rangle\,\mathrm{d}x + \int_\Gamma (\Phi, B\Phi)\,\mathrm{d}\Gamma + \lambda\|\Phi\|^2_{(\mathcal{H}_0)^N} \geqslant c'\|\Phi\|^2_{(\mathcal{H}_1)^N}.$$

此外, (20.5)中的非对称项满足

$$\int_\Omega (\Phi, A\widehat{\Phi})\,\mathrm{d}x \leqslant \|A\|\|\Phi\|_{(\mathcal{H}_0)^N}\|\widehat{\Phi}\|_{(\mathcal{H}_0)^N}.$$

由 [64] 中第八章的定理 1.1 (p.151), 具初值(20.2) 的变分问题 (20.5)存在唯一的解 $\Phi$, 且具有如(20.4)所示的正则性.　$\square$

**定义 20.1**　称 $U$ 是问题 (III) 及 (III0) 的一个弱解, 若

$$U \in C^0_{\mathrm{loc}}([0, +\infty); (\mathcal{H}_0)^N) \cap C^1_{\mathrm{loc}}([0, +\infty); (\mathcal{H}_{-1})^N), \qquad (20.6)$$

其中 $\mathcal{H}_{-1}$ 表示 $\mathcal{H}_1$ 以 $\mathcal{H}_0$ 为基础空间的对偶空间, 使得对任意给定的 $(\widehat{\Phi}_0, \widehat{\Phi}_1) \in (\mathcal{H}_1)^N \times (\mathcal{H}_0)^N$ 及任意给定的 $t \geqslant 0$, 成立

$$\langle\!\langle (U'(t), -U(t)), (\Phi(t), \Phi'(t))\rangle\!\rangle \qquad (20.7)$$

$$= \langle\!\langle (\widehat{U}_1, -\widehat{U}_0), (\widehat{\Phi}_0, \widehat{\Phi}_1)\rangle\!\rangle + \int_0^t \int_\Gamma (DH(\tau), \Phi(\tau))\,\mathrm{d}x\mathrm{d}t,$$

其中 $\Phi(t)$ 是伴随问题 (20.1)—(20.2)的解, 而 $\langle\!\langle\cdot,\cdot\rangle\!\rangle$ 表示空间 $(\mathcal{H}_{-1})^N \times (\mathcal{H}_0)^N$ 与 $(\mathcal{H}_1)^N \times (\mathcal{H}_0)^N$ 的对偶积.

**定理 20.2** 假设 $B$ 相似于一个实对称矩阵. 对任意给定支集在 $[0,T]$ 中的 $H \in L^2_{\text{loc}}(0,+\infty;(L^2(\Gamma_1))^M)$ 和 $(\widehat{U}_0,\widehat{U}_1) \in (\mathcal{H}_0)^N \times (\mathcal{H}_{-1})^N$, 问题 (III) 及 (III0) 存在唯一的弱解 $U$. 此外, 映射

$$(\widehat{U}_0,\widehat{U}_1,H) \to (U,U')$$

在相应的拓扑下是连续的.

**证**　设 $\Phi$ 是伴随问题 (20.1)—(20.2)的解.

定义如下的线性泛函:

$$L_t(\widehat{\Phi}_0,\widehat{\Phi}_1) = \langle\!\langle(\widehat{U}_1,-\widehat{U}_0),(\widehat{\Phi}_0,\widehat{\Phi}_1)\rangle\!\rangle + \int_0^t \int_\Gamma (DH(\tau),\Phi(\tau))\,\mathrm{d}x\mathrm{d}t. \tag{20.8}$$

显然, $L_t$ 在 $(\mathcal{H}_1)^N \times (\mathcal{H}_0)^N$ 中有界. 设 $S_t$ 是对应于伴随问题(20.1)—(20.2)在 $(\mathcal{H}_1)^N \times (\mathcal{H}_0)^N$ 中的算子半群. $L_t \circ S_t^{-1}$ 在 $(\mathcal{H}_1)^N \times (\mathcal{H}_0)^N$ 中有界. 于是, 由 Riesz-Fréchet 表示定理, 对任意给定的 $(\widehat{\Phi}_0,\widehat{\Phi}_1) \in (\mathcal{H}_1)^N \times (\mathcal{H}_0)^N$, 存在唯一的 $(U'(t),-U(t)) \in (\mathcal{H}_{-1})^N \times (\mathcal{H}_0)^N$ 使成立

$$L_t \circ S_t^{-1}(\Phi(t),\Phi'(t)) = \langle\!\langle(U'(t),-U(t)),(\Phi(t),\Phi'(t))\rangle\!\rangle. \tag{20.9}$$

对任意给定的 $(\widehat{\Phi}_0,\widehat{\Phi}_1) \in (\mathcal{H}_1)^N \times (\mathcal{H}_0)^N$, 由

$$L_t \circ S_t^{-1}(\Phi(t),\Phi'(t)) = L_t(\widehat{\Phi}_0,\widehat{\Phi}_1) \tag{20.10}$$

可得(20.7)成立, 因此 $(U,U')$ 就是问题 (III) 及 (III0) 的唯一弱解. 此外, 对所有 $t \in [0,T]$, 我们有

$$\|(U'(t),-U(t))\|_{(\mathcal{H}_{-1})^N \times (\mathcal{H}_0)^N} = \|L_t \circ S_t^{-1}\| \tag{20.11}$$

$$\leqslant c(\|(\widehat{U}_0,\widehat{U}_1)\|_{(\mathcal{H}_0)^N \times (\mathcal{H}_{-1})^N} + \|H\|_{L^2(0,T;(L^2(\Gamma))^M)}).$$

于是, 通过经典的稠密性论述, 可得解的正则性 (20.6). □

**注 20.1**　从现在开始, 为了保证问题 (III) 和 (III0) 的适定性, 我们总假定 $B$ 相似于一个实对称矩阵.

# § 2. 弱解的最优正则性

现在我们利用第十九章中提及的 Neumann问题的最优正则性结果来改善弱解的正则性(20.6).

**定理 20.3** 对任意给定的 $H \in L^2(0, T; (L^2(\Gamma))^M)$ 以及任意给定的 $(\widehat{U}_0, \widehat{U}_1) \in (\mathcal{H}_1)^N \times (\mathcal{H}_0)^N$, 问题 (III) 及 (III0) 的弱解 $U$ 满足

$$(U, U') \in C^0([0, T]; (H^\alpha(\Omega))^N \times (H^{\alpha-1}(\Omega))^N) \tag{20.12}$$

及

$$U|_\Sigma \in (H^{2\alpha-1}(\Sigma))^N, \tag{20.13}$$

其中 $\Sigma = (0, T) \times \Gamma$, 而 $\alpha$ 由(19.8)的第一个式子给出. 此外, 线性映射

$$(\widehat{U}_0, \widehat{U}_1, H) \to (U, U')$$

在相应的拓扑下是连续的.

**证** 设边界 $\Gamma$ 是 $C^3$ 的, 则存在一个函数 $h \in C^2(\overline{\Omega})$ 使成立

$$\nabla h = \nu, \qquad x \in \Gamma, \tag{20.14}$$

其中 $\nu$ 表示边界 $\Gamma$ 上的单位外法向量 ([66]).

注意到引理19.3中的 (19.13) 及 (19.14), 易见我们只需考虑 $\widehat{U}_0 \equiv \widehat{U}_1 \equiv 0$ 的情形.

设 $\lambda$ 为 $B^{\mathrm{T}}$ 的一个特征值, 而 $e$ 为对应的特征向量: $B^{\mathrm{T}}e = \lambda e$. 定义

$$\phi = (e, U), \tag{20.15}$$

就有

$$\begin{cases} \phi'' - \Delta\phi = -(e, AU), & (t, x) \in (0, T) \times \Omega, \\ \partial_\nu \phi + \lambda\phi = (e, DH), & (t, x) \in (0, T) \times \Gamma, \\ t = 0: \quad \phi = 0, \ \phi' = 0, & x \in \Omega. \end{cases} \tag{20.16}$$

令

$$\psi = e^{\lambda h}\phi. \tag{20.17}$$

问题 (III) 及 (III0) 可以被写成如下具 Neumann 边界条件的问题:

$$\begin{cases} \psi'' - \Delta\psi + b(\psi) = -e^{\lambda h}(e, AU), & (t, x) \in (0, T) \times \Omega, \\ \partial_\nu \psi = e^{\lambda h}(e, DH), & (t, x) \in (0, T) \times \Gamma, \\ t = 0: \quad \psi = 0, \ \psi' = 0, & x \in \Omega, \end{cases} \tag{20.18}$$

其中 $b(\psi) = 2\lambda\nabla h \cdot \nabla\psi + \lambda(\Delta h - \lambda|\nabla h|^2)\psi$ 是关于 $\psi$ 的具光滑系数的一阶线性形式.

由定理 20.2 可得 $U \in C^0([0,T]; (\mathcal{H}_0)^N)$. 于是, 由引理 19.2 中的 (19.11), 具齐次 Neumann 边界条件的问题

$$
\begin{cases}
\psi'' - \Delta\psi + b(\psi) = -e^{\lambda h}(e, AU), & (t,x) \in (0,T) \times \Omega, \\
\partial_\nu \psi = 0, & (t,x) \in (0,T) \times \Gamma, \\
t = 0: \quad \psi = 0, \ \psi' = 0, & x \in \Omega
\end{cases}
\tag{20.19}
$$

的解 $\psi$ 满足

$$
(\psi, \psi') \in C^0([0,T]; H^1(\Omega) \times L^2(\Omega)) \subset C^0([0,T]; H^\alpha(\Omega) \times H^{\alpha-1}(\Omega)) \tag{20.20}
$$

及

$$
\psi|_\Sigma \in H^\beta(\Sigma) \in H^{2\alpha-1}(\Sigma), \tag{20.21}
$$

其中 $\alpha, \beta$ 由(19.8)给定.

下面, 我们考察如下无源但具非齐次 Neumann 边界条件的问题:

$$
\begin{cases}
\psi'' - \Delta\psi + b(\psi) = 0, & (t,x) \in (0,T) \times \Omega, \\
\partial_\nu \psi = e^{\lambda h}(e, DH), & (t,x) \in (0,T) \times \Gamma, \\
t = 0: \quad \psi = 0, \ \psi' = 0, & x \in \Omega.
\end{cases}
\tag{20.22}
$$

由引理19.1中的(19.9) 和 (19.10)可得

$$
(\psi, \psi') \in C^0([0,T]; H^\alpha(\Omega) \times H^{\alpha-1}(\Omega)) \tag{20.23}
$$

及

$$
\psi|_\Sigma \in H^{2\alpha-1}(\Sigma). \tag{20.24}
$$

这样, 结合(20.20)和(20.23)(相应地, (20.21)和(20.24)), 对 $B^{\mathrm{T}}$ 的所有特征向量 $e$, 投影 $\phi = (U, e)$ 具有正则性 (20.12)(相应地, (20.13)). 由于 $B^{\mathrm{T}}$ 的特征向量全体组成了 $\mathbb{R}^N$ 的一组基, 因此弱解 $U$ 本身亦具有正则性(20.12)及(20.13). □

# 第二十一章
# 精确边界同步性

我们将首先证明当边界控制的个数等于状态变量的个数时, 系统 (III) 具有精确边界能控性. 在此结果的基础上, 我们将进而研究分 $p$ 组精确边界同步性(其中 $p \geqslant 1$, 而 $p = 1$ 的情形对应于精确边界同步性).

由于为建立系统 (III) 的精确边界能控性需要利用引理 19.4以及最优正则性定理 20.3, 在本章中始终假设 $\Omega \subset \mathbb{R}^n$ 是具有光滑边界 $\Gamma$ 的有界区域, 且满足通常的乘子几何条件.

## §1. 精确边界能控性

**定义 21.1** 称系统 (III) 在空间 $(\mathcal{H}_1)^N \times (\mathcal{H}_0)^N$ 中是**精确零能控性的**, 若存在常数 $T > 0$, 使得对任意给定的初值 $(\widehat{U}_1, \widehat{U}_0) \in (\mathcal{H}_1)^N \times (\mathcal{H}_0)^N$, 可以找到一个边界控制 $H \in L^2(0, T; (L^2(\Gamma))^M)$, 使得问题 (III) 及 (III0) 具有唯一的弱解 $U$, 且满足终值条件:

$$t = T: \quad U = U' = 0. \tag{21.1}$$

**定理 21.1** 设 $\mathrm{rank}(D) = N$. 则系统 (III) 在 $T$ 时刻在空间 $(\mathcal{H}_1)^N \times (\mathcal{H}_0)^N$ 中精确能控. 此外, 边界控制连续依赖于初值:

$$\|H\|_{L^2(0,T;(L^2(\Gamma))^N)} \leqslant c\|(\widehat{U}_0, \widehat{U}_1)\|_{(\mathcal{H}_1)^N \times (\mathcal{H}_0)^N}, \tag{21.2}$$

其中 $c > 0$ 为一个正常数.

**证** 我们首先考察具初值 (19.18)的系统 (19.17). 由引理19.4, 对任意给定的初值 $(\widehat{U}_0, \widehat{U}_1) \in (\mathcal{H}_1)^N \times (\mathcal{H}_0)^N$, 可以找到一个边界控制 $\widehat{H} \in L^2_{\mathrm{loc}}(0, +\infty; (L^2(\Gamma))^N)$, 使得相应的系统 (19.17)在 $T$ 时刻是精确能控的, 且边界控制$\widehat{H}$ 连续地依赖于初值:

$$\|\widehat{H}\|_{L^2(0,T;(L^2(\Gamma))^N)} \leqslant c_1\|(\widehat{U}_0, \widehat{U}_1)\|_{(\mathcal{H}_1)^N \times (\mathcal{H}_0)^N}, \tag{21.3}$$

其中 $c_1 > 0$ 是一个正常数.

注意到 $M = N$, $D$ 是可逆的, 从而系统(19.17)的边界条件

$$\partial_\nu U = D\widehat{H}, \quad (t,x) \in (0,T) \times \Gamma \tag{21.4}$$

可被改写成

$$\partial_\nu U + BU = D(\widehat{H} + D^{-1}BU) := DH, \quad (t,x) \in (0,T) \times \Gamma. \tag{21.5}$$

这样, 问题 (19.17)—(19.18)(其中用 $\widehat{H}$ 替代 $H$, 而 $\widehat{H}$ 由(21.4)给出) 可以被等价地视为问题 (III) 及 (III0), 其中 $H$ 由下式给出:

$$H = \widehat{H} + D^{-1}BU, \quad (t,x) \in (0,T) \times \Gamma, \tag{21.6}$$

而 $U$ 是满足 (21.4)的问题 (19.17)—(19.18)的解, 它实现了系统 (III) 的精确边界能控性.

剩下来还需验证由(21.6)给出的 $H$ 属于控制函数所在空间 $L^2(0,T;(L^2(\Gamma))^N)$, 且具有连续依赖性 (21.2). 由定理20.3所给出的正则性结果 (其中取 $B = 0$), 可得迹 $U|_\Sigma \in (H^{2\alpha-1}(\Sigma))^N$, 其中 $\alpha$ 由 (19.8)的第一式给出. 由于 $2\alpha - 1 > 0$, 故 $H \in L^2(0,T;(L^2(\Gamma))^N)$. 此外, 仍旧由定理20.3可得

$$\|U\|_{(L^2(0,T;(L^2(\Gamma))^N)} \leqslant c'(\|(\widehat{U}_0, \widehat{U}_1)\|_{(\mathcal{H}_1)^N \times (\mathcal{H}_0)^N} + \|\widehat{H}\|_{L^2(0,T;(L^2(\Gamma))^N)}). \tag{21.7}$$

由定理20.2所给出的适定性结果, 容易看到系统 (III) 在边界控制 $H$ 的作用下是精确能控的. 此外, 注意到 (21.6), 由(21.3) 及(21.7)可得连续依赖性(21.2). $\qquad\square$

## §2. 分 $p$ 组精确边界同步性

本节我们在 $C_p$-相容性条件成立的前提下讨论**分 $p$ 组精确边界同步性**, 而该条件的必要性将在第二十四章中讨论.

将 $U$ 的分量划分为 $p$ 组:

$$(u^{(1)}, \cdots, u^{(n_1)}), (u^{(n_1+1)}, \cdots, u^{(n_2)}), \cdots, (u^{(n_{p-1}+1)}, \cdots, u^{(n_p)}), \tag{21.8}$$

其中整数 $0 = n_0 < n_1 < n_2 < \cdots < n_p = N$, 且对所有的 $r = 1, \cdots, p$ 成立 $n_r - n_{r-1} \geqslant 2$.

**定义 21.2** 称系统 (III) 在时刻 $T > 0$ 在空间 $(\mathcal{H}_1)^N \times (\mathcal{H}_0)^N$ 中分 $p$ 组精确同步, 若对任意给定的初值 $(\widehat{U}_0, \widehat{U}_1) \in (\mathcal{H}_1)^N \times (\mathcal{H}_0)^N$, 存在一个支集在 $[0,T]$ 中的

边界控制 $H \in (L^2_{\text{loc}}(0, +\infty; (L^2(\varGamma))^M$ 以及若干指标 $n_r (r = 1, \cdots, p-1)$, 使得相应的问题 (III) 及 (III0) 的弱解 $U = U(t, x)$ 满足

$$t \geqslant T: \quad u^{(i)} = u_r(t, x), \quad n_{r-1} + 1 \leqslant i \leqslant n_r, \quad 1 \leqslant r \leqslant p, \qquad (21.9)$$

其中 $u = (u_1, \cdots, u_p)^{\mathrm{T}}$ 事先未知, 称为分 $p$ 组精确同步态. 此外, 边界控制连续依赖于初值:

$$\|H\|_{L^2(0,T;(L^2(\varGamma))^N)} \leqslant c \|(\widehat{U}_0, \widehat{U}_1)\|_{(\mathcal{H}_1)^N \times (\mathcal{H}_0)^N}, \qquad (21.10)$$

其中 $c > 0$ 为一个正常数.

设 $S_r$ 为下面的 $(n_r - n_{r-1} - 1) \times (n_r - n_{r-1})$ 阶行满秩矩阵:

$$S_r = \begin{pmatrix} 1 & -1 & & \\ & 1 & -1 & \\ & & \ddots & \ddots \\ & & & 1 & -1 \end{pmatrix}, \quad 1 \leqslant r \leqslant p, \qquad (21.11)$$

而 $C_p$ 为下面的 $(N - p) \times N$ 阶的分 $p$ 组同步阵:

$$C_p = \begin{pmatrix} S_1 & & & \\ & S_2 & & \\ & & \ddots & \\ & & & S_p \end{pmatrix}. \qquad (21.12)$$

显然, 我们有

$$\text{Ker}(C_p) = \text{Span}\{e_1, \cdots, e_p\}, \qquad (21.13)$$

其中对 $1 \leqslant r \leqslant p$,

$$(e_r)_i = \begin{cases} 1, & n_{r-1} + 1 \leqslant i \leqslant n_r, \\ 0, & \text{其余情形.} \end{cases}$$

因此, 分 $p$ 组精确边界同步性(21.9) 可等价地写为

$$t \geqslant T: \quad C_p U \equiv 0, \qquad (21.14)$$

或

$$t \geqslant T: \quad U = \sum_{r=1}^{p} u_r e_r. \qquad (21.15)$$

**定义 21.3** 称矩阵 $A$, $B$ 分别满足$C_p$-**相容性条件**, 若成立

$$A\mathrm{Ker}(C_p) \subseteq \mathrm{Ker}(C_p), \quad B\mathrm{Ker}(C_p) \subseteq \mathrm{Ker}(C_p), \tag{21.16}$$

或等价地, 由命题 2.10 , 存在唯一的 $N - p$ 阶化约矩阵 $\overline{A}_p$ 和 $\overline{B}_p$ 使成立

$$C_p A = \overline{A}_p C_p, \quad C_p B = \overline{B}_p C_p. \tag{21.17}$$

**引理 21.2** 若 $B$ 相似于一个对称矩阵, 且满足 $C_p$ 相容性条件(21.17), 则化约矩阵$\overline{B}_p$ 也相似于一个对称矩阵.

**证** 因为 $B$ 相似于一个对称矩阵, 存在一个对称矩阵 $\widehat{B}$ 以及一个可逆矩阵 $P$, 使得 $B = P\widehat{B}P^{-1}$. 由(21.17)的第二个式子, 我们有

$$C_p B P P^{\mathrm{T}} C_p^{\mathrm{T}} = \overline{B}_p C_p P P^{\mathrm{T}} C_p^{\mathrm{T}}. \tag{21.18}$$

于是可得

$$\overline{B}_p = C_p P \widehat{B} P^{\mathrm{T}} C_p^{\mathrm{T}} (C_p P P^{\mathrm{T}} C_p^{\mathrm{T}})^{-1}, \tag{21.19}$$

而 $\overline{B}_p$ 相似于对称矩阵

$$(C_p P P^{\mathrm{T}} C_p^{\mathrm{T}})^{-\frac{1}{2}} C_p P \widehat{B} P^{\mathrm{T}} C_p^{\mathrm{T}} (C_p P P^{\mathrm{T}} C_p^{\mathrm{T}})^{-\frac{1}{2}}. \tag{21.20}$$

$$\square$$

**定理 21.3** 设 $C_p$ 为由(21.11)–(21.12)定义的 $(N - p) \times N$ 阶分 $p$ 组同步阵. 假设 $A$ 和 $B$ 满足 $C_p$-相容性条件(21.17). 则可以找到一个满足

$$\mathrm{rank}(D) = \mathrm{rank}(C_p D) = N - p \tag{21.21}$$

的边界控制矩阵$D$, 使得系统 (III) 在 $(\mathcal{H}_1)^N \times (\mathcal{H}_0)^N$ 中分 $p$ 组精确边界同步. 此外, 存在一个正常数 $c_T > 0$, 使得对所有的 $0 \leqslant t \leqslant T$ 成立如下的连续依赖性:

$$\|C_p(U, U')\|_{(\mathcal{H}_1)^N \times (\mathcal{H}_0)^N} \leqslant c_T \|C_p(\widehat{U}_0, \widehat{U}_1)\|_{(\mathcal{H}_1)^N \times (\mathcal{H}_0)^N}. \tag{21.22}$$

**证** 设 $\overline{A}_p$ 和 $\overline{B}_p$ 是由(21.17)定义的 $N - p$ 阶化约矩阵. 记

$$W = C_p U, \quad \overline{D}_p = C_p D, \tag{21.23}$$

可得化约系统

$$\begin{cases} W'' - \Delta W + \overline{A}_p W = 0, & (t, x) \in (0, +\infty) \times \Omega, \\ \partial_\nu W + \overline{B}_p W = \overline{D}_p H, & (t, x) \in (0, +\infty) \times \Gamma, \end{cases} \tag{21.24}$$

其初始条件为

$$t = 0: \quad W = C_p \widehat{U}_0, \ W' = C_p \widehat{U}_1, \quad x \in \Omega. \tag{21.25}$$

由引理21.2, 化约矩阵 $\overline{B}_p$ 相似于一个对阵矩阵. 于是由定理20.2, 化约问题(21.24)—(21.25)是适定的. 此外, 因为 $C_p$ 是由 $\mathbb{R}^N$ 到 $\mathbb{R}^{N-p}$ 的一个满射, 于是, 系统 (III) 在边界控制 $H$ 作用下的分 $p$ 组精确边界同步性等价于化约系统(21.24)在相同的边界控制 $H$ 作用下的精确边界同步性.

设 $D$ 如下定义:

$$\mathrm{Ker}(D^{\mathrm{T}}) = \mathrm{Span}\{e_1, \cdots, e_p\} = \mathrm{Ker}(C_p), \tag{21.26}$$

则有 $\mathrm{rank}(D) = N - P$, 且

$$\mathrm{Ker}(C_p) \cap \mathrm{Im}(D) = \mathrm{Ker}(C_p) \cap \{\mathrm{Ker}(C_p)\}^{\perp} = \{0\}. \tag{21.27}$$

由命题 2.7 可得 $\mathrm{rank}(C_p D) = \mathrm{rank}(D) = N - p$, 从而 $\overline{D}_p$ 是一个 $N - p$ 阶的可逆矩阵. 由定理 21.1, 化约系统 (21.24)是精确零能控的, 从而系统 (III) 分 $p$ 组精确边界同步. 此外, 由(21.2)以及问题(21.24)—(21.25)的适定性可得(21.22).  □

**注 21.1** 在后文的推论23.5中, 我们将证明 $\mathrm{rank}(D) \geqslant N - p$ 是分 $p$ 组精确边界同步性的一个必要条件. 因此, 由(21.26)定义的边界控制矩阵 $D$ 具有最小秩.

# 第二十二章

# 分 $p$ 组精确同步态的确定

一般来说, 分 $p$ 组精确同步态不仅依赖于初值, 也依赖于所用的边界控制. 我们首先证明: 当耦合矩阵 $A$ 和 $B$ 满足某些代数条件时, 分 $p$ 组精确同步态与边界上所施加的控制无关. 然后, 在一般情况下, 对每个分 $p$ 组精确同步态给出一个估计.

## §1. 分 $p$ 组精确同步态的确定

**定理 22.1** 设矩阵 $A$ 和 $B$ 满足 $C_p$-相容性条件 (21.17). 进一步假设 $A^{\mathrm{T}}$ 和 $B^{\mathrm{T}}$ 存在一个双正交于 $\mathrm{Ker}(C_p)$ 的共同的不变子空间 $V$. 则存在一个边界控制矩阵 $D$, 且 $\mathrm{rank}(D) = \mathrm{rank}(C_p D) = N - p$, 使得系统 (III) 具有分 $p$ 组精确边界同步性, 且分 $p$ 组精确同步态 $u = (u_1, \cdots, u_p)^{\mathrm{T}}$ 与所施加的边界控制 $H$ 无关.

**证** 如下定义一个边界控制矩阵 $D$:

$$\mathrm{Ker}(D^{\mathrm{T}}) = V. \tag{22.1}$$

由于 $V$ 与 $\mathrm{Ker}(C_p)$ 双正交, 由命题 2.3, 有

$$\mathrm{Ker}(C_p) \cap \mathrm{Im}(D) = \mathrm{Ker}(C_p) \cap V^{\perp} = \{0\}, \tag{22.2}$$

从而由命题 2.7, 可得

$$\mathrm{rank}(C_p D) = \mathrm{rank}(D) = N - p. \tag{22.3}$$

于是, 由定理 21.3 可知系统 (III) 分 $p$ 组精确边界同步.

设 $U$ 是问题 (III) 及 (III0) 的解, 且在 $T(> 0)$ 时刻实现分 $p$ 组精确边界同步性. 由 (28.9), 并注意到 $\mathrm{Ker}(C_p) = \mathrm{Span}\{e_1, \cdots, e_p\}$, 可写

$$V = \mathrm{Span}\{E_1, \cdots, E_p\}, \quad \text{而} \ (e_r, E_s) = \delta_{rs}(r, s = 1, \cdots, p). \tag{22.4}$$

由于 $V$ 是 $A^{\mathrm{T}}$ 和 $B^{\mathrm{T}}$ 共同的不变子空间, 存在常数 $\alpha_{rs}$ 及 $\beta_{rs}(r,s=1,\cdots,p)$ 使得

$$A^{\mathrm{T}}E_r = \sum_{s=1}^{p} \alpha_{rs}E_s, \qquad B^{\mathrm{T}}E_r = \sum_{s=1}^{p} \beta_{rs}E_s. \tag{22.5}$$

对 $r=1,\cdots,p$, 记

$$\phi_r = (E_r, U). \tag{22.6}$$

由系统 (III) 并注意到(22.1), 对 $r=1,\cdots,p$ 可得

$$\begin{cases} \phi_r'' - \Delta\phi_r + \sum\limits_{s=1}^{p} \alpha_{rs}\phi_s = 0, & (t,x) \in (0,+\infty) \times \Omega, \\[2mm] \partial_\nu\phi_r + \sum\limits_{s=1}^{p} \beta_{rs}\phi_s = 0, & (t,x) \in (0,+\infty) \times \Gamma, \\[2mm] t=0: \quad \phi_r = (E_r, \widehat{U}_0), \ \phi_r' = (E_r, \widehat{U}_1), & x \in \Omega. \end{cases} \tag{22.7}$$

此外, 对 $r=1,\cdots,p$ 我们有

$$t \geqslant T: \quad \phi_r = (E_r, U) = \sum_{s=1}^{p}(E_r, e_s)u_s = \sum_{s=1}^{p}\delta_{rs}u_s = u_r. \tag{22.8}$$

因此, 分 $p$ 组精确同步态 $u = (u_1,\cdots,u_p)^{\mathrm{T}}$ 由问题 (28.2)的解完全决定, 而问题(28.2)与所施加的边界控制 $H$ 无关. □

下面的结果说明定理 22.1的反向结论也成立.

**定理 22.2** 设矩阵 $A$ 和 $B$ 满足 $C_p$-相容性条件(21.17). 进一步假设系统 (III) 具有分 $p$ 组精确边界同步性. 若存在一个 $p$ 维的子空间 $V = \mathrm{Span}\{E_1,\cdots,E_p\}$, 使得相应的投影函数

$$\phi_r = (E_r, U), \quad r=1,\cdots,p \tag{22.9}$$

与实现分 $p$ 组精确边界同步性所施加的边界控制$H$ 无关, 其中 $U$ 为问题 (III) 及 (III0) 的解, 则 $V$ 是 $A^{\mathrm{T}}$ 和 $B^{\mathrm{T}}$ 的一个共同的不变子空间, $V \subseteq \mathrm{Ker}(D^{\mathrm{T}})$, 且双正交于 $\mathrm{Ker}(C_p)$.

**证** 设 $(\widehat{U}_0, \widehat{U}_1) = (0,0)$. 由定理 20.3, 线性映射

$$F: \quad H \to (U, U')$$

是从 $L^2(0,T;(L^2(\Gamma_1))^M)$ 到 $C^0([0,T];(H^\alpha(\Omega))^N \times (H^{\alpha-1}(\Omega))^N)$ 的一个连续映射, 其中 $\alpha$ 由(19.8)的第一式给出.

记 $F'$ 为映射 $F$ 的 Fréchet 导数. 对任意给定的 $\widehat{H} \in L^2(0,T;(L^2(\Gamma))^M)$, 定义

$$\widehat{U} = F'(0)\widehat{H}. \tag{22.10}$$

由线性性, $\widehat{U}$ 满足一个类似于 $U$ 的如下问题:

$$\begin{cases} \widehat{U}'' - \Delta\widehat{U} + A\widehat{U} = 0, & (t,x) \in (0,+\infty) \times \Omega, \\ \partial_\nu\widehat{U} + B\widehat{U} = D\widehat{H}, & (t,x) \in (0,+\infty) \times \Gamma \\ t = 0: \quad \widehat{U} = \widehat{U}' = 0, & x \in \Omega. \end{cases} \tag{22.11}$$

由于投影函数 $\phi_r = (E_r, U)$ $(r = 1, \cdots, p)$ 与所施加的边界控制 $H$ 无关, 我们有

$$(E_r, \widehat{U}) \equiv 0, \quad \forall\, \widehat{H} \in L^2(0,T;(L^2(\Gamma_1))^M), \quad r = 1, \cdots, p. \tag{22.12}$$

首先, 我们证明对所有的 $r = 1, \cdots, p$, $E_r \notin \mathrm{Im}(C_p^{\mathrm{T}})$. 否则, 可以找到一个指标 $\bar{r}$ 以及一个向量 $R_{\bar{r}} \in \mathbb{R}^{N-p}$, 使得 $E_{\bar{r}} = C_p^{\mathrm{T}} R_{\bar{r}}$, 于是就有

$$0 = (E_{\bar{r}}, \widehat{U}) = (R_{\bar{r}}, C_p\widehat{U}), \quad \forall \widehat{H} \in L^2(0,T;(L^2(\Gamma))^M). \tag{22.13}$$

注意到原系统的分 $p$ 组精确边界同步性与化约系统的精确边界能控性的等价性, 由于 $C_p\widehat{U}$ 是化约问题 (21.24)—(21.25) 的解, 则由系统 (III) 的分 $p$ 组精确边界同步性, 可知化约系统 (21.24) 精确能控, 于是 $C_p\widehat{U}$ 在 $T$ 时刻的取值可以被任意选取, 从而可得 $R_{\bar{r}} = 0$, 这与 $E_{\bar{r}} \neq 0$ 矛盾.

接着, 利用 $E_r \notin \mathrm{Im}(C_p^{\mathrm{T}})$ $(r = 1, \cdots, p)$ 这一论断, 可得 $V \cap \{\mathrm{Ker}(C_p)\}^\perp = V \cap \mathrm{Im}(C_p^{\mathrm{T}}) = \{0\}$. 因此, 由命题 2.3, $V$ 与 $\mathrm{Ker}(C_p)$ 双正交, 且 $(V, C_p^{\mathrm{T}})$ 构成 $\mathbb{R}^N$ 中的一组基. 这样, 存在常系数 $\alpha_{rs}$ $(r, s = 1, \cdots, p)$ 以及向量 $P_r \in \mathbb{R}^{N-p}$ $(r = 1, \cdots, p)$, 使得

$$A^{\mathrm{T}} E_r = \sum_{s=1}^{p} \alpha_{rs} E_s + C_p^{\mathrm{T}} P_r, \quad r = 1, \cdots, p. \tag{22.14}$$

将 $E_r$ 内积作用在 (22.11) 中的方程上, 并注意到 (22.12), 对 $r = 1, \cdots, p$ 就得到

$$0 = (A\widehat{U}, E_r) = (\widehat{U}, A^{\mathrm{T}} E_r) = (\widehat{U}, C_p^{\mathrm{T}} P_r) = (C_p\widehat{U}, P_r). \tag{22.15}$$

类似地, 由化约系统 (21.24) 的精确边界能控性可得 $P_r = 0$ $(r = 1, \cdots, p)$, 于是

$$A^{\mathrm{T}} E_r = \sum_{s=1}^{p} \alpha_{rs} E_s, \quad r = 1, \cdots, p,$$

这说明 $V$ 是 $A^{\mathrm{T}}$ 的一个不变子空间.

另一方面, 将 $E_r$ 内积作用在 (22.11) 中的边界条件上, 且注意到 (22.12), 可以得到

$$(E_r, B\widehat{U}) = (E_r, D\widehat{H}), \quad (t,x) \in \Gamma, \quad r = 1, \cdots, p. \tag{22.16}$$

由定理 20.3, 对 $r = 1, \cdots, p$ 成立

$$\|(E_r, D\widehat{H})\|_{H^{2\alpha-1}(\Sigma)} \tag{22.17}$$
$$=\|(E_r, B\widehat{U})\|_{H^{2\alpha-1}(\Sigma)} \leqslant c\|\widehat{H}\|_{L^2(0,T;(L^2(\Gamma))^M)},$$

其中 $\alpha$ 由(19.8)的第一式给出.

我们断言: 对 $r = 1, \cdots, p$, 成立 $D^{\mathrm{T}} E_r = 0$, 并由此推断 $V \subseteq \mathrm{Ker}(D^{\mathrm{T}})$. 否则, 对 $r = 1, \cdots, p$, 记 $\widehat{H} = D^{\mathrm{T}} E_r v$, 由 (22.17) 可得

$$\|v\|_{H^{2\alpha-1}(\Sigma)} \leqslant c\|v\|_{L^2(0,T;L^2(\Gamma_1))}. \tag{22.18}$$

由于 $2\alpha - 1 > 0$, 它与紧嵌入 $H^{2\alpha-1}(\Sigma) \hookrightarrow L^2(\Sigma)$ 矛盾.

于是, 由(22.16) 就有

$$(E_r, B\widehat{U}) = 0, \quad (t, x) \in (0, T) \times \Gamma, \quad r = 1, \cdots, p. \tag{22.19}$$

类似地, 存在常数 $\beta_{rs}$ $(r, s = 1, \cdots, p)$ 以及向量 $Q_r \in \mathbb{R}^{N-p}$ $(r = 1, \cdots, p)$, 使得

$$B^{\mathrm{T}} E_r = \sum_{s=1}^{p} \beta_{rs} E_s + C_p^{\mathrm{T}} Q_r, \quad r = 1, \cdots, p. \tag{22.20}$$

将上式代入(22.19) 并注意到 (22.12), 我们有

$$\sum_{s=1}^{p} \beta_{rs}(E_s, \widehat{U}) + (C_p^{\mathrm{T}} Q_r, \widehat{U}) = (Q_r, C_p\widehat{U}) = 0, \quad r = 1, \cdots, p. \tag{22.21}$$

再次利用化约系统(21.24)的精确边界能控性, 我们得到 $Q_r = 0$ $(r = 1, \cdots, p)$, 于是

$$B^{\mathrm{T}} E_r = \sum_{s=1}^{p} \beta_{rs} E_s, \quad r = 1, \cdots, p, \tag{22.22}$$

这说明 $V$ 也是 $B^{\mathrm{T}}$ 的一个不变子空间. $\qquad\qquad\square$

# §2. 分 $p$ 组精确同步态的估计

当矩阵 $A$ 和 $B$ 不满足定理22.1中提到的所有条件, 分 $p$ 组精确同步态可能依赖于所加的边界控制. 我们有如下的定理.

**定理 22.3** 假设 $A$ 和 $B$ 满足 $C_p$-相容性条件(21.17), 则存在一个边界控制矩阵$D$, 使得系统 (III) 分 $p$ 组精确边界同步, 且分 $p$ 组精确同步态$u = (u_1, \cdots, u_p)^{\mathrm{T}}$满足如下的估计式:

$$\|(u, u')(T) - (\phi, \phi')(T)\|_{(H^{\alpha+1}(\Omega))^p \times (H^\alpha(\Omega))^p} \tag{22.23}$$
$$\leqslant c\|C_p(\widehat{U}_0, \widehat{U}_1)\|_{(\mathcal{H}_1)^{N-p} \times (\mathcal{H}_0)^{N-p}},$$

其中 $\alpha$ 由 (19.8)中的第一式给出, $c$ 为一个正常数, 而 $\phi = (\phi_1, \cdots, \phi_p)^{\mathrm{T}}$ 是下面问题 $(1 \leqslant r \leqslant p)$ 的解:

$$\begin{cases} \phi_r'' - \Delta\phi_r + \sum_{s=1}^p \alpha_{rs}\phi_s = 0, & (t, x) \in (0, +\infty) \times \Omega, \\ \partial_\nu\phi_r + \sum_{s=1}^p \beta_{rs}\phi_s = 0, & (t, x)(0, +\infty) \times \Gamma, \\ t = 0: \quad \phi_r = (E_r, \widehat{U}_0), \quad \phi_r' = (E_r, \widehat{U}_1), \quad x \in \Omega, \end{cases} \tag{22.24}$$

其中

$$Ae_r = \sum_{s=1}^p \alpha_{sr}e_s, \qquad Be_r = \sum_{s=1}^p \beta_{sr}e_s, \quad r = 1, \cdots, p. \tag{22.25}$$

**证** 我们首先证明: 存在一个子空间 $V$, 它对 $B^{\mathrm{T}}$ 是不变的, 且双正交于 $\mathrm{Ker}(C_p)$.

设 $B = P^{-1}\Lambda P$, 其中 $P$ 为一个可逆矩阵, 而 $\Lambda$ 为一个对称矩阵. 令 $V = \mathrm{Span}(E_1, \cdots, E_p\}$, 其中

$$E_r = P^{\mathrm{T}}Pe_r, \quad r = 1, \cdots, p. \tag{22.26}$$

注意到 (21.13) 以及 $\mathrm{Ker}(C_p)$ 是 $B$ 的一个不变子空间, 我们有

$$B^{\mathrm{T}}E_r = P^{\mathrm{T}}PBe_r \subseteq P^{\mathrm{T}}P\mathrm{Ker}(C_p) \subseteq V, \quad r = 1, \cdots, p, \tag{22.27}$$

这说明 $V$ 对 $B^{\mathrm{T}}$ 是不变的.

下面我们证明 $V^\perp \cap \mathrm{Ker}(C_p) = \{0\}$. 由此, 注意到 $\dim(V) = \dim(C_p) = p$, 就可由命题 2.3得到 $V$ 双正交于 $\mathrm{Ker}(C_p)$. 为证明这一事实, 取一组系数 $a_1, \cdots, a_p$ 使得

$$\sum_{r=1}^p a_r e_r \in V^\perp. \tag{22.28}$$

于是

$$(\sum_{r=1}^p a_r e_r, E_s) = (\sum_{r=1}^p a_r Pe_r, Pe_s) = 0, \quad s = 1, \cdots, p. \tag{22.29}$$

从而

$$(\sum_{r=1}^{p} a_r P e_r, \sum_{s=1}^{p} a_s P e_s) = 0, \tag{22.30}$$

于是 $a_1 = \cdots = a_p = 0$, 即 $V^{\perp} \cap \mathrm{Ker}(C_p) = \{0\}$.

记

$$B e_r = \sum_{s=1}^{p} \beta_{sr} e_s, \quad r = 1, \cdots, p, \tag{22.31}$$

直接计算可得

$$B^{\mathrm{T}} E_r = \sum_{s=1}^{p} \beta_{rs} E_s, \quad r = 1, \cdots, p. \tag{22.32}$$

如下定义边界控制矩阵 $D$:

$$\mathrm{Ker}(D^{\mathrm{T}}) = V. \tag{22.33}$$

注意到 (21.13), 我们有

$$\mathrm{Ker}(C_p) \cap \mathrm{Im}(D) = \mathrm{Ker}(C_p) \cap \{\mathrm{Ker}(D^{\mathrm{T}})\}^{\perp} \mathrm{Ker}(C_p) \cap V^{\perp} = \{0\},$$

于是, 由命题 2.7可得

$$\mathrm{rank}(C_p D) = \mathrm{rank}(D) = N - p. \tag{22.34}$$

因此, 由定理 21.3, 系统 (III) 分 $p$ 组精确同步. 设 $U$ 为此时问题 (III) 及 (III0) 的解, 它在 $T$ 时刻实现分 $p$ 组精确同步性.

记 $\psi_r = (E_r, U)(r = 1, \cdots, p)$, 则有

$$(E_r, AU) = (A^{\mathrm{T}} E_r, U) \tag{22.35}$$

$$= (\sum_{s=1}^{p} \alpha_{rs} E_s + A^{\mathrm{T}} E_r - \sum_{s=1}^{p} \alpha_{rs} E_s, U)$$

$$= \sum_{s=1}^{p} \alpha_{rs}(E_s, U) + (A^{\mathrm{T}} E_r - \sum_{s=1}^{p} \alpha_{rs} E_s, U)$$

$$= \sum_{s=1}^{p} \alpha_{rs} \psi_s + (A^{\mathrm{T}} E_r - \sum_{s=1}^{p} \alpha_{rs} E_s, U).$$

根据假设, $V$ 双正交于 $\mathrm{Ker}(C_p)$, 不失一般性, 可假设

$$(E_r, e_s) = \delta_{rs} \quad (r, s = 1, \cdots, p). \tag{22.36}$$

于是, 对任意给定的 $k = 1, \cdots, p$, 由 (22.25)可得

$$(A^{\mathrm{T}} E_r - \sum_{s=1}^{p} \alpha_{rs} E_s, e_k) \tag{22.37}$$

$$= (E_r, A e_k) - \sum_{s=1}^{p} \alpha_{rs}(E_s, e_k)$$

$$= \sum_{s=1}^{p} \alpha_{sk}(E_r, e_s) - \alpha_{rk} = \alpha_{rk} - \alpha_{rk} = 0,$$

因此

$$A^{\mathrm{T}} E_r - \sum_{s=1}^{p} \alpha_{rs} E_s \in \{\mathrm{Ker}(C_p)\}^{\perp} = \mathrm{Im}(C_p^{\mathrm{T}}), \quad r = 1, \cdots, p. \tag{22.38}$$

这样, 存在 $R_r \in \mathbb{R}^{N-p}(r = 1, \cdots, p)$ 使得

$$A^{\mathrm{T}} E_r - \sum_{s=1}^{p} \alpha_{rs} E_s = C_p^{\mathrm{T}} R_r, \quad r = 1, \cdots, p. \tag{22.39}$$

将 $E_r$ 内积作用在问题 (III) 及 (III0) 上, 并注意到(22.32)—(22.33), 对 $r = 1, \cdots, p$ 可得

$$\begin{cases} \psi_r'' - \Delta\psi_r + \displaystyle\sum_{s=1}^{p} \alpha_{rs}\psi_s = -(R_r, C_p U), & (t, x) \in (0, +\infty) \times \Omega, \\ \partial_\nu \psi_r + \displaystyle\sum_{s=1}^{p} \beta_{rs}\psi_s = 0, & (t, x) \in (0, +\infty) \times \Gamma_1, \\ t = 0: \quad \psi_r = (E_r, \widehat{U}_0), \ \psi_r' = (E_r, \widehat{U}_1), & x \in \Omega. \end{cases} \tag{22.40}$$

于是, 由经典的算子半群理论, 有

$$\|(\psi, \psi')(T) - (\phi, \phi')(T)\|_{(H^{\alpha+1}(\Omega))^p \times (H^\alpha(\Omega))^p} \tag{22.41}$$

$$\leqslant c_1 \|(R_r, C_p U)\|_{L^2(0,T;H^\alpha(\Omega))}$$

$$\leqslant c_2 \|C_p(\widehat{U}_0, \widehat{U}_1)\|_{(H^1(\Omega))^{N-p} \times (L^2(\Omega))^{N-p}},$$

其中 $c_i(i = 1, 2)$ 为不同的正常数, $\alpha$ 由 (19.8)中的第一式给出, 而第二个不等式是定理21.3的结论, 因为这里的 $C_p U$ 是化约问题(21.24)—(21.25)的解.

另一方面, 注意到(22.36), 易见

$$t \geqslant T: \quad \psi_r = (E_r, U) = \sum_{s=1}^{p} (E_r, e_s) u_s = u_r, \quad r = 1, \cdots, p. \tag{22.42}$$

将其代入 (22.41), 便得到 (22.23). $\qquad\qquad\qquad\qquad\qquad\qquad\qquad\Box$

# 第二十三章

# 矩阵 $D$ 的最小秩条件

我们将考察为了实现系统 (III) 的精确能控性所需要的最少边界控制个数, 即考察矩阵 $D$ 的最小秩数. 不同于 Neumann 边界控制的情形 (见第十三章及第十四章), 我们仅在长方体区域上研究此问题, 此时问题 (III) 及 (III0) 的解具有较高的正则性。

在本章中, 假设 $\Omega \subset \mathbb{R}^n$ 是一个具分片光滑边界 $\Gamma$ 的长方体区域. 根据 [32] 中结果, 我们有

**引理 23.1** 假设 $\Omega$ 是 $\mathbb{R}^n$ 中的一个长方体区域. 引理 19.1、19.2和 19.3中所示的最优正则性结果可以提升为

$$\bar{\alpha} = \bar{\beta} = \frac{3}{4} - \epsilon, \tag{23.1}$$

其中 $\epsilon > 0$ 是一个任意给定的小常数.

此外, 利用特征函数延拓这一直接方法 (参见 [30], 定理 6.1N.1), 我们可以类似地证明下面的引理.

**引理 23.2** 假设 $\Omega$ 是 $\mathbb{R}^n$ 中的一个长方体区域, 则对任意给定初值 $(\widehat{U}_0, \widehat{U}_1) \in (\mathcal{H}_1)^N \times (\mathcal{H}_0)^N$ 以及任意给定的边界函数 $H \in L^2(0, T; (L^2(\Gamma))^M)$, 问题 (III) 及 (III0) 的弱解 $U$ 满足

$$(U, U') \in C^0([0, T]; (H^{\bar{\alpha}}(\Omega))^N \times (H^{\bar{\alpha}-1}(\Omega))^N) \tag{23.2}$$

及

$$U|_\Sigma \in (H^{2\bar{\alpha}-1}(\Sigma))^N, \tag{23.3}$$

其中 $\bar{\alpha}$ 由(23.1)给定.

**注 23.1** 对于一般的区域, 问题 (III) 及 (III0) 的解的正则性结果见 (19.8)的第一式, 其中 $\alpha = 3/5 - \epsilon$; 而在长方体区域上, 解的正则性可以提高到 $\bar{\alpha} = 3/4 - \epsilon$. 相应地, 迹 $U|_\Sigma$ 的正则性优化为(23.3), 几乎达到可以期望的最好结果 $H^{\frac{1}{2}}(\Sigma)$, 这一正则性的提高对于在边界控制个数不足时, 证明系统的非精确边界能控性十分重要.

在下面的引理中, 我们将给出紧摄动的一个结论, 然后在定理 23.4 中, 我们将在长方体区域中, 给出系统 (III) 具精确边界能控性时矩阵 $B$ 所必需的最小秩条件.

**引理 23.3** 假设 $\mathcal{L}$ 是从 $L^2(\Omega)$ 到 $L^2(0,T;L^2(\Omega))$ 的紧的线性映射, 而 $\mathcal{R}$ 是从 $L^2(\Omega)$ 到 $L^2(0,T;H^{1-\bar{\alpha}}(\Gamma))$ 的紧的线性映射, 其中 $\bar{\alpha}$ 由 (23.1)给出. 则不存在 $T > 0$, 使得对于任意给定的 $\theta \in L^2(\Omega)$, 问题

$$\begin{cases} w'' - \Delta w = \mathcal{L}\theta, & (t,x) \in (0,T) \times \Omega, \\ \partial_\nu w = \mathcal{R}\theta, & (t,x) \in (0,T) \times \Gamma, \\ t = 0: \quad w = 0, \ w' = \theta, \quad x \in \Omega \end{cases} \tag{23.4}$$

的解满足终值条件

$$w(T) = w'(T) = 0. \tag{23.5}$$

**证** 对任意给定的 $\theta \in L^2(\Omega)$, 由引理 23.1, 下述问题

$$\begin{cases} \phi'' - \Delta\phi = 0, & (t,x) \in (0,T) \times \Omega, \\ \partial_\nu \phi = 0, & (t,x) \in (0,T) \times \Gamma, \\ t = 0: \quad \phi = \theta, \ \phi' = 0, \quad x \in \Omega \end{cases} \tag{23.6}$$

存在唯一的解 $\phi$, 且满足

$$\|\phi\|_{L^2(0,T;L^2(\Omega))} \leqslant c\|\theta\|_{L^2(\Omega)} \tag{23.7}$$

及

$$\|\phi\|_{L^2(0,T;H^{\bar{\alpha}-1}(\Gamma))} \leqslant c\|\theta\|_{L^2(\Omega)}, \tag{23.8}$$

其中 $\bar{\alpha}$ 由(23.1)给出.

另一方面, 仍由引理23.1, 问题(23.4) 存在唯一的解 $w$, 且具如下的正则性:

$$(w,w') \in C^0([0,T];H^{\bar{\alpha}}(\Omega) \times H^{\bar{\alpha}-1}(\Omega)). \tag{23.9}$$

将 $\phi$ 内积作用在 (23.4) 的两侧, 并分部积分, 若 $w$ 满足终值条件 (23.5), 则易得

$$\|\theta\|^2_{L^2(\Omega)} = \int_0^T \int_\Omega \mathcal{L}\theta\phi \mathrm{d}x + \int_0^T \int_\Gamma \mathcal{R}\theta\phi \mathrm{d}\Gamma. \tag{23.10}$$

注意到(23.7)–(23.8), 对所有的 $\theta \in L^2(\Omega)$, 成立

$$\|\theta\|_{L^2(\Omega)} \leqslant c(\|\mathcal{L}\theta\|_{L^2(0,T;L^2(\Omega))} + \|\mathcal{R}\theta\|_{L^2(0,T;H^{1-\alpha}(\Gamma))}),  \tag{23.11}$$

而这与 $\mathcal{L}$ 和 $\mathcal{R}$ 的紧性相悖.  □

**定理 23.4** 设 $\widetilde{C}_q$ 是一个 $N \times (N-q)$ 阶行满秩矩阵. 假设对于任意给定的初值 $(\widehat{U}_0, \widehat{U}_1) \in (\mathcal{H}_1)^N \times (\mathcal{H}_0)^N$, 存在一个支集在 $[0,T]$ 中的边界控制 $H \in L^2_{\text{loc}}(0, +\infty; (L^2(\Gamma))^M)$, 使得系统 (III) 的对应解 $U$ 满足

$$t \geqslant T: \quad \widetilde{C}_q U = 0  \tag{23.12}$$

以及

$$\|H\|_{L^2(0,T;L^2(\Gamma))} \leqslant c\|(\widehat{U}_0, \widehat{U}_1)\|_{(\mathcal{H}_1 \times \mathcal{H}_0)^N}.  \tag{23.13}$$

那么, 必定成立如下的秩条件:

$$\text{rank}(\widetilde{C}_q D) = N - q.  \tag{23.14}$$

特别地, 有

$$\text{rank}(D) \geqslant N - q.  \tag{23.15}$$

**证** 由命题 2.7, 秩条件 (23.14) 成立当且仅当 $\text{Ker}(D^{\mathrm{T}}) \cap \text{Im}(\widetilde{C}_q^{\mathrm{T}}) = \{0\}$.

假设 (23.14) 不成立, 则存在一个单位向量 $E \in \text{Im}(\widetilde{C}_q^{\mathrm{T}})$, 使得 $D^{\mathrm{T}}E = 0$. 取如下特殊的初值:

$$t = 0: \quad U = 0, \quad U' = E\theta,  \tag{23.16}$$

可以找到一个边界函数 $H$, 使得对应的解 $U$ 满足 (23.12), 且成立

$$\|H\|_{L^2(0,T;L^2(\Gamma))} \leqslant c\|\theta\|_{L^2(\Omega)}.  \tag{23.17}$$

将 $E$ 内积作用在系统 (III) 上, 并记 $w = (E, U)$, 就得到

$$\begin{cases} w'' - \Delta w = -(E, AU), & (t,x) \in (0,T) \times \Omega, \\ \partial_\nu w = -(E, BU), & (t,x) \in (0,T) \times \Gamma, \\ t = 0: \quad w = 0, \ w' = \theta, & x \in \Omega. \end{cases}  \tag{23.18}$$

此外, 注意到 $E \in \text{Im}(\widetilde{C}_q)$, 由终值条件 (23.12)可推得

$$w(T) = w'(T) = 0.  \tag{23.19}$$

现在定义如下的映射:

$$\mathcal{L}: \quad \theta \to -(E, AU), \qquad \mathcal{R}: \quad \theta \to -(E, BU)|_{\Sigma}. \qquad (23.20)$$

由于映射 $\theta \to H$ 是从 $L^2(\Omega)$ 到 $L^2(0,T;(L^2(\Gamma))^M)$ 的连续映射, 由引理23.2, 映射 $\theta \to (U, U')$ 是从 $L^2(\Omega)$ 到 $C^0([0,T];(H^{\bar{\alpha}}(\Omega))^N) \cap C^1([0,T];(H^{\bar{\alpha}-1}(\Omega))^N)$ 的连续映射. 此外, 由 Lions 的紧嵌入定理 ([67] 中定理 5.1, p.68), 下面的嵌入关系

$$L^2(0,T;H^{\bar{\alpha}}(\Omega)) \cap H^1(0,T;H^{\bar{\alpha}-1}(\Omega)) \subset L^2(0,T;L^2(\Omega))$$

是紧的, 于是 $\mathcal{L}$ 是从 $L^2(\Omega)$ 到 $L^2(0,T;L^2(\Omega))$ 的紧的映射.

另一方面, 由引理23.2, $\mathcal{R}$ 是从 $L^2(\Omega)$ 到 $H^{2\bar{\alpha}-1}(\Sigma)$ 的连续映射. 由于 $2\bar{\alpha}-1 > 1-\bar{\alpha}$(其中 $\bar{\alpha} = 3/4 - \epsilon$), 下面的嵌入关系

$$H^{2\bar{\alpha}-1}(\Sigma) = L^2(0,T;H^{2\bar{\alpha}-1}(\Gamma)) \cap H^{2\bar{\alpha}-1}(0,T;L^2(\Gamma)) \subset L^2(0,T;H^{1-\bar{\alpha}}(\Gamma))$$

是紧的 (见 [78] 中推论 5, p.86). 因此, $\mathcal{R}$ 是从 $L^2(\Omega)$ 到 $L^2(0,T;H^{1-\bar{\alpha}}(\Gamma))$ 的紧的映射.

至此, 我们验证了引理23.3中的所有条件, 从而得到了导致矛盾的结论. 因此最初的假设不成立, 定理得证. □

取 $\widetilde{C}_q = C_p$, 立得下面的结论.

**推论 23.5** 若系统 (III) 分 $p$ 组精确同步, 则必成立 $\mathrm{rank}(D) \geqslant N - p$. 特别地, 若系统 (III) 精确零能控, 则 $\mathrm{rank}(D) = N$.

**注 23.2** 由定理23.4和推论 23.5可知:若边界控制的个数不足, 即若 $\mathrm{rank}(D) < N$, 则在长方体区域 $\Omega$ 上, 系统 (III) 不是精确边界能控的. 证明的核心思想是利用紧摄动方法, 它对解的正则性有更高的要求. 证明中最重要的一步是得到解的最优正则性(23.2)—(23.3), 其中 $\bar{\alpha} = 3/4 - \epsilon$. 定理23.4和推论23.5只是这个研究方向的开始. 如何将这些结果推广到一般区域上仍然是一个悬而未决的问题.

另一方面, 若长方体中相邻的面之间的夹角均为 $\pi/2$, 则由 Grisvard 在 [16] 中的结果可知, 当 $n \leqslant 3$ 时, 具 Robin 边界条件及 $L^2(\Omega)$ 资料的 Laplace 算子 $-\Delta$, 实际上具有 $H^2(\Omega)$-正则性, 因此, 在这种情况下, 定理21.1所述的精确能控性依旧成立. 然而, 定理 23.4和推论23.5总是在 "系统具有精确边界能控性" 这一前提下考察边界控制的个数, 其所得的结论适用于 $n$ 维空间中一切长方体.

# 第二十四章

# $C_p$-相容性条件的必要性

本章我们将讨论耦合矩阵的 $C_p$-相容性条件的必要性. 这一问题与第二十三章所讨论的边界控制的最少个数是密切相关的. 因此, 我们依旧假设区域 $\Omega$ 是 $\mathbb{R}^n$ 中的一个长方体.

## §1. 内部耦合矩阵$A$ 的 $C_p$-相容性条件

**定理 24.1** 若系统 (III) 在最小秩条件$\mathrm{rank}(D) = N - p$ 下分 $p$ 组精确边界同步, 那么矩阵 $A = (a_{ij})$ 须满足 (21.16)中给出的相应 $C_p$-相容性条件.

**证** 我们只需证明

$$C_p A e_r = 0, \quad 1 \leqslant r \leqslant p. \tag{24.1}$$

将 $C_p$ 内积作用在系统 (III) 中的方程两端, 由 (21.15)可得

$$t \geqslant T: \quad \sum_{r=1}^{p} C_p A e_r u_r = 0, \quad x \in \Omega. \tag{24.2}$$

若 (24.1) 不成立, 则存在不全为零的常系数 $\alpha_r (1 \leqslant r \leqslant p)$, 使得

$$\sum_{r=1}^{p} \alpha_r u_r = 0, \quad x \in \Omega. \tag{24.3}$$

令

$$c_{p+1} = \sum_{r=1}^{p} \frac{\alpha_r e_r^{\mathrm{T}}}{\|e_r\|^2}. \tag{24.4}$$

注意到 $(e_r, e_s) = \|e_r\|^2 \delta_{rs}$, 有

$$t \geqslant T: \quad c_{p+1} U = \sum_{r=1}^{p} \alpha_r u_r = 0, \quad x \in \Omega. \tag{24.5}$$

令

$$\widetilde{C}_{p-1} = \begin{pmatrix} C_p \\ c_{p+1} \end{pmatrix}. \tag{24.6}$$

于是成立

$$t \geqslant T: \quad \widetilde{C}_{p-1} U = 0, \quad x \in \Omega. \tag{24.7}$$

由于 $\mathrm{rank}(\widetilde{C}_{p-1}) = N - p + 1$, 由定理 23.4可得 $\mathrm{rank}(D) \geqslant N - p + 1$. 这与最小秩条件$\mathrm{rank}(D) = N - p$ 矛盾. $\qquad\square$

## § 2. 边界耦合矩阵 $B$ 的 $C_p$-相容性条件

与内部耦合矩阵$A$ 相较, 考察边界耦合矩阵 $B$ 的 $C_p$-相容性条件的必要性更加复杂, 也需要一些额外的假设.

取 $\mathbb{R}^N$ 中一组经典的正交基:

$$\varepsilon_i = (0, \cdots, \overset{(i)}{1}, \cdots, 0)^{\mathrm{T}}, \quad 1 \leqslant i \leqslant N, \tag{24.8}$$

并设

$$V_r = \mathrm{Span}\{\varepsilon_{n_{r-1}+1}, \cdots, \varepsilon_{n_r}\}, \quad 1 \leqslant r \leqslant p. \tag{24.9}$$

显然, 有

$$e_r \in V_r, \quad 1 \leqslant r \leqslant p. \tag{24.10}$$

下面我们将在 $Ae_r \in V_r$ 及 $Be_r \in V_r$ $(1 \leqslant r \leqslant p)$ 的假设下讨论边界耦合矩阵 $B$ 的 $C_p$-相容性条件的必要性.

**定理 24.2** 假设

$$Ae_r \in V_r, \quad Be_r \in V_r, \quad 1 \leqslant r \leqslant p. \tag{24.11}$$

若系统 (III) 在最小秩条件 $\mathrm{rank}(D) = N - p$ 下具有分 $p$ 组精确边界同步性, 则矩阵 $B$ 必满足(21.16)中相应的 $C_p$-相容性条件.

**证** 由(21.15), 有

$$
\begin{cases}
\sum\limits_{r=1}^{p}(u_r''e_r - \Delta u_r e_r + u_r A e_r) = 0, & (t,x) \in (T,+\infty) \times \Omega, \\
\sum\limits_{r=1}^{p}(\partial_\nu u_r e_r + u_r B e_r) = 0, & (t,x) \in (T,+\infty) \times \Gamma.
\end{cases}
\tag{24.12}
$$

注意到 (24.10)–(24.11)以及子空间 $V_r(1 \leqslant r \leqslant p)$ 两两正交, 可以得到

$$
\begin{cases}
u_r''e_r - \Delta u_r e_r + u_r A e_r = 0, & (t,x) \in (T,+\infty) \times \Omega, \\
\partial_\nu u_r e_r + u_r B e_r = 0, & (t,x) \in (T,+\infty) \times \Gamma.
\end{cases}
\tag{24.13}
$$

将 $C_p$ 内积作用在(24.13)中的边界条件上, 并注意到(21.13), 可得

$$
u_r C_p B e_r \equiv 0, \quad (t,x) \in (T,+\infty) \times \Gamma, \quad 1 \leqslant r \leqslant p.
\tag{24.14}
$$

我们断言 $C_p B e_r = 0 \ (r = 1,\cdots,p)$, 这意味着 $B$ 满足 (21.16)中的 $C_p$-相容性条件. 否则, 存在一个 $\bar{r} \ (1 \leqslant \bar{r} \leqslant p)$ 使得 $C_p B e_{\bar{r}} \neq 0$, 就有

$$
u_{\bar{r}} \equiv 0, \quad (t,x) \in (T,+\infty) \times \Gamma.
\tag{24.15}
$$

于是, 由系统 (24.13)中的边界条件就得到

$$
\partial_\nu u_{\bar{r}} \equiv 0, \quad (t,x) \in (T,+\infty) \times \Gamma.
\tag{24.16}
$$

因此, 对系统(24.13)利用 Holmgren 唯一性定理 (见 [66] 中定理 8.2 ), 便得到

$$
u_{\bar{r}} \equiv 0, \quad (t,x) \in (T,+\infty) \times \Omega,
\tag{24.17}
$$

于是容易验证

$$
t \geqslant T: \quad e_{\bar{r}}^{\mathrm{T}} U \equiv 0, \quad x \in \Omega.
\tag{24.18}
$$

令

$$
\widetilde{C}_{p-1} = \begin{pmatrix} C_p \\ e_{\bar{r}}^{\mathrm{T}} \end{pmatrix},
\tag{24.19}
$$

就有

$$
t \geqslant T: \quad \widetilde{C}_{p-1} U = 0.
\tag{24.20}
$$

由于 $\mathrm{rank}(\widetilde{C}_{p-1}) = N - p + 1$, 由定理 23.4可知 $\mathrm{rank}(D) \geqslant N - p + 1$. 这与最小秩条件 $\mathrm{rank}(D) = N - p$ 矛盾, 从而前面的断言成立. □

注意到 $p = 1$ 时, 条件 (24.11)显然成立, 就立刻可以得到下面的结论.

**推论 24.3** 若系统 (III) 在最小秩条件$\mathrm{rank}(D) = N - 1$ 下具有精确边界同步性, 则矩阵 $A$ 和 $B$ 必满足 $C_1$-相容性条件(21.16)(其中取 $p = 1$).

# 第二十五章

# 边界耦合矩阵 $B$ 的 $C_2$-相容性条件

在本章, 我们在除去对矩阵 $B$ 的限制条件 (24.11) 时, 进一步考虑 $B$ 的 $C_2$-相容性条件的必要性.

## § 1. 无限时间区间上的一个唯一性结果

我们首先考察下面具 Robin 边界条件的波动方程解耦系统:

$$\begin{cases} \phi'' - \Delta\phi = 0, & (t,x) \in (0,+\infty) \times \Omega, \\ \psi'' - \Delta\psi = 0, & (t,x) \in (0,+\infty) \times \Omega, \\ \partial_\nu\phi + \alpha\phi = 0, & (t,x) \in (0,+\infty) \times \Gamma, \\ \partial_\nu\psi + \beta\psi = 0, & (t,x) \in (0,+\infty) \times \Gamma, \end{cases} \tag{25.1}$$

且在无穷时间区间上具观测

$$d_1\phi + d_2\psi = 0, \quad (t,x) \in (0,+\infty) \times \Gamma \tag{25.2}$$

时解的某种唯一性. 令

$$B = \begin{pmatrix} \alpha & 0 \\ 0 & \beta \end{pmatrix}, \qquad D = \begin{pmatrix} d_1 \\ d_2 \end{pmatrix}.$$

于是

$$\det(D, BD) = \det\begin{pmatrix} d_1 & \alpha d_1 \\ d_2 & \beta d_2 \end{pmatrix} \doteq d_1 d_2 (\beta - \alpha).$$

**定理 25.1** 假设 $\alpha > 0, \beta > 0$, 且 $\mathrm{rank}(D, BD) = 2$. 设 $(\phi, \psi)$ 是系统(25.1)的一个解. 则由在边界 $\Gamma$ 上无穷时间区间中的部分观测信息 (25.2)可推出 $\phi \equiv \psi \equiv 0$.

**证** 在接下来的证明中, 我们将用到 Green 公式

$$\int_\Omega \Delta u v \mathrm{d}x = -\int_\Omega \nabla u \cdot \nabla v \mathrm{d}x + \int_\Gamma \partial_\nu u v \mathrm{d}\Gamma \tag{25.3}$$

及 Rellich 等式 (见 [66]):

$$2\int_\Omega \Delta u (m \cdot \nabla u) \mathrm{d}x = (n-2)\int_\Omega |\nabla u|^2 \mathrm{d}x \tag{25.4}$$

$$+2\int_\Gamma \partial_\nu u(m \cdot \nabla u)\mathrm{d}\Gamma - \int_\Gamma (m, \nu)|\nabla u|^2 \mathrm{d}\Gamma,$$

其中 $m = x - x_0$, 而 $\nu$ 表示边界 $\Gamma$ 上的单位外法向量.

定义系统(25.1)的能量为

$$E(t) = \frac{1}{2}\int_\Omega (|\phi_t|^2 + |\nabla\phi|^2 + |\psi_t|^2 + |\nabla\psi|^2)\mathrm{d}x \tag{25.5}$$

$$+\frac{1}{2}\int_\Gamma (\alpha|\phi|^2 + \beta|\psi|^2)\mathrm{d}\Gamma.$$

容易验证 $E'(t) = 0$, 从而可得能量守恒:

$$E(t) = E(0), \quad \forall\, t \geqslant 0. \tag{25.6}$$

首先, 将 $2m \cdot \nabla u$ 内积作用在(25.1)中第一个方程两侧, 且分部积分, 可得

$$\left[\int_\Omega \phi_t(m \cdot \nabla\phi)\mathrm{d}x\right]_0^T \tag{25.7}$$

$$= \int_0^T \int_\Omega \phi_t m \cdot \nabla\phi_t \mathrm{d}x\mathrm{d}t + \int_0^T \int_\Omega \Delta\phi(m \cdot \nabla\phi)\mathrm{d}x\mathrm{d}t.$$

对上式右端的第一项积分利用 Green 公式, 并对上式的第二项积分利用 Rellich 等式, 可得

$$2\left[\int_\Omega \phi_t(m \cdot \nabla\phi)\mathrm{d}x\right]_0^T = \int_0^T \int_\Gamma (m, \nu)|\phi_t|^2 \mathrm{d}\Gamma\mathrm{d}t \tag{25.8}$$

$$-n\int_0^T \int_\Omega |\phi_t|^2\mathrm{d}x\mathrm{d}t + (n-2)\int_0^T \int_\Omega |\nabla\phi|^2\mathrm{d}x\mathrm{d}t$$

$$+2\int_0^T \int_\Gamma \partial_\nu\phi(m \cdot \nabla\phi)\mathrm{d}\Gamma\mathrm{d}t - \int_\Gamma (m, \nu)|\nabla\phi|^2\mathrm{d}\Gamma\mathrm{d}t.$$

注意到能量守恒 (25.6), 并对上式左端利用 Cauchy-Schwarz 不等式, 就有

$$n\int_0^T \int_\Omega |\phi_t|^2\mathrm{d}x\mathrm{d}t + (2-n)\int_0^T \int_\Omega |\nabla\phi|^2\mathrm{d}x\mathrm{d}t \tag{25.9}$$

$$\leqslant cE(0) + \int_0^T \int_\Gamma (m,\nu)|\phi_t|^2 \mathrm{d}\Gamma \mathrm{d}t$$
$$+ \int_0^T \int_\Gamma (2\partial_\nu\phi(m\cdot\nabla\phi) - (m,\nu)|\nabla\phi|^2)\mathrm{d}\Gamma,$$

此处及以后的 $c$ 均表示与 $T$ 无关的正常数.

此外, 根据乘子几何条件:

$$(m,\nu) \geqslant \delta, \quad \forall x \in \Gamma, \tag{25.10}$$

其中 $\delta > 0$ 为一个正常数, 则在 $\Gamma$ 上成立

$$2\partial_\nu\phi(m\cdot\nabla\phi) - (m,\nu)|\nabla\phi|^2 \tag{25.11}$$
$$\leqslant 2\|m\|_\infty|\partial_\nu\phi|\cdot|\nabla\phi| - \delta|\nabla\phi|^2$$
$$\leqslant \frac{\|m\|_\infty^2}{\delta}|\partial_\nu\phi|^2 = \frac{\|m\|_\infty^2}{\delta}\alpha^2|\phi|^2.$$

将(25.11) 代入(25.9), 易得

$$n\int_0^T \int_\Omega |\phi_t|^2 \mathrm{d}x\mathrm{d}t + (2-n)\int_0^T \int_\Omega |\nabla\phi|^2 \mathrm{d}x\mathrm{d}t \tag{25.12}$$
$$\leqslant cE(0) + \int_0^T \int_\Gamma (m,\nu)|\phi_t|^2\mathrm{d}\Gamma \mathrm{d}t + \frac{\|m\|_\infty^2\alpha^2}{\delta}\int_0^T \int_\Gamma |\phi|^2\mathrm{d}\Gamma \mathrm{d}t$$
$$\leqslant cE(0) + c\int_0^T \int_\Gamma (|\phi|^2 + |\phi_t|^2)\mathrm{d}\Gamma \mathrm{d}t.$$

接着, 将 $u$ 内积作用在系统(25.1)中第一个方程的两侧, 并分部积分, 可得

$$\left[\int_\Omega \phi_t\phi\mathrm{d}x\right]_0^T = \int_0^T \int_\Omega |\phi_t|^2\mathrm{d}x\mathrm{d}t \tag{25.13}$$
$$+ \int_0^T \int_\Gamma \phi\partial_\nu\phi\mathrm{d}\Gamma \mathrm{d}t - \int_0^T \int_\Omega |\nabla\phi|^2\mathrm{d}x\mathrm{d}t.$$

由能量守恒 (25.6)可知

$$-\int_0^T \int_\Omega |\phi_t|^2\mathrm{d}x\mathrm{d}t + \int_0^T \int_\Omega |\nabla\phi|^2\mathrm{d}x\mathrm{d}t \leqslant cE(0). \tag{25.14}$$

由 (25.12) $+(n-1)\times$(25.14), 可得

$$\int_0^T \int_\Omega (|\phi_t|^2 + |\nabla\phi|^2)\mathrm{d}x\mathrm{d}t \tag{25.15}$$
$$\leqslant c\int_0^T \int_\Gamma (|\phi|^2 + |\phi_t|^2)\mathrm{d}\Gamma \mathrm{d}t + cE(0).$$

类似地, 有

$$\int_0^T \int_\Omega (|\psi_t|^2 + |\nabla\psi|^2) \mathrm{d}x\mathrm{d}t \tag{25.16}$$

$$\leqslant c \int_0^T \int_\Gamma (|\psi|^2 + |\psi_t|^2) \mathrm{d}\Gamma\mathrm{d}t + cE(0).$$

联合 (25.15)及 (25.16), 便得到

$$\int_0^T E(t)\mathrm{d}t \leqslant c \int_0^T \int_\Gamma (|\phi|^2 + |\psi|^2 + |\phi_t|^2 + |\psi_t|^2) \mathrm{d}\Gamma\mathrm{d}t + cE(0). \tag{25.17}$$

最后, 将 $\psi$ 内积作用在(25.1)的第一个方程两侧, 并分部积分, 可得

$$\left[\int_\Omega \phi_t \psi \mathrm{d}x\right]_0^T = \int_0^T \int_\Omega \phi_t \psi_t \mathrm{d}x\mathrm{d}t \tag{25.18}$$

$$-\alpha \int_0^T \int_\Gamma \phi\psi \mathrm{d}\Gamma\mathrm{d}t - \int_0^T \int_\Omega \nabla\phi \cdot \nabla\psi \mathrm{d}x\mathrm{d}t.$$

类似地, 将 $\phi$ 内积作用在(25.1)的第二个方程两侧, 并分部积分, 可得

$$\left[\int_\Omega \psi_t \phi \mathrm{d}x\right]_0^T = \int_0^T \int_\Omega \phi_t \psi_t \mathrm{d}x\mathrm{d}t \tag{25.19}$$

$$-\beta \int_0^T \int_\Gamma \phi\psi \mathrm{d}\Gamma\mathrm{d}t - \int_0^T \int_\Omega \nabla\phi \cdot \nabla\psi \mathrm{d}x\mathrm{d}t.$$

于是, 就有

$$\left[\int_\Omega (\phi_t\psi - \psi_t\phi) \mathrm{d}x\right]_0^T = (\alpha - \beta) \int_0^T \int_\Gamma \phi\psi \mathrm{d}\Gamma\mathrm{d}t. \tag{25.20}$$

由边界上的观测信息 (25.2), 可得在 $\Gamma$ 上 $\psi = -\frac{d_1}{d_2}\phi$, 于是, 利用 Cauchy-Schwartz 不等式, 并注意到 (25.6), 由 (25.20) 可得

$$\int_0^T \int_\Gamma (|\phi|^2 + |\psi|^2) \mathrm{d}\Gamma\mathrm{d}t \leqslant cE(0). \tag{25.21}$$

由线性性, 也成立

$$\int_0^T \int_\Gamma (|\phi_t|^2 + |\psi_t|^2) \mathrm{d}\Gamma\mathrm{d}t \leqslant c\widehat{E}(0), \tag{25.22}$$

其中

$$\widehat{E}(t) = \frac{1}{2} \int_\Omega (|\phi_{tt}|^2 + |\nabla\phi_t|^2 + |\psi_{tt}|^2 + |\nabla\psi_t|^2) \mathrm{d}x \tag{25.23}$$

$$+ \frac{1}{2} \int_\Gamma (\alpha|\phi_t|^2 + \beta|\psi_t|^2) \mathrm{d}\Gamma.$$

将(25.21)—(25.22) 代入(25.17), 并注意到能量守恒 (25.6), 可得

$$TE(0) \leqslant c(E(0) + \widehat{E}(0)). \tag{25.24}$$

取 $T \to +\infty$, 便得到 $E(0) = 0$. 于是, 由 (25.6), 可知对一切 $t \geqslant 0$ 成立 $E(t) \equiv 0$. 定理证毕. □

# §2. $C_2$-相容性条件

**定理 25.2** 假设化约矩阵 $\overline{A}_2 = 0$, 且 $B$ 相似于一个对称正定矩阵. 若在最小秩条件rank$(D) = N - 2$ 下, 系统 (III) 分 2 组精确边界同步, 则矩阵 $B$ 必满足 $C_2$-相容性条件(21.16)(其中取 $p = 2$).

**证** 由分 2 组精确边界同步性, 有

$$t \geqslant T: \quad U = e_1 u_1 + e_2 u_2, \quad x \in \Omega. \tag{25.25}$$

由于 $\overline{A}_2 = 0$, 有

$$t \geqslant T: \quad AU = Ae_1 u_1 + Ae_2 u_2 = 0,$$

从而易见

$$\begin{cases} U'' - \Delta U = 0, & (t,x) \in (T,+\infty) \times \Omega, \\ \partial_\nu U + BU = 0, & (t,x) \in (T,+\infty) \times \Gamma. \end{cases} \tag{25.26}$$

设 $P$ 为一个可逆矩阵, 使得 $\widehat{B} = PBP^{-1}$ 是一个对称正定矩阵. 记

$$u = (u_1, u_2)^{\mathrm{T}}. \tag{25.27}$$

将 $P^{\mathrm{T}}Pe_i(i=1,2)$ 内积作用在(25.26)上, 可得

$$\begin{cases} Lu'' - L\Delta u = 0, & (t,x) \in (T,+\infty) \times \Omega, \\ L\partial_\nu u + \Lambda u = 0, & (t,x) \in (T,+\infty) \times \Gamma, \end{cases} \tag{25.28}$$

其中矩阵 $L$ 及 $\Lambda$ 分别定义为

$$L = (Pe_i, Pe_j), \qquad \Lambda = (\widehat{B}Pe_i, Pe_j), \quad 1 \leqslant i, j \leqslant 2. \tag{25.29}$$

显然, $L$ 和 $\Lambda$ 均是对称正定矩阵.

将 $L^{-\frac{1}{2}}$ 内积作用在(25.28)上, 可得

$$\begin{cases} w'' - \Delta w = 0, & (t,x) \in (T,+\infty) \times \Omega, \\ \partial_\nu w + \widehat{\Lambda}w = 0, & (t,x) \in (T,+\infty) \times \Gamma, \end{cases} \tag{25.30}$$

其中 $\widehat{\Lambda} = L^{-\frac{1}{2}}\Lambda L^{-\frac{1}{2}}$ 也是一个对称正定矩阵. 此外, 通过一个线性变换, 我们可以进一步假设 $\widehat{\Lambda}$ 是一个对角阵.

另一方面, 将 $C_2$ 内积作用在系统 (III) 中边界条件的两侧, 并注意到 (25.25), 可得

$$C_2 B e_1 u_1 + C_2 B e_2 u_2 \equiv 0, \quad (t,x) \in (T, +\infty) \times \Gamma. \tag{25.31}$$

我们断言 $C_2 B e_1 = C_2 B e_2 = 0$, 即 $B$ 满足 $C_2$-相容性条件 (21.16). 否则, 不失一般性, 可假设 $C_2 B e_1 \neq 0$. 于是由 (25.31)可知, 存在一个非零向量 $D_2 \in \mathbb{R}^2$, 使得

$$D_2^{\mathrm{T}} u \equiv 0, \quad (t,x) \in (T, +\infty) \times \Gamma. \tag{25.32}$$

记

$$\widehat{D}^{\mathrm{T}} = D_2^{\mathrm{T}} L^{-\frac{1}{2}},$$

就有

$$\widehat{D}^{\mathrm{T}} w = 0, \quad (t,x) \in (T, +\infty) \times \Gamma, \tag{25.33}$$

其中 $w = L^{\frac{1}{2}} u$.

我们断言

$$\operatorname{rank}(\widehat{D}, \widehat{\Lambda}\widehat{D}) < 2. \tag{25.34}$$

否则, 因为 $\widehat{\Lambda}$ 是一个对角的正定矩阵, 由定理25.1, 系统(25.30)连同(25.33)仅有平凡解 $w \equiv 0$, 从而 $u \equiv 0$. 也就是说, 系统 (III) 精确零能控. 而此时 $\operatorname{rank}(D) = N - 2$, 这与推论23.5相悖.

这样, 根据命题 2.8, 存在 $\mathbb{R}^2$ 中的一个向量 $E \neq 0$, 使得

$$\widehat{\Lambda} E = \mu E, \qquad \widehat{D}^{\mathrm{T}} E = 0. \tag{25.35}$$

注意到 (25.33) 以及(25.35)的第二个式子, 可知 $E$ 和 $w|_\Gamma$ 均属于 $\operatorname{Ker}(\widehat{D})$. 因为 $\dim \operatorname{Ker}(\widehat{D}) = 1$, 必存在一个常数 $\alpha$, 使得在 $\Gamma$ 上成立 $w = \alpha E$. 因此, 注意到(25.35)的第一个式子, 就有

$$\widehat{\Lambda} w = \widehat{\Lambda} \alpha E = \mu \alpha E = \mu w, \quad (t,x) \in (T, +\infty) \times \Gamma. \tag{25.36}$$

这样, (25.30)可改写成

$$\begin{cases} w'' - \Delta w = 0, & (t,x) \in (T, +\infty) \times \Omega, \\ \partial_\nu w + \mu w = 0, & (t,x) \in (T, +\infty) \times \Gamma. \end{cases} \tag{25.37}$$

令 $z = \widehat{D}^{\mathrm{T}} w$. 注意到 (25.33), 由(25.37)可得

$$\begin{cases} z'' - \Delta z = 0, & (t,x) \in (T, +\infty) \times \Omega, \\ \partial_\nu z = z = 0, & (t,x) \in (T, +\infty) \times \Gamma. \end{cases} \tag{25.38}$$

于是, 由 Holmgren 唯一性定理, 就有

$$t \geqslant T: \quad z = \widehat{D}^{\mathrm{T}} w = D_2^{\mathrm{T}} u \equiv 0, \quad x \in \Omega. \tag{25.39}$$

令 $D_2^{\mathrm{T}} = (\alpha_1, \alpha_2)$. 如下定义一个行向量:

$$c_3 = \frac{\alpha_1 e_1^{\mathrm{T}}}{\|e_1\|^2} + \frac{\alpha_2 e_2^{\mathrm{T}}}{\|e_2\|^2}. \tag{25.40}$$

注意到 $(e_1, e_2) = 0$ 及(25.39), 我们有

$$t \geqslant T: \quad c_3 U = \alpha_1 u_1 + \alpha_2 u_2 = D_2^{\mathrm{T}} u \equiv 0, \quad x \in \Omega. \tag{25.41}$$

令

$$\widetilde{C}_1 = \begin{pmatrix} C_2 \\ c_3 \end{pmatrix}. \tag{25.42}$$

就有

$$t \geqslant T: \quad \widetilde{C}_1 U = 0, \quad x \in \Omega. \tag{25.43}$$

注意到 $\mathrm{rank}(\widetilde{C}_1) = N - 1$, 由定理 23.4, 可得 $\mathrm{rank}(D) \geqslant N - 1$. 这与最小秩条件 $\mathrm{rank}(D) = N - 2$ 相悖. $\qquad\square$

# III2. 逼近边界同步性

在这一部分中, 我们将讨论系统的逼近边界同步性以及分组逼近边界同步性, 使得在适当的假设下, 借助于比状态变量个数少得多的 Robin 边界控制, 可对波动方程组成的耦合系统实现相应的同步性.

# 第二十六章

# 一些代数引理

设 $A$ 为 $N$ 阶矩阵, $D$ 为 $N \times M(M \leqslant N)$ 阶列满秩矩阵. 由命题2.8, 我们有: Kalman 准则

$$\text{rank}(D, AD, \cdots, A^{N-1}D) \geqslant N - d \tag{26.1}$$

成立当且仅当任何给定的包含在 $\text{Ker}(D^{\text{T}})$ 中且对 $A^{\text{T}}$ 不变的子空间的维数不超过 $d$. 特别地, 等号成立当且仅当包含在 $\text{Ker}(D^{\text{T}})$ 中且对 $A^{\text{T}}$ 不变的子空间的最大维数等于 $d$.

设 $A$ 和 $B$ 为两个 $N$ 阶矩阵, $D$ 为 $N \times M(M \leqslant N)$ 阶列满秩矩阵. 对任意给定的非负整数 $p, q, \cdots, r, s \geqslant 0$, 我们可以定义一个 $N \times M$ 阶矩阵如下:

$$\mathcal{R}_{(p,q,\cdots,r,s)} = A^p B^q \cdots A^r B^s D. \tag{26.2}$$

对所有可能的 $(p, q, \cdots, r, s)$ 所对应的 $\mathcal{R}_{(p,q,\cdots,r,s)}$, 可构造一个扩张矩阵

$$\mathcal{R} = (\mathcal{R}_{(p,q,\cdots,r,s)}, \mathcal{R}_{(p',q',\cdots,r',s')}, \cdots). \tag{26.3}$$

由 Cayley-Hamilton 定理, 这些矩阵 $\mathcal{R}_{(p,q,\cdots,r,s)}$ 本质上构成了一个有限集合 $\mathcal{M}$, 且 $\dim(\mathcal{M}) \leqslant MN$.

**引理 26.1** $\text{Ker}(\mathcal{R}^{\text{T}})$ 是包含在 $\text{Ker}(D^{\text{T}})$ 中且对 $A^{\text{T}}$ 及 $B^{\text{T}}$ 不变的最大子空间.

**证** 首先, 由 $\text{Im}(D) \subseteq \text{Im}(\mathcal{R})$, 可得 $\text{Ker}(\mathcal{R}^{\text{T}}) \subseteq \text{Ker}(\mathcal{D}^{\text{T}})$. 现在证明 $\text{Ker}(\mathcal{R}^{\text{T}})$ 是 $A^{\text{T}}$ 和 $B^{\text{T}}$ 的不变子空间. 设 $x \in \text{Ker}(\mathcal{R}^{\text{T}})$, 则对任意给定的整数 $p, q, \cdots, r, s \geqslant 0$, 成立

$$D^{\text{T}}(B^{\text{T}})^s(A^{\text{T}})^r \cdots (B^{\text{T}})^q(A^{\text{T}})^p x = 0. \tag{26.4}$$

于是, $A^{\mathrm{T}}x \in \mathrm{Ker}(\mathcal{R}^{\mathrm{T}})$, 即 $\mathrm{Ker}(\mathcal{R}^{\mathrm{T}})$ 对 $A^{\mathrm{T}}$ 是不变的. 类似地可得 $\mathrm{Ker}(\mathcal{R}^{\mathrm{T}})$ 对 $B^{\mathrm{T}}$ 是不变的. 因此, 子空间 $\mathrm{Ker}(\mathcal{R}^{\mathrm{T}})$ 包含在 $\mathrm{Ker}(D^{\mathrm{T}})$ 中且对 $A^{\mathrm{T}}$ 和 $B^{\mathrm{T}}$ 均是不变的.

现设 $V$ 是另一个 $A^{\mathrm{T}}$ 与 $B^{\mathrm{T}}$ 的不变子空间且包含在 $\mathrm{Ker}(D^{\mathrm{T}})$ 中. 那么, 对任意给定的 $y \in V$, 就有

$$A^{\mathrm{T}}y \in V, \quad B^{\mathrm{T}}y \in V, \qquad D^{\mathrm{T}}y = 0. \tag{26.5}$$

于是, 对任意给定的整数 $p, q, \cdots, r, s \geqslant 0$, 就有

$$(B^{\mathrm{T}})^s(A^{\mathrm{T}})^r \cdots (B^{\mathrm{T}})^q(A^{\mathrm{T}})^p y \in V. \tag{26.6}$$

这样, 由 (26.5) 的第一式, 对任意给定的整数 $p, q, \cdots, r, s \geqslant 0$, 成立

$$D^{\mathrm{T}}(B^{\mathrm{T}})^s(A^{\mathrm{T}})^r \cdots (B^{\mathrm{T}})^q(A^{\mathrm{T}})^p y = 0, \tag{26.7}$$

即

$$V \subseteq \mathrm{Ker}(\mathcal{R}^{\mathrm{T}}). \tag{26.8}$$

引理得证. $\qquad\square$

由秩零定理, 我们有 $\mathrm{rank}(\mathcal{R}) + \dim \mathrm{Ker}(\mathcal{R}^{\mathrm{T}}) = N$. 因此, 下面的引理是引理26.1的对偶形式.

**引理 26.2** 设 $d \geqslant 0$ 为一个整数, 则
(i) 秩条件

$$\mathrm{rank}(\mathcal{R}) \geqslant N - d \tag{26.9}$$

成立当且仅当任何包含在 $\mathrm{Ker}(D^{\mathrm{T}})$ 中且对 $A^{\mathrm{T}}$ 及 $B^{\mathrm{T}}$ 不变的子空间的维数不超过 $d$;

(ii) 秩条件

$$\mathrm{rank}(\mathcal{R}) = N - d \tag{26.10}$$

成立当且仅当包含在 $\mathrm{Ker}(D^{\mathrm{T}})$ 中且对 $A^{\mathrm{T}}$ 及 $B^{\mathrm{T}}$ 不变的子空间的最大维数等于 $d$.

**证** (i) 设 $V \subseteq \mathrm{Ker}(D^{\mathrm{T}})$ 为 $A^{\mathrm{T}}$ 和 $B^{\mathrm{T}}$ 的一个不变子空间. 由引理 26.1, 可得

$$V \subseteq \mathrm{Ker}(\mathcal{R}^{\mathrm{T}}). \tag{26.11}$$

假设 (26.9) 成立, 则由 (26.11) 有

$$N - d \leqslant \mathrm{rank}(\mathcal{R}) = N - \dim \mathrm{Ker}(\mathcal{R}^{\mathrm{T}}) \leqslant N - \dim(V), \tag{26.12}$$

即

$$\dim(V) \leqslant d. \tag{26.13}$$

反之, 若对任意给定的包含在 $\mathrm{Ker}(D^\mathrm{T})$ 中的 $A^\mathrm{T}$ 及 $B^\mathrm{T}$ 的不变子空间 $V$ 成立 (26.13), 特别地, 由引理 26.1 可得 $\dim \mathrm{Ker}(\mathcal{R}^\mathrm{T}) \leqslant d$. 于是

$$\mathrm{rank}(\mathcal{R}) = N - \dim \mathrm{Ker}(\mathcal{R}^\mathrm{T}) \geqslant N - d. \tag{26.14}$$

(ii) 注意到 (26.10) 等价于同时成立

$$\mathrm{rank}(\mathcal{R}) \geqslant N - d \tag{26.15}$$

及

$$\mathrm{rank}(\mathcal{R}) \leqslant N - d. \tag{26.16}$$

由 (i), 秩条件 (26.15) 意味着 $\dim(V) \leqslant d$, 其中 $V$ 为任意一个给定的包含在 $\mathrm{Ker}(D^\mathrm{T})$ 中的 $A^\mathrm{T}$ 和 $B^\mathrm{T}$ 的不变子空间. 我们断言: 存在一个 $A^\mathrm{T}$ 和 $B^\mathrm{T}$ 的共同的不变子空间 $V_0 \subseteq \mathrm{Ker}(D^\mathrm{T})$ 使得 $\dim(V_0) = d$. 否则, 所有的这类子空间的维数均不超过 $d - 1$. 由 (i) 可知,

$$\mathrm{rank}(\mathcal{R}) \geqslant N - d + 1, \tag{26.17}$$

这与 (26.16) 矛盾, 从而 (ii) 得证. □

**注 26.1** 在 $B = I$ 的特殊情形下, 可写

$$\mathcal{R} = (D, AD, \cdots, A^{N-1}D). \tag{26.18}$$

由引理 26.2, 我们可以再次得到: Kalman 准则 (26.1) 成立当且仅当任何给定的包含在 $\mathrm{Ker}(D^\mathrm{T})$ 中的 $A^\mathrm{T}$ 的不变子空间的维数不超过 $d$. 特别地, (26.1) 中等号成立当且仅当包含在 $\mathrm{Ker}(D^\mathrm{T})$ 中的 $A^\mathrm{T}$ 的不变子空间的最大维数恰等于 $d$.

# 第二十七章

# 逼近边界零能控性

在本章中, 我们将考察伴随系统(20.1), 其中空间 $\mathcal{H}_0 = L^2(\Omega)$ 及 $\mathcal{H}_1 = H^1(\Omega)$ 由 (20.3)定义.

**定义 27.1** 对 $(\widehat{\Phi}_0, \widehat{\Phi}_1) \in (\mathcal{H}_1)^N \times (\mathcal{H}_0)^N$, 称**伴随系统** (20.1)在有限区间 $[0,T]$ 上是 $D$-**能观的**, 若由观测

$$D^{\mathrm{T}}\Phi \equiv 0, \quad (t,x) \in [0,T] \times \Gamma \tag{27.1}$$

可推出 $\widehat{\Phi}_0 = \widehat{\Phi}_1 \equiv 0$, 从而 $\Phi \equiv 0$.

**命题 27.1** 若伴随系统 (20.1)是 $D$-能观的, 则必成立 $\mathrm{rank}(\mathcal{R}) = N$. 特别地, 若 $M = N$, 即 $D$ 是可逆的, 则伴随系统 (20.1)是 $D$-能观的.

**证** 若 $\mathrm{rank}(\mathcal{R}) \neq N$, 则有 $\dim \mathrm{Ker}(\mathcal{R}^{\mathrm{T}}) = d \geqslant 1$. 设 $\mathrm{Ker}(\mathcal{R}^{\mathrm{T}}) = \mathrm{Span}\{E_1, \cdots, E_d\}$. 由引理 26.1, $\mathrm{Ker}(\mathcal{R}^{\mathrm{T}}) \subseteq \mathrm{Ker}(D^{\mathrm{T}})$, 且对 $A^{\mathrm{T}}$ 和 $B^{\mathrm{T}}$ 是不变的, 于是,

$$D^{\mathrm{T}}E_r = 0, \quad 1 \leqslant r \leqslant d, \tag{27.2}$$

且存在系数 $\alpha_{sr}$ 以及 $\beta_{sr}$ 使得

$$A^{\mathrm{T}}E_r = \sum_{s=1}^{d} \alpha_{rs}E_s, \qquad B^{\mathrm{T}}E_r = \sum_{s=1}^{d} \beta_{rs}E_s, \quad 1 \leqslant r \leqslant d. \tag{27.3}$$

下面, 我们将系统(20.1)限制在子空间 $\mathrm{Ker}(\mathcal{R}^{\mathrm{T}})$ 上, 且考察如下形式的解:

$$\Phi = \sum_{s=1}^{d} \phi_s E_s. \tag{27.4}$$

由(27.2), 这个解 $\Phi$ 显然满足 $D$-观测 (27.1).

将(27.4)代入系统(20.1), 并注意到 (27.3), 易见对 $1 \leqslant r \leqslant d$, 成立

$$
\begin{cases}
\phi_r'' - \Delta\phi_r + \sum_{s=1}^{d} \alpha_{sr}\phi_s = 0, & (t,x) \in (0,+\infty) \times \Omega, \\
\partial_\nu\phi_r + \sum_{s=1}^{d} \beta_{sr}\phi_s = 0, & (t,x) \in (0,+\infty) \times \Gamma.
\end{cases} \tag{27.5}
$$

对任何非平凡的初值

$$
t = 0: \quad \phi_r' = \phi_{0r}, \ \phi_r' = \phi_{1r} \quad (1 \leqslant r \leqslant d), \tag{27.6}
$$

我们有 $\Phi \not\equiv 0$. 而这与系统(20.1)的 $D$-能观性矛盾.

此外, 若 $D$ 是可逆的, 则 $D$-观测 (27.1)导致

$$
\partial_\nu\Phi \equiv \Phi \equiv 0, \quad (t,x) \in (0,T) \times \Gamma. \tag{27.7}
$$

于是由 Holmgren 唯一性定理 (见 [66] 中定理 8.2), 当 $T>0$ 充分大时可得 $\Phi \equiv 0$. □

**定义 27.2** 称系统 (III) 在时刻 $T > 0$ **逼近零能控**, 若对任意给定的初值 $(\widehat{U}_0, \widehat{U}_1) \in (\mathcal{H}_0)^N \times (\mathcal{H}_{-1})^N$, 存在一列支集在 $[0,T]$ 中的边界控制 $\{H_n\}, H_n \in \mathcal{L}^M$, 使得相应问题 (III) 及 (III0) 的解序列 $\{U_n\}$ 满足下面的条件: 当 $n \to +\infty$ 时, 对所有的 $1 \leqslant k \leqslant N$, 在空间 $C_{\mathrm{loc}}^0([T,+\infty);\mathcal{H}_0) \cap C_{\mathrm{loc}}^1([T,+\infty);\mathcal{H}_{-1})$ 中成立

$$
u_n^{(k)} \longrightarrow 0. \tag{27.8}
$$

类似于第八章和第十六章中的论证, 可以证明下面的结论.

**命题 27.2** 系统 (III) 在时刻 $T > 0$ 具有逼近边界零能控性, 当且仅当伴随系统(20.1)在区间 $[0,T]$ 上是 $D$-能观的.

**推论 27.3** 若系统 (III) 逼近零能控, 则必成立 $\mathrm{rank}(\mathcal{R}) = N$. 特别地, 若 $M = N$, 即 $D$ 是可逆的, 则系统 (III) 总是逼近零能控的.

**证** 由命题 27.1及命题27.2可以立得该推论. 然而, 在这里我们从控制的观点给出一个直接的证明.

假设 $\dim \mathrm{Ker}(\mathcal{R}^{\mathrm{T}}) = d \geqslant 1$. 设 $\mathrm{Ker}(\mathcal{R}^{\mathrm{T}}) = \mathrm{Span}\{E_1, \cdots, E_d\}$. 由引理26.1, $\mathrm{Ker}(\mathcal{R}^{\mathrm{T}}) \subseteq \mathrm{Ker}(D^{\mathrm{T}})$, 且对 $A^{\mathrm{T}}$ 和 $B^{\mathrm{T}}$ 是不变的, 于是 (27.2) 及 (27.3)仍成立. 将 $E_r$ 内积作用于问题 (III) 及 (III0), 并对 $1 \leqslant r \leqslant d$ 记 $u_r = (E_r, U)$, 则对 $1 \leqslant r \leqslant d$ 就有

$$
\begin{cases}
u_r'' - \Delta u_r + \sum_{s=1}^{d} \alpha_{rs}u_s = 0, & (t,x) \in (0,+\infty) \times \Omega, \\
\partial_\nu u_r + \sum_{s=1}^{d} \beta_{rs}u_s = 0, & (t,x) \in (0,+\infty) \times \Gamma,
\end{cases} \tag{27.9}
$$

其初始条件为

$$t = 0: \quad u_r = (E_r, \widehat{U}_0), \ u'_r = (E_r, \widehat{U}_1), \quad x \in \Omega. \tag{27.10}$$

因此, $U$ 在子空间 $\mathrm{Ker}(\mathcal{R}^{\mathrm{T}})$ 上的投影 $u_1, \cdots, u_d$ 与施加的边界控制 $H$ 无关, 从而是不可控制的. 这与系统 (III) 的逼近边界零能控性矛盾, 从而推论得证.    □

# 第二十八章

# Robin 问题的唯一延拓性

## §1. 一般性的考察

由命题27.1可知, $\mathrm{rank}(\mathcal{R}) = N$ 是伴随系统(20.1)的 $D$-能观性的一个必要条件. 下面我们对边界控制矩阵 $D$ 的秩给出一个下界估计, 这也是唯一延拓性质的一个必要条件.

**命题 28.1** 设

$$\mu = \sup_{\alpha, \beta \in \mathbb{C}} \dim \mathrm{Ker} \begin{pmatrix} A^{\mathrm{T}} - \alpha I \\ B^{\mathrm{T}} - \beta I \end{pmatrix}. \tag{28.1}$$

若

$$\mathrm{Ker}(\mathcal{R}^{\mathrm{T}}) = \{0\}, \tag{28.2}$$

则成立如下的下界估计:

$$\mathrm{rank}(D) \geqslant \mu. \tag{28.3}$$

**证** 设 $\alpha, \beta \in \mathbb{C}$, 使得

$$V = \mathrm{Ker} \begin{pmatrix} A^{\mathrm{T}} - \alpha I \\ B^{\mathrm{T}} - \beta I \end{pmatrix} \tag{28.4}$$

的维数等于 $\mu$. 容易验证: $V$ 的任意给定的子空间 $W$ 也是 $A^{\mathrm{T}}$ 和 $B^{\mathrm{T}}$ 的不变子空间. 于是, 由引理26.1, 由条件(28.2)可推出 $\mathrm{Ker}(D^{\mathrm{T}}) \cap V = \{0\}$. 从而可得

$$\dim \mathrm{Ker}(D^{\mathrm{T}}) + \dim (V) \leqslant N, \tag{28.5}$$

即有

$$\mu = \dim (V) \leqslant N - \dim \mathrm{Ker}(D^{\mathrm{T}}) = \mathrm{rank}(D). \tag{28.6}$$

$\square$

一般来说, 条件 $\dim \mathrm{Ker}(\mathcal{R}^{\mathrm{T}}) = 0$ 不能推出 $\mathrm{rank}(D) = N$, 所以, $D$-观测$(27.1)$不能推出

$$\Phi = 0, \quad (t,x) \in (0,T) \times \Gamma. \tag{28.7}$$

因此, 具 $D$-观测$(27.1)$的伴随系统$(20.1)$的唯一延拓性不属于标准的 Holmgren 唯一性定理 (见 [19], [66], [80]).

在伴随系统 $(20.1)$中取 $\Phi = (\phi, \psi)^{\mathrm{T}}$, 考虑如下伴随系统:

$$\begin{cases} \phi'' - \Delta\phi + a\phi + b\psi = 0, & (t,x) \in (0,+\infty) \times \Omega, \\ \psi'' - \Delta\psi + c\phi + d\psi = 0, & (t,x) \in (0,+\infty) \times \Omega, \\ \partial_\nu\phi + \alpha\phi = 0, & (t,x) \in (0,+\infty) \times \Gamma, \\ \partial_\nu\psi + \beta\psi = 0, & (t,x) \in (0,+\infty) \times \Gamma, \end{cases} \tag{28.8}$$

且具有秩为 1 的观测:

$$d_1\phi + d_2\psi = 0, \quad (t,x) \in [0,T] \times \Gamma, \tag{28.9}$$

其中 $a,b,c,d; \alpha, \beta$ 和 $d_1, d_2$ 均为常数. 由于边界耦合矩阵 $B$ 总假设相似于一个实对称矩阵, 不失一般性, 在系统$(28.8)$中, 我们假设 $B$ 为一个对角矩阵.

**命题 28.2** *容易验证以下的结论成立.*

(a) 假设 $A^{\mathrm{T}}$ 和 $B^{\mathrm{T}}$ 仅有一个公共的特征向量 $E$. 则 $\mathrm{Ker}(\mathcal{R}^{\mathrm{T}}) = \{0\}$ 当且仅当 $(E,D) \neq 0$.

(b) 假设 $A^{\mathrm{T}}$ 和 $B^{\mathrm{T}}$ 仅有两个公共的特征向量 $E_1$ 及 $E_2$. 则 $\mathrm{Ker}(\mathcal{R}^{\mathrm{T}}) = \{0\}$ 当且仅当 $(E_i, D) \neq 0, i = 1, 2$.

(c) 假设 $A^{\mathrm{T}}$ 和 $B^{\mathrm{T}}$ 没有公共的特征向量. 则 $\mathrm{Ker}(\mathcal{R}^{\mathrm{T}}) = \{0\}$ 当且仅当 $D \neq 0$.

以上条件对于唯一延拓性仅是必要的. 我们有少数关于其充分性的结果. 例如, 定理25.1给出了在无限时间区间上观测的唯一性结果. 在一维空间情形下, 这一结论可以改进到在有限时间区间上的观测.

## § 2. 一个例子

**定理 28.3** 设 $\alpha > 0, \beta > 0$, $\alpha \neq \beta$, 且 $d_1 d_2 \neq 0$. 若下面的一维系统

$$\begin{cases} \phi'' - \phi_{xx} = 0, & 0 < x < 1, \\ \psi'' - \psi_{xx} = 0, & 0 < x < 1, \\ \phi(t,0) = \psi(t,0) = 0, \\ \phi_x(t,1) + \alpha\phi(t,1) = 0, \\ \psi_x(t,1) + \beta\psi(t,1) = 0 \end{cases} \tag{28.10}$$

且在有限区间 $[0, T]$ 上具观测

$$d_1\phi(t,1) + d_2\psi(t,1) = 0, \quad \forall t \in [0, T], \tag{28.11}$$

则当 $T > 0$ 充分大时, 该系统仅有平凡解.

**证** 证明思路类似于定理8.15, 这里我们仅给出一个证明框架.

考察如下的特征问题:

$$\begin{cases} \lambda^2 u + u_{xx} = 0, & 0 < x < 1, \\ \lambda^2 v + v_{xx} = 0, & 0 < x < 1, \\ u(0) = v(0) = 0, \\ u_x(1) + \alpha u(1) = 0, \\ v_x(1) + \beta v(1) = 0. \end{cases} \tag{28.12}$$

设

$$u = \sin\lambda x, \quad v = \sin\lambda x. \tag{28.13}$$

由 (28.12)的最后两个式子, 有

$$\lambda\cos\lambda + \alpha\sin\lambda = 0, \quad \lambda\cos\lambda + \beta\sin\lambda = 0. \tag{28.14}$$

(28.14)的第一个式子可改写成

$$\tan\lambda + \frac{\lambda}{\alpha} = 0. \tag{28.15}$$

注意到 (28.15), 有

$$\cos^2\lambda - \sin^2\lambda = \frac{1 - \tan^2\lambda}{1 + \tan^2\lambda} = \frac{\alpha^2 - \lambda^2}{\alpha^2 + \lambda^2} \tag{28.16}$$

及

$$\sin\lambda\cos\lambda = \frac{\tan\lambda}{1 + \tan^2\lambda} = -\frac{\alpha\lambda}{\alpha^2 + \lambda^2}. \tag{28.17}$$

于是, 由

$$e^{2i\lambda} = \cos 2\lambda + i \sin 2\lambda = \cos^2 \lambda - \sin^2 \lambda + 2i \sin \lambda \cos \lambda, \tag{28.18}$$

可得

$$e^{2i\lambda} = \frac{\alpha^2 - \lambda^2}{\alpha^2 + \lambda^2} - \frac{2\alpha\lambda i}{\alpha^2 + \lambda^2} = -\frac{\lambda + \alpha i}{\lambda - \alpha i}. \tag{28.19}$$

$e^{2i\lambda}$ 在 $\lambda = \infty$ 处的渐进展开为

$$e^{2i\lambda} = -1 - \frac{2\alpha i}{\lambda} + \frac{O(1)}{\lambda^2}. \tag{28.20}$$

对上式的两侧取对数, 可得

$$2i\lambda = (2n+1)\pi i + \ln\left(1 + \frac{2\alpha i}{\lambda} + \frac{O(1)}{\lambda^2}\right)$$
$$= (2n+1)\pi i + \frac{2\alpha i}{\lambda} + \frac{O(1)}{\lambda^2}i,$$

于是

$$\lambda = \lambda_n^\alpha := (n + \frac{1}{2})\pi + \frac{2\alpha}{\lambda} + \frac{O(1)}{\lambda^2}. \tag{28.21}$$

注意到 $\lambda_n^\alpha \sim n\pi$, 可得

$$\lambda_n^\alpha = (n + \frac{1}{2})\pi + \frac{\alpha}{n\pi} + \frac{O(1)}{n^2}. \tag{28.22}$$

类似地, 由(28.14)的第二个式子, 有

$$\lambda = \lambda_n^\beta := (n + \frac{1}{2})\pi + \frac{\beta}{n\pi} + \frac{O(1)}{n^2}. \tag{28.23}$$

注意到 $\alpha \neq \beta$, 由 (28.15) 可得

$$\lambda_m^\alpha \neq \lambda_n^\beta, \quad \forall m, n \in \mathbb{Z}. \tag{28.24}$$

此外, 由函数 $\lambda \to \tan\lambda + \frac{\lambda}{\alpha}$ 的单调性, 有

$$\lambda_m^\alpha \neq \lambda_n^\alpha, \quad \lambda_m^\beta \neq \lambda_n^\beta, \quad \forall m, n \in \mathbb{Z}, \quad m \neq n. \tag{28.25}$$

不失一般性, 假设 $\alpha > \beta > 0$, 可以将 $\{\lambda_n^\alpha\} \cup \{\lambda_n^\beta\}$ 排列成一个递增序列:

$$\cdots < \lambda_{-n}^\alpha < \lambda_{-n}^\beta < \cdots < \lambda_1^\beta < \lambda_1^\alpha < \cdots < \lambda_n^\beta < \lambda_n^\alpha < \cdots. \tag{28.26}$$

另一方面, 注意到 $a > \beta$ 并利用表达式 (28.22)—(28.23), 存在一个正常数 $\gamma > 0$, 使得对所有 $|n|$ 充分大的 $n \in \mathbb{Z}$, 成立

$$\lambda_{n+1}^\alpha - \lambda_n^\alpha \geqslant 2\gamma, \quad \lambda_{n+1}^\beta - \lambda_n^\beta \geqslant 2\gamma \tag{28.27}$$

以及

$$\frac{1}{|n|} \leqslant \lambda_n^\alpha - \lambda_n^\beta \leqslant \gamma. \tag{28.28}$$

从而, 序列 $\{\lambda_n^\alpha\} \cup \{\lambda_n^\beta\}$ 满足定理 8.13 中的条件 (8.87), (8.91) 以及 (8.92) (其中取 $c = 1, m = 2, s = 1$). 此外, 序列 $\{\lambda_n^\alpha\} \cup \{\lambda_n^\beta\}$ 的上密度 $D^+$ 等于 2, 其中 $D^+$ 由 (8.93)定义.

最后, 容易验证特征向量系统 $\{E_n^\alpha, E_n^\beta\}_{n \in \mathbb{Z}}$ 形成 $(H^1(\Omega))^N \times (L^2(\Omega))^N$ 中的一组 Hilbert 基, 其中

$$E_n^\alpha = \begin{pmatrix} \frac{\sin \lambda_n^\alpha x}{\lambda_n^\alpha} \\ \sin \lambda_n^\alpha x \end{pmatrix}, \quad E_n^\beta = \begin{pmatrix} \frac{\sin \lambda_n^\beta x}{\lambda_n^\beta} \\ \sin \lambda_n^\beta x \end{pmatrix}, \quad n \in \mathbb{Z}. \tag{28.29}$$

于是系统(28.10)的任意给定的解可表示为

$$\begin{pmatrix} \phi \\ \phi' \end{pmatrix} = \sum_{n \in \mathbb{Z}} c_n^\alpha e^{i\lambda_n^\alpha t} E_n^\alpha, \quad \begin{pmatrix} \psi \\ \psi' \end{pmatrix} = \sum_{n \in \mathbb{Z}} c_n^\beta e^{i\lambda_n^\beta t} E_n^\beta. \tag{28.30}$$

由边界上的观测信息 (28.11), 有

$$\sum_{n \in \mathbb{Z}} d_1 c_n^\alpha e^{i\lambda_n^\alpha t} \frac{\sin \lambda_n^\alpha}{\lambda_n^\alpha} + \sum_{n \in \mathbb{Z}} d_2 c_n^\beta e^{i\lambda_n^\beta t} \frac{\sin \lambda_n^\beta}{\lambda_n^\beta} = 0. \tag{28.31}$$

至此, 定理 8.13 中所有的条件都得到验证, 从而当 $T > 4\pi$ 时, 序列 $\{e^{i\lambda_n^\alpha t}, e^{i\lambda_n^\beta t}\}_{n \in \mathbb{Z}}$ 在 $L^2(0, T)$ 中是 $\omega$-线性无关的. 由此得到

$$d_1 c_n^\alpha \frac{\sin \lambda_n^\alpha}{\lambda_n^\alpha} = 0, \quad d_2 c_n^\beta \frac{\sin \lambda_n^\beta}{\lambda_n^\beta} = 0, \quad \forall\, n \in \mathbb{Z}, \tag{28.32}$$

即

$$c_n^\alpha = 0, \quad c_n^\beta = 0, \quad \forall n \in \mathbb{Z}, \tag{28.33}$$

于是 $\phi \equiv \psi \equiv 0$. □

# 第二十九章

# 逼近边界同步性

## §1. 定义

**定义 29.1** 称系统 (III) 在时刻 $T > 0$ **逼近同步**, 若对任意给定初值 $(\widehat{U}_0, \widehat{U}_1) \in (\mathcal{H}_0)^N \times (\mathcal{H}_{-1})^N$, 在 $\mathcal{L}^M$ 中存在支集在 $[0, T]$ 中的边界控制序列 $\{H_n\}$, 使得相应问题 (III) 及 (III0) 的解序列 $\{U_n\}$ 在空间 $C_{\mathrm{loc}}^0([T, +\infty); \mathcal{H}_0) \cap C_{\mathrm{loc}}^1([T, +\infty); \mathcal{H}_{-1})$ 中当 $n \to +\infty$ 时满足

$$u_n^{(k)} - u_n^{(l)} \to 0, \qquad 1 \leqslant k, l \leqslant N. \tag{29.1}$$

记 $C_1$ 为 $(N-1) \times N$ 阶同步阵:

$$C_1 = \begin{pmatrix} 1 & -1 & & & \\ & 1 & -1 & & \\ & & \ddots & \ddots & \\ & & & 1 & -1 \end{pmatrix}. \tag{29.2}$$

显然有

$$\mathrm{Ker}(C_1) = \mathrm{Span}\{e_1\}, \quad \text{而} \quad e_1 = (1, \cdots, 1)^{\mathrm{T}}. \tag{29.3}$$

于是, **逼近边界同步性** (29.1) 可等价地改写为: 在空间

$$C_{\mathrm{loc}}^0([T, +\infty); (\mathcal{H}_0)^{N-1}) \cap C_{\mathrm{loc}}^1([T, +\infty); (\mathcal{H}_{-1})^{N-1}) \tag{29.4}$$

中当 $n \to +\infty$ 时成立

$$C_1 U_n \to 0. \tag{29.5}$$

**定义 29.2** 称矩阵 $A$ 满足$C_1$-**相容性条件**, 若存在唯一的一个 $N-1$ 阶矩阵 $\overline{A}_1$, 使得

$$C_1 A = \overline{A}_1 C_1. \tag{29.6}$$

$\overline{A}_1$ 称为$A$ 关于 $C_1$ 的化约矩阵.

**注 29.1** $C_1$-相容性条件 (29.6) 等价于

$$A\mathrm{Ker}(C_1) \subseteq \mathrm{Ker}(C_1). \tag{29.7}$$

于是, 注意到 (29.3), $e_1 = (1, \cdots, 1)^{\mathrm{T}}$ 是 $A$ 的一个特征向量, 其对应的特征值 $a$ 为

$$a = \sum_{j=1}^{N} a_{ij}, \quad i = 1, \cdots, N, \tag{29.8}$$

其中行和 $\sum\limits_{j=1}^{N} a_{ij}$ 与 $i = 1, \cdots, N$ 无关. (29.8)称为**行和条件**, 它也是 $C_1$-相容性条件 (29.6)或(29.7)的另一种等价形式.

类似地, 称矩阵 $B$ 满足 $C_1$-相容性条件, 若存在唯一的一个 $N-1$ 阶矩阵 $\overline{B}_1$, 使得

$$C_1 B = \overline{B}_1 C_1, \tag{29.9}$$

该条件等价于

$$B\mathrm{Ker}(C_1) \subseteq \mathrm{Ker}(C_1). \tag{29.10}$$

此外, $e_1 = (1, \cdots, 1)^{\mathrm{T}}$ 也是矩阵 $B$ 的一个特征向量, 其对应的特征值 $b$ 为

$$b = \sum_{j=1}^{N} b_{ij}, \quad i = 1, \cdots, N, \tag{29.11}$$

其中行和 $\sum\limits_{j=1}^{N} b_{ij}$ 与 $i = 1, \cdots, N$ 无关.

## §2. 基本性质

**定理 29.1** 若系统 (III) 逼近同步, 则必成立 $\mathrm{rank}(\mathcal{R}) \geqslant N-1$.

**证** 若结论不成立, 记 $\mathrm{Ker}(\mathcal{R}^{\mathrm{T}}) = \mathrm{Span}\{E_1, \cdots, E_d\}$, 而 $d > 1$. 注意到

$$\dim \mathrm{Im}(C_1^{\mathrm{T}}) + \dim \mathrm{Ker}(\mathcal{R}^{\mathrm{T}}) = N - 1 + d > N, \tag{29.12}$$

必存在一个单位向量 $E \in \operatorname{Im}(C_1^{\mathrm{T}}) \cap \operatorname{Ker}(\mathcal{R}^{\mathrm{T}})$. 令 $E = C_1^{\mathrm{T}}x$, 其中 $x \in \mathbb{R}^{N-1}$. 由逼近边界同步性 (29.5), 在空间

$$C_{\mathrm{loc}}^0([T, +\infty); \mathcal{H}_0) \cap C_{\mathrm{loc}}^1([T, +\infty); \mathcal{H}_{-1})$$

中当 $n \to +\infty$ 时就成立

$$(E, U_n) = (x, C_1 U_n) \to 0. \tag{29.13}$$

另一方面, 由于 $E \in \operatorname{Ker}(\mathcal{R}^{\mathrm{T}})$, 就有

$$E = \sum_{r=1}^{d} \alpha_r E_r, \tag{29.14}$$

其中系数 $\alpha_1, \cdots, \alpha_d$ 不全为 0. 由引理26.1, $\operatorname{Ker}(\mathcal{R}^{\mathrm{T}}) \subseteq \operatorname{Ker}(D^{\mathrm{T}})$, 且是 $A^{\mathrm{T}}$ 和 $B^{\mathrm{T}}$ 共同的不变子空间, 从而(27.2)及 (27.3)依旧成立. 这样, 将 $E_r$ 内积作用在问题 (III) 及 (III0) 上, 并对 $1 \leqslant r \leqslant d$ 记 $u_r = (E_r, U_n)$, 我们再次得到具齐次边界条件的问题 (27.9)—(27.10). 注意到问题 (27.9)—(27.10) 与 $n$ 无关, 由 (29.13) 和 (29.14) 可得

$$\sum_{r=1}^{d} \alpha_r u_r(T) \equiv \sum_{r=1}^{d} \alpha_r u_r'(T) \equiv 0. \tag{29.15}$$

于是, 由适定性, 易见对任意给定的初值 $(\widehat{U}_0, \widehat{U}_1) \in (\mathcal{H}_0)^N \times (\mathcal{H}_{-1})^N$ 成立

$$\sum_{r=1}^{d} \alpha_r(E_r, \widehat{U}_0) \equiv \sum_{r=1}^{d} \alpha_r(E_r, \widehat{U}_1) \equiv 0, \tag{29.16}$$

这就得到

$$\sum_{r=1}^{d} \alpha_r E_r = 0. \tag{29.17}$$

因为向量 $E_1, \cdots, E_d$ 线性无关, 就有 $\alpha_1 = \cdots = \alpha_d = 0$, 从而导致矛盾. □

**定理 29.2** 假设系统 (III) 在最小秩条件rank$(\mathcal{R}) = N - 1$ 下具逼近边界同步性, 那么下列的结论成立:

(i) 存在一个向量 $E_1 \in \operatorname{Ker}(\mathcal{R}^{\mathrm{T}})$, 使得 $(E_1, e_1) = 1$, 其中 $e_1 = (1, \cdots, 1)^{\mathrm{T}}$.

(ii) 对任意给定的初值 $(\widehat{U}_0, \widehat{U}_1) \in (\mathcal{H}_0)^N \times (\mathcal{H}_{-1})^N$, 存在唯一的一个标量函数 $u$, 在空间 $C_{\mathrm{loc}}^0([T, +\infty); \mathcal{H}_0) \cap C_{\mathrm{loc}}^1([T, +\infty); \mathcal{H}_{-1})$ 中当 $n \to +\infty$ 时成立

$$u_n^{(k)} \to u, \quad 1 \leqslant k \leqslant N. \tag{29.18}$$

(iii) 耦合矩阵$A$ 和 $B$ 分别满足 $C_1$-相容性条件 (29.6) 和 (29.9).

证　(i) 注意到 $\dim \mathrm{Ker}(\mathcal{R}^{\mathrm{T}}) = 1$, 由引理 26.1可知, 存在一个非零向量 $E_1 \in \mathrm{Ker}(\mathcal{R}^{\mathrm{T}})$, 使得

$$D^{\mathrm{T}} E_1 = 0, \quad A^{\mathrm{T}} E_1 = \alpha E_1, \quad B^{\mathrm{T}} E_1 = \beta E_1. \tag{29.19}$$

我们断言 $E_1 \notin \mathrm{Im}(C_1^{\mathrm{T}})$. 否则, 将 $E_1$ 作用在具边界控制 $H = H_n$ 及相应解 $U = U_n$ 的问题 (III) 及 (III0) 上, 并记 $u = (E_1, U_n)$, 就有

$$\begin{cases} u'' - \Delta u + \alpha u = 0, & (t, x) \in (0, +\infty) \times \Omega, \\ \partial_\nu u + \beta u = 0, & (t, x) \in (0, +\infty) \times \Gamma, \end{cases} \tag{29.20}$$

其相应的初值为

$$t = 0: \quad u = (E_1, \widehat{U}_0), \; u' = (E_1, \widehat{U}_1), \quad x \in \Omega. \tag{29.21}$$

若 $E_1 \in \mathrm{Im}(C_1^{\mathrm{T}})$, 则存在一个向量 $x \in \mathbb{R}^{N-1}$, 使得 $E_1 = C_1^{\mathrm{T}} x$. 于是, 由逼近边界同步性(29.5) 可得在空间 $\mathcal{H}_0 \times \mathcal{H}_{-1}$ 中当 $n \to +\infty$ 时成立

$$(u(T), u'(T)) = ((x, C_1 U_n(T)), (x, C_1 U_n'(T))) \to (0, 0). \tag{29.22}$$

因为 $u$ 不依赖于 $n$, 就有

$$u(T) \equiv u'(T) \equiv 0. \tag{29.23}$$

这样, 由问题 (29.20)—(29.21) 的适定性可知, 对任意给定的初值 $(\widehat{U}_0, \widehat{U}_1) \in (\mathcal{H}_0)^N \times (\mathcal{H}_{-1})^N$ 成立

$$(E_1, \widehat{U}_0) = (E_1, \widehat{U}_1) = 0. \tag{29.24}$$

从而 $E_1 = 0$, 这就导致了矛盾.

因为 $E_1 \notin \mathrm{Im}(C_1^{\mathrm{T}})$, 注意到 $\mathrm{Im}(C_1^{\mathrm{T}}) = (\mathrm{Span}\{e_1\})^\perp$, 就有 $(E_1, e_1) \neq 0$. 不失一般性, 我们可取 $E_1$ 使满足 $(E_1, e_1) = 1$.

(ii) 因为 $E_1 \notin \mathrm{Im}(C_1^{\mathrm{T}})$, 所以矩阵 $\begin{pmatrix} C_1 \\ E_1^{\mathrm{T}} \end{pmatrix}$ 是可逆的, 且有

$$\begin{pmatrix} C_1 \\ E_1^{\mathrm{T}} \end{pmatrix} e_1 = \begin{pmatrix} 0 \\ 1 \end{pmatrix}. \tag{29.25}$$

注意到(29.5), 在空间

$$C_{\mathrm{loc}}^0([T, +\infty); (\mathcal{H}_0)^N) \cap C_{\mathrm{loc}}^1([T, +\infty); (\mathcal{H}_{-1})^N). \tag{29.26}$$

中当 $n \to +\infty$ 时就成立

$$\begin{pmatrix} C_1 \\ E_1^{\mathrm{T}} \end{pmatrix} U_n = \begin{pmatrix} C_1 U_n \\ (E_1, U_n) \end{pmatrix} \to \begin{pmatrix} 0 \\ u \end{pmatrix} = u \begin{pmatrix} 0 \\ 1 \end{pmatrix}. \tag{29.27}$$

于是, 注意到 (29.25), 在空间(29.26)中就成立

$$U_n = \begin{pmatrix} C_1 \\ E_1^{\mathrm{T}} \end{pmatrix}^{-1} \begin{pmatrix} C_1 U_n \\ E_1^{\mathrm{T}} U_n \end{pmatrix} \to u \begin{pmatrix} C_1 \\ E_1^{\mathrm{T}} \end{pmatrix}^{-1} \begin{pmatrix} 0 \\ 1 \end{pmatrix} = u e_1, \qquad (29.28)$$

即 (29.18)成立.

(iii) 将 $C_1$ 作用在具边界控制 $H = H_n$ 及相应解 $U = U_n$ 的系统 (III) 上, 并令 $n \to +\infty$ 取极限, 由 (29.5) 和 (29.28) 就可得到

$$C_1 A e_1 u = 0, \quad (t,x) \in [T, +\infty) \times \Omega \qquad (29.29)$$

及

$$C_1 B e_1 u = 0, \quad (t,x) \in [T, +\infty) \times \Gamma. \qquad (29.30)$$

我们断言: 至少存在一个初值 $(\widehat{U}_0, \widehat{U}_1)$, 使得相应的

$$u \not\equiv 0, \quad (t,x) \in [T, +\infty) \times \Gamma. \qquad (29.31)$$

否则, 由系统(29.20)可得

$$\partial_\nu u \equiv u \equiv 0, \quad (t,x) \in [T, +\infty) \times \Gamma, \qquad (29.32)$$

于是, 由 Holmgren 唯一性定理(见 [66] 中定理 8.2), 对所有的初值 $(\widehat{U}_0, \widehat{U}_1)$ 均有 $u \equiv 0$ , 即系统 (III) 在条件 $\dim \mathrm{Ker}(\mathcal{R}^{\mathrm{T}}) = 1$ 下逼近零能控. 这与推论 27.3 矛盾. 于是, 由 (29.29) 及 (29.30) 可得 $C_1 A e_1 = 0$ 及 $C_1 B e_1 = 0$, 从而, $A$ 与 $B$ 分别满足 $C_1$-相容性条件. 定理得证. □

**注 29.2** 定理 29.2 (ii) 说明了: 在最小秩条件 $\mathrm{rank}(D) = N - 1$ 下, **在协同意义下的逼近边界同步性** (29.1)实际上就是**在牵制意义下的逼近边界同步性**(29.18), 而 $u$ 称为**逼近同步态**.

假设 $A$ 和 $B$ 分别满足相应的 $C_1$-相容性条件, 即存在两个矩阵 $\overline{A}_1$ 及 $\overline{B}_1$, 使得分别成立 $C_1 A = \overline{A}_1 C_1$ 及 $C_1 B = \overline{B}_1 C_1$. 在问题 (III) 及 (III0) 中记 $W = C_1 U$, 就可以得到下面的**化约系统**:

$$\begin{cases} W'' - \Delta W + \overline{A}_1 W = 0, & (t,x) \in (0, +\infty) \times \Omega, \\ \partial_\nu W + \overline{B}_1 W = C_1 D H, & (t,x) \in (0, +\infty) \times \Gamma, \end{cases} \qquad (29.33)$$

其相应的初始条件为

$$t = 0: \quad W = C_1 \widehat{U}_0, \ W' = C_1 \widehat{U}_1, \quad x \in \Omega. \qquad (29.34)$$

因为 $B$ 相似于一个实对称矩阵, 由命题 2.14, 化约矩阵 $\overline{B}_1$ 也具有此性质. 由于定理 20.2 在此情形下依旧有效, 化约问题 (29.33)—(29.34) 在空间 $(\mathcal{H}_0)^{N-1} \times (\mathcal{H}_{-1})^{N-1}$ 中是适定的.

相应地, 考察化约伴随系统

$$\begin{cases} \Psi'' - \Delta\Psi + \overline{A}_1^{\mathrm{T}}\Psi = 0, & (t,x) \in (0,T) \times \Omega, \\ \partial_\nu\Psi + \overline{B}_1^{\mathrm{T}}\Psi = 0, & (t,x) \in (0,T) \times \Gamma \end{cases} \tag{29.35}$$

及其 $C_1 D$-观测

$$(C_1 D)^{\mathrm{T}}\Psi \equiv 0, \quad (t,x) \in (0,T) \times \Gamma. \tag{29.36}$$

显然, 我们有下述结论.

**命题 29.3** 在耦合矩阵 $A$ 和 $B$ 满足 $C_1$-相容性条件的假设下, 系统 (III) 逼近同步当且仅当化约系统 (29.33) 逼近边界零能控, 或等价地, 当且仅当化约伴随系统 (29.35) 是 $C_1 D$-能观的.

**定理 29.4** 假设耦合矩阵 $A$ 和 $B$ 分别满足 $C_1$-相容性条件 (29.6) 和 (29.9). 进一步假设 $A^{\mathrm{T}}$ 和 $B^{\mathrm{T}}$ 有一个公共的特征向量 $E_1$, 使得 $(E_1, e_1) = 1$, 而 $e_1 = (1, \cdots, 1)^{\mathrm{T}}$. 设 $D$ 由下式定义:

$$\mathrm{Im}(D) = (\mathrm{Span}\{E_1\})^{\perp}. \tag{29.37}$$

则系统 (III) 逼近边界同步. 此外, 成立 $\mathrm{rank}(\mathcal{R}) = N - 1$.

**证** 由于 $(E_1, e_1) = 1$, 注意到 (29.37), 有 $e_1 \notin \mathrm{Im}(D)$, 且 $\mathrm{Ker}(C_1) \cap \mathrm{Im}(D) = \{0\}$. 故由命题 2.7, 成立

$$\mathrm{rank}(C_1 D) = \mathrm{rank}(D) = N - 1. \tag{29.38}$$

因此, 由 Holmgren 唯一性定理, 化约伴随系统 (29.35) 是 $C_1 D$-能观的. 再由命题 29.3, 系统 (III) 逼近边界同步.

注意到 (29.37), 我们有 $E_1 \in \mathrm{Ker}(D^{\mathrm{T}})$. 此外, 因为 $E_1$ 是 $A^{\mathrm{T}}$ 和 $B^{\mathrm{T}}$ 的一个公共的特征向量, 就有 $E_1 \in \mathrm{Ker}(\mathcal{R}^{\mathrm{T}})$, 因此, $\dim \mathrm{Ker}(\mathcal{R}^{\mathrm{T}}) \geqslant 1$, 即成立 $\mathrm{rank}(\mathcal{R}) \leqslant N-1$. 另一方面, 因为 $\mathrm{rank}(\mathcal{R}) \geqslant \mathrm{rank}(D) = N - 1$, 就得到 $\mathrm{rank}(\mathcal{R}) = N - 1$. □

# 第三十章

# 分 $p$ 组逼近边界同步性

## §1. 定义

设 $p \geqslant 1$ 为一整数, 并取一列整数

$$0 = n_0 < n_1 < n_2 < \cdots < n_p = N, \tag{30.1}$$

使对 $1 \leqslant r \leqslant p$ 成立 $n_r - n_{r-1} \geqslant 2$. 我们将状态变量 $U$ 中的分量重新排序并分成 $p$ 组:

$$(u^{(1)}, \cdots, u^{(n_1)}), (u^{(n_1+1)}, \cdots, u^{(n_2)}), \cdots, (u^{(n_{p-1}+1)}, \cdots, u^{(n_p)}). \tag{30.2}$$

**定义 30.1** 称系统 (III) 在时刻 $T > 0$ **分 $p$ 组逼近同步**, 若对任意给定的初值 $(\widehat{U}_0, \widehat{U}_1) \in (\mathcal{H}_0)^N \times (\mathcal{H}_{-1})^N$, 在 $\mathcal{L}^M$ 中存在一列支集在 $[0, T]$ 中的边界控制序列 $\{H_n\}$, 使得问题 (III) 及 (III0) 的相应解序列 $\{U_n\}$ 在 $C^0_{\mathrm{loc}}([T, +\infty); \mathcal{H}_0) \cap C^1_{\mathrm{loc}}([T, +\infty); \mathcal{H}_{-1})$ 中满足: 当 $n \to +\infty$ 时成立

$$u_n^{(k)} - u_n^{(l)} \to 0, \qquad n_{r-1} + 1 \leqslant k, l \leqslant n_r, \quad 1 \leqslant r \leqslant p. \tag{30.3}$$

设 $S_r$ 是下述 $(n_r - n_{r-1} - 1) \times (n_r - n_{r-1})$ 阶行满秩矩阵:

$$S_r = \begin{pmatrix} 1 & -1 & 0 & \cdots & 0 \\ 0 & 1 & -1 & \cdots & 0 \\ \vdots & \vdots & \ddots & \ddots & \vdots \\ 0 & 0 & \cdots & 1 & -1 \end{pmatrix}, \tag{30.4}$$

而 $C_p$ 是 $(N-p) \times N$ 阶行满秩的**分 $p$ 组同步阵**:

$$C_p = \begin{pmatrix} S_1 & & & \\ & S_2 & & \\ & & \ddots & \\ & & & S_p \end{pmatrix}. \tag{30.5}$$

对 $1 \leqslant r \leqslant p$, 设

$$(e_r)_i = \begin{cases} 1, & n_{r-1} + 1 \leqslant i \leqslant n_r, \\ 0, & \text{其余情况}, \end{cases} \tag{30.6}$$

显然, 有

$$\mathrm{Ker}(C_p) = \mathrm{Span}\{e_1, e_2, \cdots, e_p\}. \tag{30.7}$$

此外, 分 $p$ 组逼近边界同步性 (30.3) 可以等价地改写成: 在空间

$$C_{\mathrm{loc}}^0([T, +\infty); (\mathcal{H}_0)^{N-p}) \cap C_{\mathrm{loc}}^1([T, +\infty); (\mathcal{H}_{-1})^{N-p}) \tag{30.8}$$

中, 当 $n \to +\infty$ 时成立

$$C_p U_n \to 0. \tag{30.9}$$

**定义 30.2** 称矩阵 $A$ 满足 $C_p$-**相容性条件**, 若存在唯一的一个 $N-p$ 阶矩阵 $\overline{A}_p$, 使得

$$C_p A = \overline{A}_p C_p. \tag{30.10}$$

矩阵 $\overline{A}_p$ 称为 $A$ 关于 $C_p$ 的**化约矩阵**.

**注 30.1** 由命题 2.10, $C_p$-相容性条件(30.10) 等价于

$$A\mathrm{Ker}(C_p) \subseteq \mathrm{Ker}(C_p). \tag{30.11}$$

此外, 化约矩阵 $\overline{A}_p$ 由下式给出:

$$\overline{A}_p = C_p A C_p^{\mathrm{T}} (C_p C_p^{\mathrm{T}})^{-1}. \tag{30.12}$$

类似地, 称矩阵 $B$ 满足 $C_p$-相容性条件, 若存在唯一的一个 $N-p$ 阶矩阵 $\overline{B}_p$, 使得

$$C_p B = \overline{B}_p C_p, \tag{30.13}$$

或等价地,

$$B\mathrm{Ker}(C_p) \subseteq \mathrm{Ker}(C_p). \tag{30.14}$$

假设耦合矩阵 $A$ 和 $B$ 分别满足 $C_p$-相容性条件(30.10) 和 (30.13). 在问题 (III) 及 (III0) 中记 $W = C_pU$, 就得到下面的**化约系统**:

$$\begin{cases} W'' - \Delta W + \overline{A}_p W = 0, & (t,x) \in (0,T) \times \Omega, \\ \partial_\nu W + \overline{B}_p W = C_p DH, & (t,x) \in (0,T) \times \Gamma, \end{cases} \tag{30.15}$$

其相应的初始条件为

$$t = 0: \quad W = C_p\widehat{U}_0, \; W' = C_p\widehat{U}_1, \quad x \in \Omega. \tag{30.16}$$

因为 $B$ 相似于一个实对称矩阵, 由命题 2.14, 化约矩阵 $\overline{B}_p$ 也相似于一个实对称矩阵, 定理 20.2此时依旧有效, 化约问题 (30.15)—(30.16) 在空间 $(\mathcal{H}_0)^{N-p} \times (\mathcal{H}_{-1})^{N-p}$ 中是适定的.

相应地, 考察如下的**化约伴随系统**

$$\begin{cases} \Psi'' - \Delta\Psi + \overline{A}_p^{\mathrm{T}}\Psi = 0, & (t,x) \in (0,+\infty) \times \Omega, \\ \partial_\nu\Psi + \overline{B}_p^{\mathrm{T}}\Psi = 0, & (t,x) \in (0,+\infty) \times \Gamma, \end{cases} \tag{30.17}$$

其 $C_pD$-观测为

$$(C_pD)^{\mathrm{T}}\Psi \equiv 0, \quad (t,x) \in (0,T) \times \Gamma. \tag{30.18}$$

**命题 30.1** 假设 $A$ 和 $B$ 分别满足 $C_p$-相容性条件 (30.10) 和 (30.13). 则系统 (III) 分 $p$ 组逼近同步, 当且仅当化约系统 (30.15) 逼近零能控; 或者等价地, 当且仅当化约伴随系统(30.17) 是 $C_pD$-能观的.

**推论 30.2** 在 $C_p$-相容性条件(30.10) 和 (30.13) 成立的前提下, 若系统 (III) 具分 $p$ 组逼近边界同步性, 则必成立如下的秩条件:

$$\mathrm{rank}(C_p\mathcal{R}) = N - p. \tag{30.19}$$

**证** 设矩阵 $\overline{\mathcal{R}}$ 由对应于化约矩阵 $\overline{A}_p, \overline{B}_p$ 以及 $\overline{D} = C_pD$ 的(26.2)—(26.3)式定义. 注意到 (30.10) 及 (30.13), 我们有

$$\overline{A}_p^r\overline{B}_p^s\overline{D} = \overline{A}_p^r\overline{B}_p^s C_pD = C_pA^rB^sD, \tag{30.20}$$

于是

$$\overline{\mathcal{R}} = C_p\mathcal{R}. \tag{30.21}$$

在系统 (III) 具分 $p$ 组逼近边界同步性的前提下, 由命题30.1, 化约系统 (30.15) 逼近零能控, 再由推论27.3, 可得 $\mathrm{rank}(\overline{\mathcal{R}}) = N-p$, 从而结合 (30.21)就得到 (30.19). □

## § 2. 基本性质

**命题 30.3** 假设系统 (III) 分 $p$ 组逼近同步, 则必有 $\operatorname{rank}(\mathcal{R}) \geqslant N - p$.

**证** 假设 $\dim \operatorname{Ker}(\mathcal{R}^{\mathrm{T}}) = d$, 而 $d > p$. 设 $\operatorname{Ker}(\mathcal{R}^{\mathrm{T}}) = \operatorname{Span}\{E_1, \cdots, E_d\}$. 由于

$$\dim \operatorname{Ker}(\mathcal{R}^{\mathrm{T}}) + \dim \operatorname{Im}(C_p^{\mathrm{T}}) = d + N - p > N,$$

就有 $\operatorname{Ker}(\mathcal{R}^{\mathrm{T}}) \cap \operatorname{Im}(C_p^{\mathrm{T}}) \neq \{0\}$. 因此, 存在一个非零向量 $x \in \mathbb{R}^{N-d}$ 以及一组不全为 0 的系数 $\beta_1, \cdots, \beta_d$, 使得

$$\sum_{r=1}^{d} \beta_r E_r = C_p^{\mathrm{T}} x. \tag{30.22}$$

此外, 由引理 26.1, (27.2) 及 (27.3)依旧成立. 于是, 将 $E_r$ 作用在具边界控制 $H = H_n$ 以及相应解 $U = U_n$ 的问题 (III) 及 (III0) 上, 并对 $1 \leqslant r \leqslant d$ 记 $u_r = (E_r, U_n)$, 就有

$$\begin{cases} u_r'' - \Delta u_r + \sum_{s=1}^{d} \alpha_{rs} u_s = 0, & (t, x) \in (0, +\infty) \times \Omega, \\ \partial_\nu u_r + \sum_{s=1}^{d} \beta_{rs} u_s = 0, & (t, x) \in (0, +\infty) \times \Gamma, \end{cases} \tag{30.23}$$

其相应的初始条件为

$$t = 0: \quad u_r = (E_r, \widehat{U}_0), \; u_r' = (E_r, \widehat{U}_1), \quad x \in \Omega. \tag{30.24}$$

注意到 (30.9), 由 (30.22) 可知, 在空间

$$C_{\mathrm{loc}}^0([T, +\infty); \mathcal{H}_0) \cap C_{\mathrm{loc}}^1([T, +\infty); \mathcal{H}_{-1})$$

中, 当 $n \to +\infty$ 时成立

$$\sum_{r=1}^{d} \beta_r u_r = (x, C_p U_n) \to 0. \tag{30.25}$$

因为函数 $u_1, \cdots, u_d$ 与 $n$ 无关, 也与所施加的边界控制 $H_n$ 无关, 就得到

$$\sum_{r=1}^{d} \beta_r u_r(T) = \sum_{r=1}^{d} \beta_r u_r'(T) = 0, \quad x \in \Omega. \tag{30.26}$$

于是, 由问题 (30.23)—(30.24) 的适定性, 对任意给定的初值 $(\widehat{U}_0, \widehat{U}_1) \in (\mathcal{H}_0)^N \times (\mathcal{H}_{-1})^N$, 成立

$$\sum_{r=1}^{d} \beta_r (E_r, \widehat{U}_0) = \sum_{r=1}^{d} \beta_r (E_r, \widehat{U}_1) = 0. \tag{30.27}$$

特别地, 就有

$$\sum_{r=1}^{d} \beta_r E_r = 0, \tag{30.28}$$

从而, 由于向量 $E_1, \cdots, E_d$ 线性无关, 故 $\beta_1 = \cdots = \beta_d = 0$, 这就导致了矛盾. $\quad\square$

**定理 30.4** 在 $A$ 和 $B$ 分别满足 $C_p$-相容性条件 (30.10) 和 (30.13) 的假设下, 进一步假设 $A^{\mathrm{T}}$ 和 $B^{\mathrm{T}}$ 有一个双正交于 $\mathrm{Ker}(C_p)$ 的共同的不变子空间 $V$. 则由下式选取边界控制矩阵 $D$:

$$\mathrm{Im}(D) = V^{\perp}, \tag{30.29}$$

系统 (III) 分 $p$ 组逼近边界同步. 此外, 成立 $\mathrm{rank}(\mathcal{R}) = N - p$.

**证** 由于 $V$ 双正交于 $\mathrm{Ker}(C_p)$, 有

$$\mathrm{Ker}(C_p) \cap V^{\perp} = \mathrm{Ker}(C_p) \cap \mathrm{Im}(D) = \{0\}, \tag{30.30}$$

因此, 由命题 2.7可得

$$\mathrm{rank}(C_p D) = \mathrm{rank}(D) = N - p. \tag{30.31}$$

这样, $C_p D$-观测 (29.36) 就变成了完整的观测

$$\Psi \equiv 0, \quad (t,x) \in (0,T) \times \Gamma. \tag{30.32}$$

由 Holmgren 唯一性定理 (见 [66] 中定理 8.2), 化约伴随系统 (30.17) 是 $C_p D$-能观的, 且化约系统 (30.15) 逼近零能控. 于是, 由命题 30.1, 原始系统 (III) 分 $p$ 组逼近边界同步. 注意到 $\mathrm{Ker}(D^{\mathrm{T}}) = V$, 由引理 26.1, 易见 $\mathrm{rank}(\mathcal{R}) = N - p$. $\quad\square$

**定理 30.5** 假设系统 (III) 具分 $p$ 组逼近边界同步性. 进一步假设 $\mathrm{rank}(\mathcal{R}) = N - p$. 则如下的断言成立:

(i) $\mathrm{Ker}(\mathcal{R}^{\mathrm{T}})$ 与 $\mathrm{Ker}(C_p)$ 双正交.

(ii) 对任意给定的初值 $(\widehat{U}_0, \widehat{U}_1) \in (\mathcal{H}_0)^N \times (\mathcal{H}_{-1})^N$, 存在唯一的一组标量函数 $u_1, u_2, \cdots, u_p$, 使得在空间 $C^0_{\mathrm{loc}}([T, +\infty); \mathcal{H}_0) \cap C^1_{\mathrm{loc}}([T, +\infty); H^{-1}(\Omega))$ 中, 对 $n_{r-1}+1 \leqslant k \leqslant n_r$ 及 $1 \leqslant r \leqslant p$, 当 $n \to +\infty$ 时成立

$$u_n^{(k)} \to u_r. \tag{30.33}$$

(iii) 耦合矩阵 $A$ 和 $B$ 分别满足 $C_p$-相容性条件 (30.10) 和 (30.13).

**证**　(i) 我们首先断言 $\mathrm{Ker}(\mathcal{R}^{\mathrm{T}}) \cap \mathrm{Im}(C_p^{\mathrm{T}}) = \{0\}$. 若断言得证, 注意到 $\mathrm{Ker}(\mathcal{R}^{\mathrm{T}})$ 及 $\mathrm{Ker}(C_p)$ 有相同的维数 $p$, 且

$$\mathrm{Ker}(\mathcal{R}^{\mathrm{T}}) \cap \{\mathrm{Ker}(C_p)\}^{\perp} = \mathrm{Ker}(\mathcal{R}^{\mathrm{T}}) \cap \mathrm{Im}(C_p^{\mathrm{T}}) = \{0\}, \tag{30.34}$$

由命题 2.3, $\mathrm{Ker}(\mathcal{R}^{\mathrm{T}})$ 与 $\mathrm{Ker}(C_p)$ 双正交. 于是, 可设 $\mathrm{Ker}(\mathcal{R}^{\mathrm{T}}) = \mathrm{Span}\{E_1, \cdots, E_p\}$ 及 $\mathrm{Ker}(C_P) = \mathrm{Span}\{e_1, \cdots, e_p\}$, 且有

$$(E_r, e_s) = \delta_{rs}, \quad r, s = 1, \cdots, p. \tag{30.35}$$

现在我们验证 $\mathrm{Ker}(\mathcal{R}^{\mathrm{T}}) \cap \mathrm{Im}(C_p^{\mathrm{T}}) = \{0\}$. 若 $\mathrm{Ker}(\mathcal{R}^{\mathrm{T}}) \cap \mathrm{Im}(C_p^{\mathrm{T}}) \neq \{0\}$, 则存在一个非零向量 $x \in \mathbb{R}^{N-p}$ 以及一组不全为 0 的系数 $\beta_1, \cdots, \beta_p$, 使得

$$\sum_{r=1}^{p} \beta_r E_r = C_p^{\mathrm{T}} x. \tag{30.36}$$

由引理26.1, 我们依旧有(27.2)和 (27.3) (其中 $d = p$). 对 $1 \leqslant r \leqslant p$, 将 $E_r$ 作用在具边界控制$H = H_n$ 及相应解 $U = U_n$ 的问题 (III) 及 (III0) 上, 并记

$$u_r = (E_r, U), \tag{30.37}$$

就有

$$\begin{cases} u_r'' - \Delta u_r + \sum\limits_{s=1}^{p} \alpha_{rs} u_s = 0, & (t, x) \in (0, +\infty) \times \Omega, \\ \partial_\nu u_r + \sum\limits_{s=1}^{p} \beta_{rs} u_s = 0, & (t, x) \in (0, +\infty) \times \Gamma, \end{cases} \tag{30.38}$$

其相应的初始条件为

$$t = 0: \quad u_r = (E_r, \widehat{U}_0), \ u_r' = (E_r, \widehat{U}_1). \tag{30.39}$$

注意到 (30.9), 在空间

$$C_{\mathrm{loc}}^0([T, +\infty); \mathcal{H}_0) \cap C_{\mathrm{loc}}^1([T, +\infty); \mathcal{H}_{-1}) \tag{30.40}$$

中, 当 $n \to +\infty$ 时就成立

$$\sum_{r=1}^{p} \beta_r u_r = (x, C_p U_n) \to 0. \tag{30.41}$$

由于函数 $u_1, \cdots, u_p$ 与 $n$ 及所加的边界控制均无关, 有

$$\sum_{r=1}^{p} \beta_r u_r(T) \equiv \sum_{r=1}^{p} \beta_r u_r'(T) \equiv 0, \quad x \in \Omega. \tag{30.42}$$

从而由问题 (30.38)—(30.39) 的适定性, 对任意给定的初值 $(\widehat{U}_0, \widehat{U}_1) \in (\mathcal{H}_0)^N \times (\mathcal{H}_{-1})^N$, 成立

$$\sum_{r=1}^{p} \beta_r(E_r, \widehat{U}_0) = \sum_{r=1}^{p} \beta_r(E_r, \widehat{U}_1) = 0, \quad x \in \Omega. \tag{30.43}$$

特别地, 有

$$\sum_{r=1}^{p} \beta_r E_r = 0, \tag{30.44}$$

于是, 由于向量 $E_1, \cdots, E_p$ 线性无关, 便得到了导致矛盾的结论: $\beta_1 = \cdots = \beta_p = 0$.

(ii) 注意到 (30.9) 及 (30.37), 在空间

$$C^0_{\text{loc}}([T, +\infty); (\mathcal{H}_0)^N) \cap C^1_{\text{loc}}([T, +\infty); (\mathcal{H}_{-1})^N) \tag{30.45}$$

中, 当 $n \to +\infty$ 时成立

$$\begin{pmatrix} C_p \\ E_1^{\mathrm{T}} \\ \vdots \\ E_p^{\mathrm{T}} \end{pmatrix} U_n = \begin{pmatrix} C_p U_n \\ E_1^{\mathrm{T}} U_n \\ \vdots \\ E_p^{\mathrm{T}} U_n \end{pmatrix} \to \begin{pmatrix} 0 \\ u_1 \\ \vdots \\ u_p \end{pmatrix}, \tag{30.46}$$

其中 $u_1, \cdots, u_p$ 由 (30.37)给出. 因为 $\mathrm{Ker}(\mathcal{R}^{\mathrm{T}}) \cap \mathrm{Im}(C_p^{\mathrm{T}}) = \{0\}$, 矩阵 $\begin{pmatrix} C_p \\ E_1^{\mathrm{T}} \\ \vdots \\ E_p^{\mathrm{T}} \end{pmatrix}$ 是可逆的. 因此, 由 (30.46) 可知, 存在 $U$ 使得在空间(30.45)中, 当 $n \to +\infty$ 时成立

$$U_n \to \begin{pmatrix} C_p \\ E_1^{\mathrm{T}} \\ \vdots \\ E_p^{\mathrm{T}} \end{pmatrix}^{-1} \begin{pmatrix} 0 \\ u_1 \\ \vdots \\ u_p \end{pmatrix} =: U. \tag{30.47}$$

此外, (30.9)意味着

$$t \geqslant T: \quad C_p U \equiv 0, \quad x \in \Omega.$$

注意到 (30.7), (30.35) 及 (30.37), 就可得到

$$t \geqslant T: \quad U = \sum_{r=1}^{p} (E_r, U)e_r = \sum_{r=1}^{p} u_r e_r, \quad x \in \Omega. \tag{30.48}$$

注意到 (30.6), 便得到 (30.33).

（iii）将 $C_p$ 作用在具边界控制 $H = H_n$ 及相应解 $U = U_n$ 的系统 (III) 上, 并令 $n \to +\infty$ 取极限, 由 (30.9), (30.47) 及 (30.48), 易得

$$\sum_{r=1}^{p} C_p A e_r u_r(T) \equiv 0, \quad x \in \Omega \tag{30.49}$$

及

$$\sum_{r=1}^{p} C_p B e_r u_r(T) \equiv 0, \quad x \in \Gamma. \tag{30.50}$$

另一方面, 由时间可逆性, 对所有 $t \geqslant 0$, 系统 (30.38) 定义了一个从 $(\mathcal{H}_1)^p \times (\mathcal{H}_0)^p$ 到 $(\mathcal{H}_1)^p \times (\mathcal{H}_0)^p$ 上的同构. 于是, 由 (30.49) 和 (30.50) 可得

$$C_p A e_r = 0, \quad C_p B e_r = 0, \qquad 1 \leqslant r \leqslant p. \tag{30.51}$$

这说明 $A$ 和 $B$ 分别满足 $C_p$-相容性条件. □

**注 30.2** 一般来说, 序列 $\{C_p U_n\}$ 的收敛性 (30.9) 并不能导致解序列 $\{U_n\}$ 的收敛性. 事实上, 我们甚至不知道序列 $\{U_n\}$ 是否有界. 然而, 在秩条件 $\mathrm{rank}(\mathcal{R}) = N - p$ 成立的前提下, 收敛性 (30.9) 实际上蕴含了收敛性 (30.33). 此外, 函数 $u_1, \cdots, u_p$ 称为**分 $p$ 组逼近同步态**, 且与所施加的边界控制无关. 此时, 系统 (III) 具有**牵制意义下的分 $p$ 组逼近同步性**, 而最初由定义30.1给出的同步性称之为**协同意义下的分 $p$ 组逼近同步性**.

设集合 $\mathbb{D}_p$ 表示所有可实现系统 (III) 的分 $p$ 组逼近边界同步性的边界控制矩阵 $D$ 的全体. 为了体现对 $D$ 的依赖性, 我们将(26.3)中定义的 $\mathcal{R}$ 写成 $\mathcal{R}_D$. 于是, 我们可定义系统 (III) 具分 $p$ 组逼近边界同步性所需的总控制的最小个数为

$$N_p = \inf_{D \in \mathbb{D}_p} \mathrm{rank}(\mathcal{R}_D). \tag{30.52}$$

注意到 $\mathrm{rank}(\mathcal{R}_D) = N - \dim \mathrm{Im}(\mathcal{R}_D^{\mathrm{T}})$, 由命题 30.3, 我们有

$$N_p \geqslant N - p. \tag{30.53}$$

此外, 可以得到下面的

**推论 30.6** 等式

$$N_p = N - p \tag{30.54}$$

成立当且仅当耦合矩阵 $A$ 和 $B$ 分别满足 $C_p$-相容性条件 (30.10) 及 (30.13), 且 $A^{\mathrm{T}}$ 和 $B^{\mathrm{T}}$ 有一个双正交于 $\mathrm{Ker}(C_p)$ 的共同的不变子空间. 此外, 此时系统 (III) 的分 $p$ 组逼近边界同步性是在牵制意义下的分 $p$ 组逼近边界同步性.

**证**  假设 (30.54) 成立, 则存在一个边界控制矩阵 $D \in \mathbb{D}_p$, 使得 $\dim \mathrm{Ker}(\mathcal{R}_D^{\mathrm{T}}) = p$. 由定理 30.5, 耦合矩阵 $A$ 和 $B$ 分别满足 $C_p$-相容性条件 (30.10) 及 (30.13). 且由引理 26.1, $\mathrm{Ker}(\mathcal{R}_D^{\mathrm{T}})$ 双正交于 $\mathrm{Ker}(C_p)$, 并关于 $A^{\mathrm{T}}$ 和 $B^{\mathrm{T}}$ 是不变的. 此外, 此时的分 $p$ 组逼近边界同步性是在牵制意义下的.

反之, 设 $V$ 是一个双正交于 $\mathrm{Ker}(C_p)$, 且关于 $A^{\mathrm{T}}$ 和 $B^{\mathrm{T}}$ 不变的子空间. 注意到 $A$ 和 $B$ 分别满足 $C_p$-相容性条件 (30.10) 和 (30.13), 由定理 30.4, 存在一个边界控制矩阵 $D \in \mathbb{D}_p$, 使得 $\dim \mathrm{Ker}(\mathcal{R}_D^{\mathrm{T}}) = p$, 从而结合 (30.53) 可推出 (30.54).    □

**注 30.3**  若 $N_p > N - p$, 情况会更加复杂. 我们尚不知道 $C_p$-相容性条件 (30.10) 和 (30.13) 是否是必要的, 亦不知道此时的分 $p$ 组逼近边界同步性是否在牵制意义下成立.

# 第三十一章
# 分 $p$ 组逼近同步态

在定理 30.5 中, 我们证明了: 若系统 (III) 在条件 $\dim \operatorname{Ker}(\mathcal{R}^{\mathrm{T}}) = p$ 下具有分 $p$ 组逼近边界同步性, 则 $A$ 和 $B$ 满足相应的 $C_p$-相容性条件, 且 $\operatorname{Ker}(\mathcal{R}^{\mathrm{T}})$ 与 $\operatorname{Ker}(C_p)$ 是双正交的, 此外, 分 $p$ 组逼近同步态与所加的边界控制无关. 下面的结果说明反向结论也成立.

**定理 31.1** 假设 $A$ 和 $B$ 分别满足 $C_p$-相容性条件 (30.10) 和 (30.13), 且系统 (III) 分 $p$ 组逼近边界同步. 若问题 (III) 及 (III0) 的解 $U$ 在一个 $p$ 维子空间 $V$ 上的投影与所施加的边界控制无关, 则 $V = \operatorname{Ker}(\mathcal{R}^{\mathrm{T}})$. 此外, $\operatorname{Ker}(\mathcal{R}^{\mathrm{T}})$ 与 $\operatorname{Ker}(C_p)$ 双正交.

**证** 取定 $\widehat{U}_0 = \widehat{U}_1 = 0$, 此时定理 20.2 依旧适用, 则线性映射

$$F: \quad H \to U$$

是连续的, 从而是从 $L^2_{\mathrm{loc}}(0, +\infty; (L^2(\Gamma))^M)$ 到 $C^0_{\mathrm{loc}}([0, +\infty); (\mathcal{H}_0)^N) \cap C^1_{\mathrm{loc}}([0, +\infty);$ $(\mathcal{H}_{-1})^N)$ 上的一个无穷可微映射. 对任意给定的边界控制 $\widehat{H} \in L^2_{\mathrm{loc}}(0, +\infty; (L^2(\Gamma))^M)$, 记 $\widehat{U}$ 为 $U$ 关于 $\widehat{H}$ 的 Fréchet 导数:

$$\widehat{U} = F'(0)\widehat{H}.$$

由问题 (III) 及 (III0) 可得

$$\begin{cases} \widehat{U}'' - \Delta\widehat{U} + A\widehat{U} = 0, & (t, x) \in (0, +\infty) \times \Omega, \\ \partial_\nu\widehat{U} + B\widehat{U} = D\widehat{H}, & (t, x) \in (0, +\infty) \times \Gamma, \\ t = 0: \quad \widehat{U} = \widehat{U}' = 0, & x \in \Omega. \end{cases} \tag{31.1}$$

设 $V = \operatorname{Span}\{E_1, \cdots, E_p\}$. 因为 $U$ 在子空间 $V$ 上的投影与边界控制无关, 就有

$$(E_r, \widehat{U}) \equiv 0, \quad (t, x) \in (0, +\infty) \times \Omega, \quad 1 \leqslant r \leqslant p. \tag{31.2}$$

我们首先证明对任意给定的 $r(1 \leqslant r \leqslant p)$, $E_r \notin \mathrm{Im}(C_p^{\mathrm{T}})$. 否则, 要存在某个 $\bar{r}(1 \leqslant \bar{r} \leqslant p)$ 以及向量 $x_{\bar{r}} \in \mathbb{R}^{N-p}$, 使得 $E_{\bar{r}} = C_p^{\mathrm{T}} x_{\bar{r}}$. 于是, 由 (31.2)可得

$$0 = (E_{\bar{r}}, \widehat{U}) = (x_{\bar{r}}, C_p \widehat{U}).$$

因为 $W = C_p \widehat{U}$ 是化约系统 (30.15) (其中 $H = \widehat{H}$) 的解, 且具有逼近能控性, 就有 $x_{\bar{r}} = 0$, 而这与 $E_{\bar{r}} \neq 0$ 矛盾. 因此, 由 $\dim \mathrm{Im}(C_p^{\mathrm{T}}) = N - p$ 及 $\dim(V) = p$, 可得 $V \oplus \mathrm{Im}(C_p^{\mathrm{T}}) = \mathbb{R}^N$. 于是, 对任意给定的 $r(1 \leqslant r \leqslant p)$, 存在一个向量 $y_r \in \mathbb{R}^{N-p}$, 使得

$$A^{\mathrm{T}} E_r = \sum_{s=1}^{p} \alpha_{rs} E_s + C_p^{\mathrm{T}} y_r.$$

将 $E_r$ 作用在系统 (31.1) 上, 并注意到 (31.2), 就得到

$$0 = (A\widehat{U}, E_r) = (\widehat{U}, A^{\mathrm{T}} E_r) = (\widehat{U}, C_p^{\mathrm{T}} y_r) = (C_p \widehat{U}, y_r).$$

再一次利用化约系统(30.15) 的逼近能控性, 可知 $y_r = 0 (1 \leqslant r \leqslant p)$, 从而得到

$$A^{\mathrm{T}} E_r = \sum_{s=1}^{p} \alpha_{rs} E_s, \quad 1 \leqslant r \leqslant p.$$

因此, $V$ 是 $A^{\mathrm{T}}$ 的一个不变子空间.

由定理 20.2, 有

$$U|_{\Sigma} \in (H^{2\alpha-1}(\Sigma))^N, \tag{31.3}$$

其中 $\Sigma = (0, T) \times \Gamma$, 而 $\alpha$ 由(19.8)的第一个式子给出.

接着, 将 $E_r(1 \leqslant r \leqslant p)$ 作用在 (31.1) 中的边界条件上, 并注意到 (31.2), 可得

$$(D^{\mathrm{T}} E_r, \widehat{H}) = (E_r, B\widehat{U}).$$

由于 $2\alpha - 1 > 0$, $H^{2\alpha-1}(\Sigma)$ 紧嵌入到 $L^2(\Sigma)$, 从而对所有的 $1 \leqslant r \leqslant p$ 成立 $D^{\mathrm{T}} E_r = 0$, 即成立

$$V \subseteq \mathrm{Ker}(D^{\mathrm{T}}). \tag{31.4}$$

此外, 对 $1 \leqslant r \leqslant p$ 成立

$$(E_r, B\widehat{U}) = 0, \quad (t, x) \in (0, +\infty) \times \Gamma. \tag{31.5}$$

现在, 设 $x_r \in \mathbb{R}^{N-p}$, 使得

$$B^{\mathrm{T}} E_r = \sum_{s=1}^{p} \beta_{rs} E_s + C_p^{\mathrm{T}} x_r. \tag{31.6}$$

注意到 (31.2), 并将表达式 (31.6)代入(31.5), 就得到

$$(x_r, C_p\widehat{U}) = 0, \quad (t,x) \in (0,+\infty) \times \Gamma.$$

再次由化约系统(30.15)的逼近边界能控性, 可得 $x_r = 0(1 \leqslant r \leqslant p)$. 于是, 就得到

$$B^{\mathrm{T}}E_r = \sum_{s=1}^{p} \beta_{rs}E_s, \quad 1 \leqslant r \leqslant p,$$

从而 $V$ 是 $B^{\mathrm{T}}$ 的一个不变子空间.

最后, 因为 $\dim(V) = p$, 由引理26.1 和命题30.3, 有 $\mathrm{Ker}(\mathcal{R}^{\mathrm{T}}\cdot) = V$. 再由定理30.5的断言 (i) , $\mathrm{Ker}(\mathcal{R}^{\mathrm{T}})$ 与 $\mathrm{Ker}(C_p)$ 双正交. □

设 $d$ 是 $D$ 的一个列向量且包含在 $\mathrm{Ker}(C_p)$ 中. 那么在乘积矩阵 $C_p D$ 中 $d$ 将被删除, 因此对化约系统 (30.15) 不起任何作用. 然而, $\mathrm{Ker}(C_p)$ 中的向量却可能在逼近边界能控性中发挥重要作用. 更准确地说, 我们有下面的定理.

**定理 31.2** 假设 $A$ 和 $B$ 分别满足 $C_p$-相容性条件(30.10) 和 (30.13), 并假设系统 (III) 在某个边界控制矩阵 $D$ 的作用下分 $p$ 组逼近边界同步. 进一步假设

$$e_1, \cdots, e_p \in \mathrm{Im}(D), \tag{31.7}$$

其中 $e_1, \cdots, e_p$ 由 (30.6)给出. 则系统 (III) 实际上逼近边界零能控.

**证** 由命题 27.2, 我们只需证明伴随系统 (20.1) 是 $D$-能观的. 对 $1 \leqslant r \leqslant p$, 将 $e_r$ 作用在伴随系统 (20.1) 上, 并记 $\phi_r = (e_r, \Phi)$, 就有

$$\begin{cases} \phi_r'' - \Delta\phi_r + \sum\limits_{s=1}^{p} \alpha_{sr}\phi_s = 0, & (t,x) \in (0,+\infty) \times \Omega, \\ \partial_\nu\phi_r + \sum\limits_{s=1}^{p} \beta_{sr}\phi_s = 0, & (t,x) \in (0,+\infty) \times \Gamma, \end{cases} \tag{31.8}$$

其中常系数 $\alpha_{sr}$ 及 $\beta_{sr}$ 满足

$$Ae_r = \sum_{s=1}^{p} \alpha_{sr}e_s, \quad Be_r = \sum_{s=1}^{p} \beta_{sr}e_s, \qquad 1 \leqslant r \leqslant p. \tag{31.9}$$

另一方面, 注意到(31.7), $D$-观测 (27.1)导致

$$\phi_r \equiv 0, \quad (t,x) \in (0,T) \times \Gamma, \quad 1 \leqslant r \leqslant p. \tag{31.10}$$

于是, 由 Holmgren 唯一性定理 (见 [66] 中定理 8.2), 可得

$$\phi_r \equiv 0, \quad (t,x) \in (0,+\infty) \times \Omega, \quad 1 \leqslant r \leqslant p. \tag{31.11}$$

这样, $\Phi \in \mathrm{Im}(C_p^{\mathrm{T}})$, 从而可写为 $\Phi = C_p^{\mathrm{T}} \Psi$, 而化约系统 (20.1) 变为

$$
\begin{cases}
C_p^{\mathrm{T}} \Psi'' - C_p^{\mathrm{T}} \Delta \Psi + A^{\mathrm{T}} C_p^{\mathrm{T}} \Psi = 0, & (t,x) \in (0,+\infty) \times \Omega, \\
C_p^{\mathrm{T}} \partial_\nu \Psi + B^{\mathrm{T}} C_p^{\mathrm{T}} \Psi = 0, & (t,x) \in (0,+\infty) \times \Gamma.
\end{cases}
\tag{31.12}
$$

注意到 $C_p$-相容性条件 (30.10) 及 (30.13), 就有

$$
\begin{cases}
C_p^{\mathrm{T}} (\Psi'' - \Delta \Psi + \overline{A}_p^{\mathrm{T}} \Psi) = 0, & (t,x) \in (0,+\infty) \times \Omega, \\
C_p^{\mathrm{T}} (\partial_\nu \Psi + \overline{B}_p^{\mathrm{T}} \Psi) = 0, & (t,x) \in (0,+\infty) \times \Gamma.
\end{cases}
\tag{31.13}
$$

因为映射 $C_p^{\mathrm{T}}$ 是单射, 我们再次得到化约伴随系统 (30.17). 相应地, $D$-观测 (27.1) 意味着

$$
D^{\mathrm{T}} \Phi \equiv D^{\mathrm{T}} C_p^{\mathrm{T}} \Psi \equiv 0, \quad (t,x) \in [0,T] \times \Gamma.
\tag{31.14}
$$

因为系统 (III) 在边界控制矩阵 $D$ 的作用下分 $p$ 组逼近边界同步, 则由命题 30.1, 关于 $\Psi$ 的化约伴随系统 (30.17)是 $C_p D$-能观的, 因此, $\Psi \equiv 0$, 从而 $\Phi \equiv 0$. 因此, 伴随系统 (20.1) 是 $D$-能观的, 从而由命题 27.2, 系统 (III) 逼近零能控. □

# 结束语

## §1. 相关文献

本专著的主要结论已经或即将发表在由作者与合作者合著的一系列论文中 (见 [38]—[60] 及 [3]).

为结束本书, 我们在此提供一些相关的文献.

提出精确边界同步性的一个重要动机是, 希望在边界控制不足的情况下建立一种较弱意义下的精确边界能控性. 为了实现精确边界能控性, 由于其对状态变量各分量的一致特性, 所需的边界控制的个数应等于所考察系统的自由度. 然而, 当初值的分量可属于不同的能量空间时, 仅通过一个边界控制, 便可以对由两个波动方程组成的耦合系统 (见 [69],[76]), 或由 $N$ 个波动方程组成的串联系统(见 [2]) 实现精确边界能控性. 在 [10] 中, 作者仅利用一个局部的分布控制, 对两个耦合波动方程在一紧致流形上实现了能控性. 此外, 在具有相同或不同波速的情况下, 均可以给出对最优能控时间以及能控空间的刻画.

逼近边界零能控性对边界控制个数的要求更加灵活. 在 [40], [56] 和 [59] 中, 对于具 Dirichlet, Neumann或 Robin 边界控制的波动方程耦合系统, 耦合矩阵的一些基本代数性质可以用来刻画相应伴随系统的解的唯一延拓性质.尽管在一般情况下, 这些判定准则仅提供了解决此问题的必要条件, 但已为研究双曲型偏微分方程系统的唯一延拓性开辟了一个重要的途径.

不同于双曲系统, 在 [4] 中可见, Kalman 准则对抛物系统的精确边界零能控性是充分的 (亦见 [5], [13] 及其中的参考文献). 最近, 对于线性抛物系统的精确同步性, [83] 得到了相应控制问题的最短能控时间.

此外, [71] 及 [93] 提出了平均能控性的概念, 以另一种方式处理具较少控制的能控性问题. 为探索逼近能控性的衰减速率, 建立相应的能观不等式也是一个特别有趣的话题.

# §2. 前景展望

对偏微分方程系统的精确边界同步性以及逼近边界同步性的研究才刚刚开始, 仍有很多问题值得进一步研究.

1) 本书中我们讨论了具 Dirichlet, Neumann或耦合 Robin 边界控制的波动方程的耦合系统. 在耦合 Robin 边界控制的情况, 由于解有较弱的迹正则性, 我们仅在 $\Omega$ 是长方体区域的情况下建立了相对完整的结果. 在一般的区域上的相关结果仍旧是一个尚未解决的问题. 此外, 除了内部耦合矩阵$A$ 外, 还有一个边界耦合矩阵 $B$, 这为同步性的研究带来了更大的困难和机遇.

2) 本书的研究仅限于线性情形, 所采用的方法也是线性的. 自然地, 我们对同步性的研究应该扩展到非线性的情况. 目前, 在一维空间情况, 对于具不同边界控制的拟线性波动方程的耦合系统, 在经典解的框架中已经实现了相应的精确边界同步性 (见 [21], [72]), 但仍有很大的发展空间留待更广泛的研究.

3) 除了研究双曲系统在整个空间区域上的精确边界能控性 (见 [35], [66] 及 [77]), 近年来, 出于实际应用的需求, 在一维情况下, 已对双曲系统提出了在某个节点上的精确边界能控性问题, 称之为**节点状态的精确边界能控性** (见 [17], [36, 63]). 相应地, 可以进一步探究节点状态的逼近边界能控性以及节点状态的精确边界同步性与逼近边界同步性.

4) 我们还可以在一个由网络组成的复杂区域上探究类似的问题. 在一维空间情形下的精确边界能控性以及节点状态的精确边界能控性的相应结果可见 [35],[63] 等, 相应地, 也应可以考察树状网络上的波动方程耦合系统的同步性问题.

5) 若每个个体可能遵循不同的运动定律, 即满足不同的支配方程, 研究由这些个体的耦合所导致的同步现象, 可望得到一些本质上新颖的结果, 值得深入研究. 目前, 对具有不同波速的波动方程耦合系统, 其精确同步态的存在性已得到了研究 (见 [34]).

6) 精确同步态或逼近同步态的稳定性值得系统地研究.

7) **广义精确边界同步性** (一维情形见 [62], 高维情形见 [84]—[87]), 以及**广义逼近边界同步性**也是一个值得研究的课题.

8) 相较于波动方程耦合系统, 一阶线性或拟线性的双曲耦合系统具有更广泛的内涵和应用. 对其考察类似的同步性问题会遇到更多的困难, 但也有更大的研究价值 (见 [72]).

9) 对于由其他线性或者非线性发展方程 (如梁方程, 板方程, 热方程等) 组成的耦合系统, 类似的研究将揭示许多新的性质和特征, 也非常有意义.

10) 将同步的概念扩展到状态分量具有不同时滞的情形将更具挑战性, 亦可望带来相当不同的结果.

11) 本书的研究主要是通过边界控制的作用实现波动方程耦合系统在有限时刻的精确或逼近同步性. 同样值得研究的是, 不具边界控制时, 线性以及非线性系统在 $t \to +\infty$ 时的渐近同步性 (见 [58] 及 [60]). 这对波动方程耦合系统的解的渐近稳定性的研究将是一个有意义的拓展.

12) 深入挖掘有关结果的更多实际应用, 将进一步丰富这方面的研究领域, 并将使相关主题有更广泛的推进和更重大的影响.

# 参考文献

[1]  Alabau-Boussouira F.  A two-level energy method for indirect boundary observability and controllability of weakly coupled hyperbolic systems. *SIAM J Control Optim*, 2003,42: 871-904.

[2]  Alabau-Boussouira F. A hierarchic multi-level energy method for the control of bidiagonal and mixed n-coupled cascade systems of PDE's by a reduced number of controls. *Adv Differential Equations*, 2013,18: 100-1072.

[3]  Alabau-Boussouira F, Li T T, Rao B P.  Indirect observation and control for a coupled cascade system of wave equations with Neumann boundary conditions. *to appear*.

[4]  Ammar Khodja F, Benabdallah A, Dupaix C.  Null-controllability of some reaction-diffusion systems with one control force. *J Math Anal Appl*, 2006,320: 92-943.

[5]  Ammar Khodja F, Benabdallah A, González-Burgos M, de Teresa L. Recent results on the controllability of linear coupled parabolic problems: a survey. *Math Control Relat Fields*, 2011,1: 267-306.

[6]  Balakrishnan A V. Fractional powers of closed operators and the semigroups generated by them. *Pacific Journal of Mathematics*, 1960,10: 419-437.

[7]  Bardos C, Lebeau G, Rauch J. Sharp sufficient conditions for the observation, control, and stabilization of waves from the boundary. *SIAM J Control Optim*, 1992,30: 1024-1064.

[8]  Brezis H. *Functional Analysis, Sobolev Spaces and Partial Differential Equations*. New York: Springer-Verlag, 2011.

[9]  Bru R, Rodman L, Schneider H. Extensions of Jordan bases for invariant subspaces of a matrix. *Linear Alg Appl*, 1991,150: 209-225.

[10]  Dehman B, Le Rousseau J, Léautaud M.  Controllability of two coupled wave equations on a compact manifold. *Arch Ration Mech Anal*, 2014,211:

113-187.

[11] Duyckaerts Th, Zhang X, Zuazua E. On the optimality of the observability inequalities for parabolic and hyperbolic systems with potentials. *Ann Inst H Poincaré Anal Non Linéaire*, 2008,25: 1-41.

[12] Ervedoza S,Zuazua E. A systematic method for building smooth controls for smooth data. *Discrete Contin Dyn Syst, Ser. B*14, 2010: 1375-1401.

[13] Fernández-Cara E,González-Burgos M, de Teresa L. Boundary controllability of parabolic coupled equations. *J Funct Anal*, 2010, 259: 1720-1758.

[14] Garofalo N,Lin F -H. Monotonicity properties of variational integrals, $A_p$ weights and unique continuation. *Indiana Univ Math J*, 1986,35: 245-268.

[15] Gohberg I C,Krein M G. *Introduction to the Theory of Linear Nonselfadjoint Operators*. AMS, Providence, RI, 1969.

[16] Grisvard P. *Elliptic Problems in Nonsmooth Domains*. Monographs and Studies in Math 24. London: Pitman, 1985.

[17] Gugat M,Hertz M,Schleper V. Flow control in gas networks: exact controllability to a given demand. *Math Meth Appl Sci*, 2011,34: 745-757.

[18] Hautus M L J. Controllability and observability conditions for linear autonomous systems. *Indag Math (N S)*, 1969,31: 443-446.

[19] Hörmander L. *Linear Partial Differential Operators*. Berlin-New York, Springer Verlag, 1976.

[20] Hu L,Ji F Q,Wang K. Exact boundary controllability and exact boundary observability for a coupled system of quasilinear wave equations. *Chin Ann Math, Ser B*, 2013, 34: 479-490.

[21] Hu L, Li T T, Qu P. Exact boundary synchronization for a coupled system of 1-D quasilinear wave equations. *ESAIM: Control, Optimisation and Calculus of Variations*, 2016, 22: 1136-1183.

[22] Hu L,Li T T, Rao B P. Exact boundary synchronization for a coupled system of 1-D wave equations with coupled boundary conditions of dissipative type. *Commun Pure Appl Anal*, 2014, 13: 881-901.

[23] Huygens Ch. *Oeuvres Complètes*, Vol15. Amsterdam: Swets & Zeitlinger B V, 1967.

[24] Kalman R E. Contributions to the theory of optimal control. *Bol Soc Mat Mexicana*, 1960, 5: 102-119.

[25] Kato T. Fractional powers of dissipative operators. *J Math Soc Japan*, 1961, 13(3): 246-274.

[26] Kato T. *Perturbation Theory for Linear Operators*. Grundlehren der Mathematischen Wissenschaften, Band 132.Berlin-New York: Springer-Verlag, 1976.

[27] Komornik V. *Exact Controllability and Stabilization, the Multiplier Method*. Paris: Masson, 1994.

[28] Komornik V, Loreti P. Observability of compactly perturbed systems. *J Math Anal Appl*, 2000, 243: 409-428.

[29] Komornik V, Loreti P. *Fourier Series in Control Theory*. Springer Monogr Math. New York: Springer-Verlag, 2005.

[30] Lasiecka I, Triggiani R. A cosine operator approach to modeling $L^2(0,T;L^2(\Gamma))-$ boundary input hyperbolic equations. *Appl Math Optim*, 1981, 7: 35-83.

[31] Lasiecka I, Triggiani R. Trace regularity of the solutions of the wave equation with homogeneous Neumann boundary conditions and data supported away from the boundary. *J Math Anal Appl*, 1989, 141: 49-71.

[32] Lasiecka I, Triggiani R. Sharp regularity for mixed second-order hyperbolic equations of Neumann type. *I L2 non-homogeneous data Ann Mat Pura Appl*, 1990, 157: 285-367.

[33] Lasiecka I, Triggiani R. Regularity theory of hyperbolic equations with non-homogeneous Neumann boundary conditions II. *General boundary data, Journal of Differential Equations*, 1991, 94: 112-164.

[34] Lei Z，Li T T，Rao B P. On the synchronizable system. *to appear in Chin Ann Math, Ser B*.

[35] Li T T. *Controllability and Observability for Quasilinear Hyperbolic Systems*. AIMS on Applied Mathematics, 3. American Institute of Mathematical Sciences & Higher Education Press, 2010.

[36] Li T T. Exact boundary controllability of nodal profile for quasilinear hyperbolic systems. *Math Meth Appl Sci*, 2010, 33: 2101-2106.

[37] Li T T. Exact boundary synchronization for a coupled system of wave equations. *Differential Geometry, Partial Differential Equations and Mathematical Physics ( edited by Ge Molin, Hong Jiaxing, Li Tatsien and Zhang Weping). World Scientific*, 2014, 219-241.

[38] Li T T. From phenomena of synchronization to exact synchronization and approximate synchronization for hyperbolic systems. *Science China Mathematics*, 2016, 59: 1-18.

[39] Li T T, Lu X, Rao B P. Exact boundary synchronization for a coupled system of wave equations with Neumann boundary controls. *Chin Ann Math, Ser B*, 2018, 39: 233-252.

[40] Li T T, Lu X, Rao B P. Approximate boundary null controllability and approximate boundary synchronization for a coupled system of wave equations with Neumann boundary controls. *Contemporary Computational Mathematics–a Celebration of the 80th Birthday of Ian Sloan* (*edited by Dich J, Kuo F Y, Wozniakowski H*), *Volume II*. Springer, 2018, 837-868.

[41] Li T T, Lu X, Rao B P. Exact boundary controllability and exact boundary synchronization for a coupled system of wave equations with coupled Robin boundary controls, *to appear in ESIAM: Control, Optimisation and Calculus of Variations, DOI: 10.1051/COCV/2020047*.

[42] Li T T, Rao B P. Asymptotic controllability for linear hyperbolic systems. *Asymptotic Analysis*, 2011, 72: 169-187.

[43] Li T T，Rao B P. Contrôlabilité asymptotique de systèmes hyperboliques linéaires. *C R Acad Sci Paris, Ser I*, 2011, 349: 663-668.

[44] Li T T, Rao B P. Synchronisation exacte d'un système couplé d'équations des ondes par des contrôles frontières de Dirichlet. *C R Acad Sci Paris, Ser I*, 2012, 350: 767-772.

[45] Li T T, Rao B P. Exact synchronization for a coupled system of wave equations with Dirichlet boundary controls. *Chin Ann Math*, 2013, 34B: 139-160.

[46] Li T T, Rao B P. Contrôlabilité asymptotique et synchronisation asymptotique d'un système couplé d'équations des ondes avec des contrôles frontières de Dirichlet. *C R Acad Sci Paris, Ser I*, 2013, 351: 687-693.

[47] Li T T, Rao B P. Asymptotic controllability and asymptotic synchronization for a coupled system of wave equations with Dirichlet boundary controls. *Asymptotic Analysis*, 2014, 86: 199-226.

[48] Li T T, Rao B P. Sur l'état de synchronisation exacte d'un système couplé d'équations des ondes. *C R Acad Sci Paris, Ser I*, 2014, 352: 823-829.

[49] Li T T, Rao B P. On the exactly synchronizable state to a coupled system of wave equations. *Portugaliae Mathematica*, 2015，72：Fasc. 2-3, 83-100.

[50] Li T T, Rao B P. Critères du type de Kálmán pour la contrôlabilité approchée et la synchronisation approchée d'un système couplé d'équations des ondes. *C R Acad Sci Paris, Ser I*, 2015, 353: 63-68.

[51] Li T T, Rao B P. A note on the exact synchronization by groups for a coupled system of wave equations. *Math Meth Appl Sci*, 2015, 38: 241-246.

[52] Li T T, Rao B P. Exact synchronization by groups for a coupled system of wave equations with Dirichlet boundary control. *J Math Pures Appl*, 2016, 105: 86-101.

[53] Li T T, Rao B P. Criteria of Kalman's type to the approximate controllability and the approximate synchronization for a coupled system of wave equations with Dirichlet boundary controls. *SIAM J Control Optim*, 2016, 54: 49-72.

[54] Li T T, Rao B P. Une nouvelle approche pour la synchronisation approchée d'un système couplé d'équations des ondes: contrôles directs et indirects. *C R Acad Sci Paris, Ser I*, 2016, 354: 1006-1012.

[55] Li T T, Rao B P. Exact boundary controllability for a coupled system of wave equations with Neumann boundary controls. *Chin Ann Math, Ser B*, 2017, 38: 473-488.

[56] Li T T, Rao B P. On the approximate boundary synchronization for a coupled system of wave equations: Direct and indirect controls. *ESIAM: Control, Optimisation and Calculus of Variations*, 2018, 24: 1975-1704.

[57] Li T T, Rao B P. Kalman's criterion on the uniqueness of continuation for the nilpotent system of wave equations. *C R Acad Sci Paris, Ser I*, 2018, 356: 1188-1194.

[58] Li T T, Rao B P. Uniqueness theorem for partially observed elliptic systems and application to asymptotic synchronization. *Comptes Rendus Mathématique*, 2020, 358(3): 285-295.

[59] Li T T, Rao B P. Approximate boundary synchronization for a coupled system of wave equations with coupled Robin boundary conditions. *to appear*.

[60] Li T T, Rao B P. Uniqueness of solution for systems of elliptic operators and application to asymptotic synchronization of linear dissipative systems. *to appear*.

[61] Li T T, Rao B P, Hu L. Exact boundary synchronization for a coupled system of 1-D wave equations. *ESAIM: Control, Optimisation and Calculus of Variations*, 2014, 20: 339-361.

[62] Li T T, Rao B P, Wei Y M. Generalized exact boundary synchronization for second order evolution systems. *Discrete Contin Dyn Syst*, 2014, 34: 2893-2905.

[63] Li T T, Wang K, Gu Q. *Exact Boundary Controllability of Nodal Profile for Quasilinear Hyperbolic Systems*. Springer Briefs in Mathematics. Springer, 2016.

[64] Lions J-L. *Equations Différentielles Opérationnelles et Problèmes aux Limites*. Grundlehren Vol. 111. Berlin/Göttingen/Heidelberg: Springer, 1961.

[65] Lions J-L. Exact controllability, stabilization and perturbations for distributed systems. *SIAM Rev*, 1988, 30: 1-68.

[66] Lions J-L. *Contrôlabilité exacte, Perturbations et Stabilisation de Systèmes Distribués*, Vol1. Paris: Masson, 1988.

[67] Lions J-L. *Quelques Méthodes de Résolution des Problèmes aux Limites Non Linéaires*. Paris: Dunod, Gauthier-Villars, 1969.

[68] Lions J-L, Magenes E. *Problèmes aux Limites non Homogènes et Applications*, Vol1. Paris: Dunod, 1968.

[69] Liu Z Y, Rao B P. A spectral approach to the indirect boundary control of a system of weakly coupled wave equations. *Discrete Contin Dyn Syst*, 2009, 23: 399-414.

[70] Liu Z Y, Zheng S M. *Semigroups Associated with Dissipative Systems*. Vol398. CRC Press, 1999.

[71] Lü Q, Zuazua E. Averaged controllability for random evolution partial differential equations. *J Math Pures Appl*, 2016,105: 367-414.

[72] Lu X. Local exact boundary synchronization for a kind of first order quasilinear hyperbolic systems. *Chin Ann Math, Ser B*, 2019, 40: 79-96.

[73] Mehrenberger M. Observability of coupled systems. *Acta Math Hungar*, 2004, 103: 321-348.

[74] Pazy A. *Semigroups of Linear Operators and Applications to Partial Differential Equations*. New York: Springer-Verlag, 1983.

[75] Pikovsky A, Rosenblum M, Kurths J. *Synchronization: A Universal Concept*

*in Nonlinear Sciences.* Cambridge University Press, 2001.

[76] Rosier L, de Teresa L. Exact controllability of a cascade system of conservation equations. *C R Acad Sci Paris, Vol I*, 2011, 349: 291-296.

[77] Russell D L. Controllability and stabilization theory for linear partial differential equations. *Recent progress and open questions, SIAM Rev*, 1978, 20: 639-739.

[78] Simon J. Compact sets in the space $L^p(0,T;B)$. *Ann Mat Pura Appl*, 1986, 146(4): 65-96.

[79] Strogatz S. *SYNC: The Emerging Science of Spontaneous Order.* New York: THEIA, 2003.

[80] Trèves F. *Basic Linear Partial Differential Equations.* Pure and Applied Mathematics.Vol62.New York-London: Academic Press, 1975.

[81] 王晨牧. 一类波动方程耦合系统具 Dirichlet 边界控制的部分精确边界同步性, 数学年刊 A 辑, 2020,41(2): 115-138. (Wang C M. Partial exact boundary synchronization for a coupled system of wave equations with Dirichlet boundary controls. *Chin J Contemp Math*, 2020, 41(2):101-124.)

[82] Wang C M, Wang Y Y. Partial approximate boundary synchronization for a coupled system of wave equations with Dirichlet boundary controls. *Fron Math China*, 2020,15: 727-748.

[83] Wang L J, Yan Q S. Optimal control problem for exact synchronization of parabolic system. *Math Control & Related Fields*, 2019, 9(3): 411-424.

[84] Wang Y Y. Generalized exact boundary synchronization for a coupled system of wave equations with Dirichlet boundary controls. *Chin Ann Math, Ser B*, 2020, 41(4): 511-530.

[85] Wang Y Y. On the generalized exact boundary synchronization for a coupled system of wave equations. *Math Meth Appl Sci*, 2019, 42(18): 7011-7029.

[86] Wang Y Y. Induced generalized exact boundary synchronization for a coupled system of wave equations. *Appl Math J Chinese Univ, Ser B*, 2020, 35(1): 113-126.

[87] Wang Y Y. Determination of generalized exact boundary synchronization matrix for a coupled system of wave equations. *Front Math China*, 2019, 14(6): 1339-1352.

[88] Wiener N. *Cybernetics, or Control and Communication in the Animal*

*and the Machine*, 2nd ed. Cambridge, Mass/New York, London: The MIT Press/John Wiley & Sons, Inc, 1961.

[89] Yao P F, On the observability inequalities for exact controllability of wave equations with variable coefficients. *SIAM J Control Optim*, 1999, 37: 1568-1599.

[90] Young R M. *An Introduction to Nonharmonic Fourier Series*. San Diego, CA: Academic Press, Inc, 2001.

[91] Zhang X, Zuazua E. A sharp observability inequality for Kirchhoff plate systems with potentials. *Comput Appl Math*, 2006, 25: 353-373.

[92] Zuazua E. Exact controllability for the semilinear wave equation. *J Math Pures Appl*, 1990,69: 1-31.

[93] Zuazua E. Averaged control. *Automatica J IFAC*, 2014, 50: 3077-3087.

# 索引（中英文对照）

## Y

一阶线性或拟线性双曲耦合系统 (coupled system of first-order linear or quasi-linear hyperbolic systems) 280

一维波动方程耦合组 (coupled system of 1-D wave equations) 12

一维系统 (one-space-dimensional system) 93, 105, 115, 257

一维情形 (one-space-dimensional case) 90, 256, 280

隐藏的正则性 (hidden regularity) 119, 212

由常微分方程组成的有限维动力系统 (finite dimensional dynamical system of ordinary differential equations) 4

有限 (时间) 区间上的观测 (observation on the infinite horizon/time interval) 252, 256

诱导逼近边界同步性 (induced approximate boundary synchronization) 124, 128, 129, 130, 131, 132, 138, 140, 140

诱导逼近同步 (induced approximately synchronizable) 17, 124, 125, 139

诱导扩张矩阵 (induced extension matrix) 16, 124

余弦算子 (cosine operator) 213

## Z

正交补空间 (orthogonal complement) 20, 153, 186

正向不等式 (direct inequality) 158

紧支集/紧支撑 (compact support) 5, 9, 11, 13, 14, 41, 42, 55, 62, 74, 97, 107, 117, 119, 124, 159, 164, 183, 185, 185, 187, 197, 205, 215, 219, 223, 236, 253, 260, 266

直接 (边界) 控制 (direct controls) 79, 104, 115

直接 (边界) 控制的个数 (number of direct controls) 12, 79

秩零定理 (rank-nullity theorem) 250 29, 261

总 (直接和间接) 控制 (total (direct and indirect) controls) 14, 15, 16, 78, 100, 103, 105, 110, 114, 125, 131, 137, 137, 188, 200, 208

总 (直接和间接) 控制的个数 (number of the total (direct and indirect) controls) 12, 79, 100, 103, 110, 114, 128, 129, 132, 140, 189, 200, 205, 208

总控制的最小个数 (总控制个数的最小值)(minimal number of total controls) 14, 15, 100, 101, 103, 105, 111, 115, 124, 125, 130, 136, 200

状态变量 (state variable) 3, 4, 5, 8, 9, 12, 14, 16, 17, 30, 79, 79, 103, 113, 114, 141, 144, 158, 210, 222, 248, 266, 279

最小秩条件 (minimal rank condition) 15, 16, 60, 101, 103, 104, 111, 114, 124, 130, 200, 200, 204, 208, 234, 238, 239, 240, 245, 247, 262, 264

最优正则性 (sharp regularity) 212, 213, 217, 219, 222, 234, 237